Theorie der Wissenschaft

Wolfgang Deppert

Theorie der Wissenschaft

Band 3: Kritik der normativen
Wissenschaftstheorien

 Springer VS

Wolfgang Deppert
Hamburg, Deutschland

ISBN 978-3-658-15119-5   ISBN 978-3-658-15120-1   (eBook)
https://doi.org/10.1007/978-3-658-15120-1

Die Deutsche Nationalbibliothek verzeichnet diese Publikation in der Deutschen Nationalbibliografie; detaillierte bibliografische Daten sind im Internet über http://dnb.d-nb.de abrufbar.

Springer VS
© Springer Fachmedien Wiesbaden GmbH, ein Teil von Springer Nature 2019

Springer VS ist ein Imprint der eingetragenen Gesellschaft Springer Fachmedien Wiesbaden GmbH und ist ein
Teil von Springer Nature
Die Anschrift der Gesellschaft ist: Abraham-Lincoln-Str. 46, 65189 Wiesbaden, Germany

Inhaltsverzeichnis

Vorbemerkungen

In allen meinen Vorlesungen, aus denen auch diese Arbeit hervorgegangen ist, bin ich zu Beginn eines Semesters stets auf die aktuellen Grundlagenprobleme in unserem politischen und wissenschaftlichen Gemeinwesen eingegangen, mit denen sich Philosophen zu beschäftigen haben, wenn sie jedenfalls seit altersher die Aufgabe für sich erkennen, nach Lösungen für die Grundlagenprobleme der eigenen Zeit zu suchen; denn solange sich die Philosophen dieser Aufgabe gestellt haben – wie etwa in der griechischen und römischen Antike – war die Philosophie bedeutungsvoll. An dieser Stelle sei dafür als Beispiel der Anfang der ersten Vorlesung im Wintersemester 2009/10 in Kiel im Rahmen der nachfolgenden „Kritik der wirtschaftlichen Vernunft" wiedergegeben.

1.1 Kritik der wirtschaftlichen Vernunft

Diese Thematik hätte Kant gewählt, wenn er heute lebte. Und tatsächlich entstammt sie seinem Denken, indem sie seinem Erkenntnisweg folgt, der als sein *transzendentaler Erkenntnisweg* zu kennzeichnen ist, auf dem stets nach den *Bedingungen der Möglichkeit der für ein Unternehmen oder ein Vorhaben konstitutiven Erkenntnisse* gefragt wird. Versteht man die Wirtschaft als das große menschheitliche Vorsorge- und Versorgungsunternehmen zur äußeren und inneren Existenzsicherung[1] einzelner Menschen und der diversen existierenden Menschengruppen, dann sind die Bedingungen der Möglichkeit von dazu erforderlichen Erkenntnissen zu untersuchen.

---

1 Die Begriffe der *äußeren und inneren Existenz* von *kulturellen Lebewesen*, zu denen alle menschlichen Staaten gehören, sind in W. Deppert, *Theorie der Wissenschaft, Band I, Die Systematik der Wissenschaft*, Springer Verlag Wiesbaden, Berlin 2018, im einzelnen eingeführt und erläutert.

© Springer Fachmedien Wiesbaden GmbH, ein Teil von Springer Nature 2019
W. Deppert, *Theorie der Wissenschaft*, https://doi.org/10.1007/978-3-658-15120-1_1

Zur Zeit geht es gerade um die Existenz einiger Staaten der Europäischen Union wie Irland, Portugal, Spanien und besonders Griechenland. Mit welchen Erkenntnissen wird da zur Lösung der Existenzprobleme hantiert? Da wird von einem Rettungsschirm für Griechenland gesprochen, unter dem die äußere Existenz von Griechenland gesichert werden soll und womöglich zusätzlich auch anderer gefährdeter Staaten. Das Bild des Schirms zeigt deutlich an, daß es sich dabei um Gefahren handelt, die von außen auf Griechenland eindringen, so wie ein großes Unwetter, vor dem man sich durch einen Schirm retten könnte. Dieses Bild des Schirms entstammt offenbar der wirtschaftlichen Vernunft aller beteiligten Nationen. Der Streit geht nur darum, wie groß dieser Schirm sein und wer alles unter den Schirm genommen werden soll und wer nicht. So mehren sich die Stimmen, die Griechenland gar nicht mehr unter den Schutzschirm aufnehmen wollen. Aber allgemein scheint sich die gemeinsame wirtschaftliche Erkenntnis durchzusetzen, daß prinzipiell die Existenzproblematik von Mitgliedstaaten der EU von der EU zu lösen ist, so daß wir im kantischen Sinne nach den Bedingungen der Möglichkeit dieses Schirmes zu fragen haben. Dazu sind folgende drei Fragen zu beantworten:

1. Was bedeutet der in diesem Zusammenhang verwendete Begriff *Schutzschirm*?
2. Welche Ziele sollen und können mit der Anwendung dieses Begriffs erreicht werden?
3. Welche Bedingungen müssen erfüllt sein, um diese Ziele erreichen zu können?

1.1.1   Zum Begriff des EURO-Schutzschirmes

Dieser Begriff wurde aufgrund der Tatsache gebildet, daß Griechenland seit einiger Zeit vor dem Staatsbankrott steht und daß Griechenland aufgrund seiner Mitgliedschaft in der Europäischen Union und insbesondere in der Währungsunion des EURO vor diesem Bankrott zu bewahren ist, weil sonst das gesamte europäische Finanzsystem des EURO in unübersehbare Stabilitätsschwankungen des Zahlungsmittels EURO geräte, was zweifellos für alle Wirtschaftsbetriebe Existenzgefahren mit sich brächte.

Der Begriff des EURO-Schutz- oder des EURO-Rettungsschirms taucht in dem *Gesetz zur Übernahme von Gewährleistungen im Rahmen eines europäischen Stabilisierungsmechanismus*, das am 22. Mai 2010 von Deutschen Bundestag beschlossen wurde und am 23. Mai nach seiner Verkündung in Kraft trat, ebenso wenig auf wie in dem *Gesetz zur Übernahme von Gewährleistungen zum Erhalt der für die Finanzstabilität in der Währungsunion erforderlichen Zahlungsfähigkeit der Hellenischen Republik* vom 7. Mai, das am 8. Mai 2010 in Kraft trat und das kurz als *Währungsunion-Finanzstabilitätsgesetz* bezeichnet wird. Der Begriff Euro-Schutz- oder Euro-Rettungsschirm ist offenbar ein journalistischer Begriff, der für das gemeine Volk erläutern soll, was mit dem *Währungsunion-Finanzstabilitätsgesetz* gemeint ist. Aber gerade diese Bezeichnung macht deutlich, daß hier wie selbstverständlich davon ausgegangen wird, daß es äußere Gefahren sind, die zu bewältigen sind. Und diese äußeren Gefahren sollen ausschließlich aus einer drohenden Zahlungsunfähigkeit des griechischen Staates bestehen, welche nur durch die Bereit-

stellungen von Geld, d.h. Krediten mit Hilfe von Bürgschaften des Deutschen Staates und
von anderen europäischen Staaten überwunden werden könnte. Diesem Denken liegt das
wirtschaftstheoretische Dogma zugrunde, daß die Existenz von Wirtschaftssubjekten wie
Wirtschaftsunternehmen oder Staaten nur auf einer pekuniären Grundlage steht und daß
es andere Existenzerhaltungsgrundlagen nicht gibt. Dieses Dogma mag als das *Pekuniaritätsdogma* bezeichnet werden, das eine gewisse Korrespondenz zum *Kausalitätsdogma*
der Naturwissenschaften besitzt.

Das Kausalitätsdogma der Naturwissenschaften erlaubt das Prädikat der Wissenschaftlichkeit nur für kausale Erklärungen, durch die aus vergangenen Ereignissen mit Hilfe
von Naturgesetzen auf Ereignisse geschlossen wird, die zeitlich nach jenen vergangenen
Ereignissen liegen, so daß die zeitlich früheren Ereignisse als Ursache oder Gründe für
das Eintreten späterer Ereignisse angesehen werden. Und die Naturgesetze, mit denen dies
gelingt heißen Kausalgesetze. Erklärungen, durch die frühere Ereignisse durch das Auftreten späterer also zukünftiger Ereignisse erklärt werden, heißen finalistisch und werden
von den Naturwissenschaften, die dem Kausalitätsdogma folgen, als unwissenschaftlich
abgelehnt. Dabei ist es längst trivial, daß das Auftreten eines Moleküls darauf schließen läßt, daß es früher einen Zeitpunkt gegeben haben muß, zu dem das Ereignis der
Molekülbildung stattfand. Darum wurde etwa von Wolfgang Stegmüller immer wieder
herausgearbeitet, daß es bestimmte finale Beschreibungen gibt, die man aber in eine kausale Beschreibung überführen kann, wie etwa die, daß das Vorhandensein eines Moleküls
zu einem bestimmten Zeitpunkt darum festgestellt werden kann, weil zu einem früheren
Zeitpunkt in der Vergangenheit die Molekülbildung stattgefunden haben muß, so daß die
kausale Ursache-Wirkungsrelation erhalten und die finale Beschreibung nur scheinbar finalistischer Art ist. Fragt man aber, ob sich die Molekülbildung selber kausal erklären läßt,
dann müssen wir Naturwissenschaftler aus unserem kausalitätsdogmatischen Verständnis
heraus schweigen, denn das läßt sich kausal nicht erklären und wird darum gern als *un-
erklärbare Emergenz* bezeichnet. Inzwischen läßt sich diese Emergenz aber doch final erklären, nämlich durch Attraktorstrukturen, welche die möglichen Zukünfte der beteiligten
Systeme bestimmen und deren Reaktionskonsequenzen bei zufälligem Zusammentreffen.
Die Attraktorzustände aber sind Bestandteile der unbeobachtbaren *inneren Wirklichkeit
der Systeme*[2]. Die Naturwissenschaft, die sich durch das Kausalitätsdogma bestimmte,
konnte und kann einen Begriff von der inneren Wirklichkeit physikalischer Systeme gar
nicht bilden, sie ist eine Wissenschaft der Außensteuerung, in der nicht nach dem inneren
Wesen, nach dem *Was* der Dinge gefragt wurde, sondern nur danach, *wie* etwas funktio-
niert, d.h. in welchen äußeren Beziehungen sie zueinander stehen und deshalb ist es zu den
abstrusen Vorstellungen der Gehirnphysiologen gekommen, wie sie etwa von Benjamin
Libet dargestellt worden sind, daß der Mensch nicht über einen eigenen Willen verfüge[3].

---

[2]   Auch die Begrifflichkeit von der *inneren Wirklichkeit von Systemen* ist im einzelnen ebenda
      dargestellt worden.

[3]   Vgl. Benjamin Libet, *Mind Time. The Temporal Factor in Conciousness*, Harvard University
      Press, 2004 oder in deutscher Übersetzung von Jürgen Schröder, *Mind Time. Wie das Ge-

Aufgrund der enormen Erfolge der kausalitätsdogmatischen Naturwissenschaften im 18., 19. und frühen 20. Jahrhundert wurden sie zum Paradigma für alle später entstandenen Wissenschaften und so auch für die Wirtschafts- und Sozialwissenschaften. Darum gab es überhaupt keinen Gedanken daran, daß die Systeme, mit denen es die Wirtschafts- und Sozialwissenschaften zu tun haben, eine innere, nicht von außen beobachtbare Existenz und Wirklichkeit besitzen. Die *veräußerlichte Sicht der Welt* in den Naturwissenschaften führte somit notwendig auf eine *veräußerlichte Vorstellung von den wirtschaftlichen und sozialen Systemen.* Und die von außen am leichtesten feststellbare und kontrollierbare Zustandsbeschreibung der wirtschaftlichen Systeme ist zweifellos die Beschreibung ihrer *pekuniären Lage*, die darum auch zum *Pekuniaritätsdogma* der Wirtschaftswissenschaften führen mußte. Mit ihm gibt es keinen Platz für innere, von außen nicht eindeutig erkennbare Eigenschaften der wirtschaftlichen Systeme, und weil das so ist, genügen die wirtschaftstheoretischen Konsequenzen des Pekuniaritätsdogmas in keiner Weise mehr den wissenschaftlichen Ansprüchen, die von derartigen wirtschaftstheoretischen Aussagen zu verlangen sind. Man muß sich darum nicht wundern, daß die Konzepte der sogenannten wirtschaftlichen Schutzschilde in der Praxis nicht erfolgreich sind.

Der journalistische Volksmund hat den Begriff des Rettungs- oder Schutzschirmes zweifellos deshalb erfunden, weil auch die Journalisten nur über äußeren Schutz nachdenken können, weil es etwas Inneres, das zu schützen wäre, für sie ja nicht einmal denkbar ist, weil es so etwas für sie ja gar nicht gibt. Dieses Äußere aber, das zur Existenzerhaltung des griechischen Staates tauglich sein soll, ist nach Ansicht unserer Finanzminister und unserer wissenschaftlich gebildeten Finanzexperten ausschließlich durch finanzielle Mittel gegeben, die entweder direkt beschafft und ausgezahlt werden oder die für die Zukunft unter Einhaltung des Versprechens, bestimmte äußerlich überprüfbare Maßnahmen zu ergreifen, ausgezahlt werden sollen. Außerdem gehören zum Rettungsschirm noch die Übernahme von Bürgschaften, damit die Kreditgeber für den Fall, daß Kredite nicht oder etwa bei einem sogenannten Schuldenschnitt nur teilweise zurückgezahlt werden, nicht leer ausgehen.

In Griechenland aber revoltiert inzwischen das Volk, um die Volksvertreter daran zu hindern, die zugesagten Maßnahmen durchzusetzen. Tatsächlich ist in dem ganzen Kalkül etwas sehr Wesentliches vergessen worden und damit gänzlich außer Acht geblieben, das ist *die Kreativität und die wirtschaftliche Selbstverantwortlichkeit* einer jeden einzelnen Bürgerin und eines jeden einzelnen Bürgers Griechenlands. Die Bewußtmachung der inneren Existenz und damit der Kreativität der Bürgerinnen und Bürger ist aber in den griechischen Bildungssystemen unterblieben, weil sie zur inneren Wirklichkeit eines jeden Menschen gehören, die aus wahrhaft dramatischen Gründen, von denen noch zu sprechen sein wird, besonders im heutigen Griechenland gar nicht in den Blick kommen können.

---

hirn Bewußtsein produziert, Suhrkamp, Frankfurt/Main 2005. Der Titel der deutschen Übersetzung verspricht etwas arg viel; denn wie sollte Libet beschreiben können, wie das Gehirn das Bewußtsein produziert, wenn er sich nicht einmal einen Begriff vom Bewußtsein hat und außerdem auch keinen von der „Willensfreiheit".

1.1.2 Zu den Zielen, die mit dem Rettungsschirm erreicht werden könnten und sollten?

Die wichtigsten Ziele sind nach dem Verständnis der Europapolitiker, die sich für die Schaffung und inzwischen für die Erweiterung des Rettungsschirms einsetzen, sicher die Existenz-Erhaltung der Staaten der Europäischen Union und die Existenz-Erhaltung der Europäischen Union selbst. Aber was bedeutet das? Die Europapolitiker scheinen unter der Existenz von Staaten dasselbe zu verstehen, was Wirtschaftswissenschaftler unter der Existenz eines Wirtschaftsunternehmens begreifen, ihre Zahlungsfähigkeit oder das Nicht-Vorliegen einer Überschuldung. Wenn die Zahlungsfähigkeit nicht mehr gegeben ist oder eine Überschuldung eintritt, dann steht ihre Existenz in Frage. Und dementsprechend hieß es im deutschen GmbH-Gesetz bis 31. Juli 2009:

> „Wird die Gesellschaft zahlungsunfähig, so haben die Geschäftsführer ohne schuldhaftes Zögern, spätestens aber nach drei Wochen nach Eintritt der Zahlungsunfähigkeit, die Eröffnung des Insolvenzverfahrens zu beantragen. Dies gilt sinngemäß, wenn sich eine Überschuldung der Gesellschaft ergibt."

Daß es sich bei diesem Gesetz um einen besonders schweren Fall von künstlich erzeugter Autoimmunerkrankung des Staates handelt, ist schon in der Ringvorlesung „Sanierungsfall Deutschland" an der Kieler Universität herausgearbeitet worden; denn durch dieses Gesetz werden in Verbindung mit § 84 GmbHG diejenigen Geschäftsführer dafür bestraft, daß sie versuchen Arbeitsplätze zu erhalten, weil durch die Insolvenzanmeldung 95% der Betriebe stillgelegt werden. Möglicherweise haben diese Erkenntnisse doch einmal die Legislative erreicht, so daß Mitte 2009 die entsprechenden Absätze der §§ 64 und 84 gestrichen aber allerdings durch Maßnahmen ersetzt wurden, die die wirtschaftliche Unkenntnis der Legislative erneut unter Beweis stellen.

Mit dem alten § 64 GmbHG kommt die rein pekuniäre Bestimmung des Existenzbegriffs eines Wirtschaftsbetriebes, die in den Vorstellungen unserer Wirtschaftswissenschaftler und entsprechend unserer Parlamentarier wie selbstverständlich eingenistet sind, deutlich zum Ausdruck, obwohl sie wissen müßten, daß es ganz andere als rein pekuniäre Vorstellungen sind, durch die Wirtschaftsbetriebe geboren und am Leben erhalten werden. Demnach fehlt etwas ganz Wesentliches für die Existenzbestimmung von Wirtschaftsbetrieben und ebenso von Staaten, wenn ihre Existenz ausschließlich durch finanzielle Determinanten bestimmt wird. Wenn aber der sogenannte Rettungsschirm ausschließlich aus finanziellen Mitteln besteht, dann kann er dasjenige an der Existenz von Wirtschaftsbetrieben und von Staaten, das nicht pekuniär bestimmbar ist, gar nicht erfassen, d.h., das, was er leisten soll, kann er auf Dauer gar nicht leisten. Darum ist nun danach zu fragen, was an der rein pekuniären Existenzbestimmung von Wirtschaftsbetrieben fehlt.

1.1.3 Über die Bedingungen der Möglichkeit zur Existenzerhaltung von Betrieben oder Staaten

Staaten sind so wie Wirtschaftsbetriebe kulturelle Lebewesen, wenn man den Begriff des Lebewesens so definiert, daß es „ein offenes System mit einem Existenzproblem ist, welches es eine Weile überwinden kann". Bei den natürlichen Lebewesen sind die zur Existenzsicherung erforderlichen Überlebensfunktionen durch die Evolution ausgebildet und damit auch vorhanden. Bei den kulturellen Lebewesen sind es Menschen, die das Vorhandensein und die Einsatzfähigkeit der Überlebensfunktionen zu garantieren haben und zwar für ihre eigene äußere und innere Existenz so wie für die des kulturellen Lebewesens, welches ein Wirtschaftsunternehmen, ein Verein oder auch ein Staat sein kann. In sehr geraffter Form lassen sich fünf Überlebensfunktionen ausmachen, die einsatzbereit sein müssen, um das Existenzproblem eines Lebewesens wenigstens für eine Weile lösen zu können. Diese sind:

1. Eine *Wahrnehmungsfunktion*, durch die das System etwas von dem wahrnehmen kann, was außerhalb oder innerhalb des Systems geschieht,
2. eine *Erkenntnisfunktion*, durch die Wahrgenommenes als Gefahr eingeschätzt werden kann,
3. eine *Maßnahmebereitstellungsfunktion*, durch die das System über Maßnahmen verfügt, mit denen es einer Gefahr begegnen oder die es zur Gefahrenvorbeugung nutzen kann,
4. eine *Maßnahmedurchführungsfunktion*, durch die das System möglichst die geeignetsten Maßnahmen zur Gefahrenabwehr oder zur vorsorglichen Gefahrenvermeidung ergreift und schließlich
5. eine *Energiebereitstellungsfunktion*, durch die sich das System die Energie verschafft, die es für die Aufrechterhaltung seiner Lebensfunktionen benötigt.

Bei den kulturellen Lebewesen müssen diese Funktionen für die Erhaltung der äußeren und der inneren Existenz im Einsatz sein. Dabei ist die äußere Existenz durch die beobachtbare Erscheinungsform gegeben, wie sie etwa für Wirtschaftsbetriebe in der alten Form des § 64 GmbHG in pekuniärer Weise beschrieben ist. Die innere Existenz eines Wirtschaftsbetriebes besteht aus seiner Betriebsidee, seiner Zielsetzung und vor allem aus der Identifizierung der Mitarbeiter mit diesen Bestimmungen des Unternehmens. Entsprechend besteht die innere Existenz eines Vereins oder einer sonstigen menschlichen Vereinigung aus der Identifizierung der Mitglieder mit seinen oder ihren Zielsetzungen sowie ihrer tatkräftigen Unterstützung. Und die innere Existenz eines Staates bildet sich durch die Identifizierung seiner Bürgerinnen und Bürger mit ihrem Staat und dessen Staatsidee und durch die aktive Mithilfe zu ihrer Verwirklichung.

Da wir in einem Zeitalter der zunehmenden Selbstbestimmung der Menschen leben, wird die Identifizierung der Mitarbeiter mit ihrem Betrieb oder der Bürgerinnen und Bürger mit ihrem Staat dann gefördert werden, wenn die Firmen- oder Staatsidee darauf gründet, die Mitarbeiter oder allgemein die Bürgerinnen und Bürger selbstverantwortlich tätig werden zu lassen. Der Mitarbeiter, der sich in seinem Betrieb wohlfühlt, weil sich für ihn schon auf der Arbeitsstelle und nicht erst in der Freizeit seine Vorstellungen von sinnvoll genutzter Lebenszeit erfüllen, wird sich aus Selbstverantwortung für den Existenzerhalt seiner Firma sogar unter Verzicht und Opfer einsetzen. Und je mehr Betriebsangehörige ihre Tätigkeit in dieser Weise empfinden, umso stärker ist die innere Existenz des Betriebes gesichert, und seine Produktivität sogar noch steigerungsfähig. Dies scheint sogar bei dem Riesenbetrieb Volkswagen zumindest einmal der Fall gewesen zu sein, als dessen Mitarbeiter in einer Absatzflaute sogar bereit waren, Lohnkürzungen zu akzeptieren.

Daraus folgt nun: Die gesunde *innere* Existenz eines Betriebes sichert auch seine *äußere,* und nicht nur das, sondern die innere Existenz ist allgemein die Voraussetzung für die Sicherung und den Erhalt der äußeren Existenz der einzelnen Menschen ebenso wie von jeglichen menschlichen Vereinigungen, die als kulturelle Lebewesen zu begreifen sind, zu denen auch die Staaten und ihre Vereinigungen gehören.

Das wissenschaftliche Pekuniaritätsdogma läßt allerdings derartige Einsichten gar nicht zu, weil der Begriff der inneren Existenz in den Wirtschaftswissenschaften ebenso wenig vorkommt, wie in den Naturwissenschaften der Begriff der inneren Wirklichkeit. Damit bestätigt sich nochmals die Parallelität des Kausalitätsdogmas der Naturwissenschaften zu dem Pekuniaritätsdogmas der Wirtschaftswissenschaften. Diese direkte Strukturgleichheit von Natur- und Wirtschaftswissenschaft erklärt sich freilich dadurch, daß die Menschen selbstverständlich auch Naturwesen sind, da sie ja durch die biologische Evolution aus der Natur hervorgegangen sind. Dogmenbildungen sind schon für Kant Fehlleistungen der Vernunft, die zu kritisieren sind. Und genau diese Kritik trifft nun auch die Vernunft in ihrer naturwissenschaftlichen und ihrer wirtschaftswissenschaftlichen Betätigung.

Die Kritik der naturwissenschaftlichen Vernunft führt hinsichtlich ihrer fehlerhaften Kausalitätsdogmenbildung auf eine Versöhnung von finalen mit kausalen Naturbeschreibungen, so daß verständlich wird, wie aus unbelebter Materie ein final bestimmter Überlebenswille der Lebewesen in Form von Systemattraktoren werden konnte. Die Kritik der wirtschaftlichen Vernunft führt nun noch weiter auf die genauere Bestimmung des Willens einzelner Lebewesen. Denn der Kantische Vernunftbegriff ist dahingehend zu verallgemeinern, daß nicht mehr von einer identisch gleichen Vernunft aller bewußten Wesen ausgegangen werden kann, sondern daß jedem kulturellen Lebewesen seine eigene Vernunft zur Erhaltung seiner eigenen inneren Existenz zuzuordnen ist, welche die Voraussetzung für die Willensbestimmung zur Erhaltung des ganzen eigenen Systems ist.

Eine funktionierende Marktwirtschaft setzt also voraus, daß die in ihr agierenden Wirtschaftssubjekte ein *selbstverantwortliches unternehmerisches Dienstleistungsbewußtsein* ausgebildet haben; denn dadurch wird erst der Mikromechanismus zur Entwicklung eines Marktgeschehens in Gang gesetzt, das für alle Marktteilnehmer inneren und äußeren Nutzen einbringt. Dieser Marktmechanismus entsteht, wenn die Marktteilnehmer die folgende *elementare Lebensfrage* bewußt und tatkräftig beantworten:

Durch welche meiner Kenntnisse, Fähigkeiten und Neigungen kann ich den Interessen von Mitmenschen so entgegenkommen, daß sie mir dafür etwas geben, was ich für den Erhalt und die Gestaltung meines Lebens brauche?
Der Mikromechanismus der Wirtschaft beginnt demnach im Bewußtsein der einzelnen Menschen. Und zur Sicherung der inneren und äußeren Existenz der Staaten, die an dem Binnenmarkt der Europäischen Union, dem einstigen Europäischen Markt teilnehmen, ist es von zentraler Bedeutung, daß die Bewußtseinsbildung der Menschen in diesen Staaten in Richtung auf das selbstverantwortliche unternehmerische Dienstleistungsbewußtsein gefördert wird.

Nun läßt sich aber unschwer feststellen, daß in den Staaten der Europäischen Union, für die der billionenschwere Rettungsschirm aufgespannt wird, ausschließlich Erziehungssysteme herrschen, in denen Selbstverantwortlichkeit eher als menschlicher Hochmut angesehen wird, d.h., es sind alle die Staaten und nur diese Staaten der Europäischen Union, in denen die Bevölkerung zwischen 80 und 95% der katholischen oder der orthodoxen Kirche angehören. Und während des letzten Papstbesuches hat der Papst immer wieder betont, daß der Glauben nicht zur Verhandlung stehe, d.h., *er bestimmt*, was zu glauben ist und eine Selbstverantwortlichkeit des Menschen in Glaubensdingen für das, was er zu glauben in der Lage ist, lehnt die katholische Kirche immernoch grundsätzlich ab, und das Entsprechende gilt für die griechisch-orthodoxe Kirche.

Das ist ein erschütternder Tatbestand, der immernoch mit den Analysen Max Webers zusammenstimmt und der freilich aufgrund seiner Peinlichkeit gar nicht öffentlich verhandelt werden kann. Daß gerade jetzt in dieser kritischen europäischen Situation der Papst sogar im Deutschen Bundestag gesprochen hat, ist ja wohl kein Zufall und daß nun sogar die Roten und die Grünen auf diesen Kurs von Frau Merkel eingeschwenkt sind. Wer nicht nur aus ökonomischen Gründen für die Vereinigung Europas eintritt, sondern gerade auch aus kulturgeschichtlichen Gründen, dem wird bei diesen Feststellungen schwindlig werden. Wie soll sich eine innere Existenz der Europäischen Union herausbilden, wenn wir erkennen, daß in den einzelnen Mitgliedsstaaten derartig autoritäre Bewußtseinsbildungskonzepte wirksam sind? Zweifellos bemühen sich die europafreundlichen Politiker und allen voran Angela Merkel darum, so etwas wie eine europäische Identität im Bewußtsein der Europäer zu beschwören und herbeizureden. Aber wie reagieren die Menschen in den Völkern der Staaten, für die diese ungeheuren Anstrengungen zur Bereitstellung eines billionenschweren Rettungsschirms erbracht werden?

Mit Streiks bei den Griechen, mit Protesten bei den Italienern und Spaniern, usf. Sie scheinen nicht die Selbstverantwortlichkeit aufbringen zu können, die ihnen die Einsicht verschafft, daß sie alle miteinander auf Kosten der übrigen Staaten der Europäischen Union über ihre Verhältnisse gelebt haben und zwar schon viel zu lange. Aber warum sollen Menschen plötzlich in sich ein selbstverantwortliches Bewußtsein entwickeln und entdecken, wenn ihre Bildungssysteme die Herausbildung eines selbstverantwortlichen Individualitätsbewußtseins schon immer systematisch und gezielt unterbunden haben?

Die wirtschaftliche Vernunft, die nur auf die Sicherung der *äußeren* Existenz der Menschen, der Betriebe und der Staaten gerichtet ist und damit die sehr tief liegende Problematik der *Sicherung der inneren Existenz,* besonders auch der Hilfe benötigenden Staaten gar nicht im Blick hat, kann diese Problematik überhaupt nicht erkennen. Die existenzerhaltende Erkenntnisfunktion ist durch das Pekuniaritätsdogma gelähmt, und darum kann der mühsam aufgespannte Rettungsschirm auf Dauer nicht die erhoffte entspannende Wirkung haben, wenngleich im Augenblick gar kein Weg an ihm vorbeiführt. Es ist höchste Zeit die wirtschaftliche Vernunft so zu kritisieren, wie es hier angedeutet wurde, damit das riesige Problemfeld, das sich vor einer dauerhaften europäischen Vereinigung auftut, überhaupt erst auch von wissenschaftlicher und schließlich auch von politischer Seite in den Blick kommt. Und dann erst wird es möglich sein, über Problemlösungsmöglichkeiten nachzudenken. Ganz besonders ist die europäische Philosophie dazu aufgefordert, in ihrem Ursprungsland, in Griechenland, wieder dafür zu sorgen, daß dort *der selbstverantwortliche Orientierungsweg, der erstmals von den antiken griechischen Philosophen überhaupt erst entwickelt wurde, weiter beschritten werden kann.*

1.2 Vorbemerkungen zum Zweck und zum Zustandekommen dieser Vorlesung

Diese Vorlesung ist der dritte Teil einer Vorlesungsreihe, die durch die Antrittsrede unseres ersten Präsidenten, Herrn Prof. Dr. Gerhard Fouquet, angeregt worden ist. Darin hat er seine Befürchtung über das „endgültige Auseinanderfallen unserer Wissenschaften" deutlich gemacht, da er es schon seit längerer Zeit beobachtet habe, daß die Wissenschaftler sich immer mehr spezialisieren und kaum noch Verständnis mehr für andere Wissenschaften entwickeln, so daß sie nicht einmal mehr eine gemeinsame Sprache besitzen, mit der sie mit anderen Wissenschaftlern kommunizieren könnten.

Vor meiner Pensionierung war ich der letzte Wissenschaftstheoretiker der Kieler Universität, der regelmäßig wissenschaftstheoretische Vorlesungen hielt, so daß seit meiner Pensionierung von anderen Kollegen keine Vorlesungen über Wissenschaftstheorie angeboten wurden. Dennoch hat die Leitung des Philosophischen Seminars mehrere Angebote von mir, derartige Vorlesungen wieder zu halten, aus unerfindlichen Gründen abgelehnt. Im Gegensatz dazu hat sich Herr Professor Dr. Fouquet sehr über mein Angebot gefreut, im Sinne seiner Antrittsvorlesung eine Reihe wissenschaftstheoretischer Vorlesungen zu beginnen. Dadurch kam es in den beiden vergangenen Semestern bereits zu zwei Vorlesungen, „*Die Systematik der Wissenschaft*" und „*Das Werden der Wissenschaft*". In meiner ersten Planung, wollte ich im ersten Teil auch die verschiedenen normativen Wissenschaftstheorien abhandeln. Es hat sich aber herausgestellt, daß die Materialfülle doch zu groß war, so daß ich mich nun entschlossen habe, nach der Vorlesung „*Das Werden der Wissenschaft*", in diesem Wintersemester 2009/2010, die Vorlesung „*Kritik der normativen Wissenschaftstheorien*" anzuknüpfen. Im kommenden Semester wird noch eine vierte Vorlesung mit dem Titel „Kritik der Wissenschaften" folgen, die darauf hinausläuft, die Verantwortung der Wissenschaft für das menschliche Gemeinwesen und für das gedeihliche Zusammenleben von Mensch und Natur herauszuarbeiten.

1.3 Kritische Einleitung

Solange Menschen philosophieren, solange gibt es Kritik. Die Kritik ist für den Philosophen zugleich Werkzeug und Streitaxt. Kant hatte die Vernunft kritisiert, um die Grenzen zwischen Erkenntnis und transzendenter Spekulation zu ziehen. Für Kant ist die Kritik ein Werkzeug, um sein philosophisches Ziel erreichen zu können: *Die Bedingungen der Möglichkeit von intersubjektiven Erkenntnissen aufzuzeigen*, die dem Menschen bei seiner Lebensgestaltung dienlich sein können. Durch seine Kritik an den Anmaßungen und an dem unstimmigen Gebrauch der menschlichen Erkenntnisvermögen zeigt Kant durchaus streitbar, – z.B. Swedenborg[4] gegenüber – , wie sich brauchbare von unbrauchbaren Aussagen unterscheiden lassen. Über die Untersuchung der Bedingungen der Möglichkeit von Erfahrung weist er Erkenntnisse und Aussageformen auf, die für die menschliche Daseinsorientierung grundlegend sind und für die Bewältigung der menschlichen Überlebensproblematik bedeutsam sein können. Insbesondere gelingt es ihm durch diese Untersuchung, die Formen von Aussagen oder Erkenntnissen zu bestimmen, die niemals Verläßlichkeit besitzen können, weil sie der puren Spekulation entstammen oder weil sie in verwirrende Widersprüche hineinführen. Kant widmet der Aufdeckung des bloßen Scheins, der allein durch die Bemühungen der Vernunft entsteht, den umfangreichsten Teil seiner „Kritik der reinen Vernunft", den er als „Die transzendentale Dialektik" überschreibt.[5] Das Hauptanliegen seiner „Kritik der reinen Vernunft" war, die Vernunft vor Irrtümern zu bewahren. Erst daraus ergab sich das Konzept seiner Moralphilosophie, das darin besteht, die Selbsterhaltung der Vernunft mit Hilfe der Widerspruchvermeidungsstrategie des Kategorischen Imperativs zugleich für den einzelnen Menschen und die ganze Menschheit zu gewährleisten.[6]

Kant war sich noch darüber im klaren, daß seine Kritik der Vernunft von einer Metaphysik abhängt, durch die er die Bedingungen der Möglichkeit von Erfahrung bestimmen kann. Denn seine Kritik konnte nur begründet sein, wenn sie sich auf Begründungsendpunkte bezog, die er durch seine Metaphysik bestimmte. Im 20. Jahrhundert sind vor allem im sogenannten **Wiener Kreis** Philosophen aufgetreten, die die Kantsche Idee, das Erkenntnisvermögen zu kritisieren, auf ganz unkantische Art dazu benutzten, um mit ihr alle metaphysischen Wurzeln zu kappen. Sie hatten von Kant nicht gelernt, daß das Begründende als Metaphysik zu verstehen ist und daß deshalb nur das Unbegründete auf

---

4   Vgl. Kant, Immanuel, *Träume eines Geistersehers – erläutert durch Träume der Metaphysik*, bei Johann Jacob Kanter, Königsberg 1766 oder Florschütz, Gottlieb, *Swedenborgs verborgene Wirkung auf Kant. Swedenborg und die okkulten Phänomene aus der Sicht von Kant und Schopenhauer*, Königshausen & Neumann, Würzburg 1992.

5   Vgl. Kant, Immanuel, *Kritik der reinen Vernunft*, Johann Friedrich Hartknoch, Riga 1781 (A), 1787 (B) und 1790 (C).

6   Vgl. Kant, Immanuel, *Grundlegung zur Metaphysik der Sitten*, Johann Friedrich Hartknoch, Riga 1785 (A) und 1786 (B) sowie Kant, Immanuel, *Kritik der praktischen Vernunft*, Johann Friedrich Hartknoch, Riga 1788 und 1792 (B).

Metaphysik verzichten kann. Dennoch traten sie als normative Wissenschaftstheoretiker auf und bezeichneten sich überdies als *Logische Positivisten.*

Grundsätzlich lassen sich *normative* von *deskriptiven* Wissenschaftstheorien unterscheiden. Während die normativen Wissenschaftstheorien Normen und Vorschriften für wissenschaftliches Arbeiten angeben, trachten die deskriptiven Wissenschaftstheoretiker nur danach, zu beschreiben wie die Wissenschaftler in ihren Erkenntnisbemühungen tatsächlich vorgehen. Der Wissenschaftsbegriff, der durch die Beschreibung des bisherigen wissenschaftlichen Vorgehens durch Verallgemeinerung gefunden werden kann, wird in den deskriptiven Wissenschaftstheorien nicht normativ verstanden, da er geändert werden kann, sobald Wissenschaftler auftreten, die einen anderen oder allgemeineren Wissenschaftsbegriff verwenden.

Im Gefolge der *Logischen Positivisten* entwickelten sich weitere normative Wissenschaftstheorien, dies sind vor allem der *Kritische Rationalismus* und der *Konstruktivismus.* Sicher hat sich der Phänomenalismus Husserls ursprünglich auch als eine normative Wissenschaftstheorie verstanden.[7] Er hat aber in der wissenschaftstheoretischen Diskussion keinen nennenswerten Einfluß ausgeübt, so daß ich hier nur folgende Hauptrichtungen der normativen Wissenschaftstheorien behandeln werde:

1. den Logischen Positivismus oder auch Neopositivismus,
2. den Kritischen Rationalismus und
3. den Konstruktivismus.

Wissenschaftshistorische Analysen, die vor allem von Thomas S. Kuhn, Paul Feyerabend und Kurt Hübner durchgeführt worden sind,[8] haben zu der Einsicht geführt, daß in der Wissenschaftsgeschichte in unregelmäßigen Zeitabständen wissenschaftliche Revolutionen aufgetreten sind, die den kontinuierlichen Wissenschaftsfortschritt immer wieder unterbrochen oder gar unmöglich gemacht haben. Darum ist vor allem in den jungen Wissenschaften verständlicherweise der Wunsch nach gesicherten Grundlagen wissenschaftlichen Arbeitens aufgekommen. Normative Wissenschaftstheorien wurden deshalb von **den** Wissenschaften begrüßt, die sich erst im 20. Jahrhundert als eigenständige Wissenschaften etabliert haben. Dies gilt gewiß für die Sozial- und Wirtschaftswissenschaften, wie z.B. die Psychologie, die Soziologie, die Politologie oder die Volks-, Welt- oder Betriebswirtschaftslehre.

Ein entsprechender Einfluß läßt sich für die deskriptiven Wissenschaftstheorien des Konventionalismus, des Historismus und der verschiedenen Formen des Strukturalismus

---

7   Vgl. E. Husserl, *Logische Untersuchungen. 1.Band: Prolegomena zur reinen Logik*, Ges. Schr. 2, Meiner Hamburg 1992.

8   Vgl. P. Feyerabend, *Wider den Methodenzwang. Skizze einer anarchistischen Erkenntnistheorie*, Frankfurt 1976, K. Hübner, *Kritik der wissenschaftlichen Vernunft*, Alber Verlag, Freiburg 1978, Th. S. Kuhn, *The Structure of Scientific Revolutions,* Chicago 1962, deutsche Ausg.: *Die Struktur wissenschaftlicher Revolutionen,* Suhrkamp Frankfurt/M. 1967.

nicht ausmachen. Darum werde ich mich hier auf die Kritik der normativen Wissenschaftstheorien beschränken. Bei der enormen Bedeutung, welche die Sozial- und Wirtschaftswissenschaften gewonnen haben, kann es verheerende Folgen haben, wenn sie die Ziele
und Methoden ihrer wissenschaftlichen Arbeit von Wissenschaftstheorien bestimmen
lassen, deren Hintergrund nicht genügend ausgeleuchtet und deren Normenbegründungen
nicht ausreichend geprüft wurden. Auch werden die herkömmlichen Wissenschaften ihre
Krisen durch den Einsatz von Methoden normativer Wissenschaftstheorien kaum überwinden können, wenn sie nicht zuvor ihre Brauchbarkeit gründlich untersucht und geprüft
haben. Diese kritische Beleuchtung des historischen Hintergrundes und die Prüfung der
Normenbegründungen der Hauptrichtungen der normativen Wissenschaftstheorien soll
nun hier geleistet werden.

   Seit Kant hat das Kritisieren einen besonders hohen philosophischen Rang bekommen,
und wer möchte, daß andere etwas von ihm halten, der hat ersteinmal besonders kritisch
zu sein. Was aber kann dies bedeuten?[9] Ursprünglich wurde mit dem griechischen Wort
he kritiké nur die Kunst des Beurteilens bezeichnet. Im Verlauf der Neuzeit bekam das
Wort ‚Kritik' mehr und mehr die Bedeutung des abwertenden Beurteilens, besonders in
der tagtäglichen Form des Kritisierens. Wenn von vornherein der Versuch gemacht wird,
etwas Gegebenes in einem negativen Licht darzustellen, dann handelt es sich nicht um
eine sachliche Untersuchung, da das Ergebnis des Vorhabens im Voraus festliegt. Darum
möchte ich das Wort ‚Kritik' durchaus in dem ursprünglichen Sinn des Beurteilens verstanden wissen. Wenn das Beurteilungsverfahren ein negatives Ergebnis zu Tage fördert,
dann liegt es jedenfalls nicht an einem vorher gefaßten Entschluß dazu. Jede Beurteilung
bedarf bestimmter Kriterien, nach denen geurteilt wird. Diese hängen von dem Gegenstandsbereich ab, in dem die Beurteilung vorgenommen werden soll und von den Zwecken, denen die Beurteilung dient. Eine Kritik der Wissenschaftstheorien macht darum
folgende Untersuchungsschritte erforderlich:

1. Charakterisierung des Gegenstandsbereichs ‚Wissenschaftstheorien'.
2. Darstellung der Zwecke von Wissenschaftstheorien.
3. Ableitung der relevanten Beurteilungsmöglichkeiten und der dazugehörigen Kriterien.
4. Darstellung der einzelnen Wissenschaftstheorien und ihre Beurteilung.
5. Zusammenfassende Folgerungen aus den vorgenommenen Kritiken der Wissenschaftstheorien.

---

9   Mit dieser Frage weist sich natürlich auch der Autor als ganz besonders kritisch aus!

Charakterisierung des Gegenstandsbereichs ‚Wissenschaftstheorien'

2.1 Vorbemerkungen

Die Gegenstände der Beurteilung sollen hier normative Wissenschaftstheorien sein. Normative Wissenschaftstheorien stellen Sollensaussagen für das wissenschaftliche Arbeiten auf, die sie zu begründen haben. Aufgrund des Humeschen Satzes, daß Sollensaussagen nicht aus Seinsbeschreibungen abgeleitet werden können,[10] sind Begründungen für das Aufstellen von Normen verschieden von Begründungen für deskriptive Aussagen. Dennoch müssen auch die normativen Wissenschaftstheorien beschreiben, was für sie wissenschaftliches Arbeiten bedeutet. Sie können sich dabei auf gewisse Beschreibungen der herkömmlichen Wissenschaften stützen, wobei der Mathematik und der Physik eine hervorragende Rolle zukommen. Die normative Komponente entsteht durch die Verabsolutierung einer bestimmten Art des wissenschaftlichen Vorgehens, wie sie durch Deskription gewonnen wurde oder durch eine Erkenntnistheorie, die den Wissenschaften systematisch vorgeordnet wird. Darum soll hier ein Rahmen zur Beschreibung von Wissenschaftstheorien angegeben werden, der auch für die Beschreibung von deskriptiven Wissenschaftstheorien tauglich ist und der aus einem möglichst allgemeinen Erkenntnisbegriff abgeleitet wird.

Die *Wissenschaftstheorien als Gegenstände der Beurteilung* sind begriffliche Konstruktionen in Abhängigkeit von dem Gegenstandsbereich der Wissenschaften. Die Wissenschaften orientieren sich wiederum an ihren spezifischen Gegenstandsbereichen.[11] Solange

---

10 Vgl. David Hume, *Ein Traktat über die menschliche Natur*, Buch II und III *Über die Affekte. Über die Moral.*, Hamburg 1978, S. 195–212, insbesondere S. 211.

11 Vor allem in sozialwissenschaftlichen Veröffentlichungen geistert immer wieder die Meinung umher, daß es „seit Max Weber zum guten Ton in der methodologischen Diskussion gehöre,

© Springer Fachmedien Wiesbaden GmbH, ein Teil von Springer Nature 2019
W. Deppert, *Theorie der Wissenschaft*, https://doi.org/10.1007/978-3-658-15120-1_2

wir im begrifflichen Konstruieren bleiben, kommen wir aus dieser Kette nicht heraus, in der die Anwendungsgegenstände von Begriffen selbst wieder Begriffe sind; denn dies ist die grundsätzliche Struktur aller Begriffe, daß sie als ein Allgemeines etwas Einzelnes umfassen.[12] Wollen wir begriffliche Gegenstandsbereiche klären, so führt dieser Versuch prinzipiell zu keinem Ende. Denn zu jeder allgemeinen Vorstellung läßt sich eine noch allgemeinere erfinden, die die erstere umfaßt und zu jeder einzelnen Vorstellung kann man eine einzelne Vorstellung suchen, die von der ersteren umfaßt wird. Wir haben also, Festsetzungen darüber zu treffen, wodurch uns einzelne Gegenstände gegeben sind oder geliefert werden, die wir aufgrund dieser Festsetzung nicht wieder als etwas Allgemeines mit einem neuen Gegenstandsbereich betrachten. Diese Betrachtungen sind uns aus dem ersten Teil der Vorlesung über die Systematik der Wissenschaft bereits geläufig, wo sich

---

eine wissenschaftliche Disziplin nicht durch ihren Gegenstandsbereich, sondern durch ihr Paradigma, ihr Forschungsprogramm, ihr Schema, ihre analytische Verfahrensweise, also durch ihren Ansatz: das für sie spezifische Zusammenspiel von Erkenntnisziel und Erkenntnismittel, konstituiert zu sehen." (Vgl. Ingo Pies, Ökonomik als Institutionentheorie menschlicher Interaktionen, in: *Ethik der Sozialwissenschaften*, 5, S. 325–327, 1994.) Dabei beruft man sich auf Max Webers Bemerkung: „Nicht die *,sachlichen'* Zusammenhänge der *,Dinge'*, sondern die *gedanklichen* Zusammenhänge der *Probleme* liegen den Arbeitsgebieten der Wissenschaften zugrunde: wo mit neuer Methode einem neuen Problem nachgegangen wird und dadurch Wahrheiten entdeckt werden, welche neue bedeutsame Gesichtspunkte eröffnen, da entsteht eine neue ,Wissenschaft'." (*Gesammelte Aufsätze zur Wissenschaftslehre*, Mohr, Tübingen 1988, S. 166.) Einerseits bezieht sich Weber hier noch auf einen naiven Positivismus, nach dem es theoriefreie Tatsachen und mithin theoriefreie Dinge gäbe, andererseits hebt er diesen Glauben an das mögliche Umgehen mit Dingen an sich in diesem Zitat auf. Denn „die *gedanklichen* Zusammenhänge der *Probleme*" bestimmen ebenso die Methoden wie die Gegenstände einer Wissenschaft. Tatsächlich spricht er in dem Zitat nicht von Gegenständen der Wissenschaft, und nur zufällig erläutert er seinen Gedankengang an neuen Methoden. Er hätte ihn auch an neuen Gegenständen darstellen können. Denn natürlich ist es auch möglich, daß bestimmte Probleme oder bestimmte Methoden selbst wieder Gegenstände von neuen Wissenschaften werden, in denen zur Behandlung dieser neuen Gegenstände neue Methoden erfunden werden müssen. Der scheinbar sachlich bestimmte Gegenstand eines Apfels ist aufgrund der verschiedenen „*gedanklichen* Zusammenhänge der *Probleme*" für den Biologen ein anderer Gegenstand als für den Ernährungswissenschaftler und wieder ein anderer Gegenstand für den Ökonomen oder den Agrarwissenschaftler und sicher ein je anderer Gegenstand für den Theologen, den Physiker, den Ästhetiker, den Sexualforscher oder den Sozialpsychologen.

12   Zu der Eigenschaft der Begriffe je nach Hinsicht etwas Einzelnes oder etwas Allgemeines zu repräsentieren vgl. den ersten Teil dieser Vorlesung oder Wolfgang Deppert, Hierarchische und ganzheitliche Begriffssysteme, Referat während, des Kongresses der Gesellschaft für Analytische Philosophie „ANALYOMEN – Perspektiven der Analytischen Philosophie" in Leipzig am 10. Sept. 1994 oder ders., Mythische Formen in der Wissenschaft, – Am Beispiel der Begriffe von Zeit, Raum und Naturgesetz -, Referat zum 1. Symposium des ,Zentrums zum Studium der deutschen Philosophie und Soziologie' vom 4. bis 9. April 1995 in Moskau zum Rahmenthema „Wissenschaftliche und außerwissenschaftliche Denkformen" oder ders., *Einführung in die Philosophie der Vorsokratiker*, nicht druckfertiges Vorlesungsmanuskript, Kiel 1999, Abschnitt 1.2 und 1.3.

feststellen ließ, daß es grundsätzlich für alle begründenden Unternehmungen, wie es die Wissenschaften sein wollen, nötig ist, Begründungsendpunkte anzugeben, die, wenn sie systematisch verfasst sind, weder verallgemeinert noch vereinzelt werden zu können, als *mythogene Ideen* bezeichnet werden, in denen *Einzelnes und Allgemeines in einer Vorstellungseinheit* zusammenfallen.

Alle einzelnen Wissenschaften müssen ihre Gegenstandsbereiche möglichst genau festlegen, um sinnvoll arbeiten zu können, und das heißt, um Erkenntnisse über ihre Gegenstandsbereiche zu gewinnen. Zur Erreichung solcher Ziele benötigt der Wissenschaftler bestimmte Methoden, die er übernimmt oder auch selbst entwickelt. Wenn Wissenschaftstheoretiker die Wissenschaften zu ihrem Gegenstandsbereich wählen, dann führen sie die Wissenschaften zurück auf die speziellen Erkenntnisbegriffe und Erkenntnismethoden, wie sie in den Wissenschaften verwendet werden oder werden sollten. Dadurch werden die von den Wissenschaften benutzten Erkenntnisbegriffe und Erkenntnismethoden zu den Einzelgegenständen der Wissenschaftstheorien. Denn sie versuchen, die von den einzelnen Wissenschaften verwendeten Erkenntnisformen und -methoden in den allgemeinen Rahmen ihrer wissenschaftstheoretischen Konzeption einzuordnen.

Wollen wir zu einer Beurteilung von Wissenschaftstheorien kommen, so wählen wir sie als unsere zu betrachtenden Gegenstände aus. Dazu haben wir ihre Strukturen miteinander zu vergleichen, und d.h., wir werden auf die Erkenntnisbegriffe und Methoden zurückgeführt, die von den verschiedenen Wissenschaftstheorien für das wissenschaftliche Arbeiten gefordert oder nur verallgemeinernd dargestellt werden. Um diese Untersuchungsgegenstände einordnen zu können, brauchen wir einen möglichst allgemeinen Erkenntnisbegriff und eine möglichst allgemeine Vorstellung von Erkenntnismethoden. Erst dann lassen sich die verschiedenen Auffassungen der Wissenschaftstheorien einordnen und vergleichen. Wir haben also so etwas, wie einen erkenntnistheoretischen Rahmen der darzustellenden und miteinander zu vergleichenden Wissenschaftstheorien herauszuarbeiten. Es versteht sich, daß ich nun einiges über den Erkenntnisbegriff aus der 1. Vorlesung „Die Systematik der Wissenschaft" wiederholen muß, um hier volle Verständlichkeit zu gewährleisten.

2.2 Der erkenntnistheoretische Rahmen der Wissenschaftstheorien

Unter *Erkenntnis* will ich ganz allgemein die Kenntnis eines gelungenen Versuchs verstehen, etwas Einzelnes einem Allgemeinem zuzuordnen. Dabei muß freilich geklärt sein, woraus das Einzelne und das Allgemeine besteht und was unter der Zuordnung von Einzelnem zu etwas Allgemeinem zu verstehen ist. Wenn wir etwa viele einzelne unterscheidbare Dinge haben, wie etwa einen Korb voller Pilze, dann mag es sein, daß dieser Korb von einem Pilzsammler einem Pilzsachverständigen gegeben worden ist, damit dieser feststellt, welche dieser Pilze eßbar sind und welche nicht. Dadurch liegt ein Erkenntnisproblem vor, wobei das Einzelne aus einer ungeordneten Menge von Pilzen besteht und das Allgemeine aus dem Begriff des eßbaren Pilzes. Die Zuordnung besteht darin, die ungeordnete Menge von Pilzen so zu ordnen, daß diese in zwei Teilmengen der eßbaren Pilze und der nicht eßbaren Pilze aufgeteilt wird. Um diese Zuordnung leisten zu können, braucht der Pilzkundige bestimmte Merkmale des Begriffs ‚eßbarer Pilz', nach denen er die Klassenaufteilung vornimmt. Die Zuordnung wird hier mit Hilfe von bereits bekannten Erkenntnissen vorgenommen, wodurch sie von jedem anderen Pilzsachverständigen nachvollzogen werden kann. Der Pilzsammler hat dadurch die Erkenntnis gewonnen, welche der gesammelten für eine Pilzmahlzeit verwendbar sind und welche nicht.

Wir können also die oben gegebene Erkenntnisdefinition auch so umformulieren: *Eine Erkenntnis liegt vor, wenn ein gegebener Bereich von Erkenntnisobjekten einem Ordnungsverfahren so unterworfen worden ist, daß die Erstellung dieser Ordnung intersubjektiv nachvollziehbar ist.* Die Vorstellung von etwas Ungeordnetem und einer Ordnung, durch die eine Erkenntnis gewonnen werden soll, sind so aufeinander bezogen wie eine Frage auf ihre Antwort. Und wie eine Frage schon immer etwas Bekanntes voraussetzt, so muß auch das Ungeordnete aus etwas Bekanntem bestehen, dies sei *das Einzelne des Erkenntnisgegenstandes* genannt. Die Ordnung, mit der der Ordnungsversuch gelingt, bezeichne ich *das Allgemeine des Erkenntnisgegenstandes.* Um das Allgemeine für das Einzelne des Erkenntnisgegenstandes auffinden zu können, bedarf es einer *Ordnungsregel* oder eines Ordnungsverfahrens. Im Beispiel der Pilze ist es die Anwendung der Kenntnis der Merkmale des Begriffs ‚eßbarer Pilz'. Dieser Begriff ist das *Allgemeine des Erkenntnisgegenstandes*, während das Verfahren die Merkmale der Eßbarkeit an den gegebenen Pilzen zu prüfen, die Ordnungsregel ist. So wie in dem gegebenen Fall keine Fehler bei der Zuordnung vorkommen sollten, so soll dies auch für wissenschaftliche Erkenntnisse gelten, denn auch für sie ist stets die intersubjektive Anwendbarkeit der Ordnungsregel intendiert.

Natürlich wird derjenige, der die Erkenntnis gewinnen will, gewisse Sicherheiten anstreben, um Irrtümer zu vermeiden bzw. die Sicherheit dafür zu haben, daß die Ordnungsregel auch richtig angewandt wurde und daß das Einzelne tatsächlich zu dem Allgemeinen paßt. Als Sicherheitskriterium wird im Beispiel der Pilze vielleicht ein zweiter Pilzkenner heranzuziehen sein, damit dieser die vorgenommene Ordnung der eßbaren und der nicht eßbaren Pilze überprüft. Außerdem wird es bei jeder Erkenntnis noch einen Grund geben, warum man sie anstrebt; hier eine genüßliche Pilzmahlzeit.

Wissenschaftliche Erkenntnis läßt sich somit auffassen als eine bestimmte Relation zwischen:

1. dem Einzelnen des Erkenntnisobjektes,
2. dem Allgemeinen des Erkenntnisobjektes,
3. der intersubjektiven Ordnungsregel,
4. Sicherheitskriterien für die Richtigkeit der Zuordnung von Einzelnem zu Allgemeinem,
5. dem Erkennenden selbst, der die Zuordnung als eine Kenntnis aufnehmen muß, und
6. dem Zweck, dem die Erkenntnis dienen soll.

Das *wissenschaftliche Erkenntnisproblem* besteht 1.) in der *Bestimmung*, 2.) in der *Verfügbarkeit* dieser Erkenntnisbestandteile und 3.) in ihrem *Verhältnis* zueinander. Dementsprechend versuchen die Wissenschaftstheorien zu klären, wie der Wissenschaftler zu seinen Erkenntnisbestandteilen kommt oder kommen soll und wie er deren Verhältnis bestimmt oder zu bestimmen hat.

Während die Verfügbarkeit der Erkenntnisbestandteile existentielle Probleme darstellen, betrifft die Frage der Bestimmbarkeit das Verhältnis von Existenz und begrifflicher Beschreibung. Schließlich ergibt sich das gesamte Verhältnis aller Erkenntnisbestandteile untereinander erst aus einer bestimmten weltanschaulichen Sicht. Denkt man etwa alles Geschehen in einem göttlichen Heilsplan eingeordnet, so wird dem Erkennenden die Erkenntnis eingegeben, die Erkenntnis ist dann nicht seine Leistung. Glaubt man hingegen an eine nicht vollständig vorbestimmte Gesamtwirklichkeit, so bringt der Erkennende wesentliche Teile im Erkenntnisprozeß selber hervor. Es versteht sich von selbst, daß derartig verschiedene Überzeugungen auch zu verschiedenen methodischen Überlegungen führen.

Die grundlegenden auffindbaren Begründungen für wissenschaftliches Vorgehen sind in der Geschichte religiöser Natur gewesen. Sie sind es noch, wenn wir den Religionsbegriff in geeigneter Weise verallgemeinern, so daß Religiosität als eine allgemein-menschliche Fähigkeit zum Stellen und Beantworten von übergreifenden Sinnfragen verstanden wird. Da es hierbei naturgemäß um ganz persönliche Einstellungen geht, handelt es sich bei religiösen Grundgefühlen und beim religiösen Glauben um nicht beweisbare Aussagen. Diese grundsätzliche Unbeweisbarkeit setzt sich in der Unbeweisbarkeit der Metaphysik und den aus ihr folgenden Festsetzungen zur Begründung der Wissenschaft fort. Diesen Zusammenhang zwischen religiösen Überzeugungen und den Begründungen für wissenschaftliches Arbeiten hat bereits Paul Feyerabend gesehen (Feyerabend 1976), eine detailliertere Darstellung findet sich in (Deppert, 1997).

Es sei nochmals daran erinnert, daß die Grundaussagen, die Wissenschaft begründen sollen, als *metaphysische Aussagen* bezeichnet werden. Ich halte mich hier an diesen Sprachgebrauch, versuche aber darüber hinaus zu zeigen, daß die Begründung der verschiedenen Metaphysiken nicht ad hoc geschieht, sondern den jeweiligen zugrundeliegenden religiösen Überzeugungen entstammt. Den Rahmen, in den ich dazu den Begriff der Erkenntnis einbette, liefert der Begriff des Zusammenhangserlebnisses.[13] Zusammen-

---

13   Zur Definition eines erweiterten Religionsbegriffes und zum erkenntniskonstituierenden Begriff des Zusammenhangserlebnisses siehe: Wolfgang Deppert, Orientierungen – eine Studie über den Zusammenhang von Religion, Philosophie und Wissenschaft, in: Albertz, J. (Hg.), *Perspektiven und Grenzen der Naturwissenschaft*, Wiesbaden 1980, S. 121–135 oder ders., Hermann Weyls Beitrag zu einer relativistischen Erkenntnistheorie, in: Deppert, W.; Hübner, K; Oberschelp, A.; Weidemann, V. (Hrsg.), *Exakte Wissenschaften und ihre philosophische Grundlegung*, Vortr. d. intern. Hermann-Weyl-Kongresses Kiel 1985, Peter Lang, Frankfurt/ Main 1988 oder ders., Ziele naturwissenschaftlicher Bildung im Zeitalter der technischen Zerstörbarkeit der menschlichen Lebensgrundlagen. In: *„Nicht für das Leben, sondern für die Schule lernen wir" (Seneca). Bildungsziele vor den Herausforderungen der Gegenwart.*

hänge werden erlebt, d.h., sie können weder durch Vernunft erschlossen noch direkt sinnlich erfahren werden, wie es David Hume in seiner Kritik des Induktionsprinzips deutlich herausgearbeitet hat. Hume spricht von einem „seelischen Vorgang", der immer wieder suggeriert, daß „in vielen Fällen zwei Arten von Dingen, Flamme und Hitze, Schnee und Kälte, stets miteinander in Zusammenhang" stehen.[14] Zusammenhangserlebnisse verändern die Gefühlslage positiv. Isolationserlebnisse, durch die bewußt wird, daß ein erlebter Zusammenhang nicht oder nicht mehr besteht, verändern die Gefühlslage negativ. Die Intensität des Erlebnisses bestimmt den Grad der Gefühlsveränderung.

Allgemein spreche ich von Erkenntnissen, wenn es sich um *reproduzierbare Zusammenhangserlebnisse* handelt, wobei die relative Gültigkeit von Erkenntnissen automatisch berücksichtigt ist. *Wissenschaftliche Erkenntnisse* nenne ich solche, die die Bedingung der Wiederholbarkeit dadurch erfüllen, daß die betreffenden Zusammenhangserlebnisse durch das *schrittweise Hintereinanderreihen* von kleinsten Zusammenhangserlebnissen (Verstehensschritte) und dadurch weitgehend verläßlich und prinzipiell intersubjektiv reproduziert werden können.

Die *Metaphysik* besteht, von ihrer religiösen Wurzel her gesehen, aus der religiösen Begründung für die Reproduzierbarkeit von Zusammenhangserlebnissen und insbesondere aus der Begründung dafür, warum und wie das Verfahren, komplexe Zusammenhangserlebnisse durch das Hintereinanderreihen von kleinsten Verstehensschritten reproduzierbar zu machen, möglich ist. Kantisch gesprochen, soll Metaphysik die Bedingungen der Möglichkeit von Erfahrung darstellen und begründen.[15] Es ist gewiß denkbar, daß es verschiedene religiöse Begründungen für ein und dieselbe Metaphysik geben kann.

Hrsg. Thomas Bütow. Materialien der Evangelischen Akademie Nordelbien, Bad Segeberg 1989, S. 45–63 oder ders., Der Mensch braucht Geborgenheitsräume, in: J. Albertz (Hrsg.), *Was ist das mit Volk und Nation – Nationale Fragen in Europas Geschichte und Gegenwart*, Schriftenreihe der Freien Akademie, Bd. 14, Berlin 1992, S. 47–71 oder ders., Zukunftshoffnungen trotz Zukunftsängsten, in: R. Fechner, C. Schlüter-Knauer (Hrsg.), *Existenz und Kooperation. Festschrift für Ingtraud Görland zum 60. Geburtstag*, Duncker & Humblot, Berlin 1993, S. 71–84.

14   Vgl. David Hume, *An Enquiry concerning Human Understanding*, London 1751, G 40,S4 6, deutsch: *Eine Untersuchung über den menschlichen Verstand*, übers. von Raoul Richter, herausg. von Jens Kulenkampff, Meiner Verlag, Hamburg 1993, S. 59.

15   Kant sagt in der Methodenlehre seiner Kritik der reinen Vernunft: „Alle reine Erkenntnis a priori macht also, vermöge des besonderen Erkenntnisvermögens, darin es allein seinen Sitz haben kann, eine besondere Einheit aus, und Metaphysik ist diejenige Philosophie, welche jene Erkenntnis in dieser systematischen Einheit darstellen soll." (A 845/B 873) Da alle reinen Erkenntnisse a priori, die Bedingungen der Möglichkeit von Erfahrung betreffen, liefert auch für Kant die Metaphysik die unhintergehbaren Begründungen für die Möglichkeit aller Erfahrung, was er mit folgenden Worten nachhaltig unterstreicht: „Eben deswegen ist Metaphysik auch die Vollendung aller *Kultur* der menschlichen Vernunft, die unentbehrlich ist, wenn man gleich ihren Einfluß, als Wissenschaft, auf gewisse bestimmte Zwecke bei Seite setzt. Denn sie betrachtet die Vernunft nach ihren Elementen und obersten Maximen, die selbst der *Möglichkeit* einiger Wissenschaften, und dem *Gebrauche* aller, zum Grunde liegen müssen." (A 850f./ B 878f.) Die Einschränkung macht Kant hier, weil er der Meinung ist, daß die

Darum werde ich mich hier darauf beschränken, die metaphysischen Grundlagen der verschiedenen Wissenschaftstheorien aufzusuchen, ohne näher auf mögliche religiöse Begründungen einzugehen. An dieser Stelle ist es geboten, kurz noch gewisse Unterscheidungen in der Verwendung des Metaphysik-Begriffs zu betrachten, um sie für die Beschreibung der spezifischen Metaphysiken der zu untersuchenden Wissenschaftstheorien nutzen zu können.

Zur *Bestimmung der Metaphysik* werde die *allgemeine* von der *speziellen Metaphysik* unterschieden:

1. Die *Allgemeine Metaphysik* macht folgende Aussagen:
   1.1 Aussagen über die allgemeine Struktur des Seins. Solche Aussagen sollen auch als *allgemeine* oder als *generelle Ontologie* bezeichnet werden.
   1.2 Aussagen über die besondere Beziehung des Menschen zu dieser Seinsstruktur. Diese Aussagen mögen einer so zu benennenden *besonderen* oder *speziellen Ontologie* entnommen werden.
2. Die *besondere* oder *spezielle Metaphysik* macht folgende Aussagen:
   2.1 Aussagen über die Möglichkeit der Menschen, mit einfachsten Zusammenhangserlebnissen beginnend, die Komplexität der Seinsstruktur durch fortschreitendes Zusammenfügen einfachster Verstehensschritte immer sicherer bestimmen zu können. Hierdurch wird die Möglichkeit von wissenschaftlicher Erkenntnis gewährleistet.
   2.2 Aussagen über die Art der einfachsten Zusammenhangserlebnisse oder anders gesagt, über die einfachsten Verstehensschritte und die Möglichkeiten ihrer Zusammenfügung. Damit werden bestimmte Methoden für den Wissenserwerb in den Wissenschaften ausgezeichnet.

Alle diese Aussagen sind grundsätzlich nicht beweisbar, da sie selbst erst den Grund für Beweise angeben. Sie sind nur begründbar aus den in jedem Menschen vorhandenen Bereichen, die ich das religiöse Grundgefühl und den religiösen Glauben nenne.[16] Prinzipiell könnte man die metaphysischen Aussagen auch als Festsetzungen verstehen, aber durch ihre Ableitbarkeit aus religiösen Überzeugungen des Einzelnen haben die metaphysischen Aussagen grundsätzlich einen persönlichen Charakter und stellen damit noch einen persönlichen Freiraum einer Wissenschaftlerin oder eines Wissenschaftlers dar.

Ich möchte sie darum nicht zu den Wissenschaft begründenden Festsetzungen zählen, von denen gleich die Rede sein soll.

Mathematik der reinen Sinnlichkeit und nicht der durch Vernunfttätigkeit bestimmten Metaphysik entspringt.

16   Zur Definition religiöser Termini vgl. Wolfgang Deppert, Der Mensch braucht Geborgenheitsräume, in: J. Albertz (Hrsg.), *Was ist das mit Volk und Nation – Nationale Fragen in Europas Geschichte und Gegenwart*, Schriftenreihe der Freien Akademie, Bd. 14, Berlin 1992, S. 47–71 oder auch in: (Deppert, 1997), abgedruckt hier in TdW im Bd. IV „Die Verantwortung der Wissenschaft" S. 172–188.

Während die Existenzfragen und der Zusammenhang von Existenz und Begriff aus den metaphysischen Grundlagen einer Wissenschaftstheorie her ableitbar sein sollten, so haben die rein begrifflichen Konstruktionen und deren Bedeutungsproblematik nur eine historisch aufweisbare Wurzel, die sich vor allem aus der Tradition der Sprache ergibt. Anhand des angegebenen allgemeinen Erkenntnisbegriffs läßt sich sagen, welche Aussagentypen von einer Wissenschaftstheorie gemacht werden müssen, damit sie eine mögliche Lösung der Erkenntnisproblematik darstellt. Dazu müssen folgende Fragen beantwortet werden:

1. Wie ist das Einzelne des Erkenntnisobjekts begrifflich bestimmt?
2. Wodurch ist das Einzelne des Erkenntnisobjekts gegeben?
3. Wie ist das Allgemeine des Erkenntnisobjekts begrifflich bestimmt?
4. Wodurch ist das Allgemeine des Erkenntnisobjekts gegeben?
5. Wie läßt sich entscheiden, welches Einzelne zu welchem Allgemeinen zugeordnet werden kann?
6. Wodurch läßt sich diese Zuordnung vornehmen oder wodurch ist sie gegeben?
7. Wodurch läßt sich prüfen, ob die Zuordnung richtig vorgenommen wurde?
8. Wodurch kann diese Prüfung faktisch vorgenommen werden?
9. Wie kann der Erkennende Kenntnis von einer Zuordnung von etwas Einzelnem zu etwas Allgemeinem gewinnen?
10. Wodurch erlangt der Erkennende faktisch diese Erkenntnis?
11. Wie läßt sich die Erkenntnis einem Zweck zuordnen?
12. Wodurch ist die Erkenntnis zweckdienlich?

Diese Fragen sind so ausgelegt, daß sie sich wechselweise auf die Möglichkeitsräume begrifflicher Konstruktionen und auf faktische Existenzaussagen beziehen. Darum werde ich die möglichen Antworten darauf jeweils durch die Adjektive `begrifflich' und `existentiell' unterscheiden. Bei den Antworten handelt es sich bei einer konsistenten Theorie um Ableitungen aus bestimmten metaphysischen Aussagen. Obwohl sich die 12 Antworten aus der Metaphysik ergeben sollten, will ich im Sinne Hübners von Festsetzungen sprechen. Damit sei auf ihre prinzipielle Unbeweisbarkeit hingewiesen, was aber eine andere Art ihrer Zurückführbarkeit in keiner Weise ausschließt. Demnach sind durch die Wissenschaftstheorien gemäß der 12 Fragen folgende Festsetzungen als Antworten zu treffen:

1. Begriffliche Gegenstandsfestsetzungen
2. Existentielle Gegenstandsfestsetzungen
3. Begriffliche Allgemeinheitsfestsetzungen
4. Existentielle Allgemeinheitsfestsetzungen
5. Begriffliche Zuordnungsfestsetzungen
6. Existentielle Zuordnungsfestsetzungen
7. Begriffliche Prüfungsfestsetzungen
8. Existentielle Prüfungsfestsetzungen

9. Begriffliche Festsetzungen über die menschliche Erkenntnisfähigkeit
10. Existentielle Festsetzungen über die menschliche Erkenntnisfähigkeit
11. Begriffliche Zwecksetzungen
12. Existentielle Zwecksetzungen

Wenn eine Anleitung zum Beantworten dieser Fragen gegeben ist oder wenn derartige Festsetzungen ausdrücklich getroffen sind oder wenn sie wenigstens aus bestimmten metaphysischen Aussagen oder aus einer wissenschaftlichen Praxis nach einem systematischen Verfahren zu erschließen sind, dann will ich diese Menge von Aussagen eine *Wissenschaftstheorie* nennen. Dabei lassen sich *spezielle von allgemeinen Wissenschaftstheorien* unterscheiden. Eine *spezielle Wissenschaftstheorie* wäre eine solche, welche die Bestimmung der Festsetzungen einer bestimmten einzelnen Wissenschaft ermöglicht, eine *allgemeine Wissenschaftstheorie* hätte die Bestimmung der Festsetzungen beliebiger Wissenschaften zu leisten, wobei es denkbar ist, daß die Menge der betreffenden Wissenschaften durch ausgewählte Bedingungen eingeschränkt wird. So kann es *eine spezielle Wissenschaftstheorie der Physik* oder eine andere der Psychologie oder eine der Sprachwissenschaften geben. Auch wäre es denkbar, eine allgemeine Wissenschaftstheorie aller Naturwissenschaften zu entwerfen oder eine allgemeine Wissenschaftstheorie aller Geisteswissenschaften. Die hier dargestellte Theorie zur Beschreibung und zur Beurteilung von Wissenschaftstheorien, sei als **Metatheorie der Wissenschaftstheorien** bezeichnet.

2.3 Erinnerung an Hübners Theorie der Wissenschaft als Beispiel einer wissenschaftstheoretischen Metatheorie

Ein sehr ähnliches Unternehmen, von dem ich meine Anregungen bekam, hat bereits Kurt Hübner in seinem Buch `Kritik der wissenschaftlichen Vernunft', Freiburg 1978 vorgeführt. Untersuchungen über das tatsächliche Vorgehen der Wissenschaftler in Geschichte und Gegenwart haben Hübner auf seine Theorie der wissenschaftstheoretischen Festsetzungen geführt oder der wissenschaftstheoretischen Kategorien, wie er sie auch nennt. Er benutzt den Begriff der Kategorien, da diese Festsetzungen erst getroffen sein müssen, um überhaupt von wissenschaftlichem Vorgehen reden zu können. Aber im Gegensatz zu Kant ist er nicht der Meinung, daß die Kategorien transzendental zu begründen sind. Nach Hübner sind sie ausschließlich historisch bestimmt, jedenfalls, was ihren spezifischen Inhalt angeht. Darum spricht er an dieser Stelle vom *historischen Apriori*. Hübner unterscheidet fünf Hauptgruppen wissenschaftstheoretischer Kategorien:

1. die instrumentalen,
2. die funktionalen,
3. die axiomatischen,
4. die judicalen und
5. die normativen Festsetzungen.

Die *instrumentalen Festsetzungen* sind solche über die Erstellung und Verwendung von Meßinstrumenten oder anderen Mitteln zur Gewinnung von einzelnen Aussagen, wie etwa Meßdaten. In der hier gegebenen Systematik entsprechen die *Gegenstandsfestsetzungen* Hübners seinen *instrumentalen Festsetzungen*. Hübner hat diese Bezeichnung im Hinblick auf die experimentellen Wissenschaften gewählt. Der Funktion nach beantworten diese Festsetzungen aber genau die Frage, wie der Wissenschaftler zu einzelnen Aussagen kommt, die von den ihm gegebenen Untersuchungsgegenständen handeln oder sie selber sind. Es geht also bei diesen Festsetzungen um die Bestimmung des Gegenstandsbereichs einer Wissenschaft.

Die einzelnen oder singulären Aussagen des Gegenstandsbereichs können mit Hilfe der *funktionalen Festsetzungen*, wie Hübner sie nennt, zu allgemeinen oder generellen Aussagen zusammengefaßt werden. So nimmt man z.B. bestimmte *Interpolationsverfahren* an, um von einzelnen Daten auf eine mathematische Funktion zu kommen, die dann die *mathematische Form eines Naturgesetzes* darstellen soll. Hübner nennt diese Festsetzungen auch die *induktiven Festsetzungen*, da sie festlegen sollen, wie man aus einzelnen Aussagen allgemeine Aussagen induzieren, d.h. erschließen kann. Da dies niemals auf logische und eindeutige Weise möglich ist, bedarf es dazu bestimmter Festsetzungen, etwa wie der von Interpolationsverfahren. Sie sind dann erforderlich, wenn von einzelnen Meßdaten auf eine Funktion geschlossen werden soll. Als Veranschaulichung dieses Zusammenhangs mögen mögliche Messungen an einem frei fallenden Körper dienen, die zu bestimmten Zeiten die Messung des Fallweges wiedergeben. Durch Interpolationsregeln soll sich nach heutiger Kenntnis aus den Meßdaten die Parabel $s = (g/2) \cdot t^2$ ergeben. Je nach Interpolationsregel ist es durchaus möglich, daß keiner der Meßpunkte auf der Funktionskurve liegt, die dennoch das Allgemeine ist, das alle Meßpunkte miteinander verbindet (siehe Abb. 1).

Den hier genannten Zuordnungsfestsetzungen entsprechen die Hübnerschen funktionalen Festsetzungen weitgehend. In ihnen ist jedoch nicht ausdrücklich genannt, was ich hier als die Allgemeinheitsfestsetzungen bezeichne. Diese sind jedoch erforderlich, um überhaupt eine Idee davon zu haben, woraufhin induziert werden soll, d.h. von welcher begrifflichen Art das Allgemeine sein soll und in welcher Form dafür eine Existenz angenommen wird. So ist es z.B. für einige Wissenschaftstheoretiker ausgemacht, daß die Naturgesetze eine vom Menschen unabhängige selbständige Existenz haben, während für andere, Naturgesetze nur im menschlichen Verstand existieren, d.h. vom Menschen gemachte theoretische Konstruktionen sind. Diese Vorstellungen werden in den *existentiellen* Allgemeinheitsfestsetzungen erfaßt.

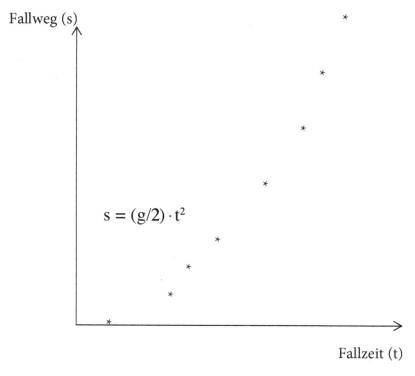

Abb. 1   Mögliche Meßdaten zum Freien Fall im Weg-Zeit-Diagramm

Im Rahmen der Hübnerschen Theorie werden die in den instrumentalen und funktionalen Festsetzungen verwendeten Begriffe in ihren wechselseitigen Abhängigkeiten
und Bedeutungen durch die *axiomatischen Festsetzungen* festgelegt. Axiome sind Ver-
knüpfungen von undefinierten Grundbegriffen mit Aussagencharakter. Axiome werden
oft in mathematischer Form formuliert, um die Eindeutigkeit der Ableitungen zu gewährleisten, die aus ihnen möglich sind. Die Bedeutung der Grundbegriffe ergibt sich einerseits
durch ein geschichtlich tradiertes Vorverständnis und andererseits durch ihre besonderen
Beziehungen, wie sie in den Axiomen zum Ausdruck kommen. Oft sind in den Axiomen aber auch noch Begriffe enthalten, die nicht zu den undefinierten Grundbegriffen
des Axiomensystems zählen, weil sie ihre Bedeutung von anderen Axiomensystemen und
deren Verwendung oder aus der Umgangssprache beziehen. Als Beispiel für diese Zusammenhänge mögen hier die beiden ersten Axiome der Newtonschen Mechanik dienen.
Das erste Axiom, das sogenannte Trägheitsprinzip lautet:

Jeder Körper beharrt in seinem Zustande der Ruhe oder der gleichförmigen geradlinigen Bewegung, wenn er nicht durch einwirkende Kräfte gezwungen wird, seinen Zustand zu ändern.[17] Beschreibt man den Zustand der gleichförmig geradlinigen Bewegung mit dem aus der Axiomatik der Bewegungslehre stammenden konstanten Geschwindigkeitsvektor $\underline{v}$ und sieht man vor, daß die durch das Trägheitsprinzip auszudrückende Konstante noch irgendwie vom Körper, etwa durch eine Funktion f(K), abhängt, so läßt sich das Trägheitsprinzip wie folgt mathematisch formulieren:

(1.1) $f(K)\,\underline{v} = \text{const.} = \underline{p} = \text{Impuls.}$

Das zweite Newtonsche Axiom lautet:

Die Änderung der Bewegung ist der Einwirkung der bewegenden Kraft proportional und geschieht nach der Richtung derjenigen geraden Linie, nach welcher jene Kraft wirkt.[18] Die Proportionalitätskonstante wird als die vom bewegten Körper abhängige gleiche wie in (1.1) angenommen und wird als Masse m bezeichnet, so daß die mathematische Formulierung des 2. Axioms lautet:

(1.2) $\underline{F} = m\,d\underline{v}/dt = m\,\underline{a} = d\underline{p}/dt.$

Wir haben hier die Größen Masse m, Impuls $\underline{p}$ und Kraft $\underline{F}$. Sie alle sind durch die Axiome nicht definiert, sondern nur die Form ihrer gegenseitigen Abhängigkeit. In diesem Beispiel der Axiomatik ist die mathematisch-begriffliche Seite verwoben mit einer existentiellen Auffassung von physikalischer Realität. Um dies in den Festsetzungen auseinanderzuhalten, sind die Hübnerschen axiomatischen Festsetzungen in meiner Darstellung in den begrifflichen Festsetzungen über die Gegenstände, das Allgemeine und deren Zuordnung enthalten. Die Anwendung dieser erfolgt dann über die entsprechenden existentiellen Festsetzungen. Dahin gehört z.B. die Frage, ob die Größen, die wir Masse oder Kraft nennen, eine eigene Existenz haben, oder ob sie nur als begriffliche Konstrukte existieren.

Die ersten drei Hübnerschen Festsetzungsarten erlauben bereits die Entwicklung von Theorien über Ordnungsmöglichkeiten des gewählten Gegenstandsbereichs. Dabei bleiben aber die Rechtfertigungs- und Wahrheitsfragen noch gänzlich unberührt. Diese Fragen werden erst in Hübners vierter wissenschaftstheoretischer Kategorie thematisiert.

Die von Hübner an dieser Stelle als *judical* bezeichneten Festsetzungen haben die gleiche Funktion, wie die hier genannten Prüfungsfestsetzungen, nämlich die der Überprüfung jener Theorien. Ich habe hier noch die rein begriffliche Seite von der faktischen unterschieden. Zu der begrifflichen Seite gehören bestimmte Fehlertheorien, die möglichst

---

17   Vgl. Isaac Newton, *Mathematische Prinzipien der Naturlehre*, Herausgabe in dtsch. durch J. Ph. Wolfers, Berlin 1872, Nachdruck, Wiss. Buchges., Darmstadt 1963, S. 32.

18   Vgl. ebenda.

auch axiomatisch begründet werden. Zu der faktischen Seite gehören die Festsetzungen über die praktischen Methoden der Überprüfung und die Festsetzungen darüber, bei welchen Prüfungsergebnissen eine Theorie als bestätigt gelten darf und unter welchen Bedingungen sie zu verwerfen ist. Eine judicale Festsetzung bzw. eine existentielle Prüfungsfestsetzung der letzten Art ist z.B. das radikale Falsifikationsprinzip, das verlangt, eine Theorie schon dann aufzugeben, wenn die durch sie gemachten Voraussagen einmal nicht eingetroffen sind.

Schließlich nennt Hübner noch *normative Festsetzungen*. Durch sie soll bestimmt werden, welchen Charakter das durch die ersten vier wissenschaftstheoretischen Kategorien umrissene wissenschaftliche System als Ganzes haben soll. Hierhin gehören die sogenannten Sinn- bzw. Abgrenzungskriterien, mit deren Hilfe wissenschaftliches von unwissenschaftlichem Arbeiten im Rahmen des Neopositivismus bzw. des Kritischen Rationalismus unterschieden werden soll. Aber auch Festlegungen über die Einfachheit oder Anschaulichkeit von Theorien und Bestimmungen über die Beziehungen der verschiedenen Festsetzungen untereinander sind normative Festsetzungen im Hübnerschen Sinne. Die normativen Festsetzungen sind demnach durch metaphysische Vorstellungen eines Forschers bestimmt, da durch sie das Zusammenspiel der instrumentalen, funktionalen, axiomatischen und judicalen Festsetzungen zu einem erkenntnistheoretischen System festgelegt wird. Die Hübnerschen normativen Festsetzungen finden sich in dem hier entwickelten metatheoretischen Konzept weitgehend in den begrifflichen und existentiellen Festsetzungen über die menschliche Erkenntnisfähigkeit und in den *begrifflichen* und *existentiellen* Zwecksetzungen.

Im Rahmen der Hübnerschen Meta-Theorie besitzen alle normativen Wissenschaftstheorien ihren spezifischen Ort im Rahmen der für das wissenschaftliche Arbeiten erforderlichen Festsetzungen, d.h., Hübners Theorie weist die verschiedenen normativen Wissenschaftstheorien als besondere Begründungsarten wissenschaftlichen Arbeitens aus.[19] Durch ihre spezifischen metaphysisch begründeten normativen Festsetzungen spielen in den verschiedenen normativen Wissenschaftstheorien von den ersten vier Festsetzungen nur wenige eine herausgehobene Rolle, während andere zum Teil kaum oder gar nicht ausgearbeitet sind. So haben bei den Neopositivisten die funktionalen und teilweise auch die instrumentalen Festsetzungen eine herausragende Bedeutung. Bei den Kritischen Rationalisten sind es die judicalen Festsetzungen, während die funktionalen Festsetzungen gar nicht vorhanden sind. Für die Konstruktivisten sind es ausschließlich die instrumentalen Festsetzungen, von denen die konstituierende Wirkung für wissenschaftliche Theorien ausgeht.

---

19 Vgl. Wolfgang Deppert, Hübners Theorie als Hohlspiegel der normativen Wissenschaftstheorien, in: *Geburtstagsbuch für Kurt Hübner zum Sechzigsten*, Kiel 1981, S. 11–26, und in: Frey (Hrsg.) *Der Mensch und die Wissenschaften vom Menschen*, Bd. 2, *Die kulturellen Werte*, Innsbruck 1983, S. 943–954.

2.4   Die Bedeutung der Metaphysik für die Begründung wissenschaftlicher und wissenschaftstheoretischer Theorien

In dem dargestellten metatheoretischen System ist die Metaphysik die Basis der Erkenntnistheorien. Durch sie läßt sich erst sagen, was unter begründbaren Erkenntnissen verstanden werden soll, welche Formen von solchen Erkenntnissen es geben kann und wie sie gewonnen werden können. Demnach sind alle begründbaren Erkenntnisse von einer Metaphysik abhängig. Ein Streit über die Richtigkeit metaphysischer Annahmen kann allenfalls mit Bezug auf ihre innere Konsistenz geführt werden. Jeder Streit, der darüber hinaus geht, ist irrational oder gar unsinnig. Dennoch wird gerade heutzutage wieder metaphysisch munter drauflos gestritten. Hier fehlt es ganz offensichtlich an philosophischer Reflexion.

Die hier genannten 12 Festsetzungen können ihre Begründung nur über eine Metaphysik finden. Dabei sei noch einmal betont, daß ich hier nicht an eine einzige, allgemeingültig begründbare Metaphysik denke, wie sie noch von Kant oder gar von Hegel vertreten wurde. Ich gehe hier von einer Pluralität möglicher Metaphysiken aus, die sich jeweils nicht mehr auf begründbare, sondern nur auf vorfindbare religiöse Überzeugungen des einzelnen Menschen stützen können. Dies betrifft die von Kant als Grundfrage der Aufklärung bezeichnete Frage nach der religiösen Mündigkeit, ob der einzelne Wissenschaftstheoretiker oder Wissenschaftler diesen Begründungsweg in sich selbst aufsucht, der bis zu den Überzeugungen führt, die ihn in seinem Leben tragen und damit sein Leben und sein wissenschaftliches Arbeiten mit Sinn erfüllen, weswegen ich diese Überzeugungen religiös nenne.[20]

---

20 Der von Kant bestimmte Begriff der Aufklärung ist vielfach mißverstanden worden. Oft wird gemeint, daß Kant unter der Aufklärung die nüchterne Verstandesorientierung meinte. Einerseits kann es eine solche Orientierung gar nicht geben, da durch bloße Verstandestätigkeit keine Werte gesetzt werden können, und andererseits hat Kant seinen Aufklärungsbegriff ausdrücklich auf die religiöse Mündigkeit des Menschen zurückgeführt. Dazu sagt er in seinem berühmten Aufsatz ,Beantwortung der Frage: Was ist Aufklärung?' (Berlinische Monatsschrift, Dez. 1784, S. 481–494, abgedruckt in: I. Kant, *Ausgewählte kleine Schriften,* Meiner Verlag, Hamburg 1969, S. 1–9) : „Wenn denn nun gefragt wird: Leben wir jetzt in einem *aufgeklärten* Zeitalter? so ist die Antwort: Nein, aber wohl in einem Zeitalter der *Aufklärung.* Daß die Menschen, wie die Sachen jetzt stehen, im ganzen genommen, schon imstande wären oder darin auch nur gesetzt werden könnten, in Religionsdingen sich ihres eigenen Verstandes ohne Leitung eines anderen sicher und gut zu bedienen, daran fehlt noch sehr viel." (Kant 1969, S. 7) Kant hat des öfteren die Bezeichnung ,Verstand' als Zusammenfassung der speziellen Begriffe ,Verstand' und ,Vernunft' gewählt. Selbstverständlich ist auch an dieser Stelle mit ,Verstand' vor allem das selbst reflektierende Vermögen der Vernunft, gemeint, durch das auch für Kant allein Sinnzusammenhänge möglich werden. Vgl. auch: Wolfgang Deppert, „Textinterpretation zu Kants Schriften „Beantwortung der Frage: Was ist Aufklärung?" und „Was heißt: Sich im Denken orientieren?"" Vortrag, IPTS-Tagung, Leck 25.11.1981. Schriften des IPTS Nr. 250–5310–2575/81, S. 1–9 auch in: *Zeitschrift für Didaktik der Philosophie*, Heft 2/1993, S. 116–123.

Gewiß hängt auch die hier vertretene Auffassung, daß jeder selbstverantwortlich agie-
rende Mensch, seine Erkenntnis nur nach einer Metaphysik organisieren kann, die durch
seine eigenen religiösen Überzeugungen[21] begründbar sind, von einer Metaphysik ab. Es
ist die *Metaphysik der Aspekthaftigkeit der Wirklichkeit*, wie sie Hübner bezeichnet hat
und wie sie seitdem genannt wird.[22]

Diese Metaphysik schließt die Existenz vieler verschiedener Metaphysiken ein und
kann darum auch als eine Meta-Metaphysik aufgefaßt werden. Im Politischen liefert sie
die metaphysische Voraussetzung für demokratische Gemeinschaftsformen. Denn die
Meta-Metaphysik der Aspekthaftigkeit der Wirklichkeit läßt keine Verabsolutierung einer
Metaphysik zu und verlangt darum die Etablierung eines demokratischen Einigungsver-
fahrens, falls verschiedene Metaphysiken zu verschiedenen praktischen Konsequenzen
führen. Dabei ist freilich nicht zu übersehen, daß die Meta-Metaphysik schwerlich ver-
absolutierend auftreten kann, und es ist nur zu hoffen, daß mehr und mehr Menschen sich
auf diesem metaphysischen Boden der Demokratie einrichten können.

---

21 Wenn ich hier von einer *eigenen* religiösen Überzeugung spreche, so ist damit nicht gemeint,
daß der einzelne Mensch in der Lage wäre, aus sich heraus eine ureigene religiöse Überzeugung in einer Art Urzeugung zu gewinnen. Jeder Mensch lebt stets in einer Umgebung ge-
lebter religiöser Überzeugungen auf und wird durch sie geprägt. Nahezu alle inhaltlichen Vorstellungen, die ein Mensch in sich vorfindet, sind über die Sprache vermittelte Auffassungen,
die in der menschlichen Gemeinschaft historisch gewachsen sind. Die eigene intuitive und
vielleicht auch bewußte Leistung des einzelnen Menschen besteht darin, aus der Fülle verschiedener Auffassungen, diejenigen auszuwählen, die für ihn wesentlich sind und tragenden
Charakter für sein Leben besitzen. Denn gewiß gibt es eine ureigene Art, Zusammenhangserlebnisse (Zur Funktion dieser vgl. Wolfgang Deppert, Der Reiz der Rationalität, in: *der
blaue reiter*, Dez. 1997, S. 29–32.) zu haben und Bewertungen vorzunehmen. Die tragenden
Zusammenhänge, die so im Einzelnen entstehen, haben darum trotz ihrer historischen Ge-
meinschaftsbezogenheit eine individuelle Prägung durch die Einzigartigkeit der eigenen Geschichte des Einzelnen und die Einzigartigkeit seiner Veranlagung. Darum und in diesem Sinn
spreche ich von eigenen religiösen Überzeugungen. Daß gerade die so bestimmbare *Religion
des Einzelnen* die wesentliche geistesgeschichtliche Wirkkraft ist, mag man den historischen
Persönlichkeiten entnehmen, die aufgrund ihrer eigenen religiösen Überzeugungen gefühlt,
gedacht und gehandelt haben, sei es nun Augustin, Eriugena, Thomas von Aquin, Kopernikus,
Luther, Bruno, Galilei, Kepler, Newton, Einstein, Dirac, Heisenberg oder Pauli um nur einige wenige zu nennen. Vgl. Wolfgang Deppert, Zur Bestimmung des erkenntnistheoretischen
Ortes religiöser Inhalte, Vortrag auf dem 2. deutsch-russischen Symposion des ‚Zentrums zum
Studium der deutschen Philosophie und Soziologie‘ vom 10.–16. März 1997 in Eichstätt, erschienen hier im Band 4: Die Verantwortung der Wissenschaft als Anhang 4, S. 172–188.

22 Vgl. Kurt Hübner, Die biblische Schöpfungsgeschichte im Licht moderner Evolutionstheorien,
in: Helmut A. Müller (Hrsg.), *Naturwissenschaft und Glaube. Natur- und Geisteswissenschaftler auf der Suche nach einem neuen Verständnis von Mensch und Technik, Gott und
Welt*, Scherz Verlag, S. 177 und S. 191 oder ders., Die Metaphysik und der Baum der Erkenntnis, in: Henrich/Horstmann (Hrsg.), *Metaphysik nach Kant?*, Stuttgart 1988. Hierin formuliert
Hübner: „Keine Ontologie genießt hinsichtlich ihrer theoretischen Begründung vor irgendeiner anderen eine Auszeichnung. Daraus folgt der Grundsatz: *Die Wirklichkeit hat einen as-
pektischen Charakter.*"

Die hier bezeichneten Festsetzungen über die menschliche Erkenntnisfähigkeit und die Zwecksetzungen haben eine besondere Nähe zu jenen letzten, unbegründeten und nur auf dem Wege der fortgesetzten Selbstreflexion in sich selbst auffindbaren Überzeugungen, weswegen sie auch *eigene metaphysische Aussagen* genannt werden.[23] Jedenfalls erfüllen sie weitgehend die Funktionen von Hübners normativen Festsetzungen.

Ich spreche von einer *Wissenschaftstheorie*, wenn durch sie für eine ausgewählte Wissenschaft oder für beliebige Wissenschaften die 12 genannten Festsetzungen bestimmt werden können. Nun taucht hierbei die Frage auf, ob nicht auch der Gegenstandsbereich und die Methoden der Wissenschaften von den Wissenschaftstheorien miterfaßt werden, so daß sie sich historisch nicht ändern können. Dies schien zumindest so lange der Fall gewesen zu sein bis Thomas S. Kuhn mit seinem Buch „The Structure of Scientific Revolutions"[24] („Die Struktur wissenschaftlicher Revolutionen") die Welt der Wissenschaftstheoretiker erschütterte. Schließlich hatte er damit gezeigt, daß das Bild einer stetig fortschreitenden wissenschaftlichen Erkenntnis unhaltbar ist, weil jede wissenschaftliche Revolution neue Begriffe, Fragestellungen, Zielsetzungen und Methoden hervorbringt, die nicht oder nur kaum mit den vorrevolutionären Begriffen vergleichbar sind. Berühmte Beispiele für derartige wissenschaftliche Revolutionen sind die kopernikanische Revolution des 16. Jahrhunderts, der Wechsel von der aristotelischen zur Galilei-Descartes-Newtonschen Physik im 17. Jahrhundert, die Ablösung der Phlogistontheorie durch die Oxydationstheorie der Verbrennung im 18. Jahrhundert und schließlich die Erschütterung der Newtonschen Mechanik durch die Relativitäts- und Quantentheorie des 20. Jahrhunderts.

Natürlich gab es viele Versuche, Kuhns Argumente zu widerlegen, vor allem seine Inkommensurabilitätsthese, die besagt, daß die Begriffe und die damit verbundenen Erkenntnisse vor und nach der Revolution nicht miteinander vergleichbar sind, weil sie auf anderen Paradigmen beruhen, wie Kuhn sagt. In Hübners oder in dem hier gegebenen Rahmen ist davon zu sprechen, daß sich die Festsetzungen und also letztlich die Metaphysik geändert haben. Wie sich auch die Wissenschaftstheoretiker gegenüber der Kuhnschen Inkommensurabilitätsthese einstellen, zustimmend, vermittelnd oder ablehnend, kein Wissenschaftstheoretiker kann heute mehr daran vorbeigehen, in seine Darstellung der Wissenschaft auch die Beschreibung von möglichen wissenschaftlichen Revolutionen mit aufzunehmen. Dies bedeutet, in den zu wählenden Festsetzungen sind Möglichkeiten der Veränderungen vorzusehen. Zumindest aber muß aus den Festsetzungen über die menschliche Erkenntnisfähigkeit erkennbar sein, wie es zu Änderungen in anderen

---

23   Das in Fußnote 13 Gesagte, gilt hier entsprechend, so daß auch die eigenen metaphysischen Überzeugungen stets eingebunden sind, in die historisch vermittelten metaphysischen Auffassungen. Zu dem Weg, durch Selbstreflexion die eigenen metaphysischen Überzeugungen aufzufinden, vgl. Wolfgang Deppert, Gibt es einen Erkenntnisweg Kants, der noch immer zukunftsweisend ist?, Referat zum deutschen Philosophenkongreß in Hamburg 1990.

24   Das erste Mal 1962 in Chicago erschienen, deutsche Ausgabe bei Suhrkamp, Frankfurt/Main 1967.

Festsetzungen kommen kann. Diese Möglichkeit aber muß bereits in der Metaphysik angelegt sein, die ein Wissenschaftstheoretiker für die Konstruktion seines Rahmens zur
Aufstellung wissenschaftlicher Theorien voraussetzt.

Nachdem ich nun dargestellt habe, was ich meine, wenn ich von Wissenschaftstheorien
spreche, komme ich zu den relevanten Beurteilungsmöglichkeiten und den dazugehörigen
Kriterien.

Darstellung relevanter Beurteilungsmöglichkeiten und der dazugehörigen Kriterien

3

3.1 Der Zweckbezug von Beurteilungskriterien und die Zwecke der Wissenschaftstheorien

Wenn wir etwas zu beurteilen haben, dann verbinden wir damit einen bestimmten Zweck, und darum werden sich die Beurteilungsmaßstäbe nach diesem Zweck ausrichten müssen. Wenn jemand im Herbst Pilze sammelt und die gefundenen Pilze einem Sachverständigen zur Beurteilung vorlegt, dann wird dieser sein Beurteilungskriterium nach dem Zweck ausrichten, durch den bestimmt ist, was der Sammler mit den Pilzen vorhat. Wenn die Pilze nur gegessen werden sollen, weil sonst nichts zu beißen da ist, dann wird der Sachverständige die Pilze nur danach beurteilen, ob sie eßbar sind oder nicht. Für einen Feinschmecker wird der Kenner die eßbaren Pilze noch nach ihrer Würzigkeit, Beißkonsistenz und Kombinationsfähigkeit zu delikaten Gerichten beurteilen. Es könnte auch sein, daß die Pilze zum Zwecke der Schädlingsbekämpfung gesammelt wurden. Dann muß der Sachverständige die Pilze danach beurteilen, ob sie zu den Holzschädlingen gehören oder nicht.

Wenn nach der Beurteilung von Wissenschaftstheorien gefragt wird, so ist zu untersuchen, was wir mit der Beurteilung bezwecken. Dies bedeutet, daß wir wissen müssen, was der Zweck von Wissenschaftstheorien sein kann.

Dazu ist eine kurze Besinnung auf das Wesen der Wissenschaft und die heutige Situation der Wissenschaft nützlich; denn der Zweck der Wissenschaftstheorien sollte ganz allgemein der sein, sicherzustellen, daß die Zwecke der Wissenschaft jedenfalls dann erreicht werden, wenn die Methoden wissenschaftlichen Arbeitens im Sinne der Wissenschaftstheorien gewählt und betrieben werden.

© Springer Fachmedien Wiesbaden GmbH, ein Teil von Springer Nature 2019
W. Deppert, *Theorie der Wissenschaft*, https://doi.org/10.1007/978-3-658-15120-1_3

Nach dem hier verwendeten Begriff von relativistischer Erkenntnistheorie[25] sind Erkenntnisse an die besondere Art des Einzelnen gebunden, wie er Zusammenhänge erlebt. Erkenntnisse verstehe ich darum als reproduzierbare Zusammenhangserlebnisse. Insbesondere lassen sich wissenschaftliche Erkenntnisse als solche Zusammenhangserlebnisse kennzeichnen, deren Reproduzierbarkeit durch das schrittweise Aneinanderfügen einfachster Zusammenhangserlebnisse gewährleistet ist, die sich auch als kleinste Verstehensschritte bezeichnen lassen.[26] Die Exaktheit einer Wissenschaft richtet sich dann ganz nach dem Sicherheitsgrad dafür, diese Zusammenhangserlebnisse nicht nur bei sich selbst immer wieder zu erzeugen, sondern sie auch bei allen nicht schwachsinnigen und gutwilligen Menschen wiederholt verläßlich hervorzurufen. Der oberste Zweck, dem alle Wissenschaftstheorien zu dienen haben ist, daß folgende Bestimmung der Wissenschaft erfüllt ist:

Wissenschaft ist ein großangelegtes Unternehmen zum dauerhaften, gegenseitigen Verstehen der Menschen untereinander.

Dieser erste Zweck der Wissenschaft sei der *kommunikative Zweck* genannt. Durch den kommunikativen Zweck der Wissenschaft ist es gut verständlich, warum Kuhns These von der vom historisch bedingten Auftreten wissenschaftlicher Revolutionen so viel Bestürzung hervorgerufen hat; denn die Fortschrittsidee eines einzigen großen, historisch gewachsenen wissenschaftlichen Gebäudes wurde dadurch zerstört und das große Gemeinschaftswerk des gegenseitigen menschlichen Verstehens, das sich mit der Wissenschaft verbindet, in Frage gestellt.

Heute ist es eine anerkannte Tatsache, daß es andere Verständigungssysteme über die Weltwahrnehmung und -beschreibung und vom Menschen erschaffene Wirklichkeiten gibt, die durchaus dem wissenschaftlichen Verfahren in vieler Hinsicht ebenbürtig sind. Kurt Hübner hat dies im besonderen für den Mythos, die Musik und einige Künste in seinen Büchern „Die Wahrheit des Mythos" und „Die zweite Schöpfung. Die Wirklichkeit in Kunst und Musik" gezeigt. Hier handelt es sich um eine Reproduzierbarkeit von Zusammenhangserlebnissen, die auf andere als die wissenschaftliche Weise sichergestellt ist. Ein Vergleich von Wissenschaft und anderen möglichen Weltdeutungs- und Wirklichkeitserfassungssystemen hat gewiß einen großen Reiz. Ich beschränke mich hier auf das Vergleichen von verschiedenen Theorien über das mögliche wissenschaftliche Arbei-

---

25 Dies ist eine Erkenntnistheorie, die die Meta-Metaphysik der Aspekthaftigkeit der Wirklichkeit zu ihrem metaphysischen Ausgangspunkt wählt.

26 Zur Definition von Erkenntnisbegriffen mit Hilfe von Zusammenhangserlebnissen vgl. Wolfgang Deppert, Orientierungen – eine Studie über den Zusammenhang von Religion, Philosophie und Wissenschaft, in: Albertz, J. (Hg.), *Perspektiven und Grenzen der Naturwissenschaft*, Wiesbaden 1980, S. 121–135 oder ders., Hermann Weyls Beitrag zu einer relativistischen Erkenntnistheorie, in: Deppert, W.; Hübner, K; Oberschelp, A.; Weidemann, V. (Hrsg.), *Exakte Wissenschaften und ihre philosophische Grundlegung*, Vortr. d. intern. Hermann-Weyl-Kongresses Kiel 1985, Peter Lang, Frankfurt/Main 1988.

ten. Trotz aller damit verbundenen Schwierigkeiten haben die normativen Wissenschaftstheorien das gemeinsame Ziel, methodisch abgesichertes gegenseitiges Verstehen der Menschen untereinander zu erzeugen.

Nun mag das Verstehensproblem der Menschen untereinander ein Grund für das Entstehen und Weiterentwickeln von Wissenschaft sein, gewiß aber wird von der Wissenschaft noch einiges mehr erwartet, nämlich anwendbare Erklärungen von den Erscheinungen in unserer Welt. Die Wissenschaft gilt immernoch als der große Hoffnungsträger zur Lösung der Lebensprobleme der Menschen. Diese sollen durch die sichere Erklärung und Voraussage der Erscheinungen in unserer Welt gelöst werden. Diesen Zweck der Wissenschaft möchte ich den *Erklärungs- und Voraussagezweck* nennen. Gemäß dieses Zwecks wird mehr und mehr geforscht, und immer mehr Leute studieren an den Universitäten und Hochschulen, um das Handwerkszeug des wissenschaftlichen Forschens und Anwendens zu erlernen. Die Universitäten sind aufgrund der Hoffnungen, die an die Wissenschaft zur Erfüllung der großen Menschheitsträume geknüpft sind, so etwas wie moderne Heilstempel geworden[27]. Angesichts der ins uferlose wachsenden Wissenschaften offenbart sich eine paradoxe Situation. Der Mensch erzeugt mit seiner Fähigkeit zur Erkenntnis eine verwirrende sich täglich vermehrende Vielfalt von Erkenntnissen in einer Unzahl von Einzelwissenschaften, so daß es nicht mehr möglich ist, auch nur einen annähernden Überblick über die Menge wissenschaftlicher Erkenntnisse zu gewinnen. Dabei ist aber gerade die Fähigkeit zur Erkenntnis eine Fähigkeit zur Übersicht, zur Zusammenfassung und Einordnung. Kurz: Die Fähigkeit zur Orientierung hat den Mangel an Orientierung bewirkt. *Ein wahrhaft paradoxer Sachverhalt.*

Angefangen hatte das Ganze mit den Erkenntnistheorien von Platon, Aristoteles, Bacon, Hobbes, Descartes, Locke, Leibniz, Hume oder Kant, um nur einige zu nennen. Das Zusammenwirken der verschiedenen Erkenntnistheorien erwies sich in der wissenschaftlichen Anwendung als so fruchtbar, daß mehr und mehr Einzelwissenschaften entstanden. Durch die sich laufend steigernde Produktion erfolgreicher Forschungsergebnisse vergaßen die Wissenschaftler allmählich ihren Ursprung aus philosophisch radikalem Nachdenken. Und für viele Wissenschaftler ist es heute ausgemacht, den Philosophen allenfalls den Rang von Claqueuren der Wissenschaft einzuräumen, so etwa, wie zu Zeiten absolutistischer Herrschaftsformen die Staatsphilosophen die Aufgabe wahrnehmen, die Legitimation zur Herrschaft des Diktators nachzuweisen.

Das Vergessen des philosophischen Ursprungs der Wissenschaft im Taumel der erfolgreichen Anwendungen erinnert an Goethes ‚Zauberlehrling‘, der des Meisters Zauberformeln anwendet, um sich selbst die Arbeit des Wasserholens zu ersparen und der damit eine unbeherrschbare Wasserschwemme erzeugt, allerdings mit dem Unterschied, daß Goethes Zauberlehrling das Unheil der ungebändigten Wasserfluten erkennt und verzweifelt nach einem Ausweg sucht. Die Lösung, die Goethe in seinem ‚Zauberlehrling‘

---

27 Wohl aus diesem Grund wird das große Universitätsgebäude in Pittsburgh, in dem übrigens der Wissenschaftstheoretiker Adolf Grünbaum residierte, als The Cathedral of Learning bezeichnet.

zur Bewältigung der Wasserflut durch das Eingreifen des Hexenmeisters herbeiführt, ist sicher kaum übertragbar auf die dargestellte Orientierungskrise der Wissenschaft. Dennoch dürfte in Analogie zum ‚Zauberlehrling' die Hoffnung bestehen, daß die Besinnung der Wissenschaften auf ihre Grundlagen, die einst von Philosophen erdacht wurden, zu mehr Übersicht führt und damit zum Abbau der genannten Orientierungsparadoxie. Darum möchte ich nicht einer Wissenschaftstheorie das Wort reden, die sich als neue Wissenschaft versteht, deren Forscher unter sich bleiben, weil ihre Ergebnisse nur von Experten verstanden werden können. Ich möchte dafür werben, daß Wissenschaft und Philosophie durch die Wissenschaftstheorie zu einem Gespräch kommen, in dem beide auch im Sinne einer Arbeitsteilung voneinander lernen und sich gegenseitig anregen. Neue philosophische Ansätze führen schließlich zu neuen wissenschaftlichen Fragestellungen, und durch neue wissenschaftliche Ergebnisse werden Rückwirkungen auf die philosophische Grundlagenarbeit möglich.[28] Vor allem aber werden durch philosophische Reflexionen die Möglichkeiten zu interdisziplinärem Arbeiten erheblich gefördert. Interdisziplinarität bewirkt Konvergenz in den immer weiter auseinander driftenden einzelnen Disziplinen. Da die meisten großen Problemstellungen unserer Zeit interdisziplinärer Natur sind, ist gerade die Förderung von Interdisziplinarität eine der wichtigsten Aufgaben moderner Wissenschaftstheorie.[29]

Wissenschaftstheorien können bezwecken, durch eine wissenschaftstheoretische Systematik, Überblick über die Fülle der wissenschaftlichen Arbeitsrichtungen zu gewinnen. Dies ist analog zu dem Zweck jeder Einzelwissenschaft, Überblick über ihren spezifischen Objekt- und Problembereich zu gewinnen. Darum sei dieser Zweck von Wissenschaften und Wissenschaftstheorien der *Überblickszweck* genannt.

Da die Wissenschaften selbst nicht den Wandel ihrer Grundlagen erklären können; denn dazu müßten sie andere Grundlagen als die der eigenen Wissenschaft haben, muß ein besonderer Zweck der Wissenschaftstheorien darin liegen, den möglichen Wandel von grundlegenden wissenschaftlichen Betrachtungsweisen und Methoden zu erklären. Dies bedeutet auch, daß eine Wissenschaftstheorie in der Lage sein sollte, Anregungen für neue

---

28 Vgl. Wolfgang Deppert, Philosophische Anregungen zu neuen wissenschaftlichen Fragestellungen, in: *Philosophy and Culture*, Proceedings of the XVIIth World Congress of Philosophy, Section 16 C, *Philosophische Moderne*, Montréal 1986, S. 20–25.

29 Vgl. dazu Wolfgang Deppert und Werner Theobald, Eine Wissenschaftstheorie der Interdisziplinarität. Grundlegung integrativer Umweltforschung und -bewertung, in: Achim Daschkeit und Winfried Schröder (Hg.), *Umweltforschung quergedacht. Perspektiven integrativer Umweltforschung und –lehre.* Festschrift für Otto Fränzle zum 65. Geburtstag, Springer Verlag Berlin 1998, S. 75–106 oder Wolfgang Deppert, Problemlösen durch Interdisziplinarität. Wissenschafts-theoretische Grundlagen integrativer Umweltbewertung, in: Theobald, Werner (Hg.), *Integrative Umweltbewertung. Theorie und Beispiele aus der Praxis*, Springer Verlag, Berlin 1998, S. 35–64. Vgl. auch W. Deppert, Ein großer Philosoph: Nachruf auf Kurt Hübner Aufruf zu seinem Philosophieren, in: J Gen Philos Sci (2015) 46: 251–268, Springer, published online: 16. Nov. 2015, Springer Science+Business Media Dordrecht 2015.

wissenschaftliche Fragestellungen zu geben.[30] Dies ist ein Zweck, der nicht direkt aus den Zwecken der Wissenschaften selbst hervorgeht. Er sei der *Grundlagenbestimmungszweck* genannt.

Aus den bisher genannten Zwecken lassen sich Kriterien zur Beurteilung von Wissenschaftstheorien ableiten, einerlei ob sie normativen oder deskriptiven Charakter haben. Die *normativen Wissenschaftstheorien* stellen zusätzlich zu den deskriptiven Wissenschaftstheorien, die nur eine Theorie über das bisherige Funktionieren der Wissenschaft aufstellen wollen, Forderungen an Wissenschaftlerinnen und Wissenschaftler in Form von Normen auf, die im wissenschaftlichen Arbeiten zu befolgen sind, um das Prädikat der Wissenschaftlichkeit zu erlangen. Der Zweck der normativen Wissenschaftstheorien ist mithin, Normen wissenschaftlichen Arbeitens aufzustellen und zu begründen. Dieses Vorhaben sei der *normative Zweck* genannt.

Zusammenfassend lassen sich folgende Zwecke von normativen Wissenschaftstheorien nennen, die sich direkt oder indirekt aus den Zwecken der Wissenschaften oder aus dem direkten wissenschafts-theoretischen Anliegen ergeben:

1. der kommunikative Zweck,
2. der Erklärungs- und Voraussagezweck,
3. der Überblickszweck,
4. der Grundlagenbestimmungszweck,
5. der normative Zweck.

Aus diesen Zwecken sind die Kriterien zur Beurteilung normativer Wissenschaftstheorien herzuleiten.

3.2 Beurteilungskriterien für Wissenschaftstheorien

3.2.1 Das Konsistenzkriterium

Ein erstes Kriterium zur Beurteilung von Wissenschaftstheorien ergibt sich aus der Frage, welche allgemeinste Voraussetzung zu gelten hat, damit ein Verstehen überhaupt möglich ist. Gewiß können wir diese Frage nur intuitiv beantworten. Darum müssen wir nach einer Intuition suchen, von der wir annehmen können, daß sie von allen Menschen, die Wissenschaft treiben wollen, in gleicher Weise innerlich von ihrer Vernunft wahrgenommen wird. Eine derartig grundlegende Intuition ist das Verbot des logischen Widerspruchs, d.h., es kann nicht von ein und derselben Sache in der gleichen Beziehung und zur gleichen Zeit etwas behauptet *und* bestritten werden.

---

30 Dies hat sich sogar in den Arbeiten zur Erstellung des 2. Bandes der *Theorie der Wissenschaft* „Das Werden der Wissenschaft" erwiesen; denn dabei entstand die Einsicht zur Einführung der neuen Wissenschaft *Bewußtseinsgenetik*.

Daraus ergibt sich das erste Beurteilungskriterium für Wissenschaftstheorien, das *interne Konsistenzkriterium* (Kriterium des verbotenen Widerspruchs), d.h., es ist zu untersuchen, ob sich aus den Kombinationen der verschiedenen Festsetzungen der zu beurteilenden Wissenschaftstheorie Widersprüche ergeben. Diese Widersprüche würden sich in der Anwendung auf eine Wissenschaft und auf deren Anwendungsversuche mit verheerenden Folgen fortsetzen. Interne Inkonsistenz zöge externe Inkonsistenz nach sich. Umgekehrt ist ein Widerspruch in der Anwendung stets in einem internen Widerspruch begründet. Denn wir leben in der Intuition, daß in jeder etablierten Wirklichkeit keine Widersprüche vorhanden sein können. Wenn sie in irgendeiner Existenzform auftreten, dann muß dies an der Mangelhaftigkeit der menschlichen Konstruktionen liegen: Alle externen Widersprüche sind auf interne zurückzuführen, und das allgemeine Konsistenzkriterium ist durch das interne Konsistenzkriterium bestimmt.

Eine vollständige Verwerfung einer Wissenschaftstheorie beim Vorliegen eines Widerspruches scheint problematisch zu sein, da es fraglich ist, ob es überhaupt widerspruchsfreie Wissenschaftstheorien geben kann. Es wird darum beim Auftreten eines Widerspruchs in der Konstruktion einer Wissenschaftstheorie darum gehen, festzustellen, ob dieser Widerspruch in den zentralen Bereichen oder nur in Randbereichen der zu beurteilenden Wissenschaftstheorie auftritt, d.h., ob er Auswirkungen auf den Wissenschaftsbetrieb hat, die nicht zu vernachlässigen sind. Das interne Konsistenzkriterium sichert eine formale Bedingung der Möglichkeit, dem kommunikativen Zweck dienlich sein zu können. Der kommunikative Zweck erfordert aber noch weitere Bedingungen, die zu seiner Erreichung erfüllt sein müssen.

3.2.2   Das Transparenzkriterium

Der kommunikative Zweck hat auch die Übersichtsfunktion der Wissenschaft zur Voraussetzung; denn über ein Wirrsal kann man sich nicht verständigen. Diese Voraussetzung für den kommunikativen Zweck habe ich hier wegen seiner Wichtigkeit als einen eigenen Zweck, als den *Überblickszweck*, gekennzeichnet. Durch ihn ergibt sich das als *Transparenzkriterium* bezeichnete Kriterium zum Beurteilen von Wissenschaftstheorien. Das *Transparenzkriterium* beurteilt die Wissenschaftstheorien danach, in welchem Maße durch sie die Strukturen innerhalb einer Wissenschaft und im Vergleich der verschiedensten Wissenschaften untereinander durchschaubar und vergleichbar werden, so daß trotz der Divergenz der Wissenschaften, in ihren Strukturen und ihrem methodischen Vorgehen Gemeinsamkeiten aufgedeckt werden können, die die Überschaubarkeit der Wissenschaften fördern.

3.2.3 Das Fruchtbarkeitskriterium

Der Erklärungs- und Voraussagezweck der Wissenschaft zielt auf die Fruchtbarkeit der Wissenschaft. Je mehr gelungene Erklärungen und eintreffende Voraussagen, um so fruchtbarer ist die Wissenschaft. Es ist die Frage, ob eine Wissenschaftstheorie diese Fruchtbarkeit unterstützt oder behindert. Für diese Beurteilung einer Wissenschaftstheorie soll das *Fruchtbarkeitskriterium* dienen. Der Reichtum oder ihre Armut an Methoden zur Aufstellung neuer Theorien oder gar zum Auffinden neuer Rahmenkonzepte zur Behandlung wissenschaftlicher Probleme besagt noch nichts über die Fruchtbarkeit einer Wissenschaftstheorie. Denn so wie die Fruchtbarkeit einer Pflanze wesentlich durch den Samen, der sie hervorgebracht hat, und den Boden bestimmt ist, in den der Same hineingelegt wurde, so ist die Fruchtbarkeit einer Wissenschaft weitgehend dadurch bestimmt, wie genau, übersichtlich, vollständig und beziehungsreich ihre Grundlagen bestimmt sind.

Es bietet sich ein weiterer Vergleich an: Der Vergleich des Tief- und Hochbaus. Ob im Hochbau sehr hoch hinaus gebaut werden kann, hängt vor allem von der gründlichen Arbeit der Tiefbauer ab, die das Fundament nach gründlicher Prüfung des Untergrunds so zu erstellen haben, daß auch dann keine Einsturzgefahren bestehen, wenn die Hochbauer hoch hinaus bauen. Wissenschaftstheorien könnten sich als Tiefbauunternehmen begreifen, die es den Wissenschaften ermöglichen, auf den gelegten Grundlagen ein immer weiter ausbaufähiges wissenschaftliches Gedanken-Gebäude zu errichten. Je weiter diese Ausbaufähigkeit reicht, umso fruchtbarer ist die Wissenschaft und mit ihr die Wissenschaftstheorie, mit deren Hilfe die Grundlagen der Wissenschaft gelegt wurden und werden.

Eine Wissenschaftstheorie wird nach dem Fruchtbarkeitskriterium dann positiv beurteilt werden können, wenn sie den *Grundlagenbestimmungszweck* erfüllt. Denn dieser erfordert, die Grundlagen einer Wissenschaft mit Hilfe der zu beurteilenden Wissenschaftstheorie

1. genau, übersichtlich, möglichst vollständig und beziehungsreich darzustellen und
2. diese Grundlagen in ihrer historischen Abhängigkeit zu erfassen, um dadurch Veränderungsmöglichkeiten in den Grundlagen der Wissenschaft beschreibbar zu machen.

Daraus folgt, daß eine Wissenschaftstheorie sehr wohl als ein *Dienstleistungsunternehmen für Wissenschaften* aufgefaßt werden kann, so wie eine Unternehmensberatungsfirma sich für das Unternehmen einsetzt, das sie zur Steigerung seiner Produktivität und Effizienz berät. Von einer Wissenschaftstheorie sollten darum auch Anregungen für neue wissenschaftliche Forschungen aufgrund eines besseren oder anderen Verständnisses der Grundlagen einer Wissenschaft ausgehen können. Und gerade diese anregende Wirkung einer Wissenschaftstheorie auf das wissenschaftliche Arbeiten soll mit Hilfe des *Fruchtbarkeitskriteriums* beurteilt werden.

Etwa seit dem Anfang unseres Jahrhunderts entstand die Auffassung, daß die Wissenschaften das philosophische Erbe anträten und die Philosophie absterben müsse oder nur für die Systematisierung der wissenschaftlichen Erkenntnisse zuständig sei. Bis heute gibt es Philosophen, die zu dieser philosophischen Selbsttötung aufrufen. Als deutliches Gegenbeispiel sei auf das Lebenswerk *Hermann Weyls* hingewiesen, der seinen wissenschaftlichen Erfolg auf erkenntnistheoretischen Überlegungen gründete: Seine Wissenschaftstheorie war fruchtbar im Anregen von neuen wissenschaftlichen Fragestellungen. An diesem Beispiel läßt sich erkennen, daß die anregende Wirkung von Wissenschaftstheoretikern auf wissenschaftliches Forschen nur dann zu erwarten ist, wenn der Wille und die Fähigkeit zu interdisziplinärem Arbeiten auf Seiten der Wissenschaftler ebenso vorhanden ist, wie auf Seiten der Wissenschaftstheoretiker. Die Personalunion dieser beiden Funktionen, wie sie für Hermann Weyl und sicher auch für Werner Heisenberg, Erwin Schrödinger, Wolfgang Pauli und Albert Einstein gegeben war, wird aber gewiß stets nur die Ausnahme sein können.

3.2.4 Das Toleranzkriterium

Da sich Wissenschaftstheorien als Teil des großen Menschheitsunternehmens ‚Wissenschaft' verstehen, haben sie die Existenz anderer wissenschaftstheoretischer Ansätze zu akzeptieren. Im Sinne des kommunikativen Zwecks der Wissenschaft sind darum die Wissenschaftstheorien auch danach zu beurteilen, wie sie miteinander umgehen. Diese Frage ist direkt mit der Begründung ihres normativen Anspruchs verbunden, d.h. wie sie selbst ihren normativen Zweck erfüllen. Das Beurteilungskriterium zu diesem Fragenkomplex nenne ich das *Toleranzkriterium*. Mit ihm soll beurteilt werden, in welcher Weise sich Wissenschaftstheoretiker mit anderen Wissenschaftstheorien auseinandersetzen, ob, wie und warum sie sich bekämpfen oder ob und warum sie sich tolerieren oder sogar zu einem fruchtbaren Austausch in der Lage sind. Das Toleranzkriterium ist ein Sonderfall des Fruchtbarkeitskriteriums. Denn wenn durch Intoleranz unter den Vertretern spezieller Wissenschaftstheorien die Arbeit in bestimmten wissenschaftlichen Forschungsrichtungen eingeschränkt oder gar unmöglich gemacht wird, dann sind diese wissenschaftlichen Richtungen zur Unfruchtbarkeit verurteilt. Derartige Behinderungen sind heute in der Forschung keine Seltenheit. Diese Behinderungen wissenschaftlicher Arbeit werden meist dadurch erreicht, daß massiver Druck ausgeübt wird, um die Vergabe von Forschungsmitteln oder die Veröffentlichung wissenschaftlicher Arbeiten der bekämpften Forschungsrichtung zu verhindern.[31]

---

31 Als besonders eklatante Fälle der gezielten Verhinderung von Forschungsrichtungen sehe ich
   u.a.: 1.) Die Behinderungen in der AIDS-Forschung, die mit der These Peter Duesbergs verbunden ist, daß der HIV nicht der Aidserreger ist. 2.) Die Behinderung der Forschungen um
   Bruno Vollmert, der die bisherigen Behauptungen über die mögliche Urzeugung bezweifelt.
   3.) Die vielfältigen Behinderungen auf dem Felde der sogenannten alternativen Medizin, wie
   z.B. Forschungen über die Möglichkeit der Wirkung homöopathischer Präparate, wie sie etwa
   von McAllister durchgeführt wurden oder auch die zunehmende Verunglimpfung von alt-
   hergebrachten und durchaus erfolgreichen Heilmethoden der sogenannten Heilpraktiker. 4.)

Damit ist der Beurteilungsrahmen für Wissenschaftstheorien angegeben, wie er hier zur Kritik der Wissenschaftstheorien verwendet werden wird. Bevor dies aber geschehen kann, soll zuvor eine Darstellung der jeweiligen Wissenschaftstheorie gegeben werden. Für diese Darstellungen wird der hier angegebene Rahmen zur Charakterisierung der normativen Wissenschaftstheorien benutzt. Erst nach ihrer Beschreibung ist sodann die Beurteilung der einzelnen normativen Wissenschaftstheorien vorzunehmen.

Die massiven Behinderungen auf dem Gebiete der Unitarismusforschung wie sie etwa von Siegfried Wollgast initiiert wurde. Diese Liste läßt sich beliebig verlängern!

Darstellung der einzelnen normativen Wissenschaftstheorien und ihre Beurteilung

4

4.1 Der Logische Positivismus

4.1.1 Darstellung des Logischen Positivismus

4.1.1.1 Die empiristische Grundposition

Der Logische Positivismus, auch Neopositivismus oder logischer Empirismus genannt, ist die historisch zuerst auftretende normative Wissenschaftstheorie. Der Logische Positivismus entstand durch den von Moritz Schlick gegründeten Wiener Kreis, als deren Hauptvertreter Rudolf Carnap (1891–1970) und Hans Reichenbach (1891–1953) anzusehen sind, obwohl Reichenbach in Berlin lehrte. Auch Ludwig Wittgenstein (1889–1951) läßt sich dem Logischen Positivismus zuordnen.

In der Wissenschaftstheorie des Logischen Positivismus wird wie im Positivismus des 19. Jahrhunderts[32] von dem Vorhandenen oder dem Gegebenem ausgegangen, das auch als das *Positive* aufgefaßt wird und von dem gemeint wird, daß dies für jedermann erfahrbar sei. Das Vorhandene ist in Form von Tatsachen gegeben. Durch die ausdrückliche Betonung, daß diese Tatsachen nur durch Aussagesätze, kurz Aussagen genannt, verfügbar

---

32 Der Positivismus des 19. Jahrhunderts wurde als philosophische Richtung von Auguste Comte (1798–1857) begründet. In seinem Hauptwerk „Cours de philosophie positive" (6 Bände, Paris 1830–1842, Deutsch: Abhandlung über die positive Philosophie), lehnt Comte in deutlicher Abgrenzung zu Kant bereits jegliche Bindung an eine begründende Metaphysik ab, da er der Auffassung ist, daß die wissenschaftliche Erkenntnis selbst positives, und das heißt, beweisbares Wissen über die Wirklichkeit liefert.

© Springer Fachmedien Wiesbaden GmbH, ein Teil von Springer Nature 2019
W. Deppert, *Theorie der Wissenschaft*, https://doi.org/10.1007/978-3-658-15120-1_4

sind, unterscheidet sich der Logische Positivismus vom ursprünglichen Positivismus.[33] Die einfachsten Aussagen über das Gegebene werden in Form von sogenannten *Protokollsätzen* von Wissenschaftlern festgehalten. *Protokollsätze* sind einzelne Aussagen über Sinneseindrücke an bestimmten Raum-Zeit-Stellen. Sie werden als theorieunabhängig angesehen, weil aus ihnen Theorien induziert werden sollen. Die Protokollsätze stellen das Wahrheitsfundament des Logischen Positivismus dar, auf dem alle Theorienbildung und alle wissenschaftliche empirische Wahrheit aufruht. Da der induktive Schluß aufgrund seiner nicht vorhandenen Eindeutigkeit kein logischer Schluß ist, muß der Induktivist über Vorschriften verfügen, die ihm gestatten, von einzelnen Protokollsätzen zu einem funktionalen Zusammenhang der zu untersuchenden Tatsachenmannigfaltigkeit zu kommen. Derartige Vorschriften können in dem Fall, wenn Protokollsätze in Form von Meßdaten vorliegen, Interpolationsformeln sein, die etwa aus mathematischen Einfachheitsprinzipien gewonnen wurden.

Da der Positivist davon überzeugt ist, zu positiver Erkenntnis, d.h., zu beweisbarem empirischem Wissen fähig zu sein, wird er auch bestimmte Vorstellungen darüber entwickeln, wie er den Bestand des gesicherten Wissens aufweisen kann. Carnap hat dazu den induktiven Bestätigungsgrad eingeführt, der als eine analytische Beziehung zwischen der zu bestätigenden Hypothese und der Zahl der positiven Anwendungsfälle bestimmbar sein sollte. Diejenigen Theorien aber, die prinzipiell keine empirischen Anwendungsfälle haben können, wurden als unwissenschaftlich verworfen, abgesehen von den sogenannten analytischen Aussagen der Logik und Mathematik. Zur Abgrenzung von wissenschaftlichen und unwissenschaftlichen Aussagen diente das sogenannte *empiristische Signifikanzkriterium*. Dies sollte sicherstellen, daß die durch Induktion gewonnenen gesetzesartigen Aussagen keine Terme enthalten, die diese zu sinnlosen Scheinsätzen, wie Carnap sagt, machen würden. Der Sinn eines Begriffes oder eines Satzes sollte sich aus seiner

---

33 Die Wende vom Positivismus zum logischen Positivismus wurde später – etwa von Richard Rorty – die linguistische Wende genannt und in seiner Bedeutung weit überschätzt, da es sich dabei um einen schwachen Abglanz der Kopernikanischen Wende Kants handelt. Vgl. Richard Rorty, The Linguistic Turn. Recent Essays in Philosophical Method, Chicago, London 1967. Tatsächlich ist weit mehr als das, was an dem Begriff der linguistischen Wende bedeutsam ist, bereits von Kant geleistet worden. Er hat nämlich bewußt gemacht, daß menschliche Erkenntnis an die Formen der Erkenntnisvermögen gebunden ist. Darum haben wir keine Möglichkeit, von den Dingen oder den Tatsachen an sich zu sprechen, sondern nur über den Verstand, der, als das Vermögen zu Begriffen, sich nur sprachlich äußern kann. Diese Fähigkeit besitzt die Sinnlichkeit nicht, und darum ist die Zeit und der Raum für Kant als die reinen Formen der Sinnlichkeit ursprünglich Anschauung, und erst, wenn der Verstand hinzutritt, werden daraus Begriffe, über die wir sprechend argumentieren können. Vgl. die Unterschiede in Kants Transzendentaler Ästhetik in Kant (1781) und in Kant (1787). Vgl dazu auch Deppert (1989) Abschnitt 2.2.3. Daß die philosophischen Richtungen, die aus dem Positivismus hervorgegangen sind, die „linguistische Wende" Kants haben nicht bemerken können, liegt schlicht daran, daß sie ihn vor lauter ideologischer Ablehnung nicht gelesen haben, darum müssen sie vieles dessen, was Kant längst vorausgedacht hat, mühselig und oftmals sehr viel weniger begründet und konsistent, nacherfinden.

empirischen Anwendbarkeit ergeben. Carnap meinte, mit diesem Sinnkriterium alle metaphysischen Sätze als ‚gänzlich sinnlos' entlarven zu können. Dieses Programm der Neopositivisten soll nun anhand von einigen Originalarbeiten belegt und etwas detaillierter dargestellt werden.

4.1.1.2 Gründe für die Ablehnung jeglicher Metaphysik durch den logischen Positivismus

Rudolf Carnap behauptet in seinem Aufsatz „Überwindung der Metaphysik durch logische Analyse der Sprache"[34], daß die Entwicklung der modernen Logik eine „schärfere Antwort" „auf die Frage nach Gültigkeit und Berechtigung der Metaphysik" geben könne, als es den vielen Gegnern der Metaphysik in der Philosophiegeschichte möglich war.[35] Die Untersuchungen der „angewandten Logik" oder „Erkenntnistheorie", die sich die Aufgabe stellten, durch logische Analyse den Erkenntnisgehalt der wissenschaftlichen Sätze und damit die Bedeutung der in den Sätzen auftretenden Wörter („Begriffe") klarzustellen, führten nach Carnap zu einem positiven und zu einem negativen Ergebnis. Das positive Ergebnis werde auf dem Gebiet der empirischen Wissenschaft durch Klärung der begrifflichen Inhalte und deren formallogischer und erkenntnistheoretischer Zusammenhänge erarbeitet. Auf dem Gebiet der Metaphysik (einschließlich aller Wertphilosophie und Normwissenschaft) führe die logische Analyse zu dem negativen Ergebnis der gänzlichen Sinnlosigkeit aller metaphysischen Sätze.[36]

Damit sei „eine radikale Überwindung der Metaphysik erreicht", die von den früheren antimetaphysischen Standpunkten aus noch nicht möglich gewesen wäre.[37] Wenn Carnap sagt, „daß die sog. Sätze der Metaphysik sinnlos sind," so sei „dies Wort im strengsten Sinn gemeint." „Im unstrengen Sinn" „pflege „man zuweilen einen Satz oder eine Frage als sinnlos zu bezeichnen, wenn ihre Aufstellung gänzlich unfruchtbar" sei" (z.B. die Frage: „Wie groß ist das durchschnittliche Körpergewicht derjenigen Personen in Wien, deren Telephonnummer mit „3" endet?"); „oder auch einen Satz, der ganz offenkundig falsch ist (z.B. „im Jahr 1910 hatte Wien 6 Einwohner"), oder einen solchen, der nicht nur empirisch, sondern logisch falsch, also kontradiktorisch sei" (z.B. „von den Personen A und B ist jede 1 Jahr älter als die andere"). Derartige Sätze seien, „wenn auch unfruchtbar oder falsch, doch sinnvoll; denn nur sinnvolle Sätze" könne „man überhaupt einteilen in (theoretisch) fruchtbare und unfruchtbare, wahre und falsche. Im strengen Sinn sinnlos" sei „dagegen eine Wortreihe, die innerhalb einer bestimmten, vorgegebenen Sprache gar keinen Satz" bilde. Es käme vor, „daß eine solche Wortreihe auf den ersten Blick" so aussehe, „als sei sie ein Satz." Dann will Carnap von Scheinsätzen sprechen. Seine These

---

34 Rudolf Carnap, Überwindung der Metaphysik durch logische Analyse der Sprache, *Erkenntnis*, 2 (1931), S. 219–241.

35 Ebenda S. 219.

36 Ebenda, S. 219f.

37 Ebenda, S. 220.

behauptet darum, „daß die angeblichen Sätze der Metaphysik sich durch logische Analyse als Scheinsätze enthüllen" ließen.[38] Zu den Scheinsätzen führt Carnap folgendes aus:

> „Eine Sprache besteht aus Vokabular und Syntax, d.h. aus einem Bestand an Wörtern, die eine Bedeutung haben, und aus Regeln der Satzbildung; diese Regeln geben an, wie aus Wörtern der verschiedenen Arten Sätze gebildet werden können. Demgemäß gibt es zwei Arten von Scheinsätzen: entweder kommt ein Wort vor, von dem man nur irrtümlich annimmt, daß es eine Bedeutung habe, oder die vorkommenden Wörter haben zwar Bedeutungen, sind aber in syntaxwidriger Weise zusammengestellt, so daß sie keinen Sinn ergeben."

Carnap versucht an Beispielen zu zeigen, „daß Scheinsätze beider Arten in der Metaphysik vorkommen." Ferner will er Gründe für die Behauptung angeben, „daß die gesamte Metaphysik aus solchen Scheinsätzen" bestehe.[39]

Damit hat Carnap wesentliche Teile des Programms der Logischen Positivisten vorgestellt, in dem die einzige verläßliche Wahrheitsquelle in den *empirischen* Wissenschaften gesehen wird und der Philosophie nur die Aufgabe der logischen Analyse der Sprache zufalle, durch die die Metaphysik als gänzlich sinnlos entlarvt werde. Wie aber meint Carnap die gänzliche Sinnlosigkeit der Metaphysik nachweisen zu können? Den Weg, um dies zu zeigen, beschreitet er gemäß der Unterscheidung von Scheinsätzen: „entweder kommt ein Wort vor, von dem man irrtümlich annimmt, daß es eine Bedeutung habe, oder die vorkommenden Wörter haben zwar Bedeutungen, sind aber in syntaxwidriger Weise zusammengestellt, so daß sie keinen Sinn ergeben."[40] „Worin besteht nun die Bedeutung eines Wortes?", fragt Carnap und antwortet zusammenfassend:

> „,a' sei irgendein Wort und ,S(a)' der Elementarsatz, in dem es auftritt. Die hinreichende und notwendige Bedingung dafür, daß ,a' eine Bedeutung hat, kann dann in jeder der folgenden Formulierungen angegeben werden, die im Grunde dasselbe besagen:
> 1. Die empirischen Kennzeichen für ,a' sind bekannt.
> 2. Es steht fest, aus was für Protokollsätzen ,S(a)' abgeleitet werden kann.
> 3. Die Wahrheitsbedingungen für ,S(a)' liegen fest.
> 4. Der Weg zur Verifikation von ,S(a)' ist bekannt."[41]

Das Bedeutungskriterium stützt sich also auf die sinnliche Wahrnehmung, die empirischen Kennzeichen, und eine logische Ableitungsbeziehung zwischen S(a) und den Protokollsätzen, den Beobachtungssätzen, die eine sinnliche Wahrnehmung sprachlich zum Ausdruck bringen. Mit Hilfe dieses Kriteriums stellt Carnap dann fest, daß im metaphysischen Sprachgebrauch die Worte ,Prinzip', ,Gott', ,Urgrund', ,das Absolute', ,das Unbedingte', ,das Unabhängige', ,das Selbständige', ,Idee', ,Wesen', ,Ansichsein', ,Anundfürsichsein',

---

38 Ebenda.
39 Ebenda S. 220f.
40 Ebenda S. 220.
41 Ebenda S. 224.

‚das Ich', ‚das Nicht-Ich', usw. keine Bedeutung haben; denn der Metaphysiker sage uns, „daß sich empirische Wahrheitsbedingungen nicht angeben lassen".[42]

Man könnte Carnap an dieser Stelle vorhalten, daß er immerhin den Sinn der Rede vom „metaphysischen Sprachgebrauch" zu verstehen scheine, da er sonst metaphysische Sätze gar nicht erkennen könnte, um sie hernach zu analysieren und als sinnlos zu entlarven. Carnap würde darauf antworten, er bekäme den Hinweis auf einen metaphysischen Sprachgebrauch nur dadurch, daß er einen Satz nicht verstehe. Ob der Sinn des metaphysischen Sprachgebrauchs nur auf die sinnliche Wahrnehmung von Menschen zurückzuführen ist, die mit Vorliebe sinnlose Sätze daherplappern? Offen bleibt an dieser Stelle, wieso Carnaps Sätze, die das Wort ‚metaphysisch' oder ‚Metaphysik' enthalten, einen Sinn haben können, wenn doch in ihnen ein Wort vorkommt, daß gänzlich sinnlos ist und allenfalls eine Metapher für das gänzlich Unverständliche darstellt. Man sollte meinen, daß ein Satz, in dem ein sinnloses Wort vorkommt, große Gefahr läuft, ebenfalls sinnlos zu sein.

Die zweite Möglichkeit zur Bildung von Scheinsätzen ist nach Carnap durch syntaktisch falsch gebildete Sätze gegeben, wie etwa ein Satz „Caesar ist und". Dieser Satz ist leicht als grammatikalisch falsch erkennbar. Der Satz „Caesar ist eine Primzahl" ist zwar grammatisch richtig gebildet, ist aber syntaktisch falsch; **denn ‚Primzahl' ist eine** mögliche Eigenschaft von Zahlen aber nicht von Menschen. Es ist nach Carnap darum Aufgabe der Philosophen, eine logisch korrekte Sprache aufzubauen, denn „würden z.B. die Substantive grammatisch in mehrere Wortarten zerfallen, je nachdem, ob sie Eigenschaften von Körpern, von Zahlen usw. bezeichnen, so würden die Wörter ‚Feldherr' und ‚Primzahl' zu grammatisch verschiedenen Wortarten gehören, und (der zweite Satz) würde genau so sprachwidrig sein wie (der erste Satz)." In einer korrekt aufgebauten Sprache wären also alle sinnlosen Wortreihen von der Art des Beispiels (des ersten Satzes).[43]

Um ein schlagendes Beispiel zu geben für metaphysische Scheinsätze zitiert Carnap aus Heideggers Aufsatz ‚Was ist Metaphysik?' aus dem Jahre 1929. Heidegger sagt da:

„Erforscht werden soll das Seiende nur und sonst – nichts; das Seiende allein und weiter – nichts; das Seiende einzig und darüber hinaus – nichts. Wie steht es um dieses Nichts? - - Gibt es das Nichts nur, weil es das Nicht, d.h. die Verneinung gibt? Oder liegt es umgekehrt? Gibt es die Verneinung und das Nichts nur, weil es das Nichts gibt? - - Wir behaupten: Das Nichts ist ursprünglicher als das Nicht und die Verneinung. - - Wo suchen wir das Nichts? Wie finden wir das Nichts? - - Wir kennen das Nichts. - - Die Angst offenbart das Nichts. - - Wovor und warum wir uns ängsteten, war ‚eigentlich' – nichts. In der Tat: das Nichts selbst als solches – war da. - - Wie steht es um das Nichts? - - Das Nichts selbst nichtet."

---

42 Ebenda S. 227.
43 Ebenda S. 228.

An diesem Beispiel versucht Carnap zu zeigen, wie es zu metaphysischen Scheinsätzen durch analoge Sprachverwendung kommt, indem er folgende Gegenüberstellung von sprachlichen Folgerungen und deren Formalisierbarkeit macht:[44]

I. Sinnvolle Sätze der üblichen Sprache. Sprache.	II. Entstehung von Sinnlosem aus Sinnvollem in der üblichen	III. Logisch korrekte Sprache.
A. Was ist draußen? *dr (?)* Draußen ist Regen. *dr (Re)*	A. Was ist draußen? *dr (?)* Draußen ist nichts. *dr (Ni)*	A. Es gibt nicht (existiert nicht, ist nicht vorhanden) etwas, das draußen ist. *- (x) dr (x)*
B. Wie steht es um diesen Regen? (d.h.: was tut der Regen? oder: was läßt sich über diesen Regen sonst noch aussagen?) *? (Re)* 1. Wir kennen den Regen. *k (Re)* „Wir kennen das Nichts". *k (Ni)* 2. Der Regen regnet. *re (Re)*	B. „Wie steht es um dieses Nichts?" *? (Ni)* 1. „Wir suchen das Nichts", „Wir finden das Nichts", 2. „Das Nichts nichtet". *ni (Ni)* 3. „Es gibt das Nichts nur, weil..." *ex (Ni)*	B. *Alle diese Formen können überhaupt nicht gebildet werden.*

Die Sätze unter II. sind in Analogie zu denen unter I. gebildet, während in der Spalte III. versucht wird, die Sätze unter II. formallogisch darzustellen. Die Sätze unter II. B. lassen sich nach Carnap nicht formalisieren, da folgende Fehler vorliegen:

1. Das Substantiv „Nichts" ist eine syntaktisch nicht korrekte Bildung, wenn es als Gegenstandsname aufgefaßt wird.
2. Die Negation ist die logische Form eines Satzes und keine Gegenstandsbezeichnung.
3. Das Wort „nichten" ist bedeutungslos, weil es als Eigenschaft eines nicht vorhandenen Gegenstandes aufgefaßt wird.

Damit liegen in Heideggers Sätzen beide Fehler vor, die Benutzung von bedeutungslosen Worten und die syntaktisch falsche Verwendung von Worten. Ich will es mit diesem Beispiel bewenden lassen, um zu zeigen wie Carnap meint, die Bedeutungslosigkeit aller Metaphysik durch logische Analyse der Sprache nachzuweisen.

Ludwig Wittgenstein, auf dessen *Tractatus logico-philosophicus* aus dem Jahre 1922 sich Carnap ausdrücklich bezieht, vertritt den antimetaphysischen, sprachanalytischen Standpunkt der Logischen Positivisten in diesem Werk entsprechend deutlich, indem er sagt:

---

44 Ebenda S. 230.

„(4.003) Die meisten Sätze und Fragen, welche über philosophische Dinge geschrieben worden sind, sind nicht falsch, sondern unsinnig. Wir können daher Fragen dieser Art überhaupt nicht beantworten, sondern nur ihre Unsinnigkeit feststellen. Die meisten Fragen und Sätze der Philosophen beruhen darauf, daß wir unsere Sprachlogik nicht verstehen. Und es ist nicht verwunderlich, daß die tiefsten Probleme eigentlich keine Probleme sind.
(4.0031) Alle Philosophie ist ‚Sprachkritik‘ (…) Russells Verdienst ist es, gezeigt zu haben, daß die scheinbare logische Form des Satzes nicht seine wirkliche sein muß.
(4.01) Der Satz ist ein Bild der Wirklichkeit. Der Satz ist ein Modell der „Wirklichkeit, so wie wir sie uns denken“.“

Auch bei Wittgenstein ist das Bedeutungskriterium eines Satzes dadurch gegeben, ob er sich auf die von uns vorgestellte Wirklichkeit bezieht oder nicht. Wirklichkeit ist dabei eine Vorstellung, die offenbar als Inbegriff alles Gegebenen genommen wird. Diese zentrale Vorstellung von *der einen Wirklichkeit*, die sich unseren Sinnen direkt offenbart, wird aber kaum oder gar nicht reflektiert. Sie wird als selbstverständlich immer wieder vorausgesetzt. Schon Moritz Schlick sagte: „…immer bedeutet Wirklichsein in einem bestimmten Zusammenhang mit Gegebenem stehen.“[45] Und er fährt fort: „Wie wir es auch drehen und wenden mögen: es ist unmöglich eine Wirklichkeitsaussage anders zu deuten denn als Einordnung in einen Wahrnehmungszusammenhang. Es ist durchaus Realität *derselben Art*, die man den Bewußtseinsdaten und etwa den physischen Ereignissen zuschreiben muß.“[46] Das ist eben so, warum? Diese Frage wird nicht gestellt; denn die könnte man wohl nur *metaphysisch* beantworten. Da aber Metaphysik sinnlos ist, sind auch solche Fragen sinnlos.

An dieser Stelle stolpern die logischen Positivisten über eine analytische Inkonsistenz ihres gesamten Vorgehens, auf die schon an diversen Stellen hätte hingewiesen können, worauf in dem Text einstweilen noch verzichtet wurde, weil die entsprechende Kritik ja erst noch in späteren Textteilen ausführlich erfolgt. Auf einen fundamentalen Fehler aber sei in Bezug auf die Verwendung des Begriffs ‚*Metaphysik*‘ bereits an dieser Stelle hingewiesen. Dieser Fehler besteht darin, daß die logischen Positivisten nirgendwo den Begriff ‚*Metaphysik*‘ explizit definiert haben. Sie haben alle offensichtlich die gemeinsame Intuition, daß bislang mit dem Begriff ‚*Metaphysik*‘ etwas gänzlich Unsinniges bezeichnet worden ist, und darum bemüht sich Carnap besonders darum, Arten von Unsinnigkeiten zu unterscheiden und sie alle dem Begriff ‚Metaphysik‘ anzufügen oder zu unterschieben. Da aber für Carnap dem Unsinnigen keine Existenzform zukommt, wiederholt er genau den Fehler, den er Heidegger mit seiner Behauptung von der Existenz des ‚Nichts‘ vorwirft: da ‚Metaphysik‘ nur aus etwas Unsinnigem besteht, kann das, was er unter ‚Metaphysik‘ versteht, nicht existieren, damit beziehen sich alle seine Ausführungen über die ‚Metaphysik‘ auf nichts. Aber wie läßt sich ein Bezug zu etwas herstellen, das aber nichts ist, muß es dieses Nichts, dann nicht doch geben? Diese Konsequenzen ergeben sich aber nur deshalb, weil Carnap und seine logisch-empiristischen Freunde keinen Begriff von

---

45 Vgl. Moritz Schlick, Positivismus und Realismus, *Erkenntnis*, Bd. III, S. 21.
46 Vgl. ebenda.

‚Metaphysik' angegeben haben. Hätten sie Kants *Kritik der reinen Vernunft* von 1781 und 1787 oder sein Werk ‚Metaphysische Anfangsgründe der Naturwissenschaft' von 1786 gründlich gelesen, dann wäre ihnen dieser fundamentale Fehler im Umgang nur mit dem Wort ‚Metaphysik' nicht unterlaufen; denn Kants Transzendentalphilosophie läßt sich nur verstehen, wenn begriffen worden ist, daß Kant mit dem Prädikat ‚transzendental' „die Bedingungen der Möglichkeit von Erfahrung" bezeichnet, und diese Bedingungen können niemals empirischer Natur sein, weil Empirie durch die transzendentalen Bedingungen erst möglich wird. Entsprechend bestimmt Kant seinen *Begriff von Metaphysik* durch *seine transzendentalen Bedingungen für die Möglichkeit von sinnlicher oder moralischer Erfahrung*, und diese Bedingungen sind alles andere als sinnlos, ja sie konstituieren überhaupt erst das Sinnvolle in empirischer oder auch moralischer Hinsicht. Darüber hinaus fordert Kant für alle Naturwissenschaften eine theoretische Wissenschaft, in der das Mögliche über den zu erforschenden Objektbereich erst gedacht wird, worüber in den experimentell-empirischen Wissenschaften zu entscheiden ist, was von dem Denkmöglichen in der sinnlich-wahrnehmbaren Welt wirklich ist. Also nach Kant gilt bis heute:

Ohne Metaphysik keine Wissenschaft!

4.1.1.3 Wie sollen nach den Grundsätzen des Logischen Positivismus die Naturgesetze gefunden werden, durch die die innere Verbundenheit der Wirklichkeit gegeben ist?

Diese Frage führt auf die Frage: *Wie denken sich die Logischen Positivisten im einzelnen, wie es von den bereits genannten Protokollsätzen zu einem Bild der Wirklichkeit kommt?* Hierzu ist es Rudolf Carnap, der dazu den methodischen Weg der Logischen Positivisten am klarsten aufgezeigt hat. Dazu hat er die sogenannte *Zweistufentheorie der Wissenschaftssprache* entwickelt, wobei die *Beobachtungssprache LB* von der *theoretischen Sprache LT* unterschieden wird. Das Problem besteht in der Verbindbarkeit dieser beiden Sprachen, da das empirische Bedeutungs- oder auch Signifikanzkriterium sich direkt nur auf die Beobachtungssprache anwenden läßt. Carnap hat darum in seiner Arbeit „Theoretische Begriffe der Wissenschaft – eine logische und methodologische Untersuchung" (Ztschrft. f. phil. Forschung XIV/2 (1960)) die sogenannten Zuordnungsregeln eingeführt, die die Terme von LB mit LT verbinden sollen. Dabei müssen die Zuordnungsregeln sowohl mit Elementen aus LB und LT gebildet sein, da sonst keine Verbindung der beiden Sprachstufen erreicht würde.

Carnap vertritt die Meinung, daß wir in der Beobachtungssprache bereits Erkenntnisse formulieren können und zwar als empirische Gesetze – wie er sie nennt.[47] Darunter stellt er sich einen regelmäßigen Zusammenhang von Beobachtungsgrößen vor, wie etwa der

---

47 Vgl. R. Carnap, *Einführung in die Philosophie der Naturwissenschaften*, München 1969, S. 226.

Zusammenhang von Druck P, Temperatur T und Volumen V in einem abgeschlossenen Gasbehälter, wie ihn das Gay-Lussacsche Gesetz zum Ausdruck bringt:

$$(PV)/T = \text{const.}$$

Empirische Gesetze werden nach Carnap induktiv aus einzelnen Beobachtungen erschlossen, d.h., sie werden durch Verallgemeinerung aus einer Menge von Tatsachenbeschreibungen gewonnen. Tatsachen wären in dem Beispiel des Gay-Lussacschen Gasgesetzes möglichst gleichzeitig gemessene Daten von Druck, Volumen und Temperatur von einer abgeschlossenen Gasmenge. Diese Tatsachenbeschreibungen werden aus den Bedeutungen der in den betreffenden Protokollsätzen vorkommenden Begriffe erschlossen; denn diese lauten für Druck-, Volumen- und Temperaturmessungen etwa so:

1. Paris, Sorbonne, Laboratoire chimique, 20. März 1816, 10:16:20 Uhr: Manometerzeiger steht am Teilstrich 3.6.
2. Paris, Sorbonne, Laboratoire chimique, 20. März 1816, 10:16:39 Uhr: Kolbenstand des Gaszylinders auf Marke 17.
3. Paris, Sorbonne, Laboratoire chimique, 20. März 1816, 10:17:03 Uhr: Zeiger des Thermometers zwischen Teilstrichen 115 und 116.

Die Bedeutung der Begriffe soll sich nach Meinung der logischen Empiristen aus ihrem Wahrnehmungsbezug ergeben. Der Wahrnehmungsbezug wird jedoch systematisch mit Hilfe von rein logischen Begriffsbildungen unterschieden. Dies ist deshalb möglich und sinnvoll, weil die Logik nach Auffassung Carnaps grundsätzlich in allen möglichen Welten gültig ist und darum keine Aussagen über unsere spezifische Welt enthält.[48] Es werden darum grundsätzlich nur zwei Aussagearten zugelassen: logische Aussagen und empirische Aussagen. Logische Aussagen sind analytisch, empirische Aussage sind synthetisch. *Analytische Aussagen* sind dadurch bestimmt, daß sich ihr Wahrheitswert durch die Verwendung der Definitionen der Begriffe, die in der analytischen Aussage vorkommen, feststellen läßt. Für synthetische Aussagen gilt dies nicht. Bis hierhin folgt Carnap noch ganz der Kantschen Unterscheidung von analytischen und synthetischen Urteilen.[49] Im Gegensatz zu Kant aber, der synthetische Urteile a priori nicht nur für möglich, sondern sogar für notwendig hält, kann der Wahrheitswert von allen synthetischen Aussagen für Carnap wie für alle anderen Empiristen nur durch empirische Untersuchungen bestimmt wer-

---

48 Carnap sagt: „... die Gesetze der Logik und reinen Mathematik…vermitteln uns kein Wissen über die Welt." (Ebenda, S. 17) Und weiter: „Die Gesetze der Logik und der reinen Mathematik können – das liegt in ihrer Natur – nicht als Grundlage einer wissenschaftlichen Erklärung benützt werden, weil sie uns keine Information über die wirkliche Welt geben, die diese von anderen möglichen Welten unterscheiden würde." (Ebenda, S. 19)
49 Vgl. Kant (1787): Einleitung: IV. Vom Unterschiede analytischer und synthetischer Urteile.

den.[50] Wegen der grundsätzlichen Ablehnung synthetischer Sätze a priori ist Philosophie für Carnap und alle Logischen Positivisten nur in Form von logischer Analyse möglich, d.h., Philosophie wird ausschließlich als analytische Philosophie verstanden, während die Wissenschaften synthetische Aussagen produzieren. Wie vollzieht sich eine Begriffsbildung mit rein logischen Mitteln, die dennoch den Wahrnehmungsbezug ermöglicht?

Das strukturierende Mittel der Logik sind Relationen, verstanden als Untermengen von cartesischen Produktmengen. Eine cartesische Produktmenge ist so zu bilden, daß jedes Element der einen Menge mit jedem Element der anderen zu einem geordneten Paar kombiniert wird. Die Produktmenge besteht ausschließlich aus solchen geordneten Paaren. Die cartesische Produktmengenbildung zweier Mengen M_1 und M_2 sei symbolisiert durch $M_1 \otimes M_2$. Die symmetrische Relation ist eine Untermenge des cartesischen Produktes $M \otimes M$, die mit jedem Element des cartesischen Produktes ab auch ba und ebenso die Elemente aa und bb enthält, wobei a und b Elemente von M sind.

Sei etwa die Menge M gegeben durch M = (a,b,c,d), dann ist die cartesische Produktmenge $M \otimes M$ durch folgende Mengentafel gegeben:

$$M \otimes M = \begin{array}{c|cccc} & a & b & c & d \\ \hline a & aa & ab & ac & ad \\ b & ba & bb & bc & bd \\ c & ca & cb & cc & cd \\ d & da & db & dc & dd \end{array}$$

Folgende Untermenge dieses cartesischen Produktes stellt eine spezifische Symmetrierelation dar:

$$\begin{array}{cccc} aa & ab & .. & .. \\ ba & bb & .. & .. \\ .. & .. & cc & cd \\ .. & .. & dc & dd. \end{array}$$

Wenn die cartesische Produktbildung 2-fach ist, spricht man von 2-stelligen Relationen, ist sie n-fach, dann heißen sie n-stellige Relationen. Spezielle Relationen bildet man durch Kombinationen von Relationen, wie die *Äquivalenzrelation*, die aus den Relationen der Reflexivität, der Symmetrie und der Transitivität besteht. Schreibt man die Relation R

---

50 Willard Van Orman Quine hat versucht, einen Beweis darüber zu liefern, daß sich eine derartige Trennung von analytischen und synthetischen Aussagen nicht durchhalten läßt. Der Beweis macht jedoch wegen seines gestelzten Ganges zu große Schritte und stolpert schließlich über seine eigenen Stelzen. Vgl. Willard Van Orman Quine, Zwei Dogmen des Empirismus, in: ders., *Von einem logischen Standpunkt. Neun logisch-philosophische Essays.* Ullstein Materialien, Frankfurt/M. 1979.

zwischen zwei Elementen m und n als mRn, so lassen sich diese drei Relationen wie folgt angeben, wenn wir vereinbaren, daß das Zeichen „ε" die Element-Menge-Beziehung kennzeichnet (aεM := das Element a gehört der Menge M an), das Zeichen ,$\forall$' für den Ausdruck ,für alle', das Zeichen ,$\rightarrow$' für die Wenn-dann-Verknüpfung und ,$\wedge$' für das Und steht, dann besteht die Äquivalenzrelation aus folgenden Relationen:

1. Reflexivität: $\forall_{m\varepsilon M}$ (mRm),
2. Symmetrie: $\forall_{m,n\varepsilon M}$ (mRn $\rightarrow$ nRm),
3. Transitivität: $\forall_{l,m,n\varepsilon M}$ (lRm $\wedge$ mRn $\rightarrow$ lRn).

Die so bestimmte Äquivalenzrelation ist klassenbildend, da ihre Untermengendarstellung als Vereinigung (symbolisiert durch „$\otimes$") von cartesischen Produkten von Untermengen der Basismenge dargestellt werden kann. Dies mag an folgendem Beispiel klar werden. Gegeben seien die Basismenge M = (a,b,c,d,e,f,g,h) und folgende Untermengen M1 = (a,b), M2 = (c) und M3 = (d,e,f,g,h). Die Produktmengendarstellung dieser Untermenge M1$\otimes$M1 $\otimes$ M2$\otimes$M2 $\otimes$ M3$\otimes$M3 liefert folgende klassenbildende Äquivalenzrelation:

	a	b	c	d	e	f	g	h
a	x	x						
b	x	x						
c			x					
d				x	x	x	x	x
e				x	x	x	x	x
f				x	x	x	x	x
g				x	x	x	x	x
h				x	x	x	x	x

Die Eigenschaften der Reflexivität, der Symmetrie und der Transitivität lassen sich an dieser Untermengenbildung von M$\otimes$M leicht verifizieren.

   Die Äquivalenzrelation ist der Ausgangspunkt der empiristischen Begriffsbildung, der *klassifikatorischen* oder *qualitativen Begriffe*, wie Carnap sie nennt. Sie sind im elementaren Fall Äquivalenz-relationen von Merkmalen, wie sie in Protokollsätzen vorkommen. Die klassifikatorischen Begriffe entstehen durch die Äquivalenzrelation der Gleichheit von Merkmalskombinationen. So werden z.B. die Klasse der Pferde, der Kartoffeln, der Steine, der Metalle etc. beschrieben. Die meisten Begriffe, mit denen wir im täglichen Gebrauch umgehen und die unsere Welt in elementfremde Klassen einteilen, sind demnach klassifikatorische Begriffe.

Will man innerhalb einer Klasse, die einen Begriff bildet, weitere Begriffe einführen, so kann man zusätzlich zu einer Äquivalenzrelation K, die eine Unterklasseneinteilung bewirkt, eine weitere Relation V konstruieren, die die Unterklassen gliedert, wenn die Relation V durch folgende Kombination von Elementarrelationen bestimmt ist:
1. Irreflexivität, 2. Asymmetrie und 3. Transitivität.

Diese Relation V wird *Vorgängerrelation* genannt, weil sie die Unterklassen, die aufgrund der Äquivalenzrelation K gebildet wurden, in eine Reihenfolge des Vor- oder Nacheinander einordnet.

Die Kombination von einer Äquivalenzrelation K (auch *als Koinzidenzrelation* bezeichnet) und einer Vorgängerrelation V bewirkt also eine Aufreihung der Äquivalenzklassen, die als *Quasireihe* bezeichnet wird.[51] Der Ausdruck ‚Quasireihe‘ wurde von Gustav Hempel eingeführt, weil hier eine Aufreihung von Klassen und nicht von einzelnen Elementen vorgenommen wird. Zur Veranschaulichung einer Quasireihenbildung möge folgendes Beispiel dienen:

Die Klasse der Metalle (‚Metall‘ ist ein klassifikatorischer Begriff.) werde mit Hilfe der Begriffe ‚ist schwerer als‘ und ‚ist gleichschwer mit‘ nach ihrer unterschiedlichen bzw. gleichen Schwere pro Volumeneinheit aufgereiht. Der Begriff *,ist schwerer als‘* ist eine *Vorgängerrelation* und somit ein *komparativer Begriff*, da er die Klasse der Metalle in eine Reihenordnung bringt. Die Quasireihe entsteht deshalb, weil nicht die einzelnen Metalle, sondern die Klassen von Metallen aufgereiht werden. Die Metalle, die die Äquivalenzrelation ‚ist gleich schwer wie‘ erfüllen, bilden die Klassen der gleichschweren Metalle aus (dies mögen verschiedene Legierungen mit gleichem spezifischem Gewicht sein). Aus diesen Klassen besteht die Aufreihung, die durch die Relation ‚ist schwerer als‘ bewirkt wird.

Die durch die Kombination einer Äquivalenzrelation und einer Vorgängerrelation definierten Begriffe heißen **komparative** oder **topologische Begriffe**. Bei den durch rein logische Mittel der Relationenkombination konstruierten Begriffen ist zu beachten, daß ihre Konstruktion noch nichts darüber sagt, ob sie sich in der Empirie anwenden lassen. Darum müssen im Prinzip zur Aufstellung einer Quasireihe alle Elemente des Objektbereiches, auf dem ein komparativer Begriff definiert werden soll, miteinander verglichen werden. Und um sicher zu sein, daß sich die Ordnung in der Quasireihe nicht ändert, müßte dieser Vergleich immer wieder durchgeführt werden. Erst wenn sich eine Quasireihe als stabil erwiesen hat, wird durch sie ein *empirischer Begriff der Komparativität* bestimmt. Eine als stabil getestete Quasireihe mag allgemein als *stabile Quasireihe* bezeichnet werden.

Es ist gewiß richtig, daß die Mittel, die zur Konstruktion der klassifikatorischen und komparativen Begriffe benutzt wurden, noch keine Charakteristika der empirischen Welt enthalten, weswegen die Anwendbarkeit auf bestimmte Objektbereiche empirisch zu überprüfen ist. Es ist bei der Begriffskonstruktion jedoch festzuhalten, daß es sich dabei

---

51   Vgl. Hempel, Carl Gustav, *Grundzüge der Begriffsbildung in der empirischen Wissenschaft*, Düsseldorf 1974, Übers. des Originals, *Fundamentals of Concept Formation in Empirical Science*, Toronto 1952, S. 58.

um *Synthesen* von Elementarbegriffen handelt. Demnach benutzen Vertreter der Analytischen Philosophie hier synthetische Mittel, und es ist zu fragen, wodurch die ganz bestimmten Synthesen, die Carnap bei seiner Begriffskonstruktion benutzt hat, empiristisch zu rechtfertigen sind.

Auf diese Frage kenne ich keine Antwort der Logischen Positivisten. Man könnte sie in einem ersten Anlauf so versuchen: „Die dargestellte Begriffsbildung ist nur die systematische Rekonstruktion der in der Physik praktizierten Begriffsbildung, die durch deren philosophische Analyse erkannt wurde." Es gibt aber in der Geschichte der Physik unbestrittene Einflüsse rationalistischer Philosophie, wie sie z. B. durch René Descartes ausgeübt wurden. Damit könnte die Analyse der physikalischen Praxis rationalistische Prinzipien zutage fördern, was gewiß nicht in der Absicht der Logischen Positivisten stehen kann. Vor allem läßt sich aus einer Deskription und ihrer Nachkonstruktion keine Sollensnorm ableiten. Es müßte darum eine eigenständige Begründung der Logischen Positivisten für die besonderen synthetischen Mittel bei der Begriffsbildung geben, die nicht auf die in ihren Augen ohnehin obskure Geschichte der Naturwissenschaft Bezug nimmt.

In einem zweiten Anlauf könnte so argumentiert werden: „Im Prinzip sind alle möglichen Kombinationen der elementaren Relationen vorzunehmen. Es hat sich aber herausgestellt, daß *nur* die angegebenen Relationskombinationen einen empirischen Anwendungsbereich finden." Wenn die in dieser Begründung behaupteten Experimente jemals durchgeführt worden wären, dann hätte sich allerdings herausgestellt, daß es sehr wohl andere Kombinationen von Elementarrelationen gibt, die empirische Anwendungsbereiche besitzen. Dies gilt z.B. für die sogenannte *gerichtete Anlagerungsrelation*, die eine totalirreflexive, asymmetrische und atransitive Relation darstellt und ebenso nicht für die *ungerichtete Anlagerungsrelation*, die totalirreflexiv, symmetrisch und atransitiv ist.[52] Es darf darum davon ausgegangen werden, daß Carnap eine solche Überlegung nicht durchgeführt hat. Die Vorreiterfunktion, die er der Physik selbst zuerkannt hat, bewirkte vermutlich, daß er sich mit der Analyse des Vorgehens der Physiker und deren Rekonstruktion mit logischen Mitteln zufrieden gab.

Entsprechende logisch-positivistische Inkonsistenzen finden sich in der Darstellung der für die Naturwissenschaft wichtigsten Begriffsart der *metrischen Begriffe*, die auch als *quantitative Begriffe* bezeichnet werden. Sie sind mit Hilfe eines Verfahrens zu bilden, mit dem eine Quasireihe auf die reellen Zahlen abgebildet wird. Für dieses Verfahren der Metrisierung ist eine Kombinationsoperation der Gegenstände zur Erzeugung zusammengesetzter Gegenstände zu bilden und es sind folgende Festsetzungen zur Bestimmung der Zuordnung zwischen den Äquivalenzklassen der Quasireihe zu den reellen Zahlen zu treffen, die nach der Zuordnung als Maßzahlen bezeichnet werden (dabei ist die Quasireihe um alle Gegenstände zu erweitern, die durch die Kombinationsoperation gebildet werden können):

1. Die *Einheitsfestsetzung*, durch die festgelegt wird, welcher Koinzidenzklasse der Quasireihe die Maßzahl 1 zukommt.

---

2. Die *Gleichheitsfestsetzung*, die einerseits bereits durch die Koinzidenzrelation, die die Klassen der Quasireihe hervorbringt, bestimmt ist und andererseits durch die Regel, daß die Elemente ein und derselben Koinzidenzklasse in der Metrisierung den gleichen Zahlenwert erhalten.

3. Die *Skalenfestlegung*, die für die Kombinationsregel über die Zuordnungsregel der extensiven Additivität eine Verhältnisskala oder durch eine intensive Zuordnungsregel eine Intervallskala bestimmt.[53]

Mit diesen Bestimmungen zur Metrisierung liefert der Logische Positivismus induktive Festsetzungen, die sich etwa am Beispiel der Metrisierungen der Länge, der Zeit oder des Gewichts in ihrer Anwendung relativ einfach demonstrieren lassen.

Durch das empiristische Metrisierungsverfahren soll sichergestellt werden, daß jeder metrische Begriff einen wohldefinierten Sinn besitzt. Carnap sagt, *„daß wir Regeln für den Meßprozeß haben müssen, um Ausdrücken wie ‚Länge‘ und ‚Temperatur‘ einen Sinn zu geben.“*[54] Tatsächlich aber werden die Begriffe Länge, Zeit und Masse nach den gleichen formalen Regeln, nämlich nach denen der additiven Extensivität, metrisiert. Wie sollen sie sich dann durch das Metrisierungsverfahren unterscheiden lassen? Daß dies aus der Form des Metrisierungsverfahrens nicht möglich ist, sieht auch Carnap. Darum soll dies über die Verbindungsoperationen der spezifischen Quasireihen geschehen, die für eine Metrisierung erforderlich sind. Carnap sagt dazu:

„Die Operationen, durch welche extensive Größen zusammengefügt werden, sind für die verschiedenen Größen äußerst verschieden.“[55]

Diese Operation kann aber nur durch eine Intention zustande kommen, die dem metrischen Begriff vorausgeht, da sie die der Begriffsbildung zugrundeliegende Klassenbildung erst möglich macht. Der Forscher muß intuitiv wissen, aus welchen Objekten er eine Klassenbildung vornehmen kann, die zur Längen-, zur Gewichts-, zur Temperaturoder zur Zeitmessung geeignet sind. Der Sinn der metrischen Begriffe kann also nicht ausschließlich durch das Metrisierungsverfahren bestimmt sein; denn er ist wesentlich durch eine semantische Vorstellung von der Bedeutung dieser Begriffe bedingt, die der Forscher durch seinen historisch gewordenen sprachlichen Kontext mitbringt.

Mit Hilfe der durch das *empiristische Metrisierungsverfahren* aufgestellten empirischen Begriffe, die nach dem Verständnis der logischen Empiristen auf Protokollsätze zurückführbar sind, werden empirische Tatsachen beschrieben, die dann zu empirischen Gesetzen, wie etwa zum Gay-Lussacschen Gasgesetz, verallgemeinert werden. Dieser Weg von den Protokollsätzen bis hin zu den empirischen Gesetzen soll nach Carnapschem Verständnis noch im Rahmen der Beobachtungssprache stattfinden.

---

53 Vgl. Carnap 1969, S. 69–83.

54 Vgl. Carnap 1969, S. 69.

55 Ebenda, S. 77.

Der von Carnap geprägte Begriff des theoretischen Gesetzes, kann nicht so bestimmt werden, daß man auch die theoretischen so wie die empirischen Gesetze durch
Verallgemeinerung gewinnen kann. Z.B. wird in der kinetischen Theorie der Wärme
der Begriff des Moleküls eingeführt, der grundsätzlich nicht auf Gegenstände der Beobachtungssprache zurückgeführt werden kann. Wie es zur Aufstellung solcher theoretischer Begriffe und Gesetze kommt, wird von den Empiristen nicht näher beschrieben.
Sie werden einfach aus der Phantasie des Menschen in Form von Hypothesen gebildet.
Diese irgendwie zustande gekommenen Hypothesen sind daraufhin zu überprüfen, ob sie
durch die empirischen Gesetze, die aus ihnen abgeleitet werden, indirekt bestätigt werden
können, indem jene empirischen Gesetze „durch Beobachtungen von Tatsachen geprüft"[56]
werden. So wie empirische Gesetze durch Tatsachen und Tatsachen durch Protokollsätze
verifiziert werden sollen, so seien theoretische Gesetze durch empirische Gesetze zu überprüfen. Dazu sind die Zuordnungsregeln erforderlich, welche die empirischen Gesetze im
Rahmen der Beobachtungssprache mit den theoretischen Gesetzen verbinden, die in der
theoretischen Sprache formuliert sind. Z.B. wird die Verbindung von kinetischer Gastheorie und phänomenologischer Wärmetheorie durch die Zuordnungsregel hergestellt:

*„die mittlere kinetische Energie der Moleküle eines Gases entspricht der Temperatur des
Gases"*[57],

oder in der elektromagnetischen Atom-Theorie des Lichts sind folgende Zuordnungsregeln denkbar:

*„die elektromagnetische Welle, die durch einen Übergang von einem bestimmten Energie-
niveau eines Atoms eines bestimmten Elementes zu einem anderen bestimmten Energie-
niveau dieses Atoms entsteht, entspricht einer bestimmten sichtbaren Farbe."*

Die Struktur dieser Zuordnung ist stets so:
   Ein theoretisches Gesetz (die elektromagnetische Atomtheorie) wird mit einem empirischen Gesetz (Atome strahlen farbiges Licht aus) verbunden.
   Nach Carnap sind theoretische Begriffe, d.h. Terme der theoretischen Sprache, ganz
ohne Bedeutung, solange sie nicht durch Zuordnungsregeln teilweise eine Bedeutung
erfahren. Besonders Reichenbach hat herausgearbeitet, daß die Begriffe von Axiomensystemen wie etwa die der Hilbertschen Axiomatisierung der Geometrie sogar undefinier-
bare Begriffe sind, da nach Frege der Versuch, die axiomatischen Grundbegriffe so aufzufassen, als seien sie durch die Axiome implizit definiert, in der Feststellung definitorischer
Zirkularitäten endet. Reichenbach, Carnap und auch Weyl, meinten, diesen undefinierten
axiomatischen Begriffen schließlich durch empirische Zuordnungen wenigstens teilweise
eine Bedeutung zu verschaffen. Nach Carnap kann eine solche empirische Interpretation

---

56   Ebenda S. 230.
57   Ebenda S. 239.

der theoretischen Begriffe mit Hilfe von Zuordnungsregeln niemals endgültig sein, d.h., es kommen im Fortschreiten der Wissenschaften immer wieder neue Zuordnungsregeln hinzu oder alte werden geändert. Würde aber dieser Prozeß doch einmal zu einem Ende führen, dann wären die interpretierten Begriffe keine theoretischen mehr, sie würden der Beobachtungssprache angehören. Carnap ist nämlich der Meinung, daß die Begriffe der Beobachtungssprache explizit definiert sind.

Die Logischen Positivisten haben sich als Physikalisten verstanden. Für sie ist die Physik die einzige empirische Grundwissenschaft. Alle anderen Wissenschaften, auch die Geisteswissenschaften, sind dem Physikalismus gemäß, auf physikalische Aussagen zurückzuführen. Dieses Reduktionsvorhaben sollte durch eine sogenannte Metalogik möglich werden, durch die *die physikalische Sprache als Universalsprache der Wissenschaft*[58] dargestellt wird. Damit versucht Carnap zu zeigen, wie sich etwa die Sprache der Psychologie auf eine physikalische Sprachform reduzieren läßt. Die erste umfassende Vorstellung des physikalistischen Einheitskonzepts der Wissenschaft hat Carnap 1928 mit seinem Buch „Der logische Aufbau der Welt" gegeben. Danach sollen alle Gegenstände möglicher Betrachtungen in ein Stufensystem eingeordnet werden, für das die Basis und die Formen der Stufen, der Gegenstände und des ganzen Systems zu bestimmen sind. Die Basis bilden Elementarerlebnisse, die später die Form von Protokollsätzen annehmen. Die Stufenformen sollen durch Definitionen aus Kombinationen von Elementarrelationen bestimmt werden, die auf Klassenbildungen führen. Die Klassifikationen der Sinneswahrnehmungen liefern die Gegenstandsformen, während die Systemform durch die Zurückführbarkeit von Gegenständen gegeben sein soll, so daß „stets die höheren aus den niederen konstituiert werden können" (Carnap 61, 73). Dieser Ansatz bestimmte das spätere Vorgehen Carnaps, so daß damit die Betrachtung des Logischen Positivismus anhand ausgewählter Texte und Problemstellungen als abgeschlossen betrachtet werden kann.

Nun kann die Erarbeitung der 12 Festsetzungsarten zur Charakterisierung des Logischen Positivismus vorgenommen werden, die zu der hier gegebenen Bestimmung einer Wissenschaftstheorie gehören.

4.1.2   Darstellung der Festsetzungen des Logischen Positivismus

4.1.2.1 Begriffliche Gegenstandsfestsetzungen des Logischen Positivismus

Diese Festsetzungen sollen Antwort auf die Frage geben: Wie ist das Einzelne des Erkenntnisobjektes bestimmt? Dazu unterscheidet der Logische Positivismus analytische Erkenntnisse von empirischen Erkenntnissen.

---

58   Vgl. R. Carnap, Die physikalische Sprache als Universalsprache der Wissenschaft, *Erkenntnis*, Bd. 2, (1931), S. 432–465 od. R. Carnap, Psychologie in physikalischer Sprache, *Erkenntnis*, Bd. 3 (1932/33), S. 107–142.

1. Zur analytischen Erkenntnis

Eine analytische Erkenntnis sagt nichts über die Welt aus. Das Einzelne der analytischen Erkenntnisobjekte ist bestimmt durch den Elementbegriff, der den Begriffspaaren ‚Element – Verbindung' oder ‚Element – Menge' angehört. Dieser kann relativistisch benutzt werden, d.h. Elemente können entweder elementar oder Mengen (Klassen) sein. So werden z.B. elementare Relationen aus Untermengen von Produktmengen gebildet. In der Definition der Relationen sind die Untermengen der Produktmenge das Einzelne und die Produktmenge das Allgemeine. Analytische Erkenntnis findet darum ursprünglich im Rahmen des begrifflichen Denkens statt. In der Anwendung der begrifflich konstruierten Begriffssysteme gibt es dann allerdings auch analytische Erkenntnisse im empirischen Bereich.

2. Zur empirischen Erkenntnis

Das Einzelne der empirischen Erkenntnisobjekte ist bestimmt durch die Terme (Begriffe) und die Elementaraussagen der Beobachtungssprache. Aufgrund der relativistischen Verwendung des Elementbegriffs nach 1.1 entstehen dadurch hierarchisch geordnete empirische Gegenstände empirischer Erkenntnis:

1. elementare empirische Aussagen: die Protokollsätze,
2. elementare Mengen von Protokollsätzen: die Tatsachenaussagen,
3. Mengen von Tatsachenaussagen: die empirischen Gesetze.

Den empirischen Gegenständen empirischer Erkenntnis stehen die theoretischen Gegenstände der empirischen Erkenntnis gegenüber. Theoretische Gegenstände, von denen die theoretischen Gesetze handeln, sind etwa Elektronen, elektro-magnetische Felder, Quanten, Energie-Impuls-Tensor und andere Tensoren, usw. Diese theoretischen Gegenstände werden oft als theoretische Konstrukte bezeichnet, da sie aus axiomatischen Ansätzen konstruiert werden können, wenn sie nicht selbst zu den undefinierten Grundbegriffen der Axiome gehören. Die theoretischen Gegenstände können aber erst Teil einer empirischen Erkenntnis werden, wenn es gelungen ist, ein theoretisches Gesetz über eine Zuordnungsregel mit einem empirischen Gesetz zu verbinden. Darum lassen sich theoretische Gegenstände (das Einzelne der theoretischen Gesetze) auch als *potentiell empirische Gegenstände* oder als ein *potentiell empirisches Einzelnes* verstehen. Das Einzelne hat für den logischen Empiristen stets Elementcharakter, der in Abhängigkeit von erkenntnistheoretischen Stufen definierbar ist, wobei es eine bestimmte nicht mehr reduzierbare unterste Stufe gibt. Darum kann in der relativistischen Verwendung das Einzelne auch ein Gesetz sein, nämlich dann, wenn es Teil oder Spezialfall eines allgemeineren Gesetzes ist, einerlei ob es sich dabei um empirische oder theoretische Gesetze handelt.

4.1.2.2 Existentielle Gegenstandsfestsetzungen des Logischen Positivismus

Diese Festsetzungen antworten auf die Frage: *„Wodurch ist das Einzelne des Erkenntnisobjektes gegeben?"*

1. Zur analytischen Erkenntnis

Gewiß werden alle Logischen Positivisten der Auffassung zustimmen, daß die Existenzform aller logischen und analytischen Wahrheiten durch das menschliche Denken gegeben ist, ob sie aber auch dieses noch – und mithin auch alle analytischen Erkenntnisse – auf eine empirische Grundlage stellen wollen, ist unter den verschiedenen Vertretern umstritten. Aufgrund seines Existential-Universalismus versucht z.B. Willard van Orman Quine immer wieder aufs Neue zu beweisen, daß es keine Trennlinie zwischen analytischen und synthetischen Aussagen und auch keine zwischen Logik, Mathematik und empirischen Wissenschaften gibt. Carnap hat hingegen bis an sein Lebensende an der Überzeugung festgehalten, daß logische Wahrheiten grundsätzlich von empirischen Wahrheiten verschieden sind. Die Konsequenz, daß diesen beiden verschiedenen Wahrheiten auch verschiedene Existenzformen zuzuordnen sind, hat er jedoch dennoch nicht gezogen.[59] Diese Unsicherheit zeigt sich ebenfalls in der Grundlegung der Mathematik. Hier ergibt sich im Rahmen der Logischen Positivisten noch ein metaphysischer Begründungsfreiraum für die Bestimmung der Existenzform der Logik und der analytischen Aussagen. Mir genügt es hier, festzuhalten, daß die Logischen Positivisten in der existentiellen Festsetzung übereinstimmen werden, die Objekte der analytischen Erkenntnisse als im Denken des Menschen gegeben anzunehmen, da sie sich etwa wie in Carnaps „Der logische Aufbau der Welt" dort konstituieren.

2. Zur empirischen Erkenntnis

In der Frage der Festsetzung darüber, wie das Einzelne des empirischen Erkenntnisobjektes gegeben ist, stimmen alle Empiristen darin überein, daß dies nur in einer Sinneswahrnehmung vorliegen kann, und sie sind sich ferner darüber einig, daß der Grund für die Sinneswahrnehmung ein objektiver ist, d.h., daß es etwas dem Erkenntnisobjekt an sich Anhaftendes ist, was der Mensch durch den sinnlichen Wahrnehmungsvorgang über das Erkenntnisobjekt erfährt. Das Einzelne des Erkenntnisobjektes ist durch die Information, die in den Protokollsätzen enthalten ist, gegeben. Das heißt, daß die einzelnen Protokollsätze auf etwas Einzelnes in der objektiven Wirklichkeit hinweisen, wobei diese als unabhängig vom Menschen existierend angenommen wird.

Was die Gegebenheit der nicht elementaren Gegenstände des Logischen Positivismus angeht, wie Tatsachenaussagen und empirische Gesetze, so liegt dafür ein metaphysischer Freiraum vor, der bis zu dem der Nominalisten reicht. Daß die Bildung von Klassen nur

---

59 Vgl. dazu die Aufsätze von Willard van Orman Quine „Was es gibt" und „Zwei Dogmen des Empirismus", die beide abgedruckt sind Quine 1979 oder sein Buch „Philosophie der Logik" Kap. 7. Vgl. dazu auch Michael Sukale, *Denken, Sprechen und Wissen*, Tübingen 1988.

eine Leistung des Menschen ist, d.h., daß die gebildeten Klassen zur Darstellung einer Tatsache oder eines empirischen Gesetzes nur im menschlichen Verstand gegeben sind, ist die nominalistische Auffassung, die Meinung aber, daß diesen Klassenbildungen selbst eine objektive Realität entspricht, kennzeichnet die Position der Realisten.

Es ist gerade in neuerer Zeit ein ziemlich heftiger Streit um nahezu alle metaphysischen Positionen, die zwischen den beiden extreme Richtungen des Realismus und des Nominalismus angesiedelt werden können, entstanden. Ich halte diesen Streit für ausgesprochen müßig, da es keine undogmatische Möglichkeit gibt, metaphysische Positionen gegeneinander auszuspielen; denn es ist letztlich der Streit um verschiedene religiöse Positionen, denen die metaphysischen Auffassungen entstammen. Da jedoch die Logischen Positivisten der Meinung sind, daß sie alle Metaphysik überwunden hätten, werden sie diesen unsinnigen Streit noch lange weiterführen. Ein solcher Streit ist, wie es die Logischen Positivisten von der Metaphysik behaupten, gänzlich sinnlos, da er nicht argumentativ geführt werden kann und nur dogmatisch durch Gewalt zu gewinnen ist. Damit aber wäre die Basis aller Wissenschaftlichkeit zerstört, die ich ja hier als die Freude an wiederholbaren Zusammenhangserlebnissen oder am gesicherten gegenseitigen Verstehen darstellte.

Eine besonders kuriose Bildung ist der sogenannte hypothetische Realismus, der von Konrad Lorenz und den evolutionären Erkenntnistheoretikern vertreten wird und die sich in der Person von Gerhard Vollmer durchaus in der Tradition des logischen Empirismus befinden. Wenn eine metaphysische Position hypothetisch sein soll, dann muß ich eine Möglichkeit sehen, sie überprüfen zu können; denn eine Hypothese soll ja gerade von der Art sein, daß sie bestätigt oder widerlegt werden kann. Wenn aber das Bestätigen und Widerlegen von Hypothesen erst auf der Basis einer Metaphysik möglich ist, dann kann offenbar der hypothetische Realismus keine Metaphysik sein, da er sich sonst selbst widerlegen würde. Nun ist aber die Annahme einer objektiven Wirklichkeit fraglos eine metaphysische Position, da sich Annahmen über die vom Menschen unabhängige Wirklichkeit grundsätzlich nicht überprüfen lassen. Denn jede Überprüfung würde irgendeine Art von Kontakt, d.h. Abhängigkeit, zu dieser vom Menschen unabhängigen Wirklichkeit bedeuten, was einen logischen Widerspruch bedeutete. Die Bildung ,hypothetischer Realismus' geht darum an innerer Widersprüchlichkeit zugrunde.

Als allgemein von den Logischen Positivisten akzeptierbare Festsetzung darüber, wie das Einzelne des Erkenntnisobjektes gegeben ist, läßt sich demnach Folgendes festhalten:

1. Es gibt Einzelereignisse in der vom Menschen unbeeinflußten Wirklichkeit.
2. Es gibt Elementarerlebnisse.
3. Es gibt Protokollsätze, in denen die Elementarerlebnisse sprachlich festgehalten sind.
4. Es gibt Tatsachenaussagen über die Einzelereignisse.
5. Es gibt empirische Gesetze, die Tatsachenaussagen zusammenfassen.
6. Diese Existenzaussagen sind hierarchisch geordnet, so daß die folgende stets durch das, was die vorausgehende beschreibt, bewirkt wird.

4.1.2.3 Die begrifflichen Allgemeinheitsfestsetzungen

Hier ist die Frage zu beantworten, wie das Allgemeine des Erkenntnisobjektes bestimmt ist. Auch ist zwischen analytischer und empirischer Erkenntnis zu unterscheiden. Das Allgemeine der analytischen Erkenntnis wird schlicht als der Mengen- oder Klassenbegriff festgesetzt. Um das empirisch Allgemeine zu bestimmen, wurde in der positivistischen Tradition – zurückgehend bis auf Aristoteles – bis in unsere Zeit die Auffassung vertreten, daß die Verfahren der Induktion und der Abstraktion die Mittel sind, um das Allgemeine zu finden. Dabei garantiert bereits das Induktionsverfahren, daß das Einzelne, das zur Induktion benutzt wurde, in das durch Induktion gewonnene Allgemeine paßt. Das Entsprechende gilt für die Abstraktion. Vor allem George Berkeley, David Hume und Immanuel Kant haben dargestellt, daß diese beiden Methoden niemals zu einer eindeutigen Bestimmung des Allgemeinen führen können, da man jedes Einzelne einer unübersehbaren Fülle von allgemeinen Oberbegriffen zuordnen kann. Das empirisch Allgemeine läßt sich *nicht* aus dem empirisch Einzelnen bestimmen. Es bedürfte dazu Induktions- oder Abstraktionsvorschriften, die die Rolle des Allgemeinen übernähmen. Wie sich erfolgreiche Induktions- und Abstraktionsfestsetzungen jemals angeben lassen, bleibt weiterhin fraglich.

Für die Begriffe der Beobachtungssprache halten die Logischen Positivisten dennoch an den methodischen Vorstellungen von Induktion und Abstraktion fest. Denn die Klassenbildungen, die zu Tatsachenaussagen und schließlich zu empirischen Gesetzen führen sollen, sind nur eine formale Zusammenfassung von Induktion und Abstraktion. Diese kann man allgemeiner auch als Extra – und Interpolation bezeichnen, da die Klassenbildung durch Induktion noch nicht untersuchte Objekte einbezieht und die Klassenbildung durch Abstraktion nur die gemeinsamen Merkmale untersuchter Objekte studiert. Die Festsetzungen zum Bestimmen der empirischen Allgemeinheit bestehen also aus den Festsetzungen zur Klassenbildung von empirischen Objekten, wie sie mit den Regeln zur Aufstellung von klassifikatorischen, komparativen und metrischen Begriffen gegeben sein sollen. Dabei läßt sich aber für einen bereits gegeben Begriff nur feststellen, ob er diese Regeln in der Anwendung erfüllt oder nicht, ein neuer Begriff läßt sich so nicht aufstellen.

Die theoretischen oder axiomatischen Begriffe sind in ihrer Allgemeinheit ebenfalls über den Mengenbegriff bestimmt, so umfaßt z.B. der Begriff Punkt, alle die Objekte, die die axiomatischen Bedingungen des Ausdruckes ‚Punkt' erfüllen. Darüber hinaus aber stellen die axiomatischen Systeme als Theorien aber auch das Allgemeine der empirischen Gesetze dar.

Generell benutzen die Logischen Positivisten mit großer Selbstverständlichkeit das Begriffspaar ‚Einzelnes – Allgemeines', so daß alles, was für die begrifflichen Gegenstandsfestsetzungen gilt, ebenso von den begrifflichen Allgemeinheitsfestsetzungen ausgesagt werden kann, wie etwa die relativierende Verwendung des Allgemeinheitsbegriffs. Danach haben Tatsachenaussagen Allgemeinheitscharakter, da sie durch Mengen von Protokollsätzen repräsentiert werden. Entsprechendes gilt für die empirischen und theoretischen Gesetze. Und so wie es elementarste empirische Aussagen gibt, so sollte man meinen, daß dementsprechend es ein Allgemeinstes gibt, das nicht mehr als ein Einzelnes einem noch Allgemeineren untergeordnet werden kann. Es ist anzunehmen, daß dieses wie auch immer begrifflich bestimmte Allgemeinste mit der mythogenen Idee von der einen Wirklichkeit zusammenfällt.

4.1.2.4 Die existentiellen Allgemeinheitsfestsetzungen

Hier gilt entsprechend das unter 4.1.2.2 Gesagte, da wegen der relativistischen Verwendung des Element- und Mengenbegriffs unter 4.1.2.2 bereits Mengen als Elemente aufgefaßt wurden, d.h. ob den analytischen, empirischen oder theoretischen Allgemeinheiten eine vom Denken unabhängige Existenz zugesprochen wird, hängt von der besonderen metaphysischen Auffassung innerhalb der Logischen Positivisten ab. Den theoretischen Allgemeinheiten kommen allerdings bei Carnap gewiß keine selbständige Existenz zu, da sie ihre Bedeutung erst durch die Zuordnungsregeln erhalten.[60] Mit Hilfe der sogenannten Ramsey-Methode will Carnap sogar zeigen, wie sich theoretische Begriffe eliminieren lassen. Dadurch wird das Existenzproblem sogar explizit gemacht. Denn die theoretischen Begriffe werden im sogenannten Ramsey-Satz durch Existenzquantoren und die zugehörigen Variablen ersetzt, d.h. es muß in der Wirklichkeit so etwas vorhanden sein wie z.B. der allgemeine Begriff der Temperatur.

Nehmen wir etwa die *Zuordnungsregel Z* der kinetischen Gastheorie T:

Z: = „*Die mittlere kinetische Energie der Moleküle eines Gases entspricht der Temperatur des Gases.*"

Z verbindet den theoretischen Term

T1 = „mittlere kinetische Energie der Moleküle" mit dem Begriff der Beobachtungssprache

O1 = „Temperatur des Gases".

Wir können nun die Zuordnungsregel Z schreiben als Z: = T1 entspricht O1.

In diesem Satz der Theorie T und der Zuordnungsregel Z, den Carnap auch kurz als TZ schreibt, wird T1 nach dem Ramsay-Verfahren durch einen Existenzquantor mit der Variablen t ersetzt. Der Ramsey-Satz von TZ lautet dann (das Zeichen ‚$\exists$' ist zu lesen als: ‚Es gibt mindestens ein'):

RTZ:= $\exists$t (t entspricht O1) = Es gibt ein t, so daß t O1 entspricht.[61]

In diesem Ramsey-Satz RTZ ist zwar der theoretische Term T1 eliminiert, aber er wird dabei existentialisiert, was ohne eine metaphysische Position des Realismus gar nicht denkbar ist.

---

60   Es gibt durchaus auch Vertreter der Logischen Positivisten – wie etwa Quine –, die auch mathematischen Konstruktionen, wie etwa den Zahlen, eine selbständige Existenz zuweisen.

61   Carnap (1966, 1969), S. 249.

Wir kommen damit zu der Feststellung, daß in dem von Carnap aufgebauten Logischen Positivismus die Existenz von Mengen, d.h. von Allgemeinbegriffen angenommen wird.

Die bereits begrifflich angedeutete Form, die Wirklichkeit als das Allgemeinste zu verstehen, führt zu dem begrifflichen Kuriosum, daß es für diesen Begriff nur einen existentiellen Repräsentanten gibt: die eine Wirklichkeit selbst. Sie ist auch existentiell gesehen das Allgemeinste, das es gibt, da es alles umfaßt, was es gibt. Da in dieser Wirklichkeitsvorstellung die Einheit (es ist keine zweite denkbar) zugleich mit der Allgemeinheit gedacht wird, handelt es sich um eine *mythogene Idee.*[62] Mythogene Ideen sind Grenzbegriffe, die Begründungsendpunkte liefern, da über sie hinaus keine Fragestellungen oder Begründungen mehr möglich sind.

4.1.2.5 Begriffliche Zuordnungsfestsetzungen

Diese sind nicht mit den Zuordnungsregeln Carnaps zu verwechseln. Die Zuordnungsfestsetzungen sollen bestimmen, wie das Einzelne und das Allgemeine des Erkenntnisobjektes miteinander verbunden werden. Carnaps Zuordnungsregeln sollen dagegen die Verbindung von Beobachtungs- und theoretischer Sprache ermöglichen. Wir haben hier außerdem die Zuordnungsfestsetzungen innerhalb der theoretischen Sprache zu unterscheiden von denen in der Beobachtungssprache; denn in der theoretischen Sprache wird sehr wohl Einzelnes von Allgemeinem unterschieden, sonst könnte es in der theoretischen Sprache keine Erkenntnisse geben. Im Rahmen der Bohr-Sommerfeldschen Atomtheorie wird in dem Satz: „Elektronen bilden in den Atomhüllen Elektronenkonfigurationen aus" der Begriff ‚Elektron' als etwas Einzelnes behandelt und der Begriff der ‚Elektronenkonfiguration' als etwas Allgemeines. Dadurch wird dieser Satz zu einer theoretischen Hypothese. Das Problem der Zuordnungsfestsetzungen scheint Carnap für die theoretische Sprache gar nicht gesehen zu haben.

Für die Beobachtungssprache bestehen die Zuordnungsfestsetzungen aus den schon genannten Klassenbildungs-Regeln des Induzierens und Abstrahierens, wie sie in den Regeln zur Aufstellung von klassifikatorischen, komparativen und metrischen Begriffen gegeben sind.

4.1.2.6 Die existentiellen Zuordnungsfestsetzungen

Obwohl die Frage danach, wodurch die Zuordnungsfestsetzungen gegeben sein könnten oder was ihnen existentiell entspricht, von den Logischen Positivisten nicht gestellt wurde,

---

62   Zur Bestimmung der Bedeutung von mythogenen Ideen vgl. Wolfgang Deppert, Mythische Formen in der Wissenschaft, – Am Beispiel der Begriffe von Zeit, Raum und Naturgesetz –, Referat zum 1. Symposium des ‚Zentrums zum Studium der deutschen Philosophie und Soziologie' vom 4. bis 9. April 1995 in Moskau zum Rahmenthema „Wissenschaftliche und außerwissenschaftliche Denkformen", abgedruckt in: Ilja Kassavin, Vladimir Porus, Dagmar Mironova (Hg.), *Wissenschaftliche und Außerwissenschaftliche Denkformen*, Zentrum zum Studium der Deutschen Philosophie und Soziologie, Moskau 1996, S. 274–291.

läßt sich dennoch davon ausgehen, daß sie die Existenz der Zuordnungen in den Existenz-bereich, der durch die menschliche Denk- und Erkenntnisfähigkeit aufgespannt wird, hineinverlegen. Es ist aber auch denkbar, daß sie diese Funktion den – nach ihrer Mei-nung – existierenden Naturgesetzen zuordnen, da durch sie festgelegt ist, welches Einzelne der Wirklichkeit, sich in seinem Verhalten nach ihnen zu richten hat.

4.1.2.7 Die begrifflichen Prüfungsfestsetzungen

Für analytische und empirische Erkenntnisse wird festgesetzt, daß Widersprüche verboten sind, d.h., das Auftreten eines Widerspruchs erweist die Falschheit der Theorie, der Zu-ordnung, des empirischen Gesetzes, der Tatsache oder des Protokollsatzes. Protokollsätze können nicht überprüft werden. Hingegen kann die Richtigkeit aller anderen Aussagen mit Hilfe der Ableitungsbeziehungen aus Protokollsätzen kontrolliert werden. Theorien wer-den durch das Eintreffen der Vorhersagen bestätigt oder widerlegt, wobei die Vorhersagen über Ableitungsbeziehungen zu Protokollsätzen getestet werden.

4.1.2.8 Die existentiellen Prüfungsfestsetzungen

Diese Festsetzungen sind durch den empiristischen Grundsatz der Wahrnehmungspriori-tät gegeben, durch den die menschlichen Sinnesorgane dazu ausgezeichnet sind, elemen-tare wahre Bilder der Wirklichkeit aufzunehmen, so daß die Sinne somit zugleich die Prüfungsinstanzen für Behauptungen über die Wirklichkeit sind. Die Logischen Positivis-ten akzeptieren aber auch die Prüfinstanz der menschlichen Vernunft, um mit ihr Wider-sprüche aufzudecken. Darum gibt es für sie neben der empiristischen Prüfungsinstanz der Sinne auch die rationalistische des Verstandes im Verbund mit der Vernunft.

4.1.2.9 u. 4.1.2.10 Die begrifflichen und existentiellen Festsetzungen über die menschliche Erkenntnisfähigkeit

Hierüber haben die Logischen Positivisten keinerlei detaillierte Ausarbeitungen geliefert. Alle dazu nötigen Festsetzungen sind in bereits gemachten Festsetzungen intuitiv ent-halten. Obwohl die Empiristen Kant sehr angegriffen haben, scheint es doch, daß sie still-schweigend seine Einteilung der Erkenntnisvermögen übernehmen. Die Sinnlichkeit liefert die Daten, der Verstand bildet mit Hilfe der Beobachtungssprache Klassen dieser Daten, baut die theoretische Sprache und mit ihr Theorien auf, während die Vernunft die rein logi-schen Operationen erledigt, die sich auf das Prinzip des verbotenen Widerspruchs gründen.

4.1.2.11 Die begrifflichen Zwecksetzungen

Da ein Zweck sich nur mit sinnvollen und nicht mit sinnlosen Aussagen verbinden läßt, ist für die Logischen Positivisten das empiristische Signifikanzkriterium die begriffliche Voraussetzung für all ihre Erkenntnisbemühungen, um den methodischen Weg zum Gewinnen von gesichertem, d.h. bewiesenem Wissen über die wirkliche Welt aufzuzeigen. Alle anderen Zwecke sind dem empiristischen Signifikanzkriterium nachgeordnet, es ist darum der logisch erste Zweck des Neopositivismus, der alle weiteren Zwecke erst ermöglicht. Da nach logisch-empiristischer Auffassung die metaphysischen Aussagen weder zum positiven Wissen gehören noch es befördern können, ist es zur Erreichung aller Zwecke nötig, metaphysische Sätze möglichst genau identifizieren zu können und sicherzustellen, daß derartige Scheinsätze in der korrekten wissenschaftlichen Methodik nicht vorkommen. Dazu dient wiederum das empiristische Signifikanzkriterium. Dabei ergibt sich wieder das Problem, wie etwas Sinnloses charakterisierbar ist. Als Kriterium für metaphysische Aussagen dient Carnap, die Unmöglichkeit ihrer Formalisierung in einer formalen Sprache.

Der Hauptzweck des logischen Empirismus besteht darin, die Möglichkeiten und Wege zu gesichertem Wissen über die Wirklichkeit zu beschreiben und aufzuzeigen. Alle bisher genannten Festsetzungen dienen diesem Ziel, aus dem sich auch der normative Anspruch des Logischen Positivismus ergibt.

4.1.2.12 Die existentiellen Zwecksetzungen

Sie sollen sicherstellen, daß die begrifflich gekennzeichneten Zwecke erreichbar sind. Die existentiellen Zwecksetzungen behandeln das Gegebene, auf das sich eine Wissenschaftstheorie stützen muß, um ihre Ziele verwirklichen zu können. Es geht bei den existentiellen Zwecksetzungen der Logischen Positivisten um ihre ontologischen Grundlagen, die ich wie folgt zusammenfasse:

LP1.   Es existiert eine eindeutig strukturierte vom Menschen unbeeinflußte Wirklichkeit.

LP2.   Die Struktur dieser Wirklichkeit ist durch das menschliche Denken in Form von sprachlichen Aussagen (Sätzen) erfaßbar.

LP3.   Diese Struktur ist von der Art, daß sie sich schrittweise mit einfachsten Sätzen beginnend durch Klassenbildungen erkennen bzw. mit Hilfe von einfachsten axiomatischen Annahmen über Theorienbildungen systematisch in ihrer Komplexität darstellen läßt.

LP4.   Die ersten und einfachsten Schritte zur Erkenntnis der Wirklichkeitsstrukturen sind durch die elementaren Sinneswahrnehmungen, die sich durch Protokollsätze ausdrücken lassen, gegeben.

LP5.   Die Wahrheit allgemeiner Aussagen über die Wirklichkeit, d.h. die empirische Gesetzeswahrheit als Übereinstimmung von gedachter und tatsächlich vorhandener Wirklichkeitsstruktur, kann nur durch die Wahrheit der Aussagen über sinnliche Wahrnehmungen gegeben sein.

Einige Folgerungen aus diesen Festsetzungen sind hier am Platze:

1. *Der Physikalismus*: Aufgrund der eindeutigen Struktur der Wirklichkeit kann es nur eine Wissenschaft geben, die die Gesetzeswahrheit über die Wirklichkeit erforscht. Diese Grundlagenwissenschaft ist die Physik. Alle anderen Wissenschaften beziehen ihren Sinn- und Wahrheitsgehalt von dem der Physik.[63]

2. *Das Kosmisierungsprogramm* und *der physikalistische Reduktionismus*: Da die Naturgesetze die besondere Struktur des ganzen Kosmos beschreiben, ist der oberste Zweck aller Wissenschaft, die Erforschung der kosmischen Gesetze und die Reduzierung aller Phänomene auf sie.[64]

Erst wenn die fünf existentiellen Zwecksetzungen LP1–5 getroffen sind, hat es einen Sinn, den genannten Hauptzweck der Neopositivisten anzustreben. Schon wenn eine dieser Annahmen fallen gelassen würde, wäre das gesamte Programm der logischen Empiristen nicht mehr durchführbar.

Die hier bestimmten fünf existentiellen Zwecksetzungen LP1–5 sind metaphysische Sätze, die das ganze neopositivistische Erkenntnissystem hervorbringen. Denn nach der hier vertretenen Auffassung von Metaphysik bestimmt sie ein Erkenntnissystem, indem durch sie der Erkenntnisbegriff, die Möglichkeit und die Art des Erkenntniserwerbs festgelegt sind.[65] Die metaphysischen Sätze, die das Erkenntnissystem bestimmen, können grundsätzlich nicht dazu verwendet werden, um sie selbst zu begründen, da dies stets ein zirkuläres Begründungsverfahren wäre. Metaphysische Sätze lassen sich darum nicht durch Erkenntnisse begründen, die durch sie erst möglich werden. Sie können nur aus nicht mehr hintergehbaren Überzeugungen abgeleitet werden, die dem Menschen Sicherheit und Geborgenheit spenden und die ihm die Möglichkeit von sinnvollem Handeln überhaupt bereit- und sicherstellen. Diese Überzeugungen nenne ich die religiösen Überzeugungen des einzelnen Menschen.[66] Die Zwecksetzungen LP1–5 können nun in das im Absatz 2.2 angegebenen Schema der Metaphysik-Begriffe eingeordnet werden:

Danach wird in der *Metaphysik* die *allgemeine* von der *speziellen Metaphysik* unterschieden:

1. Die *Allgemeine Metaphysik* macht folgende Aussagen:
    1.1 Aussagen über die allgemeine Struktur des Seins, wie in LP1. Solche Aussagen kennzeichnen die *allgemeine* oder *generelle Ontologie*.

---

63 Vgl. R. Carnap, Die physikalische Sprache als Universalsprache der Wissenschaft, *Erkenntnis*, Bd. 4 (1932), 432–465.

64 Vgl. W. Deppert, *Zeit. Die Begründung des Zeitbegriffs, seine notwendige Spaltung und der ganzheitliche Charakter seiner Teile*, Steiner Verlag, Stuttgart 1989 oder W. Deppert, Das Reduktionismusproblem und seine Überwindung, in: W. Deppert, H. Kliemt, B. Lohff, J. Schaefer (Hrg.), *Wissenschaftstheorien in der Medizin. Kardiologie und Philosophie*, De Gruyter, Berlin 1992.

65 Vgl. dazu Abschnitt 2.2. und Fußnote 8.

66 Vgl. dazu Abschnitt 2.2 und Fußnote 7 und 13.

1.2 Aussagen über die besondere Beziehung des Menschen zu dieser Seinsstruktur, wie in LP2. Diese Aussagen gehören der *besonderen* oder *speziellen Ontologie* an.

2. Die *besondere* oder *spezielle Metaphysik* macht folgende Aussagen:

2.1 Aussagen über die Möglichkeit der Menschen, mit einfachsten Zusammenhangserlebnissen beginnend, die Komplexität der Seinsstruktur durch fortschreitendes Zusammenfügen einfachster Verstehensschritte immer sicherer bestimmen zu können, wie es in LP3 geschieht. Hierdurch wird die Möglichkeit von wissenschaftlicher Erkenntnis gewährleistet.

2.2 Aussagen über die Art der einfachsten Zusammenhangserlebnisse oder anders gesagt, über die einfachsten Verstehensschritte und die Möglichkeiten ihrer Zusammenfügung, wie in LP4 und LP5. Damit werden bestimmte Methoden für den Wissenserwerb in den Wissenschaften ausgezeichnet.

Alle diese Aussagen sind grundsätzlich nicht beweisbar, da sie selbst erst den Grund für Beweise angeben. Sie sind nur begründbar aus den in jedem Menschen vorhandenen Bereichen, die ich das religiöse Grundgefühl und den religiösen Glauben nenne.[67] Die metaphysischen Aussagen LP1 bis LP5 verraten ein religiöses Grundgefühl der unhintergehbaren einseitigen Abhängigkeit. Etwa in der Beziehung des Menschen auf die vorgegebene, von ihm nicht beeinflußbare Wirklichkeit oder in der einseitigen nur über die Sinnesorgane möglichen Art, Kenntnis von der Wirklichkeit zu erlangen. Dieses religiöse Grundgefühl der einseitigen Abhängigkeit des Menschen von seiner Lebenswirklichkeit bringt erst den religiösen Glauben an eine derartige Ontologie hervor, wie sie in der allgemeinen Metaphysik LP1 und LP2 zum Ausdruck kommt und wie sie sich in der speziellen Metaphysik LP3 – LP5 weiter expliziert. Das religiöse Grundgefühl der einseitigen oder wie Schleiermacher sagt, der schlecht-hinnigen Abhängigkeit,[68] ist durch das traditionelle Christentum in Europa geprägt und läßt sich hier in einem säkularisierten Gewande bei den Logischen Positivisten nachweisen. Im Rahmen der Bewußtseinsgenetik, läßt sich dieses religiöse Grundgefühl als eine spezifische Bewußtseinsform der Unterwürfigkeitsbewußtseinsformen klassifizieren.

Damit bin ich mit der Darstellung des Logischen Positivismus am Ende und komme zu seiner Beurteilung.

---

67 Zur Definition religiöser Termini vgl. Wolfgang Deppert, Der Mensch braucht Geborgenheitsräume, in: J. Albertz (Hrsg.), *Was ist das mit Volk und Nation – Nationale Fragen in Europas Geschichte und Gegenwart*, Schriftenreihe der Freien Akademie, Bd. 14, Berlin 1992, S. 47–71.

68 Vgl. Friedrich Schleiermacher, *Der christliche Glaube nach den Grundsätzen der evangelischen Kirche im Zusammenhange dargestellt*, 1. Band, Mäcken'sche Buchhandlung, Reutlingen 1828, Der Glaubenslehre erster Teil, 1. Abschnitt, §§ 36–42, S. 156–169.

4.1.3 Beurteilung des Logischen Positivismus

Zur Beurteilung von Wissenschaftstheorien habe ich vier Beurteilungskriterien angegeben:
1. das Konsistenzkriterium,
2. das Transparenzkriterium,
3. das Fruchtbarkeitskriterium und
4. das Toleranzkriterium.

Diese vier Kriterien sind nun der Reihe nach auf die hier ausgeführten Darstellungen des
Logischen Positivismus oder – wie auch gesagt wird – auf die *neopositivistische Wissenschaftstheorie* anzuwenden.

4.1.3.1 Zur Konsistenz der neopositivistischen Wissenschaftstheorie

Aus den Betrachtungen zu den begrifflichen und existentiellen Zwecksetzungen geht hervor, daß sie widersprüchlich sind. Einerseits wird versucht, alle metaphysische Aussagen
zu eliminieren und andererseits ist die Begründung dafür selbst metaphysisch. Damit
bricht der normative Anspruch der Neopositivisten zusammen. Sie können unmöglich
sinnvoll gegen alle metaphysischen Grundlegungen polemisieren, wenn sich ihre eigene
Grundlage ebenso als metaphysisch erweist.

Ein logischer Positivist verhält sich dogmatisch, wenn er seine metaphysische Position
als die allein richtige darzustellen versucht. Diese dogmatische Haltung hat historisch ihre
Wurzel in der Säkularisierung des dogmatischen Christentums, da sich zeigte, daß die religiöse Grundhaltung der einseitigen Abhängigkeit durch das Christentum tradiert worden
und mit der speziellen Bewußtseinsform der Unterwürfigkeit verbunden ist, die sich in
der erkenntnistheoretischen Hochachtung der angeblich unbezweifelbaren Ergebnisse der
physikalischen Forschung äußert.

Eine weitere Inkonsistenz findet sich in der Unmöglichkeit, den empiristischen Begriffsbildungsanspruch aufrechtzuerhalten. Dieser Anspruch besteht darin, daß alle sinnvollen Begriffe zwar mit Hilfe von logischen Mitteln konstruiert, dann aber ausschließlich auf empirische Weise bestimmt werden sollen. Für die metrischen Begriffe sind
die logischen Empiristen im besonderen der Meinung, daß sie ausschließlich durch das
Metrisierungsverfahren ihren Sinn bekommen. Rudolf Carnap sagt dazu:

> *„Der wichtigste Punkt, den wir klar verstehen müssen, ist, daß wir Regeln für den Meßpro-
> zeß haben müssen, um Ausdrücken wie ‚Länge‘ und ‚Temperatur‘ einen Sinn zu geben.“*[69]

Abgesehen davon, daß die Auswahl besonderer synthetischer Begriffskonstruktionen
mit Hilfe elementarer Relationen keine empiristische Begründung erfährt, zeigt es sich,

---

69 Vgl. Carnap 1969, S. 69.

daß die metrischen Begriffe ,räumliche und zeitliche Länge' formal nach dem gleichen Verfahren der additiven Extensivität metrisiert werden. Formal wären darum ,räumliche Länge' und ,Zeitdauer' identische Begriffe. Carnap ist sich zwar im klaren darüber, daß „Die Operationen, durch welche extensive Größen zusammengefügt werden, (-) für die verschiedenen Größen äußerst verschieden (sind)",[70] er sagt aber nicht dazu, wie diese Verschiedenheit empirisch bestimmt werden kann. Genauere Untersuchungen zeigen, daß diese Verschiedenheit nur historisch aufgewiesen werden kann. Da aber die tradierten Begriffsverständnisse in der Geschichte sowohl durch empirische Erfahrungen als auch durch rationale Überlegungen sowie durch konstruktivistische Operationen geprägt sind, kann der empiristische Begriffsbildungsanspruch nicht aufrecht erhalten werden.

Das Entsprechende ergibt sich aus der Induktionsproblematik: Für jedes Induzieren müssen bestimmte Festsetzungen getroffen werden, die selbst nicht durch Erfahrung sondern nur historisch bestimmt sein können. Ferner braucht man eine für das Induzieren vorauszusetzende Idee eines Allgemeinbegriffs, um auf ihn und auf die Existenz seines Anwendungsbereichs mit Hilfe von Festsetzungen induktiv schließen zu können. Wenn man aber keine Idee von Naturgesetzen hat, kann man sie durch noch so viel induktive Festsetzungen nicht gewinnen.

Diese Inkonsistenzen setzen sich mit besonderer Schärfe in der empiristischen Theorienbildung fort, da es nach Carnap keinen Weg von der Beobachtungs- zur theoretischen Sprache geben kann. Das Entstehen von Theorien der theoretischen Sprache bleibt vollkommen dunkel und geheimnisvoll, und auch der Weg, der schließlich von der theoretischen Sprache zur Beobachtungssprache führen soll, ist nicht aufweisbar.

Auch die Bedeutung der Protokollsätze wird durch Inkonsistenzen zunichte gemacht; denn die in den Protokollsätzen verwendeten Terme (Begriffe) der Beobachtungssprache sind theorienabhängig. Dies zeigt die Betrachtung der historischen Entwicklung der Begriffe, die als Terme der Beobachtungssprache gelten. So ist etwa die Vorstellung der Logischen Positivisten, die Protokollsätze müßten stets genaue Orts- und Zeitangaben enthalten, erst durch die spezielle Relativitätstheorie Einsteins entstanden, da in ihr von einem 4-dimensionalen Raum-Zeit-Kontinuum ausgegangen wird, so daß Ortsangaben ohne Zeitangaben keine mögliche Kennzeichnung eines Raumpunktes sind, was aber für die klassische Physik nicht gilt. Außerdem sind Raum- und Zeitangaben erst durch bestimmte Raum- bzw. Zeittheorien möglich, so daß der Raum- und der Zeitbegriff selbst als theoretische Begriffe gelten müssen.

Da die in den Protokollsätzen verwendeten Begriffe theorienabhängig sind, stürzt das hierarchische Begründungssystem des Neopositivismus, das auf theoriefreien Protokollsätzen aufbaut, in sich zusammen. Im Gegensatz zu dem verheerenden Ergebnis der Konsistenzbetrachtungen, können in der Beurteilung durch das Transparenzkriterium einige Verdienste der neopositivistischen Wissenschaftstheorie aufgezeigt werden.

---

70 Ebenda, S. 77.

4.1.3.2 Die Beurteilung des Neopositivismus durch das Transparenzkriterium

Durch das Transparenzkriterium soll beurteilt werden, ob eine Wissenschaftstheorie Strukturen innerhalb einer Wissenschaft verdeutlicht und überschaubar macht und ob strukturelle Ähnlichkeiten der Wissenschaften untereinander erkennbar werden.

In den jungen Wissenschaften, in denen auf möglichst exakte Begriffsbildung Wert gelegt wird, hat der Logische Positivismus zur Präzisierung der Begriffsbildung und damit zur Überschaubarkeit ihrer Methoden beigetragen. Dies gilt für Carnaps Unterscheidung von qualitativen, komparativen und metrischen Begriffen sowie für seine ausgearbeitete Methodik zur Bestimmung und Entwicklung solcher Begriffe. Aber auch spezielle Begriffsanalysen, wie etwa für den Wahrscheinlichkeits-, Erklärungs- und Gesetzesbegriff, konnten das wissenschaftliche Arbeiten transparenter machen. Hierhin gehören vor allem Reichenbachs Arbeiten zum Wahrscheinlichkeitsbegriff und Hempels Arbeiten zum Erklärungs- und Gesetzesbegriff, obwohl es von empiristischer Seite bis heute nicht gelungen ist, einen befriedigenden empiristischen Gesetzesbegriff anzugeben.

Die Begriffsbildungsmethodik des Neopositivismus war vor allem für Wissenschaften nützlich, die ihre Selbständigkeit erst im 20. Jahrhundert errungen haben, wie etwa die Psychologie oder die Soziologie. Für sehr viele Wissenschaften könnte die Begriffsbildungsmethodik besonders in der Lehre angewandt werden, um so die Ausbildung effektiver zu gestalten, wenn die Lehrenden über die nötigen wissenschaftstheoretischen Kenntnisse verfügten.

Leider haben diese wissenschaftstheoretischen Kenntnisse den Weg in die Einzelwissenschaften so gut wie nicht gefunden. Carnap selbst hatte zweifellos noch die Intention, sich mit seinen wissenschaftstheoretischen Bemühungen an die Allgemeinheit der Wissenschaftler zu wenden. Seine Schüler aber, wie etwa Wolfgang Stegmüller, haben zwar sein Programm mit großer Scharfsinnigkeit fortgeführt, haben aber dabei eine sich zunehmend verkomplizierende Sprache verwandt, so daß es eines eigenen Studiums bedarf, um deren Texte lesen und verstehen zu können. Heute ist dadurch der Kontakt der Wissenschaft zum Logischen Positivismus oder gar zur Wissenschaftstheorie weitgehend abgerissen. Dies gilt vor allem für das wissenschaftstheoretische *Programm des strukturalistischen Theorienkonzepts* von Sneed und Stegmüller, das sich aus dem Konzept des Logischen Positivismus entwickelt hat. Da das Vorhaben sich weitgehend darauf beschränkt, bereits vorhandene, erfolgreiche Theorien mit Hilfe eines eigens dafür entwickelten *mengentheoretischen* Begriffsinstrumentariums nachzukonstruieren, kann von dieser Art Wissenschaftstheorie keine normative oder auch keine anregende Wirkung ausgehen; denn an die Theorien-Nachkonstruktionen wird nicht der Anspruch gestellt, über die Fruchtbarkeit der nachkonstruierten Theorien hinauszugehen. Das Sneed-Stegmüllersche Theorienkonzept kann man auch nicht als eine deskriptive Wissenschaftstheorie bezeichnen, da mit ihm das tatsächliche Vorgehen der Wissenschaftler gar nicht beschrieben werden soll.[71]

Das konsequente Eintreten für den physikalistischen Reduktionismus durch die Vertreter des logischen Empirismus hat zweifellos zu einer Methoden- und zeitlich begrenzten Zielsetzungstransparenz unter den Wissenschaften beigetragen, da durch die damit verbundene reduktionistische Hierarchisierung auf mathematische und physikalische Methoden hin der wissenschaftliche Methodenpluralismus stark reduziert wurde. Es ist aber schon seit geraumer Zeit offenkundig, daß es mehr und mehr wissenschaftliche Probleme gibt, die sich durch einen reduktionistischen Ansatz grundsätzlich nicht lösen lassen.[72] In dieser Hinsicht hat der Logische Positivismus längerfristig eine verschleiernde Wirkung, die vor allem seine Fruchtbarkeit stark einschränkt. Diese Überlegungen aber gehören in den nächsten Abschnitt, in dem die Beurteilung des Logischen Positivismus nach dem Fruchtbarkeitskriterium vorgenommen wird.

4.1.3.3 Zur Fruchtbarkeit der neopositivistischen Wissenschaftstheorie

Das Beurteilungskriterium der Fruchtbarkeit liefert eine dem Transparenzkriterium entsprechende Beurteilung, denn überall dort, wo von Neopositivisten saubere begriffliche Analysearbeit geleistet wurde, da hat diese auch Anlaß gegeben, neue Begriffe zu bilden oder alte Begriffe wegen ihrer eigenen Inkonsistenz zu verändern. So ist z.B. das Systemzeitkonzept aus der konsequenten Weiterführung der Bestimmung des metrischen Zeitbegriffs entstanden.[73] Eine ganz besondere Leistung durch die Vertreter des logischen Positivismus ist für die gesamte Naturwissenschaft mit der sehr genauen Ausarbeitung des empiristischen Metrisierungsverfahrens gegeben, das von Rudolf Carnap weitgehend entwickelt und von Wolfgang Stegmüller noch weiter präzisiert wurde. Das Metrisierungsverfahren legt fest, wie den Objekten eines naturwissenschaftlichen Objektbereichs Zahlen zugeordnet werden können, so daß diese als Größenbestimmungen der mathematisierbaren Eigenschaften der Objekte zu nutzen sind. Diese sehr genau vorgeschriebene Zahlenzuordnung ermöglicht es, für jedes physikalische Objekt eine Länge, ein Volumen, eine Masse, eine Ladung, eine Temperatur, eine Geschwindigkeit oder einen Impuls usf. anzugeben oder von einem physikalischen Vorgang eine Dauer.[74] Erst durch derartige eindeutige Metrisierungsvorschriften wird eine Naturwissenschaft durch die Anwendungs-

---

71   Zum strukturalistischen Theorienkonzept von Sneed und Stegmüller vgl. Joseph D. Sneed, *The Logical Structure of Mathematical Physics*, Reidel Publishing Company, Dordrecht 1971 und Wolfgang Stegmüller, *Probleme und Resultate der Wissenschaftstheorie und Analytischen Philosophie*, Bd. II, *Theorie und Erfahrung*, Zweiter Teilband, *Theorienstrukturen und Theoriendynamik*, 2. korrig. Aufl., Springer Verlag, Berlin 1985 und Dritter Teilband, *Die Entwicklung des neuen Strukturalismus seit 1973*, Springer Verlag, Berlin 1986.

72   Vgl. Deppert 1992.

73   Vgl. Deppert 1989 oder Deppert 1993.

74   Vgl. Carnap, Rudolf, *Einführung in die Philosophie der Naturwissenschaften*, München 1969, S. 69–83 und Wolfgang Stegmüller, *Probleme und Resultate der Wissenschaftstheorie*

möglichkeit der Mathematik zu einer exakten Wissenschaft. Diese Metrisierungsvorschriften eingeführt zu haben ist das gar nicht hoch genug einzuschätzende *Verdienst der
logischen Positivisten.*
Was aber die historische Darstellung und Erklärung der wissenschaftlichen Entwicklung angeht, ist der Neopositivismus wegen seiner uneingestandenen metaphysischen
Dogmatik blind für den historischen Wandel von wissenschaftlichen Positionen, die sich
aufgrund einer veränderten Metaphysik vollzogen haben. Aufgrund des positivistischen
Anspruchs der logischen Empiristen deuten sie jede Abweichung historischer wissenschaftlicher Einsichten von den heutigen wissenschaftlichen Auffassungen als Fehler. Weil
sie alle Metaphysik grundsätzlich für bedeutungslos halten, können die Neopositivisten
nicht erkennen, daß sich die historische Entwicklung der Wissenschaften wesentlich durch
Veränderung der metaphysischen Positionen vollzogen haben. Paul Feyerabend, Kurt Hübner oder Elie Zahar haben gezeigt, daß metaphysische Änderungen in den Grundlagen der
Wissenschaften wissenschaftlichen Fortschritt bewirken können.[75] Den Logischen Positivisten bleibt diese Einsicht verschlossen. Es ist darum nicht verwunderlich, daß sie kein
Konzept für den revolutionären Wissenschaftsfortschritt oder, wie man heute gern sagt,
für eine *Theoriendynamik* entwickeln konnten. Dies gilt auch für Wolfgang Stegmüller,
der versucht hat, ein solches Konzept im Rahmen des *Strukturalismus* zu erarbeiten. Es
ist aber nur eine *Theoriekinematik* geworden, da die Beschreibung der Kräfte, die zur
Grundlagenveränderung drängen und sie hervorbringen, aufgrund der selbstverordneten
metaphysischen Blindheit fehlt.

4.1.3.4 Zur Toleranz der Neopositivisten

Die Toleranz gegenüber anderen Erkenntnissystemen ist aufgrund des Absolutheits-
anspruchs der Logischen Positivisten nicht ausgebildet. Sie waren aber im Rahmen ihrer
eigenen Metaphysik stets bereit, Kritik anzunehmen und Positionen zu ändern. Dies gilt
besonders für Rudolf Carnap, der sich selbst stets schneller kritisierte als seine Gegner
überhaupt eine Kritikmöglichkeit bemerkt hatten.
Der normative Anspruch der Neopositivisten entstand durch den Wunsch, wissenschaftliche von unwissenschaftlichen Aussagen eindeutig abzugrenzen. Die unwissenschaftlichen Aussagen wurden mit den metaphysischen identifiziert. Sie haben nicht bemerkt, daß es reichlich unwissenschaftliche Aussagen gibt, die nicht metaphysisch sind
und daß die Begründbarkeit wissenschaftlicher Aussagen sogar metaphysische Aussagen
voraussetzt. Dadurch ist ihnen entgangen, daß ihr Wirklichkeitsverständnis, das sie un-
befragt für allgemeingültig halten, auch metaphysischen Charakter hat. Die von ihnen

---

und analytischen Philosophie, Band I: *Wissenschaftliche Erklärung und Begründung*,
Springer-Verlag, Berlin-Heidelberg-New York 1969 u. 1983.

75   Vgl. Feyerabend 1976, Hübner 1978, Elie Zahar, Why did Einstein's Programme Supersede
Lorentz's?, *British Journal for the Philosophy of Science*, 24, S. 95–123 u. 223–262, 1973.

nur intuitiv vorausgesetzte Metaphysik ist hier mit den Aussagen LP1 bis LP5 explizit dargestellt worden.

So wie Kurt Hübner es getan hat, ist es durchaus möglich, normative Ansprüche an Definitionen zu binden, indem er den Begriff der Wissenschaft durch historisch wandelbare Festsetzungen, die wissenschaftstheoretischen Kategorien, bestimmt hat.[76] Normative Forderungen, die sich aus diesem Wissenschaftsbegriff für wissenschaftliches Arbeiten ergeben, wie etwa die Norm, für das wissenschaftliche Arbeiten Festsetzungen suchen und festlegen zu sollen, können nicht mit einem Absolutheitsanspruch versehen werden. Denn Definitionen können willkürlich verändert werden, und ihre Normierung ist nur an den wissenschaftlichen Ethos gebunden, sich möglichst klar und deutlich auszudrücken und sich an getroffene Vereinbarungen zu halten. Das Programm der Logischen Positivisten enthält zweifellos eine ganze Anzahl von Ansätzen zu solchen definitionsabhängigen Normen.

Dies gilt für das Begriffsbildungskonzept Rudolf Carnaps ebenso wie für das Programm Hans Reichenbachs, empirische Aussagen nur über Zuordnungsdefinitionen (Hinweisdefinitionen) gewinnen zu können.[77] Diese normativen Ansprüche werden weiterhin von Wissenschaftlern beachtet werden und für fruchtbare Anregungen sorgen, die aus dem Bereich des Neopositivismus gekommen sind. Von den hier zusammengetragenen Kritikpunkten haben zwei zu neuen wissenschaftstheoretischen Richtungen geführt. Die Kritik am Zusammenhang der theoretischen Sprache mit der Beobachtungssprache hat den Sneed-Stegmüllerschen Strukturalismus und die Kritik am mangelhaft begründeten Induktivismus den durch Sir Karl Raimund Popper etablierten *Kritischen Rationalismus* hervorgebracht, dessen Darstellung und Beurteilung ich nun behandeln werde.

4.2   Der Kritische Rationalismus

4.2.1   Darstellung des Kritischen Rationalismus

Die Kritik Poppers entzündete sich an der unauflösbaren Induktionsproblematik und der damit notwendig verbundenen Dogmatik induktiver Festsetzungen. Er erinnerte an Humes Kritik an der rationalistischen sowie an der empiristischen Begründung des Induktionsprinzips. Während Popper sich diese Kritik ganz zu eigen machte, lehnte er doch Humes Versuch ab, das Induktionsprinzip durch Gewöhnungsvorgänge und einen damit verbundenen Glauben an die Gültigkeit von Naturgesetzen zu erklären.[78] Popper wollte wegen der schier unlösbaren Begründungsproblematik des Induktionsprinzips ganz auf Induktionen verzichten. Dabei kam ihm die formallogische Einsicht zu Hilfe, daß sich ein

---

76   Vgl. Hübner 1978, S. 283ff.

77   Zum Begriff der Zuordnungsdefinitionen vgl. Hans Reichenbach, *Philosophie der Raum-Zeit-Lehre*, Walter de Gruyter Verlag, Berlin 1928, S. 23 u. 49.

78   Vgl. Popper 1934/71, S. 9.

Allsatz, der sich auf einen unendlichen Individuenbereich bezieht, zwar nicht verifizieren, wohl aber falsifizieren läßt. Eine Allaussage, etwa wie ,alle Raben sind schwarz', wird rein logisch durch ein einziges Gegenbeispiel zu Fall gebracht; denn durch das Aufzeigen von einem einzigen weißen Raben wird der Satz ,alle Raben sind schwarz' falsch.

Da Popper an der empiristischen Überzeugung festhielt, daß die empirische Basis nur durch einzelne Wahrnehmungssätze gegeben sein kann – z.B. durch die Protokollsätze der Logischen Positivisten -, konnte er in seinem formallogischen Konzept den einzelnen Wahrnehmungssätzen nur die Rolle des Falsifizierens von Allaussagen zuweisen. Aus dieser Idee entwickelte er das gesamte Programm des *Kritischen Rationalismus*. Es versteht sich als Ausweg aus dem Fries'schen Trilemma des Begründungsproblems bzw. aus dessen Verallgemeinerung, die Hans Albert in seinem „Traktat über kritische Vernunft", Tübingen 1968, das Münchhausen-Trilemma[79] nennt. Danach läßt das Problem der Begründung nur drei Lösungen zu, die alle nicht als akzeptabel erscheinen, diese sind:

Die Begründung erfordert einen unendlichen Regreß, der „durch die Notwendigkeit gegeben erscheint, in der Suche nach Gründen immer weiter zurückzugehen".[80]

1. Die Begründung läuft in einen logischen Zirkel hinein, der „dadurch entsteht, daß man im Begründungsverfahren auf Aussagen zurückgreift, die vorher schon als begründungsbedürftig aufgetreten waren".[81]
2. Das Begründungsverfahren wird abgebrochen.

Der dritte Punkt wird im Friesschen Trilemma noch einmal geteilt, indem der Abbruch entweder durch eine dogmatische Behauptung oder durch den Hinweis auf eine Wahrnehmung vollzogen wird. Die Lösung durch Wahrnehmungshinweis lehnt Popper als Psychologismus ab, da alle Wahrnehmungsurteile Universalien benutzen, die selbst über Induktionen psychologistisch, d.h. über Humes Gewöhnungsargument, begründet werden.

Der Ausweg, diese Begründungsproblematik zu umgehen, soll nun darin bestehen, ganz auf Begründungen zu verzichten und stattdessen nur Geltungsfragen zu untersuchen. Dies bedeutet aber, daß Popper mit der Begründungsproblematik auch die Entstehungsproblematik von wissenschaftlichen Theorien über Bord wirft. „Das Aufstellen der Theorien", sagt Popper[82], „scheint uns einer logischen Analyse weder fähig noch bedürftig zu sein: An der Frage, wie es vor sich geht, daß jemandem etwas Neues einfällt – sei es nun ein musikalisches Thema, ein dramatischer Konflikt oder eine wissenschaftliche Theorie –, hat wohl die empirische Psychologie Interesse, nicht aber die Erkenntnislogik."

---

79 Albert 1968, S. 13. Die Worte ,Dilemma', ,Trilemma', ,Tetralemma', etc. werden bei Jakob Friedrich Fries nicht nur zur Beschreibung einer mehrfach ausweglosen Begründungssituation verwandt, sondern auch zur Kennzeichnung eines Schlusses mit mehreren Alternativen. Vgl. Jakob Friedrich Fries, *System der Logik*, Winter Verlag, Heidelberg 18373, § 61, S. 186.

80 Albert 1968, S. 13.

81 Ebenda.

82 Popper 1934, 1971, S. 6.

In einer Erkenntnislogik soll nach Popper also nicht danach gefragt werden, wie eine Aussage zustande kommt oder wodurch eine Aussage gegeben ist, sondern nur danach, ob sie gültig ist, einerlei wie man zu ihr gekommen ist. Voraussetzung für alle Gültigkeitsfragen ist, daß es für den zur Beurteilung anstehenden Satz wenigstens die Möglichkeit geben muß, daß er unter bestimmten Umständen falsch ist. Aus dieser Voraussetzung für Beurteilungen ergibt sich Poppers *Abgrenzungskriterium* zwischen wissenschaftlichem und unwissenschaftlichem Arbeiten. Es ist das *Falsifizierbarkeitskriterium*, das Popper wie folgt formuliert:

„Ein empirisch-wissenschaftliches System muß an der Erfahrung scheitern können."[83]

Mit dieser Forderung meint Popper, einerseits Logik und Mathematik und andererseits Metaphysik von den empirischen Wissenschaften abgrenzen zu können. Popper tritt dabei zwar mit dem Anspruch auf, die Metaphysik gekennzeichnet und aus seiner Wissenschaftstheorie herausgehalten zu haben – was er durch das neopositivistische Sinnkriterium nicht gewährleistet sieht –, will aber der Metaphysik durchaus eine sinnvolle Rolle zuweisen, etwa auf dem Weg des Aufstellens von Theorien. So sind z.B. Prinzipien wie das Kausalprinzip metaphysisch, wenn sie aus kombinierten All- und Existenzaussagen bestehen. Formuliert man nämlich das Kausalprinzip wie folgt: „Für alle Ereignisse gilt, daß es zu ihnen andere Ereignisse gibt, auf die sie, durch eine Regel verbunden, zeitlich folgen", so ist dies eine Kombination von All- und Existenzaussagen. Da man unendliche Allaussagen nicht verifizieren und unendliche Existenzaussagen nicht falsifizieren kann, ist das Kausalprinzip weder bestätigungsfähig noch falsifizierbar und mithin metaphysisch; denn es genügt nicht dem Falsifizierbarkeitskriterium und ist kein analytischer Satz.

Das Ziel wissenschaftlichen Arbeitens ist, zu beweisen, daß aufgestellte Theorien falsch sind. Direktes Streben nach Wahrheit kommt für Kritische Rationalisten beim wissenschaftlichen Arbeiten nicht in Frage. Um ihre Erkenntnislogik zu entwickeln, müssen sie folgende drei Fragen beantworten:

1. Wie sind die einzelnen falsifizierenden Sätze bestimmt und wodurch sind sie gegeben?
2. Wie sind die zu falsifizierenden Sätze oder Satzsysteme bestimmt und wodurch sind sie gegeben?
3. Wie vollzieht sich die Falsifikation?

Die Antworten auf diese Fragen hängen zum Teil davon ab, ob der Kritische Rationalismus in seiner ursprünglichen Form vertreten wird, wofür etwa Karl Popper, Hans Albert oder Gerard Radnitzky einstehen oder im Sinne der von Imre Lakatos entwickelten Theorie der Forschungsprogramme. Ich werde darum die *Theorienform* von der *Programm-Form* des Kritischen Rationalismus unterscheiden und diese nacheinander abhandeln. Da die Antworten auf die drei grundlegenden Fragen der Erkenntnislogik bereits

---

83   Popper 1934, 1971, S. 15.

zu einem Teil der zwölf Festsetzungen gehören, die zu treffen erforderlich sind, um in dem hier gegebenen Rahmen von einer Wissenschaftstheorie reden zu können, werde ich an dieser Stelle mit der Zusammenstellung der zwölf Festsetzungen der *Theorieform des Kritischen Rationalismus* beginnen.

4.2.2 Darstellung der Festsetzungen der Theorieform des Kritischen Rationalismus

4.2.2.1 Die begrifflichen Gegenstandsfestsetzungen

Im Kritischen Rationalismus geht es nicht um das positive Aufweisen von erkanntem Wissen. Alles Wissen kann nur vorläufigen Charakter haben, da es vielleicht einmal der Falsifikation anheimfällt. Darum kann für den Kritischen Rationalisten Erkenntnis immer nur negativ bzw. indirekt bestimmt sein. Diese indirekte Bestimmung gilt auch für den Erkenntnisgegenstand. Da die Falsifikation durch einzelne Sätze erfolgen soll, bedürfen diese einer bestimmten logischen Form. Popper nennt die falsifizierenden Sätze *Basissätze* und gibt für sie folgende Bedingungen an:

> „Die Basissätze müssen daher so bestimmt werden, daß (a) aus einem allgemeinen Satz (ohne spezielle Randbedingungen) niemals ein Basissatz folgen kann, daß jedoch (b) ein allgemeiner Satz mit Basissätzen im Widerspruch stehen kann. (b) kann nur erfüllt sein, wenn die Negation des widersprechenden Basissatzes aus der Theorie ableitbar ist. Daraus und aus (a) folgt: wir müssen die logische Form der Basissätze so bestimmen, daß die Negation eines Basissatzes ihrerseits kein Basissatz sein kann."[84]

Allsätze und universelle Es-gibt-Sätze (so nennt Popper die Existenzsätze, die nur Universalien enthalten) gehen durch Negation auseinander hervor. D.h., ein verneinter Allsatz ist logisch äquivalent mit einem universellen Es-gibt-Satz. Wenn z.B. behauptet wird, daß nicht alle Raben schwarz sind, so ist diese Behauptung gleichbedeutend mit der, in der gesagt wird, daß es mindestens einen nicht-schwarzen Raben gibt. Die Negation des Allsatzes zieht die Negation des Prädikates im Es-gibt-Satz nach sich, worauf Popper jedoch nicht eingeht. Umgekehrt läßt sich ein universeller Es-gibt-Satz durch Negation in einen Allsatz verwandeln. So würde z.B. die Negation des Satzes „Es gibt einen schwarzen Schwan" etwa in Form der Behauptung „Es gibt keinen schwarzen Schwan" logisch äquivalent sein mit dem Satz „Alle Schwäne sind nicht schwarz". Auch hier bewirkt die Negation des universellen Es-gibt-Satzes die Verneinung des Prädikates im Allsatz.

Popper meint, daß Naturgesetze die logische Form von Allsätzen haben. Leider ist dadurch in keiner Weise der Begriff des Naturgesetzes bestimmt; denn aus jedem einzelnen

---

[84] Ebenda, S. 66f. Auf die Schwierigkeiten der Falsifikation mit Hilfe von Basissätzen gehe ich hier nicht ein, da dies Poppers Schüler Lakatos ausführlich getan hat. Vgl. Abs. 4.2.4.

Satz läßt sich ein Es-gibt-Satz machen und daraus durch doppelte Negation ein Allsatz, so daß jeder Satz logisch äquivalent zu einem Allsatz ist. Popper hat diesen Zusammenhang nicht gesehen. Darum bestimmt er unbekümmert die Form der Sätze, die einem Naturgesetz widersprechen können sollen, aus der Allsatzform von Naturgesetzen. Dies sind die singulären Es-gibt-Sätze. Da er die zu einer Falsifikation eines Allsatzes tauglichen Sätze Basissätze nennt, ergibt sich die logische Form eines Basissatzes als die eines singulären Es-gibt-Satzes, der besagt, daß sich an einer bestimmten Raum-Zeitstelle der und der Vorgang ereignet. Ein Basissatz kann darum einem Allsatz widerstreiten, da ein Allsatz zu der Verneinung eines universellen Es-gibt-Satzes logisch äquivalent ist. Dadurch behaupte ein Naturgesetz stets eine Nichtexistenz, während ein Basissatz die Existenz von etwas aussage. Deshalb besitze ein Basissatz in der Form eines singulären Es-gibt-Satzes die Möglichkeit, einem Naturgesetz als Allsatz zu widersprechen. Popper sagt, man könne die Naturgesetze als Verbote auffassen und fährt erläuternd fort:

> „Sie (die Naturgesetze) behaupten nicht, daß etwas existiert, sondern daß etwas nicht existiert. Gerade wegen dieser Form sind sie *falsifizierbar*: wird ein besonderer Satz erkannt, durch den das Verbot durchbrochen erscheint, der die Existenz eines „verbotenen Vorganges" behauptet („Der dort und dort befindliche Apparat ist ein perpetuum mobile"), so ist damit das betreffende Naturgesetz widerlegt."[85]

Die Basissätze sind nur in einem negativen Sinne Gegenstände der Erkenntnis, da sie ausschließlich den Zweck haben, allgemeine Sätze zu widerlegen. Mit Basissätzen sollen nicht – wie mit den Protokollsätzen der Logischen Positivisten – allgemeine Sätze gewonnen werden.

Läßt man in der Form eines Basissatzes, als „singulärem Es-gibt-Satz", die Raum-Zeitbestimmungen fort, so wird daraus ein universeller Es-gibt-Satz, und dieser ist stets logisch äquivalent mit einem (doppelt negierten) Allsatz. Umgekehrt ist ein Allsatz logisch äquivalent zu einem doppelt negierten Es-gibt-Satz. In dieser Popperschen Argumentation führt nur die Negation eines Basissatzes auf einen negierten allgemeinen Satz, und darum kann ein Basissatz einem allgemeinen Satz widersprechen. Z.B. ist der Allsatz „Alle Raben sind schwarz" in den universellen Es-gibt-nicht-Satz „Es gibt keine nicht-schwarzen Raben" logisch umformbar[86], und dieser Satz könnte einem Basissatz der Gestalt „Es gab zu der und der Zeit an einem bestimmten Ort einen weißen Raben" widersprechen.

Die begriffliche Bestimmung des Einzelnen des Erkenntnisgegenstandes ist im Kritischen Rationalismus der Form nach ebenso bestimmt wie im Logischen Positivismus, nämlich als eine raum-zeitlich gekennzeichnete Sinneswahrnehmung. Darum stimmt die Form der Basissätze der Kritischen Rationalisten mit der Form der Protokollsätze der

---

85   Ebenda, S. 39f.
86   Popper erwähnt die Negation, die in dem Prädikat „nichtschwarz" steckt, nicht. Darum ist bei ihm die doppelte Negation, die einen universellen Es-gibt-Satz zu einem Allsatz macht, oft nicht klar ausgesprochen.

Logischen Positivisten überein. Die Funktion aber im Erkenntnisprozeß ist gegensätzlich. Während die Protokollsätze allgemeine Erkenntnisse aufbauen sollen, haben die Basissätze die Funktion, diese zu vernichten oder wie die Kritischen Rationalisten sagen, allgemeine Aussagen zu falsifizieren.

4.2.2.2 Die existentiellen Gegenstandsfestsetzungen der Kritischen Rationalisten

Hierbei geht es um die Frage, wodurch die Basissätze gegeben sind. Popper stellt an die Basissätze die Forderung, „daß die Vorgänge, von denen sie behaupten, daß sie sich an einer Stelle K abspielen, „beobachtbare" Vorgänge sind; Basissätze müssen durch „Beobachtung" intersubjektiv nachprüfbar sein."[87] Hierbei bezieht sich Popper auf Carnaps Behauptung, daß das Beobachtete intersensual[88] erfahrbar sei, um sich des Vorwurfs des Wahrnehmungspsychologismus zu entziehen. Den Begriff ‚beobachtbar' versteht Popper als undefinierten Grundbegriff, der nach seiner Meinung durch den Sprachgebrauch hinreichend präzise eingeführt ist.[89]

Da für Popper Basissätze nicht durch Beobachtungen begründet, sondern nur motiviert werden, sind die Basissätze, die zur Falsifikation benutzt werden sollen, stets das Ergebnis einer Festsetzung. Popper hält den dabei auftretenden Dogmatismus für harmlos, weil die festgesetzten Basissätze stets weiter nachgeprüft werden könnten, wenn „ein Bedürfnis danach auftreten sollte."[90] „Die Basissätze werden durch Beschluß, durch Konvention anerkannt, sie sind Festsetzungen", sagt Popper.[91]

Die Frage danach, in welcher Existenzform die Basissätze gegeben sind, lautet im Rahmen von Poppers Drei-Welten-Theorie: „In welcher dieser Welten, liegen die Basissätze vor?"[92] Popper hat diese Theorie erst in den 50er Jahren entwickelt. Die von ihm benannten drei Welten stellt Popper wie folgt dar:

> „erstens die Welt der physikalischen Gegenstände oder physikalischen Zustände;
> zweitens die Welt der Bewußtseinszustände oder geistigen Zustände oder vielleicht der Verhaltensdispositionen zum Handeln; und
> drittens die Welt der objektiven Gedankeninhalte, insbesondere der wissenschaftlichen und dichterischen Gedanken und der Kunstwerke."[93]

---

87 Ebenda, S. 68
88 Ebenda.
89 Ebenda S. 69.
90 Ebenda S. 70.
91 Ebenda S. 71
92 Vgl. Karl. R. Popper, *Objektive Erkenntnis. Ein evolutionärer Entwurf*, Hoffmann u. Campe, 2. Aufl. Hamburg, 1974.
93 Ebenda S. 123.

Eigentümlicherweise benennt Popper in den ersten beiden Welten mögliche Erkenntnisgegenstände, die nicht zum Gegenstand von Erkenntnis werden können, da Popper nur die Leugnung von Erkenntnis als Erkenntnis gelten lassen will. So können die physikalischen Gegenstände und Zustände der ersten Welt ebensowenig erkannt werden wie die Bewußtseinszustände oder geistigen Zustände sowie die Verhaltensdispositionen zum Handeln in der zweiten Welt. Darum können die Basissätze zum Falsifizieren nur in der dritten Welt ansässig sein, die ja die objektiven Gedankeninhalte, insbesondere die wissenschaftlichen und künstlerischen Gedanken enthalten soll.

Wenn Popper hier von Objektivität spricht, dann meint er damit eine unabhängige Existenz, die darum fortdauert und die im Prinzip für die einzelnen Subjekte verfügbar bleibt, wie etwa ein Buch auf einem Dachboden, das vielleicht nie gelesen wurde. Wenngleich diese Verfügbarkeit nur intersubjektiv feststellbar ist, so glaubt Popper doch an diese Art von Objektivität im Sinne von selbständiger Existenz. Demnach gäbe es Gedankeninhalte, die dennoch zu einem bestimmten Zeitpunkt an keinem Ort der Welt gedacht werden. Mir scheint, daß Popper die dritte Welt wohl besser als die Welt der *möglichen* Gedankeninhalte hätte kennzeichnen sollen; denn Gedankeninhalte, die keine Inhalte von den tatsächlich vorhandenen Gedanken sind, sind ja wohl keine Gedankeninhalte.

Das Einzelne des Erkenntnisgegenstandes findet sich für den Kritischen Rationalisten in den Basissätzen, die der dritten Welt angehören. Das Postulat der grundsätzlichen Nachprüfbarkeit von Basissätzen verlangt eine Klassenbildung von experimentellen Situationen, die nur in Raum und Zeit verschieden sind, wobei die Klassenbildung durch deren Identifizierung zustande kommt. Damit wird der Begriff des Basissatzes ein Klassenbegriff und seine Singularität, d.h., sein Bezug zu einer einzelnen raum-zeitlichen Bestimmung kann nur noch relativ zu einer experimentellen Situation verstanden werden. So ist etwa der zeitliche Nullpunkt eines Experiments mit seinem Beginn zu wählen, und der räumliche Bezug ergibt sich aus den räumlichen Relationen des Versuchsaufbaus. Ein Basissatz für ein chemisches Experiment könnte dann wie folgt lauten: „Zehn Minuten nach Versuchsbeginn zeigt sich in der Mitte des verwendeten Reagenzglases ein bräunlicher Ring."

Das Einzelne des Erkenntnisobjektes ist im Kritischen Rationalismus eine Aussage über eine Klasse von miteinander identifizierbaren experimentellen Situationen, wobei die Bedingungen der Identifizierbarkeit, jedenfalls in der Theorie-Form des Kritischen Rationalismus nicht thematisiert werden.

Da Popper trotz aller Leugnung einer positiv faßbaren Wahrheit über eine als unabhängig vom Menschen aufgefaßten Wirklichkeit dennoch die grundsätzliche Existenz dieser Wahrheit postuliert[94], muß er in der so postulierten absoluten Wirklichkeit an etwas glauben[95], das den Basissätzen entspricht, obwohl er nicht meinen kann, diese Entsprechung positiv aufweisen zu können. Es muß für ihn darum eine bestimmte Verbind-

---

94 Vgl. Popper 1974, S. 42, S. 57f. oder S. 347.

95 Popper sagt zwar: „Ich bin stolz darauf, daß ich als Philosoph nichts mit dem Glauben zu tun
    habe … Daher glaube ich … nicht an den Glauben."(Popper 1974, S. 37) Dies weist darauf hin,

barkeit der ersten und der dritten Welt geben. Bei der Frage in welcher Welt diese Verbindbarkeit bestimmt ist, treten alle die Probleme wieder auf, die die Logischen Positivisten mit der Verbindbarkeit der Beobachtungs- und der theoretischen Sprache haben.

4.2.2.3 Die begrifflichen Allgemeinheitsfestsetzungen im Kritischen Rationalismus

Die begrifflichen Allgemeinheitsfestsetzungen erfolgen ausschließlich mit logischen Mitteln, warum Popper seine Wissenschaftstheorie auch gern als eine Erkenntnislogik bezeichnet. Naturgesetze haben für die Kritischen Rationalisten die logische Form von Allsätzen, und darum kann man sie auch nach logisch äquivalenter Umformung als „Es-gibt-nicht-Sätze" verstehen. Dies habe zur Folge, Naturgesetze als Verbote aufzufassen. Popper sagt: „Sie behaupten nicht, daß etwas existiert, sondern daß etwas nicht existiert." So könne man „den Satz von der Erhaltung der Energie auch in der Form aussprechen: „Es gibt kein perpetuum mobile", oder die Hypothese des elektrischen Elementarquantums in der Form: „Es gibt keine elektrische Ladung, die nicht ein ganzzahliges Vielfaches des elektrischen Elementarquantums wäre.""[96] Die Form des universellen Es-gibt-nicht-Satzes bewirkt, daß er mit einem Basissatz, d.h. einem singulären Es-gibt-Satz in Widerstreit stehen kann und mithin der Falsifizierbarkeitsbedingung genügt. Dies gälte nicht für einen universellen Es-gibt-Satz, der keinem Basissatz widerstreiten könne. „Kein besonderer Satz (Basissatz) kann mit dem universellen Es-gibt-Satz: „Es gibt weiße Raben" in logischem Widerspruch stehen.", sagt Popper.[97] Dies ist der Grund, warum er universelle Es-gibt-Sätze als nicht-empirische bzw. als metaphysisch bezeichnet.

Um Falsifikationen durchführen zu können, sollten die Naturgesetze nicht vage formuliert sein, sondern mit Hilfe von Axiomensystemen, die folgende Bedingungen zu erfüllen haben:

a) die Axiome müssen widerspruchsfrei sein,
b) sie sollen voneinander unabhängig sein,
c) sie sollen zur Deduktion aller Sätze dieses Gebietes hinreichen und
d) sie sollen nicht redundant sein.

Auch dies sind nur logisch-mathematische Forderungen an die Bildungsform von Naturgesetzen. Woraus aber ein Naturgesetz tatsächlich besteht, d.h., was es bedeutet, Naturgesetz zu sein, ist bei den Kritischen Rationalisten ebensowenig festgelegt, wie bei den Logischen Positivisten.

---

daß Popper sich ebensowenig wie die Logischen Positivisten mit dem metaphysischen Grund des eigenen Erkenntnissystems auseinandergesetzt hat.

96 Vgl. Popper 1934/1971 S. 39.
97 Ebenda S. 40.

4.2.2.4 Die existentiellen Allgemeinheitsfestsetzungen

Hier kann ich auf die bereits genannte Poppersche Vorstellung von der Existenz der dritten Welt verweisen, in der die objektiven Gedankeninhalte existieren. In ihr haben auch die Naturgesetze, wie immer sie bestimmt sein mögen, ihre objektive Realität, womit sich Popper als Realist erweist, was er auch immer wieder freimütig bekennt. Popper glaubt an eine unabhängig von den menschlichen Erkenntnisformen existierende objektive Struktur der Wirklichkeit, die wir mit Hilfe von Naturgesetzen zu beschreiben suchen. Er glaubt an die objektive Existenz einer solchen Wirklichkeitsstruktur, die sich mit den menschlichen Darstellungsmöglichkeiten als objektive und absolute Wahrheit grundsätzlich beschreiben läßt, nur daß wir Menschen keinen sicheren Maßstab dafür besitzen, wann eine natur-gesetzliche Beschreibung der absoluten Wahrheit zugerechnet werden kann. Es besteht nur die Hoffnung, daß naturwissenschaftliche Hypothesen, die sich gegenüber jedweden Falsifizierungsversuchen hartnäckig behaupten, der absoluten Wahrheit angehören. Popper sagt:

> „Die Idee der Wahrheit ist () absolut, aber es kann keine absolute Gewißheit geben: *wir suchen die Wahrheit, aber wir besitzen sie nicht.*"[98]

Popper ist sich zwar im klaren darüber, daß sein eigener Realismus so wie der Idealismus nicht beweisbar und nicht widerlegbar ist, dennoch behauptet er, daß er überzeugende Gründe habe, für den Realismus und gegen den Idealismus zu argumentieren.[99] Es ist unschwer zu erkennen, daß diese Behauptungen inkonsistent sind. Dies zu untersuchen gehört aber nicht an diese Stelle meiner systematischen Beschreibung des Kritischen Rationalismus.

4.2.2.5/6 Die begrifflichen und existentiellen Zuordnungsfestsetzungen

Zu der Frage nach Zuordnungsfestsetzungen haben die Kritischen Rationalisten aus prinzipiellen Gründen nichts zu sagen, da sie jede positive Erkenntniskonstitution der Zuordnung von etwas Einzelnem zu etwas Allgemeinem leugnen. Dies bedeutet:

Die Kritischen Rationalisten haben keinen Erkenntnisbegriff aufgebaut!

Popper spricht zwar immer wieder von der Erkenntnistheorie und ihren Problemen, er nennt sogar ein ganzes Buch „Objektive Erkenntnis". Er sagt aber nicht, was er unter Erkenntnis verstehen will. Ganz offensichtlich befindet er sich in der paradoxen Situation: Ein Erkenntnisbegriff müßte den Fortbestand der Wahrheit einer Erkenntnis beinhalten.

98	Vgl. Karl. R. Popper, *Objektive Erkenntnis. Ein evolutionärer Entwurf*, Hoffmann und Campe, Hamburg, 1974, S. 60.

99	Vgl. ebenda S. 52ff.

Dies wäre jedoch nur mit Hilfe einer induktionistischen Behauptung zu denken. Da Popper sich mit Begriffen, die nur über einen Induktivismus sinnvoll werden, nicht beschäftigen will, so muß er eine **Erkenntnistheorie ohne Erkenntnisse** lehren, was einen wahrhaft paradoxen Sachverhalt darstellt. Popper hat sich hier von der Schwierigkeit einfangen lassen, etwas beschreiben zu müssen, von dem er meint, daß es dem Menschen grundsätzlich nicht zugänglich ist. Dieses Schicksal, das Popper mit dem Erkenntnisbegriff ereilt hat, ist den Logischen Positivisten ebenso hinsichtlich dessen widerfahren, was für sie Metaphysik bedeutet.

Diese berühmte Falle, nicht sagen zu können, was es nicht gibt, weil man durch die Kennzeichnung dessen, was es nicht geben soll, stets schon seine Existenz voraussetzt; denn wie sollte man etwas kennzeichnen können, was es gar nicht gibt, hat Willard van Orman Quine *Platos Bart* genannt. Quine hat gemeint, diesen Bart in seinem Aufsatz „On what there is" mit Hilfe von Bertrand Russells Kennzeichnungsmethode abschneiden zu können. Seine Schere ist aber viel zu kurz, da er bei seiner Analyse nicht berücksichtigt, daß sein Existenzbegriff, „als Wert einer Variablen angesehen zu werden"[100] nur einen beschränkten Teil dessen beschreiben kann, was wir unter Existenz verstehen, warum wir bei Existenzquantoren stets den Bereich anzugeben haben, über dem die Variablen variieren können. Die Negation eines Existenzquantors setzt auch für Quine ersteinmal Existenz voraus, bevor sie negiert wird. Die schlichte Frage: *„Gibt es etwas, das es nicht gibt?"*, kann nur dann bejaht werden, wenn die erste von der zweiten Existenzerwähnung unterschieden wird, d.h. daß es verschiedene Existenzformen gibt. Genau dies aber bedeutet es, wenn wir bei der Anwendung eines Existenzquantors verlangen, daß angegeben wird, auf welchen Bereich sich die Existenzbehauptung des Quantors bezieht. Wenn jemand sagt: „Es gibt etwas nicht", dann spricht er diesem etwas eine bestimmte Existenzform ab, die es aber im Geiste geben muß und auf die ein Existenzoperator hinweisen kann.[101]

Verstehen wir unter ‚existieren‘ die Möglichkeit auf etwas hinzuweisen, dann hat Quine nur eine bestimmte Form des Verweisens angegeben. Und wir können so viele Existenzformen unterscheiden, wie wir Möglichkeiten besitzen, auf etwas zu verweisen. Popper hat für seine Vorstellung von Erkenntnis eine besonders sublime Art des Verweisens im Sinn. Seine Definitionen von Erkenntnis sind allenfalls funktionale aber niemals explizite Definitionen. So meint er auf gänzlich abstruse Weise ‚Erkenntnis oder Denken im objektiven Sunne‘ wie folgt definieren zu können:

> „*Erkenntnis oder Denken im objektiven Sinne*: Probleme, Theorien und Argumente als solche. Die Erkenntnis in diesem objektiven Sinne ist völlig unabhängig von jemandes Erkenntnisanspruch, ebenso von jeglichem Glauben oder jeglicher Disposition, zuzustimmen,

---

100 Vgl. Willard van Orman Quine, Was es gibt, in Quine 1979, S. 19.

101 Vgl. Wolfgang Deppert, Neuere Aspekte des klassischen Universalienproblems, Probevorlesung, Kiel 1984.

zu behaupten oder zu handeln. Erkenntnis im objektiven Sinne ist *Erkenntnis ohne einen Erkennenden: es ist Erkenntnis ohne erkennendes Subjekt.*"[102]

Eine objektive Erkenntnis ist offenbar nach Popper eine An-Sich-Seiende Entität, zu der der Mensch keinen Zugang hat: eine Erkenntnistheorie ohne Erkenntnis. Dennoch sei:

> „die Untersuchung einer weitgehend selbständigen dritten Welt objektiver Erkenntnis für die Erkenntnistheorie von entscheidender Bedeutung".[103]

Trotz der weitgehenden Selbständigkeit der „dritten Welt" sei sie das Erzeugnis der Menschen und hätte eine „starke Rückwirkung" auf diese Bewohner der „ersten" und der „zweiten Welt". „Durch diese Wechselwirkung", so sagt Popper,

> „zwischen uns und der dritten Welt wächst die objektive Erkenntnis und es gibt eine starke Parallele zwischen dem Wachstum der Erkenntnis und dem biologischen Wissen, der Entwicklung der Pflanzen und Tiere".[104]

Was es aber mit dieser Wechselwirkung im Einzelnen auf sich hat, das bleibt aus den schon genannten Gründen geheimnisvoll und damit auch die Zuordnungsfestsetzungen, die nach der hier entwickelten Theorie für jede Wissenschaftstheorie vorhanden sein müßten.

4.2.2.7 Die begrifflichen Prüfungsfestsetzungen

Dies sind die für die Kritischen Rationalisten zentralen Festsetzungen, die bereits die Punkte 4.2.2.1. und 4.2.2.3. wesentlich bestimmen. Aus ihnen ergibt sich die begriffliche Möglichkeit der Falsifikation, indem die Basissätze schon von ihrer Form her so bestimmt werden, daß sie im logischen Widerspruch zu universellen Es-gibt-nicht-Sätzen stehen können, welche logisch mit der angenommenen Allsatz-Form der Naturgesetze äquivalent sind. Ein einzelner Basissatz kann somit logisch einen Allsatz falsifizieren. Da jedoch mit Hilfe von einzelnen Sätzen kein Allsatz, dessen Allquantor sich auf einen unendlichen Individuenbereich bezieht, verifiziert werden kann, besteht logisch gesehen – wie Popper immer wieder betont – eine Asymmetrie zwischen Verifikation und Falsifikation.

4.2.2.8 Die existentiellen Prüfungsfestsetzungen

Dazu sagt Popper:

---

102 Vgl. Karl. R. Popper, *Objektive Erkenntnis. Ein evolutionärer Entwurf*, Hoffmann und Campe, Hamburg, 1974, S. 126.

103 Vgl. ebenda, S. 128.

104 Vgl. ebenda S. 129.

„Wir nennen eine Theorie nur dann falsifiziert, wenn wir Basissätze anerkannt haben, die ihr widersprechen. Diese Bedingung ist notwendig, aber nicht hinreichend, denn nicht reproduzierbare Einzelereignisse sind, wie wir schon mehrfach erwähnt haben, für die Wissenschaft bedeutungslos; widersprechen also der Theorie nur einzelne Basissätze, so werden wir sie deshalb noch nicht als falsifiziert betrachten. Das tun wir vielmehr erst dann, wenn ein die Theorie widerlegender Effekt aufgefunden wird; anders ausgedrückt: wenn eine (diesen Effekt beschreibende) empirische Hypothese von niedriger Allgemeinheitsstufe, die der Theorie widerspricht, aufgestellt wird und sich bewährt. Eine solche Hypothese nennen wir falsifizierende Hypothese."[105]

Mit der Einführung einer falsifizierenden Hypothese, die durch die falsifizierenden Basissätze bestätigt werden muß, möchte Popper vermeiden, daß sich in die Falsifikation ein Fehler einschleicht. Denn er möchte erreichen, daß eine Falsifikation endgültig ist. So stellt er in seiner „Logik der Forschung" zum Problem des Falsifizierbarkeitsvergleichs von Theorien die Regel auf, „daß wir einer durch intersubjektiv nachprüfbare Experimente falsifizierten Theorie ein für allemal keinen positiven Bewährungswert mehr zuschreiben wollen".[106] Und etwas später sagt er:

„Wir betrachten also im allgemeinen eine intersubjektiv nachprüfbare Falsifikation als endgültig; darin eben drückt sich die Asymmetrie zwischen Verifikation und Falsifikation der Theorien aus."[107]

Begriffliche Prüfungsfestsetzungen des Kritischen Rationalismus der Theorieform haben endgültige Falsifikationen zu ermöglichen. Die existentiellen Festsetzungen besagen, daß Falsifikationen mit falsifizierenden Basissätzen durchzuführen sind, die falsifizierende Hypothesen von niedrigem Allgemeinheitsgrad bestätigen. Die Falsifikation erfolgt nicht nur durch empirische Aussagen, sondern auch durch allgemeine Aussagen des Forschers, die zu **verifizieren** sind, was freilich im Widerspruch zu ihrem Ansatz steht, generell Verifikationen von allgemeinen Sätzen zu vermeiden, was auch dann nicht erlaubt ist, wenn die *falsifizierende Hypothese* nur einen *niedrigen Allgemeinheitsgrad* besitzt.

4.2.2.9/10 Begriffliche und existentielle Festsetzungen zur menschlichen Erkenntnisfähigkeit

Ebenso wie die Logischen Positivisten haben auch die Kritischen Rationalisten keine Theorie über die menschlichen Erkenntnisvermögen ausgearbeitet, so daß für diese auch vermutet werden darf, daß sie Kants Aufteilung in Sinnlichkeit, Verstand und Vernunft stillschweigend übernommen haben. Popper liefert als Andeutung einer Erkenntnistheorie nur seine Drei-Weltenlehre der objektiven Gegenstände, der Bewußtseinszustände und der

---

105 Vgl. Popper 1934/71 S. 54.
106 Vgl. Popper 1934/1971 S. 213.
107 Vgl. ebenda S. 214.

objektiven Gedankeninhalte, die im Prinzip sogar als unabhängig vom denkenden Subjekt angenommen werden. Eigenwilligerweise müssen sich diese drei Welten ja sprachlich miteinander verbinden lassen, da Popper sie sprachlich klassifiziert. Wozu gehört dann die Sprache? Ist es eine vierte Welt, die alle anderen umfaßt? Oder gehört sie nicht doch zur dritten Welt, da diese nach Definition die Gedankeninhalte zum Inhalt hat? Wenn das letztere der Fall wäre, dann müßten die erste und die zweite Welt aufgrund ihrer sprachlichen Darstellung auch der dritten Welt angehören. Mit dieser schlichten Überlegung erweist sich Poppers Drei-Weltenlehre bereits als äußerst verworren und unbrauchbar für eine klare erkenntnistheoretische Position.

4.2.2.11 Die begrifflichen Zwecksetzungen

Zweifellos geht es Popper um Wahrheitsannäherung. Dazu entwirft er sogar eine ganze Theorie:[108]

> „Das alles weist darauf hin, daß der Gedanke eines ‚Suchens nach der Wahrheit‘ nur dann brauchbar ist, wenn wir (a) unter ‚Wahrheit‘ die Menge aller wahren Aussagen verstehen – das heißt, unsere unerreichbare Zielmenge ist T (Tarskis Klasse der wahren Aussagen) –, und wenn wir (b) falsche Aussagen als Näherungen gelten lassen, wenn sie nicht ‚zu falsch‘ sind (‚keinen zu großen Falschheitsgrad haben‘) und einen großen Wahrheitsgehalt haben.“[109]

Wenn es auf den ersten Blick so scheint, als ob Kritische Rationalisten nur das Ziel hätten, allgemeine Aussagen zu falsifizieren, so tun sie es wegen des höheren Zwecks der Wahrheitsannäherung. Sie hoffen, daß die Menge der bisher nicht falsifizierten Gesetzesaussagen durch die steten Versuche, Theorien zu falsifizieren, sich der Wahrheit immer weiter annähert. Damit ist die begriffliche Zwecksetzung mit einer Theorie der Wahrheitsannährung gegeben, wie sie Popper vertritt.

4.2.2.12 Die existentiellen Zwecksetzungen

Diese Festsetzungen betreffen die Vorstellungen über die Struktur der Wirklichkeit. Sie sichern die Anwendbarkeit der begrifflichen Zwecksetzungen. Sie lassen sich wie folgt zusammenfassen:

KR1.   Es existiert eine eindeutig strukturierte vom Menschen unbeeinflußte Wirklichkeit. (Ist identisch mit LP1)

KR2.   Die Struktur dieser Wirklichkeit ist durch das menschliche Denken in Form von sprachlichen Aussagen niemals endgültig erfaßbar. (Ist ähnlich wie LP2. Die

---

108 Vgl. Popper 1974, S. 71.
109 Ebenda.

Struktur dieser Wirklichkeit ist durch das menschliche Denken in Form von sprachlichen Aussagen (Sätzen) erfaßbar.)

KR3.   (empiristisch) Die Wahrheit allgemeiner Aussagen über die Wirklichkeit kann nur in solchen Sätzen enthalten sein, die sich empirisch überprüfen lassen. (Basissätze) (Ist anders als LP3. Diese Struktur ist von der Art, daß sie sich schrittweise mit einfachsten Sätzen beginnend durch Klassenbildungen erkennen bzw. mit Hilfe von einfachsten axiomatischen Annahmen über Theorienbildungen systematisch in ihrer Komplexität zusammenfassend darstellen läßt.)

KR4.   (rationalistisch) Einzelne Aussagen über sinnliche Wahrnehmungen können nur die Falschheit allgemeiner empirischer Aussagen erweisen, nicht deren Wahrheit.

KR5.   (konventionalistisch) Die Einigung auf einfachste falsifizierende Sätze (Basissätze) erfolgt durch Konvention.

Ganz entsprechend, wie bereits für den Logischen Positivismus gezeigt, enthalten diese existentiellen Zwecksetzungen die metaphysischen Grundlagen des Kritischen Rationalismus in der Theorieform. Das dort angewandte Schema zur Gliederung einer Metaphysik wird auch hier benutzt, insbesondere um die Verwandtschaftsbeziehungen zwischen Logischem Positivismus und Kritschem Rationalismus deutlich werden zu lassen. Dort wird unterschieden zwischen:

1. Allgemeine Metaphysik:

   1.1   Aussagen zur Struktur des Seins (allgemeine oder generelle Ontologie) wie KR1 oder LP1.

   1.2   Aussagen über die besondere Beziehung des Menschen zu dieser Seinsstruktur (besondere oder spezielle Ontologie) wie KR2 bis KR4.

2. Besondere oder spezielle Metaphysik:

   2.1   Aussagen über die Möglichkeit des Menschen, mit einfachsten Zusammenhangserlebnissen beginnend, die Komplexität der Seinsstruktur durch Zusammenfügung einfachster Verstehensschritte immer sicherer zu bestimmen. Diese allgemeine Bestimmung einer Metaphysik ist hier aufgrund des Fehlens eines positiven Erkenntnisbegriffs nur indirekt über die Bestimmung negativer Erkenntnis in KR4 enthalten.

   2.2   Aussagen über die Art der einfachsten Zusammenhangserlebnisse wie sie durch KR3 und KR5 bestimmt sind.

Damit liefert der Vergleich zwischen dem Kritischem Rationalismus und dem Logischen Positivismus folgendes Ergebnis:

Die metaphysische Grundstruktur des Kritischen Rationalismus erweist sich in der Theorieform als sehr verwandt zu den metaphysischen Überzeugungen der Logischen Positivisten. Tatsächlich gilt auch hier eine einseitige Abhängigkeit der Erkenntnismöglichkeiten des Menschen von der vom Menschen nicht beeinflußbaren Wirklichkeit, obwohl im Kritischen Rationalismus niemals von einer Erkenntnis im positiven Sinne als eine Erkenntnis über die Struktur der Welt gesprochen werden kann.

Die Ähnlichkeit der metaphysischen Überzeugungen, die den Logischen Positivismus und den Kritischen Rationalismus hervorbringen, ist auch der tiefere Grund dafür, warum – etwa in dem sogenannten Positivismusstreit – die Kritischen Rationalisten auch als Positivisten bezeichnet wurden, obwohl sie sich heftig dagegen gewehrt haben.[110]

4.2.3 Beurteilung des Kritischen Rationalismus in der Theorieform

4.2.3.1 Beurteilung nach dem Konsistenzkriterium

Auch wenn metaphysische Aussagen von Popper nicht als gänzlich sinnlose Aussagen verworfen werden, so spielen sie doch im Erkenntnissystem der Kritischen Rationalisten keine oder nur eine äußerst untergeordnete Rolle. Vor allem aber werden die Grundlagen der Theorie des Kritischen Rationalismus für metaphysikfrei gehalten. So betont Popper z.B.:

> „Ich bin stolz darauf, daß ich als Philosoph nichts mit dem Glauben zu tun habe... Daher glaube ich ...nicht an den Glauben."(Popper 1974, S. 37)

Hans Albert räumt der Metaphysik einen heuristischen Wert auf dem Weg der Wahrheitssuche ein. Dazu führt er aus:

> „Nachdem sich die Sinnlosigkeitsthesen des Positivismus als fragwürdig herausgestellt haben, empfiehlt es sich, den Zusammenhang von Wissenschaft und Metaphysik und die faktische Bedeutung der philosophischen Spekulation für die Erkenntnis ins rechte Licht zu setzen. Es kann nicht darauf ankommen, metaphysische Konzeptionen an und für sich im ganzen zu bewerten, sondern nur darauf, die relevanten Unterschiede zwischen ihnen zu sehen, um die Möglichkeit zu haben, ihr spekulatives und kritisches Potential für den Erkenntnisfortschritt auszunutzen."

Und er erläutert dies, indem er sagt:

> „Dazu ist es allerdings notwendig, daß man metaphysische Ideen nicht als intuitive Einsichten von apriorischer Gültigkeit auffaßt – etwa deshalb, weil sie durch Tatsachen nicht widerlegbar sind -, sondern sich bemüht, sie zu prinzipiell widerlegbaren Theorien weiterzuentwickeln, die in Konkurrenz mit den bisherigen wissenschaftlichen Theorien treten können, denn die Tatsache, daß solche Konzeptionen in diesem Sinne noch außer Konkurrenz zu stehen scheinen, ist im Lichte des Prinzips der kritischen Prüfung ohne Zweifel als ein Mangel anzusehen, den es sich zu beseitigen lohnt."[111]

---

110 Vgl. Theodor W. Adorno u.a., *Der Positivismusstreit in der deutschen Soziologie*, Luchterhand Verlag, Neuwied 1972, vgl. Poppers Äußerungen in: Claus Grossner, *Verfall der Philosophie. Politik deutscher Philosophen*, Wegner Verlag, Reinbek 1971, S. 283ff.

111 Vgl. Albert 1968, S. 48.

Hans Albert hat hier ganz offensichtlich *keinen klaren Begriff von metaphysischen Aussagen*, denn er verwischt hier bereits Poppers Begriffsbestimmung, daß metaphysische Aussagen prinzipiell nicht überprüfbar sind, etwa dann, wenn sie eine Kombination von All- und Existenzaussagen oder reine generelle Existenzaussagen sind. Die Einsicht, daß es sich bei metaphysischen Sätzen deshalb um prinzipiell unüberprüfbare Sätze handelt, weil sie selbst das Erkenntnissystem aufbauen, durch das Überprüfungen überhaupt erst möglich werden, ist für Hans Albert versperrt, da er selbst so wie Popper an eine absolute, und das heißt, voraussetzungslose Wahrheit glaubt. Erst durch diesen Glauben wird seine Argumentation einsichtig und seine selbstverständliche Annahme, daß die „bisherigen wissenschaftlichen Theorien", zu denen metaphysische Aussagen in Konkurrenz treten sollen, selbst meta-physikfrei sind. Der Glaube an eine unbedingte Wahrheit erweist sich somit als erkenntniskonstituierend und mithin als *metaphysisch*.

Auch in der Verkennung des metaphysischen Charakters der Grundlagen des eigenen Erkenntnissystems gleicht der Kritische Rationalismus dem Logischen Positivismus. Aber eine wissenschaftstheoretische Position muß nicht schon deshalb inkonsistent sein, weil sie ihre eigene Grundlegung nicht als metaphysische Setzung erkennt. Dies ist allenfalls philosophische Schludrigkeit oder ein direkter Mangel an philosophiegeschichtlicher Auseinandersetzung, denn seit Kant sollte es schon ausgemacht sein, daß man zumindest versucht, die eigenen „Bedingungen der Möglichkeit von Erfahrung" zu reflektieren.[112]

Tatsächlich verbinden sich mit dem Mangel an metaphysischer Reflexion bei den Kritischen Rationalisten schwerwiegende Inkonsistenzen. Diese Inkonsistenzen kommen dadurch zustande, daß sie ihr Abgrenzungskriterium zwischen Wissenschaftlichkeit und Unwissenschaftlichkeit (dazu gehört auch die Metaphysik), das Falsifizierbarkeitskriterium, für unbedingt halten, d.h., daß sie meinen, durch die Anwendung dieses Kriteriums und mit dem steten Falsifikationsversuch von Theorien der absoluten Wahrheit näher kommen zu können. Diese Inkonsistenzen kommen durch zwei Fehler in der Anlage des Kritischen Rationalismus zum Ausdruck:

1. Das Abgrenzungskriterium der Falsifizierbarkeit zur Unterscheidung von wissenschaftlichem und unwissenschaftlichem Arbeiten hat zur Folge, daß die gesamte Wissenschaft in der Theorieform des Kritischen Rationalismus als *unwissenschaftlich* bezeichnet werden muß, da die Rahmenkonzepte, innerhalb derer Wissenschaft erst möglich wird, nicht falsifizierbar sind. Diesen Fehler nenne ich den ***Rahmenfehler***.

---

112 Diese im Logischen Positivismus und im Kritischen Rationalismus angelegten philosophischen Mangelerscheinungen mögen eine gewisse soziologische Erklärung dafür liefern, daß sich durch ihren Einfluß auf die anglo-amerikanische Gegenwartsphilosophie in dieser die Einsicht, die eigenen Bedingungen der Möglichkeit von Erfahrungen reflektieren zu müssen, nur in Ausnahmefällen findet. Diese Erklärung korrespondiert mit der Tatsache, daß sich die anglo-amerikanische Philosophie weitgehend in den Bereichen der Analytischen Philosophie aufhält, die naturgemäß unter einer mangel- oder fehlerhaften Kantrezeption leidet oder gar unheilbar erkrankt ist.

2. Das Falsifizierbarkeitskriterium ist durch die vermeintlich erkenntnistheoretische Asymmetrie zwischen Verifikation und Falsifikation begründet. Diese Asymmetrie besteht nur im logischen nicht aber im erkenntnistheoretischen Sinne. Sie läßt sich mithin *nicht* auf empirische Theorien anwenden. Darum werde ich diesen zweiten Fehler als den **Anwendungsfehler** bezeichnen. Der *Rahmenfehler* und der *Anwendungsfehler* sollen nun nacheinander beschrieben und besprochen werden.

4.2.3.1.1 Der Rahmenfehler

Alle Wissenschaften benötigen einen Beschreibungsrahmen, um ihre Untersuchungsobjekte kennzeichnen zu können. Dazu wird in der Physik vor allem ein raum-zeitlicher Rahmen benutzt, d.h., alle Objekte werden durch die Angabe ihrer raum-zeitlichen Koordinaten lokalisiert und damit dingfest gemacht. Es gibt keine Möglichkeit, sich einen Versuch auszudenken, durch den ein Objekt gefunden werde könnte, das keine raum-zeitlichen Bestimmungen hätte, und d.h., das jeweils zugrunde gelegte Raum-Zeit-Konzept ist grundsätzlich nicht falsifizierbar. Damit erweist sich die gesamte Physik, die mit Raum-Zeit-Konzepten arbeitet, nach dem Falsifizierbarkeitskriterium der Kritischen Rationalisten als unwissenschaftlich.

Man könnte dem entgegenhalten, daß mit der Allgemeinen Relativitätstheorie die Euklidizität des physikalischen Raumes zur Disposition steht und daß dadurch die euklidische Struktur des physikalischen Raumes falsifizierbar werde. Das ist gewiß richtig, aber die der Allgemeinen Relativitätstheorie zugrunde liegende Raum-Zeit-Struktur der Riemannschen Geometrien ist im Rahmen der ART nicht falsifizierbar. Der nicht falsifizierbare Rahmen der ART ist das Riemannsche Konzept der differenzierbaren Mannigfaltigkeiten mit symmetrischer Konnexion. Natürlich läßt sich auch dieser Beschreibungsrahmen verallgemeinern, wie es etwa in der Hehl-Cartanschen Torsionstheorie geschieht, indem die Konnexion auch asymmetrische Anteile enthalten kann. Aber auch für diese Theorie ist naturgemäß ein nicht falsifizierbarer Rahmen gegeben.

Wenn ein herkömmliches Rahmenkozept durch eine Erweiterung des Beschreibungsrahmens der empirischen Überprüfung zugänglich gemacht wird, wie es Hans Albert empfiehlt, so besitzt das allgemeinere Rahmenkonzept, durch das diese Erkenntnis möglich wird, apriorischen Charakter. Man kann auch vom aktuellen Beschreibungsrahmen sprechen, der die Aktualität der Forschungsergebnisse ermöglicht und von dem aus gesehen frühere Beschreibungsrahmen empirisch bestätigt oder widerlegt werden können. Das Apriori des aktuellen Beschreibungsrahmens besitzt somit keine ahistorische Notwendigkeit, sondern ist in seiner Apriorizität historisch kontingent, historisch abhängig. Dennoch läßt sich die Apriorität des aktuellen Beschreibungsrahmens in und mit der aktuellen Forschung grundsätzlich nicht eliminieren. Popper meint, daß es sich bei diesem Rahmenargument um einen Fehler handele[113], da er der Auffassung ist, daß auch

---

113 Vgl. Popper 1974, S. 55f. Popper spricht dort vom „Mythos des Rahmens", der „das zentrale Bollwerk des Irrationalismus" sei. Aber erstens hat dies mit Mythos nichts zu tun, und zweitens ist es gerade ein Kennzeichen von Rationalität, wenn man sich über die Bedingungen

die Rahmenkonzepte einer kritischen Prüfung unterzogen werden könnten. Diese Behauptung Poppers ist nun keine Frage des Glaubens, sondern eine Frage der Begriffsanalyse. Der Begriff ‚Vergleich‘, der ja jeder ‚kritischen‘ Beurteilung zugrundeliegt, verlangt, daß das Verglichene nach einem Vergleichskriterium verglichen wird. Und dieses Vergleichskriterium ist das von Popper als Mythos bezeichnete Rahmenkonzept. Aus den eben gegebenen Beispielen ist deutlich erkenntlich, daß aus der Tatsache, daß man heute die Euklidizität des physikalischen Raumes in Frage stellen kann, nicht folgt, daß man dies ohne die Hilfe eines nichtfalsifizierbaren Rahmenkonzeptes hätte tun können. Hierin zeigt sich die unhintergehbare Relativität, daß alle Kritik stets von einem Standpunkt aus geschehen muß und nicht freischwebend, nicht standpunktslos durchgeführt werden kann. Dies ist ein Ergebnis der Erkenntnislogik, das auch Popper hätte finden können, wenn er eine genügend klare Bestimmung des Metaphysikbegriffs vorgenommen hätte.

In der Naturwissenschaft gibt es eine ganze Anzahl von *nicht falsifizierbaren Rahmenkonzepten*, etwa das des Metrisierungskonzepts oder das der Kennzeichnung von gesetzmäßigen Naturvorgängen durch Symmetrien und Symmetrie-Brechungen. Das entsprechende gilt aber auch für die Psychologie und die Geisteswissenschaften. So ist etwa das Freudsche Konzept, psychische Reaktionen im *Spannungsfeld der Pole der Libido und des Todestriebs* zu erklären, gewiß nicht falsifizierbar. Es spannt nämlich einen Rahmen zur Kennzeichnung von psychologischen Sachverhalten auf, durch die ein bestimmtes wissenschaftliches Arbeiten erst möglich wird. Popper hat wegen der *Nichtfalsifizierbarkeit* dieses Konzepts die Psychoanalyse für unwissenschaftlich erklärt, ohne sich im klaren darüber zu sein, daß er im gleichen Atemzug die ganze Physik und alle anderen Wissenschaften für unwissenschaftlich halten müßte.

Der Rahmenfehler bewirkt, daß die Wissenschaftstheorie der Kritischen Rationalisten mit der Anwendung des Falsifizierbarkeitskriteriums sich ihres eigenen Objektbereichs der Wissenschaften beraubt; denn es gibt keine einzige empirische Wissenschaft, die das Kriterium der Falsifizierbarkeit für ihre grundlegenden Aussagen und Theorien erfüllt. Durch eine eingehende Betrachtung der metaphysischen Grundlagen der Wissenschaften hätte dieser Fehler vermieden werden können. Das Falsifizierbarkeitskriterium hätte dann die Funktion, empirische Theorien von nicht empirischen Theorien unterscheiden zu können. Allerdings ist diese Abgrenzungsfunktion nur eine Spezialisierung der Kennzeichnung empirischer Begriffe und Aussagen durch das sogenannte *Auswahlprinzip*, wonach Begriffe und Aussagen nur dann empirischen Charakter besitzen können, wenn zu ihnen alternative Begriffe oder Aussagen angebbar sind, die ihre wissenschaftliche

---

der Möglichkeit seiner eigenen Wissenschaft im klaren ist. Es liegt vielmehr umgekehrt, daß Popper hier in den unreflektierten Irrationalismus abtaucht, wenn er einerseits bekennt: „Ich glaube an die ‚absolute‘ oder ‚objektive‘ Wahrheit im Sinne Tarskis.“, und wenn er andererseits den Unterschied zum Rahmenkonzept des Relativismus gerade in diesem Glauben sieht und zugleich die Entscheidbarkeit über diesen Unterschied als „eine Frage der Logik“ betrachtet. Rätselhaft ist es in diesem Zusammenhang, was Popper damit meint, wenn er sagt, die These des Relativismus entstamme der Logik.

Funktion in einem wissenschaftlichen System einnehmen könnten, so daß die Auswahl, welche dieser Denkmöglichkeiten zu wählen ist, durch die Empirie vorzunehmen ist.[114]

4.2.3.1.2 Der Anwendungsfehler

Dieser Fehler ergibt sich dadurch, daß ein logischer Zusammenhang für einen erkenntnis-theoretischen Zusammenhang ausgegeben wird. Es ist aufgrund der Definition des All-quantors und der Vorstellung eines potentiell unendlichen Individuenbereichs, auf den sich ein Allquantor beziehen kann, in der rein logischen Betrachtungsweise (d.h., bei aus-schließlicher Beachtung der Definition der verwendeten Symbole) sicher richtig, daß ein allgemeiner Satz, der mit Hilfe eines Allquantors formalisiert wird, durch ein Gegenbei-spiel *falsifiziert* wird und daß er auch durch sehr viele aber endlich viele Bestätigungsfälle *nicht verifiziert* werden kann.

Überträgt man diesen logischen Zusammenhang aber auf Erkenntnisse über die Welt, d.h., interpretiert man die Allaussagen als gesetzesartige Aussagen, dann gilt dieser logi-sche Zusammenhang nicht mehr. In unserer Vorstellung von naturgesetzlichen Aussagen denken wir einen als in der Wirklichkeit gegebenen Zusammenhang zwischen den Ereig-nissen oder Vorgängen der Natur, die durch das jeweilige Naturgesetz beschrieben werden. Wir meinen, durch Naturgesetze eine konstante Struktur der Natur darstellen zu können, die für alle die Naturereignisse gilt, die unter das Gesetz fallen. Dieser Zusammenhang zwischen den Naturereignissen ist in einer bloßen Allaussage nicht mitgedacht, denn die Allaussage hat eine rein kumulative Funktion; sie sagt keinen inneren Zusammenhang der einzelnen Objekte aus, die durch den Allquantor zusammengefaßt werden.

Wenn Popper meint, der Allsatz „Alle Raben sind schwarz" würde durch ein einziges Gegenbeispiel falsifiziert, dann gilt dies nur im logischen Sinne dieses Satzes, nicht für die gesetzesartige Aussage, die mit diesem Satz dargestellt werden soll; denn es könnte ja sehr wohl sein, daß es genau nur diese eine Ausnahme gibt, daß aber alle anderen Raben tatsächlich schwarz sind. Wenn Popper behauptet, den gesetzesartigen Charakter der Aussage „Alle Raben sind schwarz", durch ein einziges Gegenbeispiel widerlegen zu können, dann schließt er von einem Fall auf viele Fälle, indem er einen gesetzmäßigen Zusammenhang zwischen den Raben und ihrer Farbigkeit annimmt, ohne diesen aber mit der Form des Allsatzes beschrieben zu haben. Seine Falsifikation besteht darum aus einer Induktion, durch die er annimmt, daß es noch weitere Fälle der Falsifikation geben wird. Diese Induktion ist in dem von ihm selbst bestimmten Rahmen seiner wissen-schaftstheoretisch möglichen Argumentationen nicht zu rechtfertigen; denn sein ganzes Programm basiert auf der Vermeidung von Induktionen, besonders deutlich wird dies mit der Bestätigungsproblematik seiner falsifizierenden Hypothese, auch wenn sie nur von niedrigem Allgemeinheitsgrad sein soll.

---

114 Vgl. Deppert 1989, S. 46ff. und Wolfgang Deppert, Die Alleinherrschaft der physikalischen Zeit ist abzuschaffen, um Freiraum für neue naturwissenschaftliche Forschungen zu gewin-nen, in: Hans Michael Baumgartner (Hrsg.), *Das Rätsel der Zeit. Philosophische Analysen*, Karl Alber Verlag, Freiburg 1993, S. 141ff.

Der Anwendungsfehler, der ebenso wie der Rahmenfehler eine systemvernichtende Inkonsistenz hervorbringt, hätte gleichfalls vermieden werden können, wenn aufgrund metaphysischer Betrachtungen der Unterschied zwischen Logik und Erkenntnistheorie herausgearbeitet worden wäre. Dann wäre nämlich deutlich geworden, daß der Logik ausschließlich die Funktion zuzuweisen ist, keine Aussagen über die Struktur der Welt zu machen, da sonst der *modus tollens*, den Popper zum Falsifizieren braucht, nicht anwendbar wäre. Daß die Logik aber bestimmt ist durch die Forderung, keine Aussagen über die empirische Welt machen zu sollen, sei kurz erläutert:

Der modus ponens und der modus tollens sind die beiden wichtigsten logischen Schlußregeln. Sie gehen von der Wahrheit einer (aus Prämisse und Conclusio) zusammengesetzten Wenn-dann-Aussage aus und von der Wahrheit der Prämisse bzw. der Falschheit der Conclusio, wodurch die logischen Schlüsse möglich werden, daß die Conclusio wahr bzw. die Prämisse falsch ist.[115] Es sei mit ,G‘ ein Gesetz bezeichnet, das behauptet: „Wenn a, dann v“; wobei der Buchstabe ,a‘ den Satz bezeichnen möge: „Zum Zeitpunkt t liegen bestimmte Bedingungen b vor“ und der Buchstabe ,v‘ den Satz: „Zum Zeitpunkt t‘ tritt das Ereignis e ein“. Wenn nun vorausgesetzt wird, daß G und a wahr sind, dann läßt sich mit Hilfe des modus ponens erschließen, daß auch v wahr sein muß. Der modus ponens erlaubt somit mit Hilfe von Gesetzen und bestimmten einzelnen Bedingungen, Voraussagen oder Erklärungen zu machen, je nachdem ob t‘ in der Zukunft oder in der Vergangenheit liegt.

Wenn sich aber zum Zeitpunkt t‘ herausstellt, daß das Ereignis e nicht eintritt, dann ist v falsch und mit Hilfe des modus tollens läßt sich nun auf die Falschheit von a schließen, das heißt, die Bedingungen b können zum Zeitpunkt t nicht erfüllt gewesen sein, wenn das Gesetz G wahr ist, was zur Anwendung des modus tollens vorausgesetzt werden muß. Wenn aber sicher ist, daß die Bedingungen b zum Zeitpunkt t erfüllt sind und somit der Satz ,a‘ wahr ist, dann läßt sich das Nichteintreffen des Ereignisses e nur durch die Falschheit des Gesetzes G erklären. Damit mit Hilfe des modus tollens die Falschheit des Gesetzes G erschlossen werden kann, haben wir zu beachten, daß der zur Erschließung der Voraussage v benutzte modus ponens selbst ein Wenn-dann-Satz ist, der in unserem Falle lautet: „Wenn (G und a), dann v“. Wenn nun v falsch ist, dann schließt man mit modus tollens, daß der kombinierte Satz „G und a“ falsch sein muß, d.h., entweder beide Sätze oder einer von beiden. Diese Anwendung des modus tollens ist aber nur möglich, wenn sichergestellt ist, daß der modus ponens „Wenn (G und a), dann v“ als logischer Schluß in

---

115 Beachtet man, daß eine Wenn-dann-Aussage (eine Implikation) nur dann falsch ist, wenn die Prämisse wahr und die Conclusio falsch ist und sonst wahr ist, dann kann man sich durch das Einsetzen aller möglichen Wahrheitswerte (wahr oder falsch) leicht davon überzeugen, daß die beiden Implikationen:

1. „Wenn ((wenn p, dann q) und p), dann q“ und 2. „Wenn ((wenn p, dann q) und nicht q), dann nicht p“ immer wahr sind, wenn mit den Buchstaben ,p‘ und ,q‘ irgend zwei in ihren Wahrheitswerten unabhängige Aussagen bezeichnet werden. D.h., es handelt sich um logische Wahrheiten. Die Implikation der ersten logischen Wahrheit wird als *modus ponens* und die der zweiten logischen Wahrheit als *modus tollens* bezeichnet.

jedem Falle wahr ist. Diese Forderung kann für Popper nur erfüllbar sein, wenn die logischen Schlüsse oder, was dasselbe ist, die logischen Wahrheiten keine Aussagen über die empirische Welt enthalten. Denn es gibt keine Möglichkeit – und dies gilt durchaus nicht nur für Popper – , von irgendeinem empirischen Satz zu zeigen, daß er notwendig wahr ist.

Damit wir mit Hilfe des modus tollens auf die Falschheit von Gesetzen aufgrund nicht eintretender Voraussagen schließen können, **müssen wir von der Logik fordern, daß logische Wahrheiten keine Aussagen über die empirische Welt implizieren dürfen.** Diese Forderung, die mit dem Begriff der Logik verbunden ist, verlangt, daß scheinbar logische Strukturen, die spezielle Strukturen bestimmter möglicher Welten auszeichnen, aus dem Korpus der Logik zu eliminieren sind.[116]

Die vielen scharfsinnigen Denker von John Stuart Mill über Willard van Orman Quine bishin zu Michael Sukale (Sukale 1988), die nachweisen wollen, daß es keine scharfe Grenze zwischen logischen und empirischen Wahrheiten geben könne, haben sich einer unnützen Fragestellung hingegeben, da sie übersehen haben, daß mit den logischen Wahrheiten nicht Wahrheiten behauptet, sondern gefordert werden. Allgemeiner gesagt, besitzen logische wie analytische Wahrheiten ursprünglich einen *Festsetzungs-* und keinen *Feststellungscharakter.* Wenn dies beachtet wird, dann erweist sich, daß der Streit um die analytisch-synthetisch-Dichotomie unnötig ist, da analytische Aussagen auf *Festsetzungen* zurückzuführen sind und synthetische Aussagen auf *Feststellungen.*[117]

Wenn mit Hilfe einer Erkenntnislogik die begrifflichen Grundlagen für eine Erkenntnistheorie gelegt werden sollen, dann müßte durch sie vor allem die Struktur des Gesetzesbegriffs erhellt werden.[118] Genau dies aber haben die Kritischen Rationalisten nicht unternommen, da sie den Unterschied von reiner Logik und Erkenntnislogik nicht

---

116 Es hat in unserem Jahrhundert diesen denkwürdigen Fall gegeben. Das seit altersher bezeichnete tertium non datur (TND) erlaubt nur zwei Wahrheitswerte und keinen dritten. Wie sich jedoch an den Strukturen der Quantenmechanik gezeigt hat, brauchen wir zu ihrer korrekten Darstellung wenigstens drei Wahrheitswerte. Denn es gibt Aussagen, von denen nicht gesagt werden kann, ob sie wahr oder falsch sind. Das heißt nicht, wie die Quantenlogiker zum Teil bis heute meinen, daß die Quantenmechanik die grundlegendere Logik mit drei Wahrheitswerten hervorbringe; denn ein solche Logik würde die Norm niemals erfüllen können, keine Strukturen über unsere spezielle Welt zu enthalten. Dies Beispiel lehrt, daß eine Logik, die eine bestimmte Anzahl von Wahrheitswerten wie das TND vorschreibt, bereits Strukturen einer speziellen Welt auszeichnet, so daß das TND aus der Logik zu entfernen ist. Tatsächlich ist Paul Lorenzen dies mit seiner dialogischen Logik gelungen, was im Abschnitt über den dialogischen Konstruktivismus näher behandelt wird.

117 Eine gute Zusammenfassung dieses Streites findet sich in Stegmüller 1979, Abschnitt III, 1.

118 Es ist bis heute im Rahmen der etablierten Wissenschaftstheorien nicht gelungen, einen auf die Naturwissenschaften konsistent anwendbaren Gesetzesbegriff zu formulieren. Vgl. dazu Wolfgang Stegmüller, *Probleme und Resultate der Wissenschaftstheorie und Analytischen Philosophie*, Bd. I, *Wissenschaftliche Erklärung und Begründung*, zweite, verbesserte und erweiterte Aufl., Springer Verlag, Berlin 1983, Kap. V. Die Lösung dazu findet sich erst in W. Deppert, *Zeit. Die Begründung des Zeitbegriffs, seine notwendige Spaltung und der ganzheitliche Charakter seiner Teile*, Steiner Verlag, Stuttgart 1989, S. 221ff.

sehen. Denn sie hoffen, durch rein logische Operationen ihren erkenntnistheoretischen Ansatz metaphysikfrei zu halten.[119] In einem solchen Ansatz muß aber davon ausgegangen werden, daß mit Hilfe von rein logischen Operationen strukturelle Aussagen über die Erkennbarkeit der Welt zu machen sind, wie etwa, durch logische Operationen ein Induktionsprinzip der Falsifikation gesetzesartiger Aussagen zu begründen. Dies aber hatte David Hume schon überzeugend gezeigt, daß mit Hilfe rein logischer Aussagen keine Aussagen über die Wirklichkeit begründet werden können und daß darum das Induktionsprinzip mit rein logischen Mitteln unbegründbar ist.[120]

4.2.3.2 Das Transparenzkriterium

An dieser Stelle ist zu untersuchen, inwiefern mit Hilfe der zu beurteilenden Wissenschaftstheorie die Strukturen der Wissenschaften durchschaubar werden. Es ist also zu fragen, ob die Falsifizierungsmethodik von den Wissenschaften so angewandt wird, wie sie von den Kritischen Rationalisten vorgeschlagen wird oder ob eine methodische Analyse des wissenschaftlichen Arbeitens die falsifizierende Vorgehensweise als methodische Grundstruktur erkennen läßt und somit das wissenschaftliche Arbeiten durchschaubar macht.

Dieser Frage ist bereits Hübner in seiner „Kritik der wissenschaftlichen Vernunft" (Freiburg 1978, Kap.V) nachgegangen, indem er an dem Beispiel, wie Kepler seine berühmten Keplerschen Gesetze fand, untersuchte, ob er bei Anwendung der methodischen Vorschriften der verschiedenen normativen Wissenschaftstheorien zu entsprechenden Resultaten gekommen wäre. Das Ergebnis fällt für den Kritischen Rationalismus ebenso verheerend aus wie für den Logischen Positivismus. Denn Hübner kann eindrucksvoll zeigen, daß Kepler auf seinem Weg, auf dem er die Keplerschen Gesetze fand, immer wieder bereits falsifizierte Hypothesen benutzte, was er nach der Methodologie der Kritischen Rationalisten niemals hätte tun dürfen.

Wenn es nun nicht gelingt, das wissenschaftliche Vorgehen im einzelnen mit Hilfe des Falsifikationismus zu beschreiben, so wäre es aber doch möglich, daß durch ihn die wissenschaftliche Entwicklung gemäß der allgemeinen Idee vom kumulativen Fortschritt der Wissenschaft korrekt dargestellt werden kann. Denn es scheint ja so zu sein, als ob ältere Theorien von neueren, aussagekräftigeren Theorien immer wieder abgelöst würden und als ob wir eine stetig anwachsende Wissensvermehrung zu verzeichnen hätten, wenn wir etwa den enormen technischen Fortschritt beobachten, der ja erst aufgrund neuerer wissenschaftlicher Erkenntnisse möglich wird. Und dies könnte man so deuten, als ob unsere wissenschaftlichen Theorien die objektiv gegebene Wirklichkeit in einer immer

---

119 Derartige Träume werden bis heute von Vertretern der Analytischen Philosophie vor allem auf dem Felde der praktischen Philosophie geträumt.

120 Vgl. David Hume, *An Enquiry concerning Human Understanding*, London 1751, deutsch: *Eine Untersuchung über den menschlichen Verstand*, übers. von Raoul Richter, herausg. von Jens Kulenkampff, Meiner Verlag, Hamburg 1993.

verläßlicheren Annäherung an die von Popper geglaubte absolute Wahrheit darstellten. Deshalb gibt es ja sogar einige Philosophen, wie etwa Carl Friedrich von Weizsäcker (1912–2007), die meinen, daß es *fertige Theorien über die Wirklichkeit* geben könnte, Theorien also, an denen deshalb nichts mehr zu ändern ist, weil in ihnen bereits die Struktur der Wirklichkeit korrekt wiedergegeben ist. Diese Vorstellung von Weizsäckers könnte den Kritischen Rationalismus jedoch nicht stützen, da die Hoffnung auf „fertige Theorien" nicht zu dessen Programm gehört.

Diesem Glauben an eine in größeren Zeiträumen stetig sich vollziehende Wahrheitsannäherung schien die Kuhnsche Entdeckung und Interpretation der wissenschaftlichen Revolutionen, die er in seinem Buch „The Structure of Scientific Revolutions" (Chicago 1962) niederlegte, ein jähes Ende zu bereiten.

Und es ist interessant festzustellen, daß Popper in einer Antwort auf Kuhn[121] der Auffassung ist, daß das, was Kuhn eine revolutionäre Wissenschaft nennt, für ihn den Normalfall bedeute, und daß Normalwissenschaftler nur schlecht ausgebildet worden wären, da ihnen die Kritikfähigkeit fehle. Popper geht sogar soweit zu behaupten, daß Kuhns Darstellung der Wissenschaftsgeschichte des Abwechselns von normalwissenschaftlichen und revolutionären Perioden den Tatsachen widerspräche[122]. Freilich kann er diese Behauptung nicht einlösen. Er hat ganz offensichtlich nicht verstanden, daß hinter Kuhns Programm ein ganz generelles Verfahren der Beschreibung zeitlicher Abläufe steht. Jede zeitliche Beschreibung unterscheidet Zustände von gleichbleibender Beschaffenheit von solchen zeitlichen Abschnitten, in denen sich diese Beschaffenheit ändert. Ein solches Verfahren ist nicht falsch oder richtig (es ist nicht falsifizierbar!), sondern nur anwendbar oder nicht anwendbar, es kann also gar nicht „den Tatsachen" widersprechen. Jedenfalls möchte uns Popper weismachen, daß er mit seinem Falsifikationismus die Kuhnsche Theorie der wissenschaftlichen Revolutionen schon immer mit einbezogen habe, obwohl er akzeptieren müsse, daß er den Begriff der Normalwissenschaft übersehen habe, dies aber nur deshalb, weil es sich dabei um eine abartige Form wissenschaftlichen Arbeitens handele. Aber schon das einfache Beispiel der Entdeckung des Sauerstoffes müßte klar werden lassen, daß es sich bei dem Basissatz, der von Priestley und von Lavoisier in gleicher Weise hätte anerkannt werden können, nicht um einen falsifizierenden Basissatz handelt. Dieser Basissatz hätte lauten können:

(BPSL – Basissatz Priestley-Scheele-Lavoisier): „Wenn man unter einer Glasglocke rotes Präcipitat (Quecksilberoxyd) über 400°C erhitzt, dann läßt sich unter der Glasglocke beobachten, daß dort die Verbrennung heftiger verläuft als außerhalb der Glasglocke."

Priestley deutete diesen Umstand so, als ob durch sein Experiment der Luft Phlogiston entzogen würde, so daß an dieser Stelle bei der Verbrennung das Phlogiston leichter entweichen könne und auf diese Weise die Verbrennung gefördert würde. Lavoisier hingegen nahm den Basissatz BPSL als eine Bestätigung seiner Theorie der chemischen Elemente

---

121 Vgl. Popper 1974.
122 Vgl. ebenda S. 55 oben.

an, indem er behauptete, daß durch dieses Experiment ein chemischer Stoff, der Sauer-
stoff, freigesetzt würde, der die Verbrennung fördere.

Durch BPSL ist also keine Theorie falsifiziert worden. Und die wissenschaftliche Revolution, die Lavoisier mit seiner Deutung bewirkte, ist mithin *nicht* durch Poppers Falsifikationismus zu erklären, d.h., sie ist auch untauglich zur Beschreibung der größeren
zeitlichen Zusammenhänge im Verlauf der wissenschaftlichen Entwicklung. Dies gilt so
allerdings nur für den Kritischen Rationalismus in der Theorie-Form, denn Lakatos hat
gerade diese Schwierigkeiten in der falsifikationistischen Methodologie zum Anlaß genommen, um seinen *raffinierten Falsifikationismus* einzuführen, durch den nicht einzelne
Theorien, sondern ganze Forschungsprogramme falsifiziert werden.[123]

Wenn Popper den Wissenschaftlern anempfiehlt, sie sollten in ihrer wissenschaftlichen
Arbeit versuchen, ihre eigenen Theorien zu falsifizieren, da nur diese Tätigkeit das Prädikat ‚wissenschaftlich' verdiene, so läßt sich nur feststellen, daß nach dieser Beurteilung
die meisten Wissenschaftler gar nicht wissenschaftlich tätig sind. Denn sie versuchen
vielmehr, ihre wissenschaftlichen Theorien zu untermauern und Gegenbeispiele zu ent-
kräften. Ein großer Teil der Arbeitszeit eines Wissenschaftlers vergeht auch damit, die
Theorien anderer Wissenschaftler zu verstehen und zu erweitern oder ihre Effekte zu reproduzieren, dies alles wäre nur wissenschaftlich, wenn dahinter die Absicht stünde, die
Theorien der wissenschaftlichen Kollegen zu falsifizieren.

Glücklicherweise gehen die meisten Wissenschaftler nicht so vor; denn wessen Wissen-
schaftlerseele sollte sich noch zu wissenschaftlicher Arbeit motivieren lassen, wenn sie
einzig und allein das frustrierende Geschäft betreiben sollte, zu zeigen, daß die eigenen,
mühsam erzielten Forschungsergebnisse falsch sind. In meiner Sprechweise würde dies
bedeuten, man könnte sich nur deshalb über Zusammenhangserlebnisse freuen, weil man
dadurch wiederum die Gelegenheit zu einem niederschmetternden Isolationserlebnis ge-
wänne. Ganz gewiß hätte sich die Wissenschaft unter solchen Bedingungen niemals entwickelt, und sie würde zu ihrem Stillstand kommen, wenn das motivationshemmende
Programm der Kritischen Rationalisten tatsächlich zur Anwendung käme. Schließlich ist
es wohl doch die spontane Freude, die beim Erleben von Zusammenhängen ausbricht
und der daraus geborene Wunsch, derartige Zusammenhangserlebnisse reproduzierbar zu
machen, worin der Grund für das Entstehen und das Weitervorantreiben der Wissenschaft
zu vermuten ist.

Daß es dennoch eine ganze Anzahl von Wissenschaftlern gibt, die dem Kritischen
Rationalismus zugetan sind, verstehe ich einerseits durch die glücklicherweise noch immer
vorhandene Neigung zu philosophischer Absicherung des eigenen wissenschaftlichen
Tuns, andererseits dadurch, daß das Konzept der Kritischen Rationalisten so verblüffend
leicht eingängig ist, so daß es keiner größeren philosophischen Anstrengung bedarf, um
seine Grundlagen kennenzulernen. Den Kritischen Rationalisten kommt hier zugute,
daß Wissenschaftler wegen der zu bewältigenden Informationsflut in ständiger Zeitnot
leben und sie deshalb den Zeitaufwand für ihre philosophische Neigung zu rationalisieren

---

123 Vgl. Lakatos 1974, S. 89–189.

haben: Der Kritische Rationalismus ist der philosophische Rest nach größtmöglicher Rationalisierung! Aufgrund der oben angezeigten selbstzerstörerischen Inkonsistenzen des Kritischen Rationalismus zeigt sich nun: *Nicht jede Rationalisierung ist rational!*

Trotz all der geäußerten Kritik könnte man meinen, daß der Appell der Kritischen Rationalisten an die Redlichkeit der Forscher, der mit der Falsifikationsmethodologie verbunden ist, eine ethische Forderung sei, ohne die wissenschaftlicher Fortschritt unmöglich wäre, und die durchaus zu einer Tranzparenz und Überschaubarkeit der wissenschaftlichen Arbeit führen könnte. Für die Begründung eines derartigen Wissenschaftsethos kann der Kritische Rationalismus jedoch keinen Originalitätsanspruch stellen; denn schon der junge Immanuel Kant hat die Erkenntnis besessen, daß eine ehrliche und öffentliche Selbstkritik langfristig von Nutzen ist. In seinem Erstlingswerk schreibt er mit 22 Jahren:

> „Es ist einem Philosophen fast die einzige Vergeltung vor seine Bemühung, wenn er nach einer mühsamen Untersuchung sich endlich in dem Besitze einer recht gründlichen Wissenschaft beruhigen kann. Daher ist es sehr viel, von ihm zu verlangen, daß er nur selten seinem eigenen Beifall traue, daß er in seinen eigenen Entdeckungen die Unvollkommenheiten nicht verschweige, die er zu verbessern nicht im Stande ist, und daß er niemals so eitel sei, dem Vergnügen, das die Einbildung von einer gründlichen Wissenschaft macht, dem wahren Nutzen der Erkenntnis hintan zu setzen. Der Verstand ist zum Beifalle sehr geneigt, und es ist freilich sehr schwer, ihn lange zurück zu halten; allein man sollte sich doch endlich diesen Zwang antun, um einer gegründeten Erkenntnis alles aufzuopfern, was eine weitläuftige Reizendes an sich hat."[124]

Popper kann Kants Argumenten freilich nicht folgen, weil er keine „gegründeten Erkenntnisse" kennt. Es wird für ihn aber zwei Möglichkeiten, sich einer ethischen Forderung anzuschließen, geben:

1. Er läßt sich davon überzeugen, daß die Begründung auf ethischen Positionen beruht, die er selbst erst nach heftigem Bemühen gewonnen und nun als eigene Wahrheit vertritt aber derer er sich selbst bis dahin nicht bewußt war oder
2. er folgt der Forderung, weil er sich dadurch unabhängig von ihrer Begründung einen globalen Vorteil verspricht, der über eine Verbesserung seines inneren Wohlbefindens hinausgeht, welches durch die Sinnhaftigkeit der eigenen ethischen Position entsteht.

Der erste Fall wird bei all denen eintreten, die den metaphysischen Glauben an eine etwa durch Falsifikationen einkreisbare Wahrheit teilen. Und der zweite Fall ist nur für diejenigen Wissenschaftler denkbar, die diesen Glauben teilen und darum nach der Methodo-

---

124 Vgl. Immanuel Kant, *Gedanken von der wahren Schätzung der lebendigen Kräfte und Beurteilung der Beweise ...*, Dorn Verlag, Königsberg 1746, § 19. Der letzte Nebensatz: „was eine weitläuftige Reizendes an sich hat" ist nach meinem Dafürhalten so zu verstehen, daß es Kant um gut begründete *Erkenntnis geht*, und nicht um Oberflächlichkeit (weitläuftige Erkenntnis), von der oft Reizendes ausgeht, was aber aufzuopfern ist; denn in der Philosophie geht um Gründlichkeit!

logie der Kritischen Rationalisten verfahren, um sich der absoluten Wahrheit zu nähern. Dies aber scheint darum nicht möglich zu sein, weil sich offenbar der Sinn von Handlungen auf erstrebte Zusammenhangs- und nicht auf Isolationserlebnisse stützen läßt, wie sie von der Methodologie des Kritischen Rationalismus gefordert werden. Demnach ist von dem ethischen Appell, man solle stets nach Falsifikationsmöglichkeiten der eigenen Theorie suchen, kein größerer Effekt hinsichtlich der Durchschaubarkeit des wissenschaftlichen Arbeitens zu erwarten, als von der ethischen Forderung, die sich aus einem egoistischen Ansatz der Ethik ableiten läßt, der besagt, man solle sich auch in der Wissenschaft gefühlsegoistisch verhalten, indem man darum bemüht ist, von den wissenschaftlichen Kollegen möglichst gut verstanden zu werden, weil dadurch für sie und für einen selbst positiv stimmende Zusammenhangserlebnisse ermöglicht werden.[125]

Daß sich aus der Methodologie der Kritischen Rationalisten keine größere Transparenz im Sinne einer besseren Durchschaubarkeit des tatsächlichen wissenschaftlichen Vorgehens erreichen läßt, könnte freilich auch daran liegen, daß dies gar nicht das intendierte Ziel dieser Wissenschaftstheorie ist. Schließlich will sie nicht beschreiben, was Wissenschaftler tun, sondern vielmehr vorschreiben, was Wissenschaftler zu tun haben, um sich das Prädikat ‚wissenschaftlich' zu verdienen. Dies ist jedenfalls das Selbstverständnis einer normativen Wissenschaftstheorie.

Ganz unabhängig von der Anmaßung, die in einem solchen Vorhaben liegt, macht ein derartiger Anspruch eine sinnvolle Zusammenarbeit von Wissenschaftlern und Wissenschaftstheoretikern unmöglich. Dies ist eine Form von negativer Fruchtbarkeit, wie sie leider den normativen Wissenschaftstheorien insgesamt anhängen. Wer heute als Wissenschaftstheoretiker versucht, eine Zusammenarbeit mit Wissenschaftlern zu beiderseitigem Nutzen anzustreben, dem kann es passieren, daß seine Annäherungsversuche auf schroffe Ablehnung stoßen. Und wenn er Glück hat, erfährt er, daß man sich schließlich nicht von Outsidern sagen lassen will, wie man wissenschaftlich zu arbeiten habe. Es ist hier viel Schaden von den normativen Wissenschaftstheorien angerichtet worden. Es wird viel Geduld und Mühe kosten, wieder ein Vertrauensverhältnis zwischen Wissenschaftlern und Wissenschaftstheoretikern herzustellen, das zur Basis einer fruchtbaren Zusammenarbeit unverzichtbar ist. Der erste Schritt dazu wird darin bestehen müssen, den wissenschaftlichen Hochmut abzulegen.

4.2.3.3 Das Fruchtbarkeitskriterium

Hier sind die Fragen zu stellen, ob erstens die zu beurteilende Wissenschaftstheorie die Fruchtbarkeit der Wissenschaften hinsichtlich ihres Voraussage- und Erklärungszwecks

---

125 Zur Ableitung des Verstehensprinzips im Rahmen einer individualistischen Ethik vgl. Wolfgang Deppert, *Philosophische Untersuchungen zu den Problemen unserer Zeit. Die gegenwärtige Orientierungskrise. Ihre Entstehung und die Möglichkeiten ihrer Bewältigung.* Vorlesungsmanuskript, Kiel 1994 oder ders. *Individualistische Wirtschaftsethik (IWE),* Springer Gabler Verlag, Wiesbaden 2014.

unterstützt oder behindert und ob zweitens die Wissenschaftstheorie den Grundlagenbestimmungszweck erfüllt, d.h., ob die Wissenschaftstheorie einen Rahmen für die Beschreibung des historischen Wandels in den Grundlagen einer Wissenschaft bereithält
oder ermöglicht und ob drittens von der Wissenschaftstheorie Anregungen für neue
wissenschaftliche Fragestellungen ausgehen können.

4.2.3.3.1 Zum Voraussage- und Erklärungszweck der Wissenschaft

Da die Wissenschaftstheorie des Kritischen Rationalismus nicht auf das Erklären von
Phänomenen oder deren Voraussage gerichtet ist, sondern ausschließlich auf die Falsifikation von Theorien, die möglicherweise dem Voraussage- oder Erklärungszweck dienen
könnten, so liefert der Kritische Rationalismus keinerlei Anregungen oder Hinweise zur
Förderung dieses wissenschaftlichen Hauptzweckes, im Gegenteil, er behindert vielmehr
die Verfolgung dieses Zweckes, da sie nicht zu den Tätigkeiten eines Wissenschaftlers
zählt, die im Sinne des Kritischen Rationalismus auszuführen sind.

4.2.3.3.2 Zum Grundlagenbestimmungszweck

Durch den Rahmenfehler des Kritischen Rationalismus ist er unfähig, die Grundlagen
einer Wissenschaft, die gerade aus dem hier beschriebenen Rahmen bestehen, zu bestimmen oder gar deren historische Wandelbarkeit aufzuzeigen. Wenn man aber für die
Beurteilung der Fruchtbarkeit des Kritischen Rationalismus von diesen grundsätzlichen
Schwierigkeiten absieht, indem nur das wissenschaftliche Vorgehen innerhalb eines fest
vorgegebenen wissenschaftskonstituierenden Rahmens betrachtet wird, so läßt sich das
Falsifizierbarkeitskriterium zu einer deutlichen Abgrenzung von empirischen und nicht
empirischen Aussagen verwenden. Dies ist mit der Formulierung des *allgemeinen Auswahlprinzips* gezeigt worden, das für alle empirischen Begriffe fordert, daß sie in der
Theorienbildung der Form nach als potentielle empirische Begriffe vorliegen. Erst die –
etwa durch ein Experiment – erwiesene Anwendbarkeit dieses Begriffs (Begriffsisotop)
qualifiziert einen potentiellen empirischen Begriff zu einem empirischen Begriff.[126] Dieser Zusammenhang findet sich anderswo für den potentiell empirischen Zeitbegriff in
Form von empirisch bestimmbaren Systemzeiten.[127]

Andererseits zeigt sich dabei, daß die Vorstellung des linear gerichteten Zeitbewußtseins kein potentiell empirischer Begriff ist, da er keine Alternative zuläßt, so daß sich der
Versuch, den sogenannten Zeitpfeil etwa durch physikalische Experimente zu beweisen,
als sinnlos erweist.[128] Eine solche Verwendung des Falsifizierbarkeitskriteriums im Sinne
des allgemeinen Auswahlprinzips ist zwar von den Kritischen Rationalisten nicht intendiert worden. Dennoch aber möchte ich dies hier als eine fruchtbare Konsequenz ver-

---

126 Vgl. Deppert, Wolfgang, *Zeit. Die Begründung des Zeitbegriffs, seine notwendige Spaltung
und der ganzheitliche Charakter seiner Teile*, Steiner Verlag, Stuttgart 1989, S. 47ff.

127 Vgl. ebenda S. 212ff.

128 Vgl. ebenda S. 249f. oder Baumgartner 1993, S. 139–148.

merken, zu einer Verschärfung in der Bestimmung dessen beigetragen zu haben, was unter einem empirischen Begriff zu verstehen ist.

4.2.3.3.3 Zum Anregungszweck zu neuen wissenschaftlichen Fragestellungen

Eine Fruchtbarkeit, daß der Kritische Rationalismus Anlaß zu neuen wissenschaftlichen Fragestellungen gegeben hätte, läßt sich nicht erkennen. Und in der Klärung der Unterscheidung von methodologisch verschiedenen Bereichen innerhalb einer Wissenschaft hat Popper eher zur Vergrößerung der Konfusion beigetragen, wie es das genannte Beispiel der Psychoanalyse zeigt.[129] Die Forderung, Behauptungen und Theorien auf ihren Wahrheitsgehalt hin zu prüfen, trägt sicher zum Aufdecken von Fehlern und zum Anregen von neuen Fragestellungen bei. Aber diese Forderung ist wahrhaftig nicht erst auf den Kritischen Rationalismus zurückzuführen. Sie ist spätestens seit der Aufklärung einer der wichtigsten Prinzipien jeglichen erkenntnistheoretischen und wissenschaftlichen Bemühens. Man denke etwa an Descartes' methodischen Zweifel, an Humes Skeptizismus oder an Kants Kritizismus.

4.2.3.4 Das Toleranzkriterium

Vom wissenschaftstheoretischen Ansatz her, neigt der Kritische Rationalismus nicht zur Toleranz gegenüber anderen wissenschaftstheoretischen Konzeptionen, da seine Vertreter an das Vorhandensein einer absoluten Wahrheit glauben und da sie darüber hinaus meinen zu wissen, daß nur ihr methodischer Weg zum Einkreisen dieser Wahrheit führen kann. Dementsprechend ist ihr Begründungsversuch ihres Anspruchs zur Normensetzung für Wissenschaftlichkeit zweifach begründet:

1. Durch die metaphysischen Aussagen KR1 bis KR3 (KR1. Es existiert eine eindeutig strukturierte vom Menschen unbeeinflußte Wirklichkeit. KR2. Die Struktur dieser Wirklichkeit ist durch das menschliche Denken in Form von sprachlichen Aussagen niemals endgültig erfaßbar. KR3. Die Wahrheit allgemeiner Aussagen über die Wirklichkeit kann nur in solchen Sätzen enthalten sein, die sich empirisch überprüfen lassen.)
2. Durch die Behauptung der Asymmetrie zwischen Falsifikation und Verifikation von Naturgesetzen, die in KR4 zum Ausdruck kommt. (KR4. (rationalistisch) Einzelne Aussagen über sinnliche Wahrnehmungen können nur die Falschheit allgemeiner empirischer Aussagen erweisen, nicht deren Wahrheit).

Die erste Begründung ist rein metaphysischer Natur und kann beim Vorliegen anderer metaphysischer Setzungen nicht als Begründung akzeptiert werden. Mit der zweiten Begründung wird der hier dargelegte Anwendungsfehler begangen. Sie ist darum nicht ein-

---

129 Vgl. dazu auch Adolf Grünbaum, *Die Grundlagen der Psychoanalyse. Eine philosophische Kritik,* Reclam, Stuttgart 1988, S. 445–454.

mal für diejenigen Wissenschaftler akzeptabel, die mit der Metaphysik KR1 bis KR3 übereinstimmen. Der normative Anspruch des Kritischen Rationalismus läßt sich darum aufgrund mangelnder Begründung nicht aufrechterhalten. Wie so oft paart sich auch hier extreme Intoleranz mit der fehlenden Begründung für die intolerant vertretenen Normen. Dennoch muß zugestanden werden, daß es einzelne Vertreter unter den Kritischen Rationalisten gibt, wie etwa Hans Albert, die andere Auffassungen sehr wohl tolerieren. Vielleicht stehen sie sogar dem Kritischen Rationalismus kritisch gegenüber, aber aufgrund welcher Konzeption tun sie dies? Tatsächlich hat es unter den Popper-Schülern welche gegeben, die ihn besonders aufgrund seiner dogmatischen Haltung kritisierten, woraus die Programmform des Kritischen Rationalismus entstanden ist, auf die im nächsten Abschnitt einzugehen ist.

4.2.4 Darstellung der Programmform des Kritischen Rationalismus

Es wird bisweilen behauptet, daß man Thomas Kuhn auch zu den Kritischen Rationalisten zählen könnte, da er in seiner Theorie darstelle, wie durch eine wissenschaftliche Revolution Theorien zu Fall gebracht, und das hieße, wie sie falsifiziert würden. Hier liegt aber insofern ein Mißverständnis vor, als daß Kuhn nicht an einen falsifizierenden Mechanismus denkt, da er der Auffassung ist, daß die nach der wissenschaftlichen Revolution sich neu etablierende Theorie mit der alten Theorie, die vor der Revolution als gültig angesehen wurde, gar nicht vergleichbar ist. Selbst dann, wenn in ihr gleich klingende Worte verwendet würden, so wären es doch verschiedene Begriffe, da die Bedeutung der Worte aus einem ganz anderen neuen Gesamtzusammenhang bestimmt würden. Kuhn spricht darum sogar von einer *Inkommensurabilität der Begriffe*, so daß von einer Falsifikation, die ja stets einen gleichen begrifflichen Hintergrund zwischen Theorie und falsifizierender Hypothese voraussetzt, gar keine Rede sein kann. Darum sollte man Thomas Kuhn nicht zu den Kritischen Rationalisten zählen, wenn man als ihr unverwechselbares Merkmal die Idee des Erkenntnisfortschritts durch Falsifikationen, d.h., durch Kritik, ansehen will. An dieser grundsätzlichen falsifikationistischen Fortschrittsidee hielt Poppers Schüler Imre Lakatos fest, obwohl er seinen Lehrer massiv hinsichtlich seines naiven – wie Lakatos sagte – Falsifikationismus kritisierte. Die falsifikationistische Idee etabliert zu haben, rechnet Lakatos seinem Lehrer jedoch hoch an, indem er in seinem berühmten Aufsatz „Falsifikation und die Methodologie wissenschaftlicher Forschungsprogramme",[130] der alles wesentliche seiner Theorie der Forschungsprogramme enthält, folgendes schreibt:

> „Poppers Verdienst besteht vor allem darin, daß er die Folgen des Zusammenbruches der bestbewährten wissenschaftlichen Theorie aller Zeiten, nämlich der Newtonschen Mechanik und Gravitationstheorie, voll und ganz verstanden hat. Lobenswert ist seiner Ansicht nach nicht das vorsichtige Vermeiden von Irrtümern, sondern ihre erbarmungslose Beseitigung.

---

130 Lakatos 1974a in Lakatos 1974, S. 89–189

Kühnheit im Vermuten auf der einen Seite und Strenge im Widerlegen auf der anderen: das ist Poppers Rezept. Die intellektuelle Redlichkeit besteht nicht darin, daß man versucht, seine Position zu verankern oder sie durch Beweis (oder ‚wahrscheinlich machen') zu begründen – die intellektuelle Redlichkeit besteht vielmehr darin, daß man jene Bedingungen genau festlegt, unter denen man gewillt ist, die eigene Position aufzugeben."[131]

Lakatos charakterisiert den naiven oder, wie er auch sagt, den dogmatischen Falsifikationismus Poppers mit der Darstellung von drei Annahmen, die er vollständig zu widerlegen sucht. Diese Annahmen sind:

1. Die Annahme einer natürlich-psychologischen Grenze zwischen theoretischen Sätzen und Beobachtungssätzen in Form der Basissätze.
2. Die Annahme, daß ein Basissatz durch seinen Beobachtungsbezug auch wahr sei.
3. Die Annahme der Verwendbarkeit des Abgrenzungskriteriums: „Nur jene Theorien sind ‚wissenschaftlich', die gewisse beobachtbare Sachverhalte verbieten und die darum durch Tatsachen widerlegbar sind. Anders ausgedrückt: *‚wissenschaftlich' ist eine Theorie nur dann, wenn sie eine empirische Basis hat.*"[132]

Die erste Annahme verwirft Lakatos mit dem Hinweis, daß es keine uninterpretierte Wahrnehmung gibt, so daß alle Wahrnehmung schon immer auch einen theoretischen Gehalt hat. Eine strikte Trennung zwischen Beobachtung und Theorie ist somit unmöglich und darum auch die Annahme einer gesicherten empirischen Widerlegungsinstanz in den Basissätzen. Als Beispiel dient ihm Galileis Interpretation seiner Fernrohrbeobachtungen:

„Ihre Zuverlässigkeit hing ab von der Zuverlässigkeit seines Teleskops – und von der optischen Theorie – und diese wurde von den Zeitgenossen heftig bezweifelt. Es handelte sich nicht um einen Konflikt zwischen Galileos – reinen und untheoretischen – *Beobachtungen* und der Aristotelischen *Theorie*, sondern um einen Konflikt zwischen Galileos ‚Beobachtungen', gesehen im Lichte seiner optischen Theorie, und den ‚Beobachtungen' der Aristoteliker, gesehen im Lichte *ihrer* Theorie des Himmels."[133]

Lakatos bringt damit ein treffendes Beispiel für die Theorieabhängigkeit der Beobachtungen und der dadurch zu bestimmenden Basissätze.[134] Durch diese Theorieabhängigkeit kann es keine Einigung auf einen falsifizierenden Basissatz zwischen Wissenschaftlern geben, die verschiedene Theorien vertreten. Damit aber sind Basissätze gar nicht zum eindeutigen Falsifizieren geeignet, so wie es Popper annimmt.

---

131 Vgl. ebenda S. 90.

132 Vgl. ebenda S. 96.

133 Vgl. ebenda S. 96.

134 Diese Beispiele zeigen überzeugend die Theorie- und Methodenabhängigkeit der Gegenstände der Wissenschaften, wie ich es kurz in Fußnote 5 beschrieben habe.

Zur Widerlegung der zweiten Annahme unterscheidet Lakatos Tatsachen von Tatsachenaussagen und behauptet, daß sich Aussagen nur durch Aussagen bestätigen oder widerlegen lassen, nicht aber durch Tatsachen. „Sätze lassen sich nur aus Sätzen herleiten, aus Tatsachen folgen sie nicht: Erfahrungen können einen Satz ebensowenig beweisen „wie ein Faustschlag auf den Tisch"", sagt Lakatos und fügt hinzu: „Dies ist ein grundlegender Punkt der elementaren Logik, ..."[135] Nun hat dies gewiß nichts mit Logik zu tun; denn die Logik sagt wahrhaftig nichts darüber aus, auf welche Weise empirische Behauptungen überprüft werden können. An dieser Stelle zeigt sich der Mangel an Kant-Reflexion; denn das sollte von vornherein klar sein, daß alle unsere Aussagen über die Wirklichkeit immer sprachlichen Charakter haben und daß an der Stelle, an der man meint, daß unsere sprachlich formulierten Sinneswahrnehmungen etwas über die an sich existierende Wirklichkeit aussagen, sich eine bestimmte unbeweisbare Glaubensaussage einschleicht. Lakatos schließt aus seinen Überlegungen: „Sind nun Tatsachenaussagen unbeweisbar, dann sind sie auch fehlbar."[136] Aber dieser Schluß ist durch überhaupt nichts gerechtfertigt. Er wird allerdings verständlich, wenn man annimmt, daß Lakatos ebenso wie Popper an eine absolute Wahrheit glaubt; denn dann gäbe es die Denkmöglichkeit einer Wahrheit von Aussagen, ohne daß man je daran denken könnte, diese Wahrheit aufzuweisen. Lakatos folgert aus seinem Gedankengang: „Also können wir Theorien weder beweisen noch widerlegen", da „Zusammenstöße zwischen Theorien und Tatsachenaussagen keine Falsifikationen, sondern lediglich Widersprüche" wären.[137]

Daß Lakatos mit dieser Behauptung der Unwiderlegbarkeit von Theorien dennoch recht hat, obwohl er diese Unwiderlegbarkeit auf inkorrekte Weise erschließt, liegt daran, daß empirische Aussagen stets Bedingungen für ihr Zustandekommen besitzen, die in ihrer Gesamtheit niemals vollständig bekannt und überprüfbar sind. Darum läßt sich von einem Basissatz, der geeignet ist, eine Theorie zu falsifizieren, immer annehmen, daß er aufgrund von Bedingungen behauptet wird, die nicht bekannt sind und die das Beobachtungsergebnis verfälscht haben könnten, so daß der Basissatz nicht im Widerstreit zu der Theorie stehen muß, die durch ihn widerlegt werden soll. Die Unmöglichkeit, mit Basissätzen zwingend zu falsifizieren, die hier in Form des Anwendungsfehlers gezeigt wurde, widerlegt die dritte Annahme des naiven oder dogmatischen Falsifikationismus.

Für diese stets mögliche Uminterpretation eines scheinbar falsifizierenden Basissatzes gibt Lakatos das schöne Beispiel seiner Geschichte eines „imaginären Falles planetarischer Unart" an:

„Ein Physiker der Zeit vor Einstein nimmt Newtons Mechanik und sein Gravitationsgesetz N sowie die akzeptierten Randbedingungen A und berechnet mit ihrer Hilfe die Bahn eines eben entdeckten kleinen Planeten p. Aber der Planet weicht von der berechneten Bahn ab. Glaubt unser Newtonianer, daß die Abweichung von Newtons Theorie verboten war und daß

---

135 Vgl. ebenda S. 97.
136 Vgl. ebenda.
137 Vgl. ebenda.

ihr Beweis die Theorie N widerlegt? – Keineswegs. Er nimmt an, daß es einen bisher unbekannten Planeten p' gibt, der die Bahn von p stört. Er berechnet Masse, Bahn etc. dieses
hypothetischen Planeten und ersucht dann einen Experimentalastronomen, seine Hypothese
zu überprüfen. Aber der Planet p' ist so klein, daß selbst das größte vorhandene Teleskop ihn
nicht beobachten kann: Der Experimentalastronom beantragt einen Forschungszuschuß, um
ein noch größeres Teleskop zu bauen. In drei Jahren ist das neue Instrument fertig. Wird der
unbekannte Planet p' entdeckt, so feiert man diese Tatsache als einen neuen Sieg der Newtonschen Wissenschaft. – Aber man findet ihn nicht. Gibt unser Wissenschaftler Newtons Theorie und seine Idee des störenden Planeten auf? – Nicht im mindesten! Er mutmaßt nun, daß
der gesuchte Planet durch eine kosmische Staubwolke vor unseren Augen verborgen wird.
Er berechnet Ort und Eigenschaft dieser Wolke und beantragt ein Forschungsstipendium,
um einen Satelliten zur Überprüfung seiner Theorie abzusenden. Vermögen die Instrumente
des Satelliten (darunter völlig neue, die auf wenig geprüften Theorien beruhen) die Existenz
der vermuteten Wolke zu registrieren, dann erblickt man in diesem Ergebnis einen glänzen-
den Sieg der Newtonschen Wissenschaft. Aber die Wolke wird nicht gefunden. Gibt unser
Wissenschaftler Newtons Theorie, seine Idee des störenden Planeten und die Idee der Wolke,
die ihn verbirgt, auf? – Nein! Er schlägt vor, daß es im betreffenden Gebiet des Universums
ein magnetisches Feld gibt, das die Instrumente des Satelliten gestört hat. Ein neuer Sa-
tellit wird ausgesandt. Wird das magnetische Feld gefunden, so feiern Newtons Anhänger
einen sensationellen Sieg. – Aber das Ergebnis ist negativ. Gilt dies als eine Widerlegung der
Newtonschen Wissenschaft? – Nein. Man schlägt entweder eine neue, noch spitzfindigere
Hilfshypothese vor, oder ... die ganze Geschichte wird in den staubigen Bänden der wissenschaftlichen Annalen begraben, vergessen und nie mehr erwähnt."[138]

Dieses Beispiel zeigt sehr deutlich, daß die Falsifikation einer Theorie durch einen falsifizierenden Basissatz durchaus nicht zwingend, sondern eher ein Zeichen von mangelnder
wissenschaftlicher Phantasie ist.

Der naive Falsifikationismus ist mit der Widerlegung der drei von Lakatos genannten
Annahmen selbst nicht mehr aufrecht zu erhalten, und Lakatos betont, daß Popper darum
auch einen konventionalistischen oder methodologischen Falsifikationismus vertreten
habe. Dadurch seien die Basissätze nicht einfach als Tatsachenaussagen zu verstehen,
sondern als eine Übereinkunft der Wissenschaftler, die immer schon vor einem gemeinsamen theoretischen Vorverständnis stattfindet. Dadurch aber würden die Basissätze
nicht allein durch sinnliche Wahrnehmung bestimmt, sondern auch durch ein geschichtlich gewordenes Verständnis von den grundsätzlichen Möglichkeiten der Wirklichkeits-
erfassung. An dieser Stelle wird nun der konventionalistische Zug des Lakatosschen Verständnisses von Poppers methodologischem Falsifikationismus besonders deutlich, denn
dieses geschichtlich gewordene Verständnis ist schließlich durch Konventionen tradiert.
In diesem konventionalistisch-methodologischen Sinne bedeuten die Begriffe, die vom
naiven Falsifikationismus benutzt werden, etwas anderes, und darum setzt Lakatos sie zur
Unterscheidung in Anführungszeichen.[139] ,Empirische Aussage' bedeutet nun nicht mehr:
„aufgrund einer einzelnen Sinneswahrnehmung bestimmte Aussage", sondern „aufgrund

---

138 Vgl. ebenda S. 98f.
139 Vgl. ebenda S. 104.

von Sinneswahrnehmungen vieler Wissenschaftler bestimmte Aussage, die ihre Wahrnehmungen vor einem gemeinsamen theoretischen Vorverständnis unter der Annahme einer ceteris-paribus-Klausel interpretiert haben".

In dieser Interpretation des Falsifikationismus sind die Basissätze nicht als schlichter Ausdruck der Sinneswahrnehmungen, die durch Tatsachen bestimmt sind, zu verstehen, sondern mit ihnen verbindet sich der historische Prozeß der Wirklichkeits- und Erkenntnisauffassungen wie sie in der betreffenden Gemeinschaft der Wissenschaftler gegeben sind. Aus den bereits genannten Gründen ist Lakatos nicht bereit, den konventionalistischen Basissätzen eine endgültig falsifizierende Rolle zuzugestehen, denn

1. könne ihnen diese Rolle aus erkenntnistheoretischen Gründen nicht zukommen und
2. ließe sich auf diese Weise nicht der historische Prozeß der Wissenschaftsentwicklung beschreiben.

Lakatos hatte die Idee, anstelle von einzelnen Theorien Folgen von Theorien T, T', T'', ... zu betrachten und über die Falsifizierbarkeit solcher Theorienfolgen nachzudenken, was er *die raffinierte Falsifikation* nannte. Diese Theorienfolgen sollen die Eigenschaft haben, daß eine folgende Theorie stets die vorausgehende an empirischem Gehalt übertrifft. Das soll heißen, daß sie einerseits die gleichen Tatsachen erklärt wie die vorausgehende und daß sie darüber hinaus noch zusätzliche Erklärungen liefert, die von der vorausgehenden Theorie nicht geleistet werden können.

Als Beispiel gibt er u.a. die Folge von Theorien an, die sich an die ursprüngliche Bohrsche Theorie der Spektrallinien anschließt. Die Ursprungskonzeption (Theorie T) besteht hier aus dem sogenannten Bohrschen Atommodell, in dem angenommen wird, daß sich Elektronen auf ausgezeichneten Kreisbahnen um den Atomkern bewegen und daß die Reihe der von einem thermisch angeregten Atom ausgesandten Frequenzen v_k der Reihe der Energiedifferenzen $E_i - E_j$ entspricht, die zwischen den Kreisbahnen der sich um den Atomkern bewegenden Elektronen bestehen. D.h., wenn ein Elektron von einer energetisch höher gelegenen Kreisbahn m auf eine energetisch tiefer liegende Bahn n springt, dann wird die Energiedifferenz in Form einer monochromatischen elektromagnetischen Welle der Frequenz v ausgesandt, so daß folgende Beziehung gilt: $hv = E_m - E_n$, wobei h für das Plancksche Wirkungsquantum steht und v für die Frequenz der ausgesandten elektromagnetischen Strahlung.

Tatsächlich stimmen die auf diese Weise berechenbaren Frequenzen der Spektrallinien schon recht genau mit den gemessenen überein. Aber die Genauigkeit kann noch dadurch gesteigert werden, daß man in einer nächsten Theorie T' als Mittelpunkt der Kreisbahnen nicht den Atomkern wählt, sondern den gemeinsamen Schwerpunkt von Elektron und Kern. Schließlich wurde dann in Analogie zu der Theorie der Planetenbewegungen von Sommerfeld vorgeschlagen, in einer noch genaueren Theorie T'' anstelle des Spezialfalles der Kreisbewegungen ganz allgemein Ellipsenbahnen anzunehmen. Und auf diese Weise entstand eine Reihe von Theorien T, T', T'', die genau die Bedingungen erfüllen, die Lakatos an eine Theorienfolge stelle.

Freilich werden die Theorien dieser Folge nicht willkürlich aneinandergereiht, sondern sie entstehen aus einer gemeinsamen forschungsleitenden Idee – hier die Analogie zu der Theorie der Planetenbahnen -. Eine solche Idee nennt Lakatos ein *Forschungsprogramm*. Ein Forschungsprogramm besteht für Lakatos aus einem *Kern*, der für alle Theorien der Theorienfolge gleich bleibt und aus einer *Heuristik*, aus der einerseits neue Theorien der Theorienfolge entworfen werden und die andererseits dazu dient, den Kern vor falsifizierenden Angriffen zu bewahren. Lakatos spricht darum von einer *positiven* und einer *negativen Heuristik*. Er sagt:

> „Die negative Heuristik spezifiziert den ‚harten Kern‘ des Programms, der, infolge der methodologischen Entscheidung seiner Protagonisten, ‚unwiderlegbar‘ ist; die positive Heuristik besteht aus einer partiell artikulierten Reihe von Vorschlägen oder Hinweisen, wie man die ‚widerlegbaren Fassungen‘ des Forschungsprogramms verändern und entwickeln soll und wie der ‚widerlegbare‘ Schutzgürtel modifiziert und raffinierter gestaltet werden kann."[140]

Bei der Weiterentwicklung des Forschungsprogramms kommt es darauf an, einen theoretischen Zuwachs von Erkenntnismöglichkeiten bereitzustellen, der experimentell dann zu einem tatsächlichen Erkenntnisfortschritt führt. Solange dies für ein Forschungsprogramm gilt, so bezeichnet Lakatos es als *progressiv*. Stellt sich dieser Erfolg jedoch nicht ein, so nennt Lakatos das Forschungsprogramm *degenerativ*. Dabei unterscheidet er jeweils noch theoretische und empirische Progressivität und Degenerativität. Bleibt ein Forschungsprogramm theoretisch und empirisch degenerativ, dann ist es für Lakatos falsifiziert, wenn es zugleich ein anderes, konkurrierendes progressives Forschungsprogramm gibt. Das Bohr-Sommerfeldsche Forschungsprogramm ist durch das Forschungsprogramm der Heisenberg-Schrödingerschen Quantenmechanik falsifiziert worden.

Bei dieser Art der Falsifikation ist aber die Entscheidung darüber, ab wann ein Forschungsprogramm als falsifiziert angesehen werden muß, äußerst problematisch; denn man kann ja nie sicher sein, ob nicht ein degeneratives Forschungsprogramm eines Tages wieder progressiv wird. Dennoch ist Lakatos der Auffassung, daß auf diese Weise endgültige Falsifikationen von Forschungsprogrammen möglich sind, denn auch er glaubt an eine absolute Wahrheit, die sich mit Hilfe des Konzeptes der falsifizierbaren Forschungsprogramme einkreisen läßt. Es fragt sich nun, inwiefern, sich die Festsetzungen des *Kritischen Rationalismus in der Programmform* gegenüber denen der *Theorieform* ändern.

---

140 Vgl. ebenda S. 131.

4.2.5 Darstellung der Festsetzungen der Programmform des Kritischen Rationalismus

Obwohl Lakatos den von ihm bezeichneten naiven und ebenso den methodologischen Falsifikationismus ablehnt und einen *raffinierten Falsifikationismus* vorschlägt, sind seine Festsetzungen darüber, wodurch sich ein Forschungsprogramm als degenerativ erweist, ganz vom methodologischen Falsifikationismus geprägt, den ich hier als die *Theorieform* dargestellt habe

(1) Lakatos ist sich allerdings im klaren darüber, daß **das Einzelne des Erkenntnisobjekts** aus einer Klasse von miteinander identifizierbaren experimentellen Situationen hervorgeht, was er durch die Einführung der ceteris-paribus-Klausel berücksichtigt. Und er betont gleichzeitig, daß mit dieser experimentellen Situation allein noch nicht das Einzelne des Erkenntnisgegenstandes bestimmt ist, sondern erst durch konventionell bedingte Interpretationen dieser Klasse von experimentellen Situationen. Dabei wird deutlich, daß Lakatos sich wieder mehr der kantischen Position annähert, nach der alle Aussagen über die Wirklichkeit ausschließlich durch die subjektiven Erkenntnisformen des Menschen bestimmt sind, wobei Lakatos insofern über Kant hinausgeht, als er die erkenntniskonstituierenden Interpretationsformen selbst nicht für unbedingt hält, sondern als historisch (durch Konvention) geworden annimmt, wie es später von Hübner im einzelnen dargestellt worden ist.

(2) **Die Allgemeinheitsfestsetzungen** ändern sich insofern, als daß die Allgemeinheit der Theorien noch dadurch relativiert wird, daß sie noch einer allgemeineren Form, nämlich der der Forschungsprogramme, angehören. Allerdings gesteht Lakatos diesen Forschungsprogrammen keine eigene Existenz zu, sie existieren nur in der Gedankenwelt der Menschen.

(3) Die grundlegendsten Änderungen, die in der Programmform gegenüber der Theorieform des Kritischen Rationalismus vorzunehmen sind, erfahren die **Prüfungsfestsetzungen**. Hier ändert sich der zu falsifizierende theoretische Gegenstand und die Art und Weise der Falsifikation. Falsifiziert werden nicht einzelne Theorien, sondern ganze Forschungsprogramme. Falsifizieren bedeutet hier jedoch nicht mehr: „der Nachweis der Falschheit", sondern „die Unterlegenheit gegenüber einem konkurrierenden Forschungsprogramm", wobei diese Unterlegenheit sich dadurch zeigt, daß das falsifizierte Forschungsprogramm keine „progressive Problemverschiebung" – wie Lakatos sagt – mehr produzieren kann, während dies im überlegenen Forschungsprogramm möglich ist.

(4) **Die existentiellen Zwecksetzungen**, die hier mit den metaphysischen Festsetzungen zusammenfallen, können in den Formulierungen gleich bleiben, wenn überall dort, wo das Wort empirisch auftritt, es nach dem Lakatosschen Vorgehen in Anführungszeichen gesetzt wird, wodurch der konventionalistische Zug aller empirischen Aussagen gekennzeichnet wird.

4.2.6 Beurteilung der Programmform des Kritischen Rationalismus

(1) Die Bewertung des Kritischen Rationalismus in der Programmform fällt gegenüber der der Theorieform erheblich positiver aus. Da Lakatos aufgrund seiner grundsätzlich anderen Vorstellung von Falsifikationen weder den Rahmenfehler noch den Anwendungsfehler begeht, ist der *Kritische Rationalismus in der Programmform* sehr viel konsistenter als der in der *Theorieform.* Zu bemängeln ist lediglich, daß die Falsifikationen von Forschungsprogrammen nicht aus dem Forschungsbetrieb selbst entnommen werden können, da die Forscher, die ein Forschungsprogramm verfolgen, das sich bislang als degenerativ erwiesen hat, durchaus daran glauben können, daß es einmal progressiv werden wird. Für die Falsifikation eines Forschungsprogramms ist eine bestimmte Form von Induktivismus vonnöten, dem sich der Kritische Rationalismus in der Programmform enthalten wollte aber auch nicht konnte.

(2) Was die Durchschaubarkeit des wissenschaftlichen Arbeitens angeht, leistet Lakatos' Konzept der Forschungsprogramme in vielen Fällen der Wissenschaftsgeschichte eine einleuchtende Beschreibung, warum ihm eine gewisse Fruchtbarkeit nicht abzusprechen ist. Es hat sogar auf die Entwicklung der wissenschaftstheoretischen Konzepte anregend gewirkt. So hat es z.b. wesentliche Elemente des Sneed-Stegmüllerschen Konzepts der Rekonstruktion von wissenschaftlichen Theorien vorweggenommen.

(3) Schließlich hat Lakatos weitgehend deshalb sein Konzept der Forschungsprogramme entworfen, um der Kuhnschen Gefahr zu entgehen, daß der wissenschaftliche Fortschritt über die wissenschaftlichen Revolutionen hinweg nicht definierbar sein könnte und daß mithin das wissenschaftliche Arbeiten selbst als irrational anzusehen wäre. Lakatos sprach deshalb von einer Rationalitätslücke, die er schließen wollte. Freilich hat er dabei übersehen, daß das, was er den empirischen Gehalt nennt, wieder theorieabhängig ist, so daß die Frage meist unentscheidbar ist, welchem von zwei konkurrierenden Forschungsprogrammen der größere empirische Gehalt zukommt. Dadurch kann auch er nicht der Schwierigkeit entgehen, daß es kaum eine wissenschaftliche Vergleichbarkeit von Forschungsprogrammen geben kann, wenn sie durch eine wissenschaftliche Revolution voneinander getrennt sind. Diese Kritik ist auch von Hübner (1978) im einzelnen ausgearbeitet worden.

(4) Was die Zusammenarbeit zwischen Wissenschaftlern und Wissenschaftstheoretikern angeht, hat sich bei Lakatos ein beachtlicher Wandel vollzogen, da seine Theorie vielmehr Züge einer deskriptiven als einer normativen Wissenschaftstheorie besitzt. Jedenfalls ist im Konzept der Forschungsprogramme, dem Wissenschaftler ein großer Freiraum für die Entfaltung seiner Phantasie und dem Verfolgen seiner Intentionen gegeben. Interessanterweise vollzieht sich diese Entwicklung noch stärker in dem Sneed-Stegmüllerschen Strukturalismus, der ja der Tradition des Logischen Positivismus entstammt. Es ist also im Logischen Positivismus wie im Kritischen Rationalismus die erfreuliche Tendenz zu bemerken, normative Konzepte zugunsten von deskriptiven Darstellungen fallenzulassen.

(5) Hinsichtlich der Toleranz in Bezug auf die Akzeptanz anderer wissenschaftstheoretischer Konzeptionen war Lakatos jedoch ähnlich intolerant wie sein Lehrer

Popper. Lakatos faßte sich selbst als einen militanten Wissenschaftstheoretiker auf, der sogar ankündigte, es mit allen Mitteln zu verhindern, daß wissenschaftstheoretische Konzeptionen oder Forschungsprogramme, die sich seiner Meinung nach als degenerativ erwiesen hätten, öffentliche Mittel für ihre Forschungsarbeit erhalten.[141]

4.3 Der Operativismus oder Konstruktivismus

4.3.1 Vorbemerkungen

Der Operativismus ist eine Theorie der Welterfassung, die ihre erste bedeutende Ausprägung durch Thomas Hobbes erfahren hat. Diese Denkrichtung wird meistens nur im 20. Jahrhundert betrachtet, da ihre weitreichende Bedeutung erst durch den Physiker Percy Williams Bridgman (1882–1961), den Mathematiker, Physiker und Philosophen Hermann Weyl (1885–1955) und die Philosophen Hans Reichenbach (1892–1953), Hugo Dingler (1881–1954) und Paul Lorenzen (24.3.1915, 1.10.1994) bekannt wurde. Dennoch haben wir Thomas Hobbes (1588–1679) – vor allem auch nach den Forschungen von Hans Fiebig[142] – als den Begründer des Operationalismus anzusehen. Ich möchte hier den Hobbesschen Operativismus kurz beschreiben, da über ihn im Gegensatz zum Empirismus oder zum Rationalismus kaum Kenntnisse vorhanden sind.

4.3.2. Der Operativismus Thomas Hobbes'

Für Hobbes ist „Philosophie die wahrhaft rationelle Erkenntnis der Erscheinungen oder Wirkungen aus der Kenntnis ihrer faktischen Erzeugung, die wir aus der Kenntnis der Wirkungen gewonnen haben"[143]. Hobbes läßt sich mit seinem Operativismus der extremen Form des Nominalismus zuordnen, da er die Existenz der Universalien überhaupt leugnet. Hobbes schreibt:

„Dieses Wort universal bezeichnet weder ein in der Natur existierendes Ding noch eine im Geist auftretende Vorstellung oder ein Phantasma, sondern ist nur der Name eines Namens. Wenn also Lebewesen, Stein, Geist oder sonst etwas universal genannt werden, so darf dar-

---

141 Dies erklärte Lakatos unmißverständlich zum Schluß seines Vortrags während eines Philosophentreffens in Alpach/Österreich im Jahre 1973, ein halbes Jahr vor seinem plötzlichen Tod am 2. Februar 1974. An diesem Treffen nahmen auch Paul Feyerabend und Kurt Hübner teil, und auch ich hatte das Vergnügen, dabei zu sein.

142 Fiebig, Hans, *Erkenntnis und technische Erzeugung Hobbes' operationale Philosophie der Wissenschaft*, Anton Hain, Meisenheim am Glan 1973.

143 Vgl. Th. Hobbes, Elementorum Philosophiae secto prima de corpore, London 1655, übers. von Max Frischeisen-Köhler 1915: *Vom Körper (Elemente der Philosophie I)*, Meiner Verlag, Hamburg 1967, VI, 1., S. 56 ähnlich auch I, 2., S. 6.

unter nicht verstanden werden, daß etwa der Mensch oder der Stein eine Universale wären, sondern nur, daß diese Worte (Lebewesen, Stein, usw.) universale, d.h. vielen Dingen gemeinsame Namen sind."[144]

Weiter sagt Hobbes von den Namen: „Namen gründen sich nicht auf das Wesen der Dinge selbst, sondern auf den Willen und die Übereinkunft der Menschen."[145] Wenn Hobbes von Universalien spricht, dann meint er damit etwas willkürlich Konstruiertes. Und dies gilt auch für eine zweite Art von Universalien, die Hobbes noch kennt und die sich nicht als Namen verstehen lassen, da sie selbst die Grundlage der Namensgebung sind, etwa die Begriffe der „Erzeugung oder Vernichtung eines Akzidenz an einem Körper" oder der „Veränderung in Raum und Zeit". Derartige Universalien, die Hobbes auch Prinzipien nennt, will er lediglich dem Sprachgebrauch entnommen wissen. „Alle Definitionen entstammen dem gemeinsamen alltagsprachlichen Verständnis, ... , das nicht auf Argumenten beruht, sondern durch das Verständnis der Sprache begriffen wird, in der sie gegeben sind",[146] sagt Hobbes. Und wenn eine explizite Definition eines Begriffes nicht vorliege, so schlägt Hobbes vor: „Erschließe die Definition durch die Beobachtung dessen, wie das zu definierende Wort am häufigsten in der Alltagssprache gebraucht wird."[147]. Hobbes kennt offenbar in seinem Operativismus bereits das, was wir heute die implizite Definition eines Begriffs durch seinen Sprachgebrauch nennen.

Nach Hobbes sollen alle Universalien, die als Namen von Namen aufzufassen sind, aus den grundlegenden Universalien, den aus der Sprache entnommenen Prinzipien, konstruierbar sein. Dies sei an den Universalien Linie und Fläche beispielhaft beschrieben. Hobbes konstruiert sie aus den prinzipiellen Universalien Ort und Bewegung. Er sagt:

„So ergibt sich etwa, daß eine Linie aus der Bewegung eines Punktes, eine Fläche aus der Bewegung einer Linie, eine Bewegung aus einer anderen entsteht usw."[148]

Auf diese Weise möchte er alle nicht prinzipiellen Universalien durch Operationen konstruiert wissen, Universalien, die von den Allgemeinbegriffen der Naturlehre bis hin zu den Ideen der Staatsbildung und der Ethik reichen: Ein umfangreiches Programm, das Hobbes nur in den ersten Ansätzen andeuten konnte und das wohl seiner schwierigen Durchführbarkeit wegen erst in unserem Jahrhundert wieder von Hugo Dingler, Paul Lorenzen und von dessen Schülern aufgenommen wurde.

---

144 Ebenda, II, 9., S. 19.

145 Ebenda, V, 1, S. 48.

146 Ebenda, S. 110: "All definitions proceed from common speech ... not to be demonstrated by argument, but to be understood in understanding the language wherein it is set down".

147 "gather the definition from observing how the word to be defined is most constantly used in common speech".

148 Hobbes 1655, 1967, VI, 6., S. 60.

4.3.3   Der Konstruktivismus des 20. Jahrhunderts

Die operativistische oder konstruktivistische Richtung der Philosophie des 20. Jahrhunderts geht nicht – wie die Logischen Positivisten oder die Kritischen Rationalisten – davon aus, daß es in der Philosophie um die Bereitstellung der Möglichkeiten
zur Erfassung der Wahrheit über eine vom Menschen als unabhängig angenommene
Wirklichkeit geht. Sie sehen mit der Philosophie die Aufgabe verbunden, die Normen
des menschlichen Umgangs, sei es in den Bereichen der theoretischen Philosophie (Erkenntnistheorie, Wissenschaftstheorie) oder in denen der praktischen Philosophie (Ethik,
Politik, Rechtsprechung), ohne einen Bezug auf spezielle metaphysische Überzeugungen
so zu begründen, daß die Begründungen für jeden „weder böswilligen noch schwachsinnigen" Menschen nachvollziehbar und akzeptierbar sind.[149]
Insbesondere wollen sie die Verläßlichkeit von wissenschaftlichen Theorien durch das
genaue Befolgen von systematisch konstruierten Handlungsanweisungen sicherstellen.
Die empirische Wahrheitsfrage und damit die Überprüfung von Theorien spielt in der
konstruktivistischen Grundlegung eine untergeordnete Rolle. Dies sind für den Konstruktivisten keine ursprünglichen, sondern abgeleitete Konzepte, bzw. solche Konzepte, die
ihre Rechtfertigung erst durch eine konstruktivistische Rekonstruktion gewinnen können.
So wie der Empirismus und der Rationalismus im Laufe der Geschichte konzeptio-
nelle Änderungen erfahren haben, ist auch der Operativismus und der Konstruktivismus
des 20. Jahrhunderts einem historischen Wandel unterworfen gewesen. Um die Variabili-
tät des konstruktivistischen Programms nachzeichnen zu können, beginne ich mit der
Darstellung des Konstruktivismus, wie er von Hugo Dingler entwickelt wurde. Der Än-
derungsprozeß vom Dinglerschen Konstruktivismus zu dem von Lorenzen, Kamlah,
Lorenz, Mittelstraß, Janich und Schwemmer entwickelten geht von der Konstruktion von
Handlungsanweisungen für die Erstellung von Denkobjekten aus und führt zur Konstruktion von Handlungsanweisungen für eine normierte Sprache, mit der diese Denkobjekte
erfaßt werden sollen. Eine ähnliche Wandlung führte vom Positivismus, der Tatsachen
direkt zu erkennen meinte, zum Logischen Positivismus, in dem es klar wurde, daß es nur
Aussagen sein konnten, mit deren Hilfe Tatsachen beschrieben werden. Ganz entsprechend
beschreibt Lakatos den Wandel vom naiven zum methodologischen Falsifikationismus.[150]

---

149   Vgl. Kamlah/Lorenzen 1967, S. 118.
150   Diese Wandlungen der Konzepte der normativen Wissenschaftstheorien im 20. Jahrhundert
      werden mit dem Begriff der linguistischen Wende zusammengefaßt, auf den bereits in Fuß-
      note 27 hingewiesen wurde. Peter Janich (1996) versucht sogar, „die Lehren des linguistic turn
      und der pragmatischen Wende" zu einem neuen Paradigma philosophischer Untersuchungen
      zu machen, indem er beispielhaft für den Zeitbegriff versucht zu zeigen, daß man ihm nur mit
      Hilfe der Analyse des Sprachgebrauchs näherkommen könne. Nur ist der Sprachgebrauch ge-
      rade hinsichtlich des Wortes „Zeit" so vielfältig, daß sich daraus beliebig viele Widersprüche
      ergeben. Bei jeder sprachlichen Analyse ist die von Kant so bezeichnete reflektierende Urteils-
      kraft beteiligt, deren Urteile grundsätzlich nicht eindeutig bestimmt sind. Darum benutzt Peter
      Janich nur scheinbar das Mittel der sprachlichen Analyse, um seine schon vorher von seinem

In dieser Analogie möchte ich den Konstruktivismus, der dem Dinglerschen Konstruktivismus folgt und zumindest teilweise auf ihm aufbaut, den *dialogischen Konstruktivismus* nennen. Da seine Vertreter der Auffassung sind, sie würden als Grundlage aller Wissenschaft die erste Wissenschaft (Protowissenschaft) bereitstellen, kann man diesen Konstruktivismus auch als den *protowissenschaftlichen Konstruktivismus* bezeichnen.

Auf den sogenannten *radikalen Konstruktivismus* von Humberto R. Maturana und Francisco J. Varela werde ich gesondert eingehen, da er weder ein Konstruktivismus noch eine Wissenschaftstheorie ist.

4.3.4 Der Konstruktivismus Hugo Dinglers

4.3.4.1 Biographische Vorbemerkungen

Hugo Dingler (1881–1954) vertritt die Auffassung, daß die gesamte exakte Naturwissenschaft seit ihrem Anbeginn intuitiv konstruktivistische Konzepte benutzt hat und daß dieser Sachverhalt erst im 20. Jahrhundert durch ihn, Dingler, entdeckt wurde. Dazu schreibt er im Jahre 1926 selbstbewußt:

> „Wir sahen, daß es zwei entscheidende Punkte in der Geschichte des rationalen Denkens gab: Die Aufstellung der Geometrie in ihren Grundbegriffen durch die alten Pythagoreer und die Aufstellung der Grundbegriffe der rationalen Physik bei Galilei und Newton. Es gibt aber noch einen dritten solchen Punkt, das ist die Erkenntnis des Wesens der Methode, nach der das alles geschah. Diese findet der Leser im vorliegenden Buche."[151]

Hugo Dingler hat vermutlich wegen der Radikalität seines Ansatzes und wegen dessen unbeirrbarer Verfolgung während seines beruflichen Lebens als Philosoph in München und Darmstadt mehr Ablehnung als Zustimmung erfahren. Auch sein deutlicher Versuch, sich den Nationalsozialisten anzudienen, konnte ihn nicht davor bewahren, den philosophischen Lehrstuhl, den er im Jahre 1932 an der TH Darmstadt erworben hatte,

---

Konstruktivismus her bestimmten Urteil, den Mantel der Intersubjektivität sprachlicher Analyse umzuhängen. So kommt er etwa zu der Behauptung „Kurz, „Zeit" ist kein Prädikator." (Janich 1996, 139) Hätte er zu diesem Urteil auch kommen können, wenn er den Sprachgebrauch „Ich habe keine Zeit" oder „Alles hat seine Zeit" oder „Jeder Organismus organisiert seine eigene Zeit" in seine Analysen mit einbezogen hätte? Wohl kaum! Mit seinem Verweis auf die linguistische Wende möchte er ganz offensichtlich nicht (Janich 1996, 144) „einer Verführung zum Opfer" fallen, „die sich als ontologisierender Glaubenssatz erkennen läßt", wie er es anderen unterstellt. Nur hat Kant längst gezeigt, daß solche Ontologisierungen, gerade was den Zeitbegriff angeht, unbegründet und systematisch fehlerhaft sind.

151 Vgl. Hugo Dingler, *Der Zusammenbruch der Wissenschaft und der Primat der Philosophie*, München 1926, S. 129 und in: Hugo Dingler, *Die Ergreifung des Wirklichen*, Frankfurt/Main 1969 in der Einleitung von Kuno Lorenz und Jürgen Mittelstraß S. 10, Fußnote 3.

im Jahre 1934 durch Zwangspensionierung wieder zu verlieren. Es darf dabei nicht unerwähnt bleiben, daß es ihm schließlich durch zahlreiche Veröffentlichungen, die deutlich die Ideologie des Nationalsozialismus unterstützten, im Jahre 1940 schließlich gelang, als Mitherausgeber der „politisch gleichgeschalteten ‚Zeitschrift für die gesamte Naturwissenschaft' (nun: Organ der Reichsfachgruppe Naturwissenschaft der Reichsstudentenführung)"[152] aufgenommen zu werden. Trotz der deutlichen Liebedienerei Dinglers gegenüber dem nationalsozialistischen Regime ist sich die Fachwelt darüber einig, daß im philosophisch-wissenschaftlichen Werk Hugo Dinglers keine nationalsozialistischen Tendenzen auffindbar sind.

Ob dies den Tatsachen entspricht, kann ich nicht beurteilen, da ich nicht alle seine philosophisch-wissenschaftlichen Werke kenne. Ich möchte aber aus einem anderen Grunde gewisse Bedenken äußern, da Dingler – wie sich noch zeigen wird – zweifellos ein Verfechter des Wissenschaftsglaubens ist. Der naive Wissenschaftsglauben ist im nationalsozialistischen Regime zur Begründung ihres mörderischen Rassenwahns geworden. Allerdings muß eingeräumt werden, daß der Wissenschaftsglauben nicht nur im Nationalsozialismus eine verheerende Rolle gespielt hat, sondern in allen Diktaturen des 20. Jahrhunderts. Leider ist die Bedeutung des Wissenschaftsglaubens für die Begründung der menschenverachtenden Maßnahmen dieser Diktaturen in der sogenannten Vergangenheitsbewältigung nicht oder kaum beachtet oder herausgearbeitet worden.[153]

Nach diesen kurzen biographischen Anmerkungen wende ich mich nun dem Werk Hugo Dinglers zu. Ich stütze mich dabei im wesentlichen auf zwei Spätschriften:

1. „Das Geltungsproblem als Fundament aller strengen Naturwissenschaften und das Irrationale", in: *Naturwissenschaft, Religion, Weltanschauung. Clausthaler Gespräch 1948*, Arbeitstagung des Gmelin-Instituts für anorganische Chemie und Grenzgebiete in der Max-Planck-Gesellschaft zur Förderung der Wissenschaften, Gmelin-Verlag, Clausthal-Zellerfeld 1949, S. 272–297.
2. *Die Ergreifung des Wirklichen*, Kapitel I-IV, Einleitung von Kuno Lorenz und Jürgen Mittelstraß, Suhrkamp Verlag, Frankfurt/Main 1969.

Dinglers zusammenfassendes Alterswerk „*Die Ergreifung des Wirklichen*" ist 1955 postum ein Jahr nach seinem Tode das erste Mal erschienen. Ich werde es hier kurz als die ‚*Ergreifung*' benennen, während ich den Clausthaler Aufsatz kurz als das ‚*Geltungsproblem*' bezeichne.

---

152 Vgl. Hugo Dingler, *Die Ergreifung des Wirklichen*, Frankfurt/Main 1969, Einleitung von Kuno Lorenz und Jürgen Mittelstraß: S. 8, Fußnote 1.

153 Dies findet wahrscheinlich seinen Grund in der Tatsache, daß der Wissenschaftsglaube in dem Glauben an den wissenschaftlichen Zugang zur absoluten Wahrheit besteht und daß dieser Glaube in gleicher oder abgewandelter Form noch immer von der Mehrheit der Bevölkerung und vor allem von denen vertreten wird, die meinen, daß die Vergangenheitsbewältigung darin zu bestehen habe, einen Absolutheitsanspruch durch einen anderen zu ersetzen.

4.3.4.2 Das Problem des Anfangs

In seinen begrifflichen Vorbemerkungen zur ‚Ergreifung' stellt Dingler die Erreichung der Gewißheit als das Hauptziel seiner Unternehmung dar. Er sagt dort:

> „Was wir brauchen ist Gewißheit. Wenn wir den Zugang zu ihr gewinnen, so wissen wir nicht im voraus, wie weit uns dieser Weg tragen wird. Aber wegen dieser Gewißheit ist uns alles, was hier erreichbar ist, von unschätzbarem Wert. Darum ist auch jede Mühe gerechtfertigt, die wir auf diesen Weg verwenden. Nichts anderes kann uns hier Ersatz leisten."[154] „Der Sinn unserer Absicht ist: absolut sichere Aussagen zu gewinnen."[155]

Diese absolut sicheren Aussagen will Dingler durch „lückenlose Vollbegründung" gewinnen, wie er sagt.[156] Diese lückenlose Vollbegründung ist nur denkbar, wenn es einen eindeutigen Anfang in der Begründungskette gibt, der selbst keiner Begründung bedarf. Etwas, was selbst keiner Begründung bedarf, sind für Dingler Definitionen. Darum solle der Anfang durch Definitionen bestimmt sein. Neben den Definitionen führt Dingler eine andere „Form von Aussagen" ein, „die keiner Begründung bedürfen" nämlich „diejenigen, welche eine Aufforderung zum Handeln enthalten".[157] Da man ihnen ja nicht zu gehorchen brauche, bedürften *Handlungsanweisungen*, wie er sie nennt, keines Beweises. Die Aufstellung einer Philosophie mit vollbegründetem Aufbau müsse die folgenden drei Bedingungen erfüllen:

1. „daß der Weg dieser Aufstellung keine unausfüllbaren Lücken aufweist,
2. daß nirgends ‚Vorgriffe' auf Späteres stattfinden,
3. daß jeder Schritt genau und vollständig begründet ist."[158]

Dingler ist sich im klaren darüber, daß der Anfang inmitten des schon gegebenen Lebensvollzugs stattfinden muß. Dingler sagt:

> „Wir müssen notwendig unseren Anfang machen in der ‚gegenwärtigen Situation' S. Diese ist einfach eine Lage des gewöhnlichen bürgerlichen Lebens."[159]

Der Anfang muß sich aber von dem bereits gegebenen Lebensvollzug abgrenzen, aus dem heraus er stattfinden kann, und dies soll durch Definitionen geschehen.

---

154 Vgl. ebenda S. 67.
155 Vgl. ebenda S. 68.
156 Vgl. ebenda S. 69.
157 Vgl. ebenda
158 Vgl. ebenda S. 96.
159 Vgl. ebenda S. 97.

4.3.4.3 Die Definitionen des Anfangs

Dingler definiert das *aktive Handeln*, durch das unmittelbare Tun, das niemals Objekt sein kann. Es ist der *unmittelbare Wille* selbst, das *unhintergehbar Subjektive*. Sobald das Handeln betrachtet wird, so wird es zum passiven Tun, da es nun Objekt der Betrachtung geworden ist.[160] Ferner bestimmt Dingler den Begriff der *Grundfähigkeiten:*

> „Dazu gehört alles, was nötig ist, um den Aufbau zu beginnen, also etwa das, was wir in der Tagessituation schon können. Dazu gehört z.B. der Gebrauch der Tagessprache, das Denken, Wollen und Planen, unsere Körperbewegungen, das Erinnern etc., kurz *alle unmittelbaren Handlungsmöglichkeiten.*"[161]

Jeder normale Mensch wisse von sich, „daß er diese Grundfähigkeiten besitzt."[162] Bei der Betrachtung konkreter, wirklicher Gegenstände würden wir bemerken, daß wir dabei eine unübersehbare Fülle von Details beschreiben können. Diese Unübersehbarkeit gelte jedoch für unsere Vorstellungen wie Erinnerungsbilder oder Gefühle nicht, so daß Dingler die Unterscheidung von Objekten mit *unbegrenzter Fülle* und solchen mit *begrenzter Fülle* einführt. Die Gesamtheit der Objekte mit unbegrenzter Fülle bezeichnet Dingler als *Außenwelt* und die Gesamtheit der Objekte mit begrenzter Fülle als *Innenwelt*.[163]

Dasjenige, was als das Aktive nie zum Objekt werden kann, bezeichnet Dingler als das *aktive Zentrum*, das er mit dem *Willen* identifiziert.[164] Dadurch, daß eine aktive Handlung das aktive Zentrum erfüllt, sei für den Handelnden das „Jetzt' definiert.[165] So wie Dingler das *aktive* Handeln vom *passiven* unterscheidet, so spricht er vom *aktiven Ich* als das *primäre Ich*, während das Ich, das sich betrachten läßt, das *sekundäre Ich* darstellt. Der Kern des primären Ichs besteht aus dem aktiven Zentrum.[166]

Das Material, auf das sich die Grundfähigkeiten und die Handlungsanweisungen beziehen, wird von Dingler als das ‚Gegebene' bezeichnet. Das unmittelbar Gegebene als ein *unmittelbares Handeln oder Wissen* liefert die Basis für den Begriff des *Gegebenen*, das von Dingler als das *Unberührte* bezeichnet wird.[167] Im ‚Geltungsproblem' bezeichnet Dingler das Unberührte als die „*wirklich gegebene Welt*".[168] Dort sagt er über das Unberührte:

---

160 Vgl. ebenda S. 73.

161 Vgl. ebenda.

162 Vgl. ebenda.

163 Vgl. ebenda S. 74f.

164 Vgl. ebenda S. 75.

165 Vgl. ebenda.

166 Vgl. ebenda S. 79.

167 Vgl. ebenda S. 81.

168 Vgl. ‚Geltungsproblem' S. 286.

„Es ist klar, daß das Unberührte keine Sinneswahrnehmungen sind; denn die Begriffe Sinnesorgan, Wahrnehmung und das dazugehörige Objekt bilden schon eine ganze kausale Konstruktion. Auch eine gedankliche Analyse gehört ja schon zur Konstruktion, ist Zusatz von Gedanken zum Gegebenen. Im Unberührten sind die Dinge einfach da und es ist noch kein kausaler Prozeß konstruiert, der von ihnen zu mir führt, denn solche Konstruktion ist schon geistige Zutat zum Unberührten."[169]

Wir haben uns das Unberührte irgendwie als das Urwirkliche vorzustellen, was schon vorhanden ist, und was wir mit unseren Begriffen ergreifen, wobei wir es gemäß unserer begrifflichen Konstruktionen umformen. Dabei macht es allerdings gewisse Schwierigkeiten zu verstehen, was Dingler hier meint, wenn er die Basis für das Unberührte als ein unmittelbares Handeln oder Wissen bezeichnet, wodurch das Bewußte in uns bestimmt sei, was sich „von allem anderen" unmittelbar unterscheiden ließe.[170] Das klingt so, als ob genau dasjenige, wovon das aktive Zentrum besetzt sei, zum Unberührten gehöre, da dies aufgrund der Definition des aktiven Zentrums kein Objekt und mithin auch keine Konstruktion sein könne. Dies ist aber insofern widersinnig, da jede Konstruktion, wenn sie im Rahmen einer Handlungsanweisung ausgeführt wird, durch das aktive Zentrum laufen muß. Konstruktion ist aber, wie wir hörten, „geistige Zutat zum Unberührten".

Inwiefern aber läßt sich ein „unmittelbares Handeln und Wissen" ohne Konstruktionen, d.h., ohne Begriffe vorstellen? Sollte man sich hier ein vorsprachliches Wissen in Form eines bloß anschauenden Wissens, das noch nicht zur Sprache gebracht worden ist, denken, etwa wie bei Kant als zweite Stufe des *Ding an sich* oder als „*Erscheinung an sich*", die in der Anschauung vorliegt, bevor der denkende Verstand auf das Mannigfaltige in der Sinnlichkeit zugegriffen hat?[171] Sicher führt die Kantsche Parallele von der „Erscheinung an sich" in die Irre, da es dort noch keine *Gegenstandskonstitution* geben kann, wie es aber von Dingler angenommen wird. Allerdings sagt er einmal, „die Welt des Unberührten ist selbst das ‚Ding an sich'"[172]. Er meint damit aber, daß es „hinter" der Welt des Unberührten nichts mehr gibt, und daß dadurch das Problem des Solipsismus aufgehoben sei, das in der Unbeweisbarkeit der Außenwelt bestehe. Schließlich sagt er an anderer Stelle:

„Im Unberührten kann () nicht gefragt werden... Im Unberührten gibt es keine Probleme."[173]

Dafür macht aber sein Verständnis vom Unberührten um so mehr Probleme.

---

169 Vgl. ebenda S. 285.
170 Vgl. ‚Ergreifung' S. 81.
171 Vgl. die „scheinbar paradoxe Formulierung" von der „Erscheinung an sich" in W. Deppert, *Zeit. Die Begründung des Zeitbegriffs, seine notwendige Spaltung und der ganzheitliche Charakter seiner Teile*, Stuttgart 1989, S. 45.
172 Vgl. ‚Ergreifung' S. 86.
173 Vgl. ‚Ergreifung' S. 87.

Dingler gibt zum Verständnis dessen, was für ihn das Unberührte bedeutet, Beispiele an, von denen ich im Folgenden einige zitiere, um wenigstens ein intuitives Verständnis von Dinglers Begriff des Unberührten zu ermöglichen:

1. „Denken wir uns, wir sehen eine Bewegung, also z.B. einen fliegenden Vogel, ein fahrendes Auto. Im Unberührten ist diese Bewegung einfach da. Die Konstruktion aber sagt uns, daß von dieser Bewegung nur ein Zeitdifferential wirklich ist, alles übrige sind Nachbilder auf der Netzhaut und Erinnerungsbilder. Trotzdem also die theoretisch-kausale Konstruktion es sozusagen als unmöglich beweist, erleben wir im Unberührten die Bewegung ganz direkt."[174]

2. „Beim einäugigen Sehen ist im Unberührten die Welt einfach plastisch da. Die Konstruktion sagt uns dagegen, daß wir einäugig gar nicht plastisch sehen können, daß der plastische Eindruck nur auf sog. unbewußten Schlüssen beruht (wie sie Helmholtz nennt), die aus Schattenwirkungen nach früheren Erfahrungen sich das Plastische konstruieren. Wir sehen, daß natürlich die Konstruktion so arbeiten muß, daß das Unberührte wieder dabei herauskommt und erklärt wird. Das Wirkliche ist aber nicht die Konstruktion, sondern das Unberührte."[175]

3. „Im Unberührten haben wir das Innenleben oder die Seele eines uns nahestehenden Menschen in weitem Ausmaß ganz unmittelbar. Die Konstruktion sagt uns, daß das ganz unmöglich ist, daß ich von dem anderen Menschen nur äußere Wahrnehmungen habe, nichts weiter als seine Gesichtszüge, seine Gesten, seine Haltung, seine Worte etc. erlebe und daß alles übrige nur auf sog. Einfühlung beruht, wobei Erinnerungsbilder an eigene seelische Erlebnisse in den anderen hineinprojiziert werden. So hat man im Unberührten das Fremdseelische ganz direkt und ohne alle Metaphysik. In der Konstruktion dagegen muß es als unbewußte Konstruktion konstruiert werden."[176]

4. „Ich sah einmal in München einen betrunkenen Arbeiter sein Veloziped neben sich führen. Es war ihm schwer, es in der Balance zu halten. Er schrieb das aber nicht sich zu, sondern einer besonderen Bosheit des Fahrrades. Er beschimpfte es daher dauernd, schüttelte es mit aller Kraft und traktierte es gelegentlich mit Fußtritten. Die Einsicht in die wahren kausalen Zusammenhänge war ihm verlorengegangen. In seinem Unberührten war dieses Fahrrad belebt und besaß ein Innenleben. Nur seine Vernunft, wenn er sie noch gehabt hätte, wäre in der Lage gewesen, hier saubere begriffliche Trennungen vorzunehmen. So ist das *Unberührte nicht bei allen Menschen genau dasselbe*."[177]

5. „Im Unberührten sind auch die einzelnen sog. *Sinnesgebiete noch nicht genau getrennt*, ebenso nicht die inneren und äußeren Erlebnisse. Hier sind alle Erlebnisse* sozusagen noch ‚Ganzheiten‘. Es kann da noch keine Analyse von Vorgängen stattgefunden haben, außer den gegebenen bemerkten Unterschieden, die wir unmittelbar vorfinden.…Der Primitive, der ein Stück Eigentum seines Gegners findet, glaubt in diesem Gegenstand den Feind selbst in der Hand zu haben und nimmt einen Schädigungszauber mit dem Gegenstande vor. Die Theorie sagt, daß er unbewußt seine Assoziation des Bildes des Feindes, das ihm beim Finden des

---

174 Vgl. ‚Geltungsproblem‘ S. 285.

175 Vgl. ebenda.

176 Vgl. ebenda S. 285f.

177 Vgl. ‚Ergreifung‘ S. 90.

Gegenstandes auftaucht, in den realen Gegenstand projiziert. Dieses Erlebnis des Primitiven gehört zum Unberührten."[178]
(*Im Text steht ‚Ergebnisse'. Ich vermute, daß es sich um einen Druckfehler handelt.)
6. „Werfen wir noch einen Blick auf die *Sprache*. Es scheint mir ganz sicher zu sein, daß es ein Niveau des Sprechens gibt, das wir dem Unberührten zurechnen müssen. Aber die Grenze ist im Einzelnen schwer zu ziehen, da sie in den einzelnen Individuen ganz verschieden verlaufen dürfte. Wir können uns Menschen denken, bei denen die Sprache gänzlich naiv und ohne jedes bewußte Nachdenken verläuft und in untrennbarer Beziehung zur Außenwelt, so daß keine Trennung bewußt ist. Sicher aber ist ein solcher Bereich sehr eingeschränkt, denn alles Lügen ist schon bewußte Zufügung zum Unberührten, und die menschlichen Umstände zwingen schon sehr bald zu einer solchen Bewußtheit."[179]

Die gebrachten Beispiele deuten darauf hin, daß Dingler mit dem Unberührten einen mythischen Bereich meint, in dem noch keine Trennung von Einzelnem und Allgemeinem stattgefunden hat, so daß in diesem Bereich das Wissen nicht aus einem *begrifflich geformten Wissen* besteht, sondern aus Folgeformen, die immer wiederkehren, wie es auch im Mythos der Fall war. Auch die Handlungen gehören dann solchen ursprünglichen unreflektierten Folgeformen an. Die Schwierigkeiten, die sich mit dem Verständnisversuch des Dinglerschen Begriffs des Unberührten einstellen, lassen sich aufklären, wenn man Dinglers Unberührtes so deutet, daß er damit einen mythischen Vorstellungsbereich kennzeichnen möchte, der bis heute für viele Lebensbereiche im Bewußtsein der Menschen vorhanden ist. Sicher gilt dies nur in von Mensch zu Mensch sehr verschiedener Ausprägung.

In mythisch geprägten Lebensbereichen wird nicht mit Begriffen umgegangen, da in ihnen keine Begriffsbildung möglich ist. Das liegt daran, daß jede Begriffsbildung die Möglichkeit der Trennung von einzelnen und allgemeinen Vorstellungen voraussetzt.[180] Im mythischen Denken tritt diese Unterscheidung nicht auf. Wenn wir etwa einen Freund fragen, was er am Wochenende unternommen hat, dann könnte er uns antworten: „Ich war im Wald" oder „Ich war im Gebirge" oder „Ich war an der See." In all diesen Fällen verstehen wir ihn sehr gut, obwohl er uns nicht gesagt hat, in welchem Wald, in welchem Gebirge oder an welcher See er gewesen ist. Dies ist umso erstaunlicher, da er doch einen bestimmten Artikel verwendet. Tatsächlich verstehen wir ihn deshalb, weil auch wir ein mythisches Bewußtsein vom Wald, vom Gebirge oder von der See besitzen, in dem wir die einzelne Vorstellung nicht von der allgemeinen trennen. Es bleibt eine Vorstellungseinheit, in der „Wald", „Gebirge" oder „See" nicht begrifflich, sondern als mythische Wesen begriffen werden. Dem Begriff vom Unberührten steht für Dingler der Begriff der *Idee*

---

178 Vgl. ebenda S. 90f.
179 Vgl. ebenda S. 92.
180 Vgl. Wolfgang Deppert, *Einführung in die Philosophie der Vorsokratiker (2). Die Entwicklung des Bewußtseins vom mythischen zum begrifflichen Denken*, nicht druckfertiges Vorlesungsmanuskript der Vorlesungen WS 1997/98 und WS 1998/1999, Kiel 1999.

gegenüber. Er definiert ihn als eine unanschauliche Vorstellung, die in der Außenwelt nicht auftreten kann, da sie nur endlich viele Bestimmungen besitze.[181]
Als Beispiel gibt er die allgemeine Vorstellung eines Dreiecks an. Sie bestehe aus den endlich vielen Bestimmungen: „Eine aus drei Strecken gebildete geschlossene Figur." Solch eine Vorstellung sei nicht anschaulich, da man sich, wie Berkeley richtig bemerkt habe, nicht zugleich ein rechtwinkliges und ein schiefwinkliges Dreieck denken könne. Diese Überlegung Berkeleys zeige aber nur, daß die abstrakte Vorstellung keine, wie Dingler sagt, photographische Vorstellung sein könne, sondern eine unanschauliche Vorstellung sein müsse. Auch so ein Begriff wie ‚Hund' sei eine unanschauliche Vorstellung, eine Idee, da jedes konkrete Tier, das als Hund bezeichnet wird, sehr viel mehr Bestimmungen besitze als der Begriff ‚Hund'.[182] Jeder konkrete Gegenstand aus dem Unberührten besitze unbegrenzt viele Bestimmungen und könne darum kein Allgemeinbegriff, keine Idee sein.

„Die Idee hat die Eigenschaft, daß sie stets eine Reihe von Eigenschaften derjenigen wirklichen Dinge, die dieser Idee gehorchen, *nicht* besitzt", sagt Dingler.[183]

Die Allgemeinbegriffe oder auch die *Universalien sind Ideen*. Sie können nur in der Innenwelt existieren. Aber auch viele Individualbegriffe seien Ideen. Dies gilt, wenn sich der Name auf einen Gegenstand bezieht, der darum eine Allgemeinheit umfaßt, weil er einen Gegenstand bezeichnet, der sich in der Zeit und im Raum erstreckt. Die Ideenbildung gehört für Dingler zu den Grundfähigkeiten, da jeder Mensch, der über Sprache verfügt, auch mit Allgemeinbegriffen umgehe.[184]

4.3.4.4 Die Darstellung des Anfangs

Der Anfang des Aufbaus muß nach Hugo Dingler absolut sicher sein, da sonst das Ziel niemals erreicht werden könne: Sicherheit für das Leben der Menschen durch absolut sichere Konstruktionen zu gewinnen. Der Anfang müsse darum durch die absolut einfachste Idee gegeben sein. Diese Idee ist für Dingler *der Begriff ‚Etwas'*. Dingler sagt:

„‚Etwas' ist die ‚einfachste' Idee, d.h. diejenige, welche die wenigsten Bestimmungen besitzt, nämlich gar keine. Wir sind im Dienste des Aufbaus A auf der Suche nach absolut eindeutigen Begriffen. In ‚Etwas' haben wir einen solchen. Bezüglich seiner Bestimmung ist kein Zweifel möglich. Er ist also absolut eindeutig als Begriff."[185]

---

181 Vgl. ebenda S. 61.
182 Vgl. ebenda S. 60f.
183 Vgl. ebenda S. 61.
184 Vgl. ebenda S. 62.
185 Vgl. ebenda S. 109.

Wie ein Anfang mit etwas gemacht werden kann, das keinerlei Bestimmungen enthält, bleibt völlig rätselhaft, wenngleich die Forderung danach begreiflich ist, da ja alles, was von etwas anderem abhängig ist, kein Anfang sein kann. Dadurch wird aber offenkundig, daß ein absoluter Anfang begrifflich gar nicht denkbar ist. Vielleicht verschweigt uns Dingler deshalb auch, was er unter einem *Begriff* versteht. Er definiert zwar den *Begriff* 'Idee' über Allgemeinbegriffe und spezielle Individualbegriffe, aber was es für ihn bedeutet, ein Begriff zu sein, dazu sagt er kein Wort.

Für mein Dafürhalten geschieht der Übergang von einem mythischen Erlebnisbereich, den Dingler offensichtlich mit seinem Unberührten meint, zu einer erklärenden Beschreibung der Welt über die Möglichkeit, Begriffe zu bilden, die erst dann gegeben ist, wenn Menschen in der Lage sind, in dem speziellen Erlebnisbereich, der einstweilen nur mythisch bestimmt war, Allgemeines von Einzelnem zu unterscheiden; denn in den mythischen Vorstellungen gibt es keine Unterscheidung von Einzelnem und Allgemeinem und darum auch keine wissenschaftliche Erkenntnisform, die aus der Zuordnung von Einzelnem zu Allgemeinem besteht.[186]

Aufgrund der Bestimmung von *Begriffen*, solche sprachlichen Elemente zu sein, die je nach Betrachtungsrichtung ein Allgemeines oder ein Einzelnes darstellen, können Begriffe niemals isoliert auftreten. Darum kann es keinen rein begrifflichen Anfang der begrifflichen Konstruktionen geben. Vermutlich begeht Dingler den Fehler, ihn zu suchen, deshalb, weil für ihn Begriffe nur Allgemeinheitscharakter besitzen, da mit ihnen stets vieles erfaßt werden soll. Dies ist aber nur die existentielle Seite dessen, was wir mit Begriffen zur Beschreibung der sinnlich wahrnehmbaren Welt tun können. Die begriffliche Seite aber der Bestimmung dessen, was wir uns unter einem Begriff unabhängig von seiner Anwendbarkeit auf bestimmte Existenzbereiche vorstellen, kann nur über die beschriebenen Relationen von Begriffen untereinander erfolgen. Dinglers Bezeichnung von einem absoluten Anfang deutet allerdings auf eine mythische Vorstellung hin, nach der der Anfang wie mit einer Hübnerschen Arché vor unvordenklichen Zeiten gegeben ist. Hübner selbst hat sich mit dem Übergang vom Mythos zur wissenschaftlichen Weltauffassung befaßt und ist zu dem Ergebnis gekommen, daß es keine Möglichkeit gibt, ihn zu begründen.[187] Ich möchte hinzufügen, daß auch das Beschreiben nur gelingen kann, wenn man begriffliche Sprungstellen zuläßt, durch die Begründungsend- oder Anfangspunkte erreicht werden.

Begründungsend- oder Anfangspunkte sind *mythogene Ideen*, in denen man Allgemeines und Einzelnes in einer Vorstellungseinheit denkt.[188] Beispiele für mythogene

---

186 Man erkennt daran, alle Erkenntnissuche ist der Versuch, die durch den Zerfall des Mythos verlorengegangene Einheit von Einzelnem und Allgemeinem, die als paradiesische Geborgenheit aufgefaßt werden kann, wieder herzustellen.

187 Vgl. Hübner 1978 Kap. XV und Hübner 1985.

188 Zur Bedeutungsbestimmung von mythogenen Ideen vgl. W. Deppert, Mythische Formen in der Wissenschaft, – Am Beispiel der Begriffe von Zeit, Raum und Naturgesetz – Referat zum 1. Symposium des 'Zentrums zum Studium der deutschen Philosophie und Soziologie' vom 4.

Ideen sind: *das Wirkliche*, das als etwas Einzelnes zugleich aber alles umfaßt, der *eine Raum* oder die *eine Zeit* oder auch die *eine Naturgesetzlichkeit*, für die Entsprechendes gilt. Mythogene Ideen lassen sich als Grenzbegriffe auffassen, da mit ihnen – anders als in rein mythischen Vorstellungen – durchaus etwas Einzelnes und etwas Allgemeines gedacht wird, aber mit der Besonderheit, daß man bei der gleichen Vorstellung bleibt, wenn man eine mythogene Idee als etwas Einzelnes oder als etwas Allgemeines denkt. Dies trifft für einen Begriff nicht zu. Wenn ich etwa den Begriff ,Brot' als etwas Einzelnes denke, dann begebe ich mich damit in ein allgemeineres Vorstellungsfeld, das vielleicht als Backware oder überhaupt als ein Kunstprodukt gedacht werden kann. Und wenn ich den Begriff ,Brot' als ein Allgemeines denke, dann umfaßt er die Vorstellung aller einzelnen Brotarten, wie etwa Rosinenbrot, Weißbrot oder Schwarzbrot u.s.w. Als Grenzbegriffe können mythogene Ideen einen begrifflichen Rahmen abschließen. Man kann die Vorstellung von ihnen nur sprunghaft erreichen.

Solche Sprungstellen kennen wir, wenn wir versuchen, das Verständnis für ein ganzheitliches Begriffssystem zu erzielen. Ganzheitliche Begriffssysteme sind dadurch gekennzeichnet, daß sich bei dem Versuch, ihre Elemente durch andere Elemente des Begriffssystems zu definieren, herausstellt, daß sie durch *Zirkeldefinitionen* miteinander verbunden sind. Deshalb kann man das Verständnis eines ganzheitlichen Begriffssystems ebenfalls nur sprungweise erreichen. Durch die zirkuläre Struktur ganzheitlicher Begriffssysteme ist in ihnen eine Verschmelzung von Einzelnem und Allgemeinem angelegt; denn durch ihre bestimmte zirkuläre Struktur könnten sie, modelltheoretisch betrachtet, viele einzelne Anwendungsfälle haben. Sie sind aber normalerweise ihr eigener einziger Anwendungsfall. Dieser Zusammenhang läßt sich an der zirkulären Struktur der axiomatischen Strukturelemente der euklidischen Geometrie studieren, von der es inzwischen eine große Anzahl verschiedener Anwendungsfälle gibt. Diese ,Entmythologisierung' der euklidischen Geometrie ist von Frege[189] das erste Mal durchschaut worden, wenngleich er den Zusammenhang zum Mythos nicht darstellen konnte, da ihm zu seiner Zeit nicht die Mittel der heutigen Mythosforschung, wie sie etwa von Hübner bereitgestellt worden sind, zur Verfügung standen.

Wir gehen in der Alltagssprache mit einer großen Fülle von ganzheitlichen Begriffssystemen um. Am leichtesten zu erkennen sind die ganzheitlichen Begriffssysteme in ihrer einfachsten Gestalt in Form von Begriffspaaren, wie etwa ,groß-klein', ,hoch-tief', ,links-rechts', ,wahr-falsch', ,positiv-negativ', ,Form-Inhalt', ,männlich-weiblich', ,ja-nein', ,einzeln-allgemein', ,gleich-ungleich' oder ,etwas-nichts'. Wir gehen aber auch in der Umgangssprache mit höherelementigen ganzheitlichen Begriffssystemen um. So kennen wir die Begriffstripel: ,vergangen-gegenwärtig-zukünftig', ,positiv-negativ-neutral', ,weib-

---

bis 9. April 1995 in Moskau zum Rahmenthema „Wissenschaftliche und außerwissenschaftliche Denkformen".

189 Vgl. Gottlob Frege, „Über die Grundlagen der Geometrie", Jahresber. d. Deutsch. Mathematiker-Vereinigung, 12. Band, 1903, S. 319–324, S. 368–375, abgedr. in: Gottlob Frege, *Kleine Schriften*, Hrsg. von Ignacio Angelelli, Hildesheim 1967.

lich-männlich-sächlich', ‚Ursache-Wirkung-Gesetz' oder ‚Innen-Außen-Grenze'. In der Wissenschaft kennen wir ganzheitliche Begriffssysteme als n-Tupel, etwa in Form der Elemente von Regelungssystemen oder von Axiomensystemen aber auch in der funktionalen Beschreibung von Organismen mit Hilfe von Organeinheiten.

Bei genauerer Betrachtung der Funktion ganzheitlicher Begriffssysteme zeigt sich, daß sie die ursprünglichen semantischen Träger sind und daß wir keine kleineren ursprünglichen semantischen Einheiten besitzen als Begriffspaare. Das semantische Verständnis ganzheitlicher Begriffssysteme läßt sich aber nur sprungweise und vor allem nicht zirkelfrei erreichen, so daß Dinglers Anspruch eines zirkelfreien Aufbaus grundsätzlich nicht gelingen kann. Es sei denn, man baut aus den ganzheitlichen Begriffssystemen der mythisch verstandenen Sprache höherelementige ganzheitliche Begriffssysteme methodisch geregelt und zirkelfrei auf. Dies entspricht dem axiomatischen Verfahren zum Aufbau von Begriffshierarchien, wobei die Grundbegriffe der Axiomatik und deren Verbindungen unbegründet bleiben, was die Konstruktivisten jedoch vermeiden wollen.

Tatsächlich benutzt auch Dingler für seinen Aufbau ganzheitliche Begriffssysteme und deren Kombinationsmöglichkeiten. So ist schon der Begriff ‚Etwas' Element des Begriffspaares ‚Etwas-Nichts'. Den Aufbau setzt er mit der Feststellung fort, daß „das Etwas auf irgend eine Weise verschieden von seiner (unmittelbaren) Umgebung" ist.[190] Dingler macht darum „*Etwas Unterschiedenes überhaupt*" zum Ausgangspunkt seines Aufbaus. Der Begriff Unterschiedenes ist semantisch nur verständlich über das Begriffspaar ‚Gleiches-Unterschiedenes' und der Zusatz „überhaupt" scheint auf die denkbar größte Verallgemeinerung hinzuweisen, so daß hier noch die Bedeutung des Begriffspaares ‚einzeln-allgemein' hineinspielt. Dingler setzt seinen Aufbau wie folgt fort:

„Diese einfachste Idee des Etwas kann nur in zwei Richtungen oder Hinsichten Besonderheiten aufweisen: 1. sie kann betrachtet werden hinsichtlich ihrer selbst oder hinsichtlich ihrer Grenzen, 2. sie kann konstant oder variabel sein. Wir erhalten also folgendes Schema:

a) Etwas Unterschiedenes überhaupt, konstant.
b) Etwas Unterschiedenes überhaupt, variabel.
c) Etwas Unterschiedenes überhaupt, betrachtet hinsichtlich seiner Grenze, konstant.
d) Etwas Unterschiedenes überhaupt, betrachtet hinsichtlich seiner Grenze, variabel."[191]

Der Begriff der Grenze läßt sich wiederum nur aus dem Verständnis eines ganzheitlichen Begriffssystems entnehmen und das gleiche gilt für das Begriffspaar ‚konstant – variabel'. Dingler konstruiert seinen Anfang also ganz offensichtlich aus dem Verständnis von ganzheitlichen Begriffssystemen, ohne dies allerdings explizit zu bemerken oder gar zu benennen. Und es tritt die Frage auf, ob man nicht ganz andere Begriffspaare für die Konstruktion des Anfangs wählen könnte.

---

190 Vgl. ebenda S. 112.
191 Vgl. ‚Geltungsproblem' S. 279.

Durch seine spezielle Wahl gelangt Dingler zu den Anfängen für die vier *Idealwissenschaften* oder *Formwissenschaften*, wie er sie nennt:

a) die Arithmetik,
b) die Chronometrie (Lehre von der Variablen und der Zeit),
c) die Geometrie (euklidische Geometrie),
d) die Mechanik (Kinematik und Newtonsche Mechanik).

Die den vier Idealwissenschaften zugrundeliegenden vier Ideen des Anfangs mögen im Folgenden mit I1 bis I4 bezeichnet werden, so daß folgende Zuordnung gilt:

I1:   Etwas Unterschiedenes überhaupt, konstant.
I2:   Etwas Unterschiedenes überhaupt, variabel.
I3:   Etwas Unterschiedenes überhaupt, betrachtet hinsichtlich seiner Grenze, konstant.
I4:   Etwas Unterschiedenes überhaupt, betrachtet hinsichtlich seiner Grenze, variabel.

4.3.4.5 Der Aufbau der Idealwissenschaften und ihre erkenntnistheoretische Bedeutung

Dingler ist der Auffassung, daß der lückenlose und vollbegründete Aufbau der Idealwissenschaften nur bishin zu den Axiomensystemen vorgenommen werden muß, wie sie von den entsprechenden Wissenschaften bereits verwendet werden. Dies bedeutet, es sollen nicht die Methoden der Wissenschaften geändert werden, sondern nur deren Begründung. Da nach Auffassung Dinglers die Begründungen der Axiome bereits den Rahmen aller möglichen wissenschaftlichen Erkenntnisse festlegen, können bestimmte Theorienbildungen und Forschungsergebnisse, danach beurteilt werden, ob sie in diesen Rahmen hineinpassen oder nicht. Da die Begründungen der Axiome der exakten Wissenschaften nach Auffassung Dinglers lückenlos vollbegründet sind, müssen alle Aussagen, die ihnen widerstreiten, als unwissenschaftlich abgewiesen werden. Der normative Anspruch der Dinglerschen Wissenschaftstheorie bezieht sich somit auf die Begründung der Grundlagen der Wissenschaften und die Beurteilung ihrer Forschungsergebnisse hinsichtlich ihrer Wissenschaftlichkeit.

Zur Begründung der Arithmetik gibt Dingler Handlungsanweisungen zum Erzeugen von Strich-Zeichenreihen an, die er als Realisierungen der Idee I1 („Etwas Unterschiedenes überhaupt, konstant") versteht. Dazu denkt sich Dingler, man könnte die Idee I1 vervielfachen und dann ein Vielfaches von I1 als neue Idee verstehen, die sich durch das entsprechend Vielfache senkrechter Striche realisieren ließe. Dabei bleibt rätselhaft, wie „wir im Geiste eine weitere I1" zur Idee I1 hinzufügen sollen[192]; denn wenn ich I1 denke, dann bleibe ich auch *dann* bei dieser Idee, wenn ich sie noch einmal denke. Ich kann also eine Idee gar nicht mit sich selbst duplizieren. Allenfalls kann es verschiedene Realisierungen einer Idee geben. Ihre Verschiedenheit aber kann im Dinglerschen Sinne niemals

---

192 Vgl. ‚Ergreifung' S. 126.

zu einer neuen Idee führen, da dies eine Idee wäre, die auf empirische Weise gewonnen würde, was für Dingler unmöglich ist.

Dinglers Handlungsanweisungen zur Erzeugung von neuen Ideen und entsprechenden Strichzeichenreihen erweisen sich schon am Anfang als inkonsistent. Diese Inkonsistenz kommt dadurch zustande, daß Dingler jede einzelne Vorstellung von „Etwas Unterschiedenes überhaupt, konstant" nicht von der Gesamtheit dieser Vorstellungen unterscheidet. Dingler hat hier die grundsätzliche Doppelgesichtigkeit eines Begriffes nicht beachtet. Der Begriff ‚Etwas' ist ein Einzelnes, wenn ich ihn als eine Idee auffasse, er ist aber auch ein Allgemeines, wenn ich die Gesamtheit der Vorstellungen betrachte, die er umfaßt. So ist etwa ein Stein ein Etwas, ein Bleistiftpunkt ein Etwas oder auch ein Bleistiftstrich oder auch der Geruch eines Harzer Käses. Solche einzelnen Vorstellungen von Etwas lassen sich gedanklich bisweilen zusammensetzen, um dieses etwa als Strich-Zeichenfolge zu realisieren. Dabei wird jedoch nicht die Idee von ‚Etwas überhaupt' realisiert, sondern die von mehreren senkrechten Strichen. Vor allem wird mit den Zeichenfolgen noch eine Idee realisiert, die verantwortlich dafür ist, daß sich die Strich-Zeichenfolgen als Zahlen interpretieren lassen, dies ist die Idee des schrittweisen Aufeinanderfolgens, die sich im Vokabular der Logischen Positivisten als metrisierte Vorgängerrelation mit festgelegter gleicher Schrittweite auffassen läßt. Dabei würde sich allerdings zeigen, daß zur Darstellung der Zahlen durch Strich-Zeichenfolgen, die durch die Vorstellung von dem Immer-noch-einen-Strich-hinzufügen gebildet werden, schon die Vorstellung der Zahlen vorhanden sein muß, die mit dem Immer-noch-eins-mehr gegeben ist. Hier tut sich offensichtlich die Gefahr einer Begründungszirkularität auf, wodurch das gesamte Dinglersche Programm zu Fall käme.

Wenn wir hier erst einmal von dieser Gefahr absehen, so daß wir annehmen, es sei korrekt, von einer Konstruktion der natürlichen Zahlen zu sprechen, dann kann Dinglers Behauptung geglaubt werden, daß sich aus den Handlungsregeln zur Erstellung der Strich-Zeichenregeln „die elementaren Rechenregeln der Arithmetik formal ableiten" lassen.[193] Die Tätigkeit des Zählens ist dann als ein Vergleich einer zu zählenden Menge von Gegenständen mit den Strich-Zeichenfolgen zu verstehen.

Die als Zahlen interpretierten Strich-Zeichenfolgen sollen auf *nachprüfbare zählbare Gruppen* angewandt werden, die folgende Bedingungen zu erfüllen haben:

a) „Jedes Element der Gruppe soll vorhanden und räumlich von allen anderen unterschieden sein.

b) Es soll die Zugehörigkeit zur Gruppe eindeutig kenntlich bleiben, so daß nicht Elemente von der Gruppe abgetrennt oder neue zu ihr hinzugenommen werden während der Zählung.

c) Es sollen während der Zählung nicht mehrere Elemente zusammenfließen.

d) Es soll sich kein Element in mehrere zerspalten.

e) Es sollen nicht neue Elemente zur Gruppe hinzukommen oder aus ihr verschwinden."[194]

---

193 Vgl. ebenda.
194 Vgl. ebenda S. 130.

Dies sind offenbar Bedingungen, denen das Einzelne jeder Wissenschaft zu gehorchen hat, wenn es mit Hilfe von Zahlen beschreibbar sein soll. Zur Möglichkeit der Anwendung der Zahlen muß demnach über die Wirklichkeit angenommen werden, daß in ihr überprüfbar zählbare Gruppen vorkommen oder präpariert werden können. Dazu aber bedarf es empirischer Kenntnisse über die Gegenstände dieser Welt, die Dingler jedoch vollständig ignoriert. Aus dem Unberührten können diese Gegenstände oder die Kenntnisse ihrer Präparation nicht entnommen werden, da es dazu der Unterscheidung von Einzelnem und Allgemeinem bedarf, wie z.B. in der Aussage: „Dieser Gegenstand ist beständig hinsichtlich seiner Abgrenzung von anderen Gegenständen", was soviel bedeutet wie: „Dieses Einzelne gehört dem Allgemeinen der Abgrenzungsbeständigkeit zu." Dennoch behauptet Dingler zum Aufbau der zweiten Idealwissenschaft, der Geometrie, daß wir „das Erlebnis des überall begrenzten Körpers" aus dem Unberührten haben müssen, da wir sonst „überhaupt nicht anfangen" könnten.[195] Das konstruktivistische Programm zur Beschreibung der Anwendung von konstruierten Zahlen erscheint hier noch als sehr verbesserungsbedürftig.

Wenden wir uns nun dem Aufbau der zweiten Idealwissenschaft, der Geometrie, zu. Dieser beginnt mit der Idee I2 „Etwas Unterschiedenes überhaupt, betrachtet hinsichtlich seiner Grenze, konstant", wobei „aus der ideellen Anschauung heraus die allgemeinen Begriffe von Körper und Oberfläche entnommen" werden.[196] Dingler sagt uns allerdings nicht, woher der Mensch die ideelle Anschauung hat. Eine Idee kann es nach seiner eigenen Definition nicht sein, da er Ideen als unanschauliche Vorstellungen bestimmt hat. Vermutlich befindet sich Dingler hier in den Fußstapfen Kants, nach dem der Raum die reine Form der äußeren Anschauung ist. Oder ist es die idealisierte Anschauung, aus der schon Euklid seine Axiome bestimmt hat und von der jeder Empirist mit gutem Recht behaupten kann, daß sie aus der empirischen Anschauung stamme? Die Begründung der ideellen Anschauung fehlt ganz offensichtlich in dem vollbegründeten Aufbau der Geometrie Dinglers.

„Ein begrenztes Etwas" nennt Dingler einen *Körper* und die Grenze seine *Oberfläche*, wobei die Oberfläche als unendlich dünnes Gebilde niemals einen Körper enthalten solle. Es geht Dingler darum, über den Begriff der trennenden Oberfläche, der sogenannten Trennfläche, durch Definitionen den Begriff einer *einfachzusammenhängenden, überall glatten Fläche* herzustellen. Der Begriff der *Ebene* wird dann definiert als eine Fläche, deren „beide Flächenseiten im ganzen und an allen Stellen aufeinanderlegbar, d.h. räumlich ununterscheidbar sind".[197]

---

195 Vgl. ebenda S. 131.
196 Vgl. ebenda S. 133.
197 Vgl. ebenda.

Aus dieser Definition des Begriffs ‚Ebene' mit Hilfe der Ununterscheidbarkeit aller Punkte einer Ebene lassen sich die Handlungsanweisungen zu ihrem Herstellungsverfahren ableiten, das aus dem vermutlich seit dem 17. Jahrhundert bekannten Dreiplattenschleifverfahren besteht, indem „man drei grob vorgebaute Stahlplatten in stetem Wechsel so aufeinander abschleift, bis sie adhärieren".[198] Es sei die Idee der Symmetrie, d.h., einer Fläche, „deren beide Seiten völlig symmetrisch sind",[199] die zum Begriff der Ebene führe, einer Ebene, die wir als Medianebene des Menschen, „die genau zwischen seinen beiden Augen durch die Körperachse"[200] gehe und die er „dauernd unverändert mit sich" trage. Zum großen Erstaunen gibt Dingler hier eine rein empirische Erklärung für das an, was er als ideelle Anschauung bezeichnet.

Den Begriff der *Geraden* definiert Dingler als den Schnitt zweier Ebenen. Möglicherweise muß man dazu das Dreiplattenschleifverfahren an den Körpern, die mit ihren angeschliffenen Flächen adhärieren, ein zweites Mal anwenden, indem man die anzuschleifenden neuen Flächen gegenüber den schon geschliffenen Flächen verkantet. Nun zeigt sich hier folgender Begründungszirkel:

Die Schleifbewegung des Dreiplattenschleifverfahrens muß als geradlinig vorausgesetzt werden, da es z.B. bei einer kreisförmigen Schleifbewegung bei stetem Wechsel der Platten dazu käme, daß nur die Ränder der Platten abgeschliffen würden, so daß es niemals zum Adhärieren käme. Die Idee der Geraden aber soll erst über die Realisation der Ebene durch den Schnitt von Ebenen bestimmt werden. Dingler betreibt somit mit seinem Dreiplattenschleifverfahren einen Vorgriff auf einen Begriff, der im systematischen Aufbau erst später zur Verfügung steht, was er selbst aber in der zweiten Bedingung seines vollbegründeten Aufbaus ausdrücklich verbietet. Dort verlangt er, „daß nirgends ‚Vorgriffe' auf Späteres stattfinden."[201]

Daß solche Begründungszirkel bei dem Versuch auftreten müssen, die Axiome der euklidischen Geometrie durch Handlungsanweisungen zu rekonstruieren, ist zu erwarten, da ja bereits Frege auf die definitorische Zirkularität der axiomatischen Grundbegriffe der euklidischen Geometrie hingewiesen hat. Dies ist der Grund dafür, daß axiomatische Grundbegriffe ganzheitliche Begriffssysteme ausbilden, die sich grundsätzlich nicht zirkelfrei aufbauen lassen. Dadurch wird auch verständlich, warum Kuno Lorenz und Jürgen Mittelstraß in ihrem Vorwort zur ‚Ergreifung' 1969 zugeben müssen, daß „die Ableitung sämtlicher Axiome der euklidischen Geometrie noch nicht ausgearbeitet" vorliegt.[202]

Eine weitere Schwierigkeit in der Durchführung von Dinglers Programm einer Vollbegründung der Idealwissenschaften liegt darin, daß es unmöglich ist, aus einer allgemeinen Vorstellung, wie sie die Dinglerschen Ideen darstellen sollen, eindeutig auf

---

198 Vgl. ebenda S. 134.
199 Vgl. ebenda S. 136.
200 Vgl. ebenda.
201 Vgl. ebenda S. 96.
202 Vgl. ebenda S. 49 FN 113.

Einzelnes zu schließen, welches unter die vorgestellte Allgemeinheit fallen soll. Dies bedeutet, daß es stets mehrere Realisationen von allgemeinen Vorstellungen geben kann. Dies gilt auch für Dinglers Vorhaben, durch die allgemeine Vorstellung von der Ununterscheidbarkeit der Punkte einer Fläche, über das Dreiplattenschleifverfahren auf die eindeutige Realisation einer euklidischen Ebene zu schließen. Denn die allgemeine Vorstellung von ununterscheidbaren Punkten einer Fläche ist auch in Räumen konstanter Krümmung gegeben. Man nehme einmal an, es gäbe ein festes, schleifbares Material, das im Wasser schwimmt. Wollte man das Dreiplattenschleifverfahren auf Streifen dieses Materials, die im Wasser schwimmend von New York bis Dakar im Senegal reichen, während windstillen Tagen anwenden, so würde man nicht daran zweifeln, daß diese Streifen beim Umdrehen die Krümmung der Erde mitmachen. Und wenn die Windstille lang genug dauert, so daß der Schleifvorgang oft genug vorgenommen werden könnte, so wäre man gewiß auch der Meinung, daß sich dann der Effekt der Adhäsion einstellte, so wie es vom Dreiplattenschleifverfahren zur Realisation der euklidischen Ebene verlangt wird. Die so geschliffenen Flächen sind dann aber sicher keine Realisationen einer euklidischen Ebene.

Eine ähnliche Schwierigkeit hinsichtlich der Darstellung eines eindeutig bestimmten einzelnen Sachverhalts aus einer allgemeinen Vorstellung heraus findet sich in Dinglers Aufbau der dritten Idealwissenschaft, der Chronometrie. Der Anfang ihres konstruktiven Aufbaus soll durch die Idee I3 „Etwas Unterschiedenes überhaupt an sich selbst betrachtet, veränderlich" gegeben sein. Zur Realisation dieser Idee greift Dingler auf den Aufbau der Arithmetik und der Geometrie zurück. Dies sei die Vorstellung eines Punktes als Realisation von I1, der sich auf einer Geraden als Realisation von I2 bewege.[203] Da es sehr viele Bewegungsverläufe geben könne, bedürfe es einer *Urbewegung*, durch die alle anderen Bewegungen ausgemessen werden könnten.[204]

Diese Urbewegung soll durch ein ideelles Prinzip ineinander geschachtelter periodischer Bewegungen gedacht werden. Dies beginnt mit einer ersten idealen periodischen Bewegung, die „sich ständig genau wiederholt" und zwischen deren einzelnen Perioden „keinerlei Unterschied bemerkbar ist".[205] Dies seien zugleich die Bedingungen der Urbewegung. Innerhalb einer ersten periodischen Bewegung soll eine andere mit einer kürzeren Periode etwa zehn mal ablaufen, die ebenfalls die Bedingungen der Urbewegung erfüllt. Und innerhalb dieser zweiten Periode stelle man sich eine dritte mit einer noch kürzeren Periode vor und so fort, bis die ursprüngliche Periode kontinuierlich erfüllt ist mit beliebig kurzen Perioden, die alle die Bedingungen der Urbewegung erfüllen. Diese Gesamtheit der ‚überall dicht' liegenden periodischen Bewegungen nennt Dingler die *Urbewegung* und zugleich *die ideelle Zeit*. Und er definiert: „Zwei begrenzte Bewegungen (Perioden), die sich in keiner Weise unterscheiden, brauchen die gleiche ‚Zeit'."[206] Mit dieser Festlegung bestimmt Dingler ‚*die gleichförmige Bewegung*' als die „eindeutig ideell

---

203 Vgl. ebenda S. 143.
204 Vgl. ebenda S. 144.
205 Vgl. ebenda.
206 Vgl. ebenda S. 145.

vollständig bestimmte Bewegung eines Punktes auf einer Geraden, der in „gleichen Zeiten gleiche Strecken" auf der Geraden durchläuft."[207]

Dingler hat bei dieser Konstruktion übersehen, daß er durch seine periodische In-einanderschachtelung, in der er vermutlich konstante Frequenzverhältnisse jeder periodischen Bewegung zu jeder anderen annimmt, den Carnapschen Begriff der periodischen Äquivalenz eingeführt hat, der als Äquivalenzrelation klassenbildend ist. Denn je nach-dem, durch welche Wirkmechanismen die periodischen Bewegungen zustande kommen, haben wir es mit Repräsentanten der physikalischen Klasse oder mit organischen oder che-mischen Klassen, etc. zu tun. Anzunehmen, daß unsere ideelle Vorstellung von Periodizi-tät auch nur einen einzigen selbständig laufenden periodischen Prozeß in Gang setzen und halten könnte, scheint mir vollständig absurd zu sein. Allerdings muß ich zugestehen, daß dies aufgrund meiner anderen Metaphysik undenkbar ist. Allerdings ist ja Dingler der Meinung, daß sein Aufbau der Idealwissenschaften ohne jeglichen metaphysischen Einfluß möglich sei.

Tatsächlich ist der Begriff der periodischen Äquivalenz, den die Logischen Positi-visten geprägt haben, eine begriffliche Konstruktion. Aber in dieser Konstruktion wird klar erkannt, daß die Allgemeinheit, die sie aufgrund der formalen, rein relationalen Be-stimmungen besitzt, nicht erwarten läßt, daß es dazu nur eine einzige Realisation gibt. So war es für Carnap durchaus korrekt, sich vorzustellen, die Zeiteinheit würde durch den Puls des amerikanischen Präsidenten definiert. Diese Wahl schien ihm nur nicht sinnvoll zu sein in Bezug auf das Vorhaben, mit Hilfe des Zeitmaßes Naturgesetze bestimmen zu wollen. Tatsächlich muß man heute sagen, daß es eine unübersehbare Fülle von periodi-schen Prozessen gibt, die nicht der physikalischen Klasse angehören, die aber dennoch die Bedingungen der Urbewegung erfüllen, nämlich die, einem PEP-System anzugehören. Die von Dingler erwünschte Eindeutigkeit einer Realisierung einer allgemeinen Idee ist offenbar ein Traum, der sich nicht realisieren läßt.

Dieser Traum gestaltet sich bei Dingler in Bezug auf eine lückenlose Vollbegründung der vierten Grundwissenschaft, der Kinematik und der Newtonschen Mechanik, derart abenteuerlich, daß ich mich der Besprechung einer offensichtlichen Schlafwandelei hier enthalten möchte.

Betrachtet man die vier Ideal-Wissenschaften in ihrer historischen Entwicklung, so läßt sich zeigen, daß zu ihrer Begründung sehr verschiedene Bedeutungsvorstellungen herangezogen worden sind, die bestimmten metaphysischen Überzeugungen entspringen. Der historische Verlauf der Geistesgeschichte seit der mythischen Zeit, dem Dinglerschen Unberührten, ist eine Geschichte verschiedener metaphysischer Konzepte abgelaufen, durch die das Einzelne und das Allgemeine sowie deren Zuordnung, die Überprüfung der Zuordnung und ihr Zweck begrifflich und existentiell festgelegt wurden. Dingler vertritt dazu die Auffassung, daß durch das Nichterkennen des rein konstruktiven Charakters der vier Idealwissenschaften die Methoden und Ergebnisse der Naturwissenschaften immer wieder ontologisiert wurden, und daß dann für diese Ontologisierungen metaphysische

---

207 Vgl. ebenda.

Überzeugungen gebraucht wurden. Da sich der konstruktivistische Aufbau der Naturwissenschaften solcher Ontologisierungen vollständig enthalte, sei für seinen methodischen Aufbau keinerlei Metaphysik vonnöten. Dingler sagt:

> „Das mechanische Weltbild ist gar kein Bild der wirklichen Welt, sondern sozusagen nur das
> Schema der exakt-wissenschaftlichen Methode, wie sie in den Formwissenschaften vorliegt,
> in anschauliche Form gebracht. Es ist nichts weiter als das anschauliche methodische Pro-
> gramm der Forschung. Über die Welt selbst sagt dieses Programm nicht das geringste. Aber
> als Programm ist es unverbrüchlich, beweisbar und richtig."[208]

Naturgesetze sind für Dingler nur Konsequenzen der methodischen Erfassung der Welt.
Die vom Menschen geschaffenen Formen würden die Naturgesetze „erst überhaupt defi-
nieren, reproduzierbar machen und sozusagen aus der fließenden Natur herausschneiden."
Dingler sagt von den Naturgesetzen:

> „Sie liegen also oft nicht stärker in der Natur als etwa die Statue in dem Marmorblock liegt,
> aus dem sie der Künstler herausmeißeln will."[209]

Freilich ist mit diesem Bilde eine Vagheit gegeben, die Dingler gewiß nicht meint; denn
das, was Dingler I.W.-Gesetze (idealwissenschaftliche Gesetze) nennt, soll absolute Gel-
tung besitzen, und das heißt, es darf im Sinne Dinglers nur eine Figur geben, die der
Künstler aus dem Marmorblock herausmeißeln kann. Immerhin läßt dieses in Dinglers
eigenem Interesse schiefe Bild eine Vermutung erahnen, nach der es vielleicht doch wieder gerade gerückt werden könnte. Dies aber wird erst möglich sein, wenn nach einer
Darstellung der Festsetzungen, die man dem Dinglerschen Konstruktivismus entnehmen
kann, eine Beurteilung möglich wird.

4.3.4.6 Die Festsetzungen des Dinglerschen Konstruktivismus

4.3.4.6.1 Vorbemerkungen
Für das hier gewählte Schema zur Bestimmung der für eine Wissenschaftstheorie nötigen Festsetzungen scheinen die Konstruktivisten aus dem Rahmen zu fallen, da es ihnen
nicht vordringlich um Erkenntnis geht. Dies gilt aber nur für empirische Erkenntnisse
und nicht für praktische Erkenntnisse, d.h., Erkenntnisse, mit denen sie ihre Handlungs-
ziele und Handlungsanweisungen bestimmen wollen. Die Erkenntnisobjekte sind für die
Konstruktivisten darum nicht in der wahrnehmbaren Welt zu suchen und in ihr festzu-
machen, sondern in den Vorstellungen der Menschen über begründbares Verhalten. Der
Konstruktivist hat von seinem Standpunkt her nur ein Erkenntnisobjekt: Es besteht aus
einem vollbegründeten System von Handlungsanweisungen für die wissenschaftliche Er-

---

208 Vgl. ‚Geltungsproblem' S. 283.
209 Vgl. ebenda S. 281 oder ‚Ergreifung' S. 188.

kenntnisgewinnung. Daneben ist ihm aber klar, daß er auch die Existenz von empirischen Gesetzen akzeptieren muß, wie z.b. „alle Gesetze über Licht und Elektrizität"[210] oder die „rein empirischen Gesetze", die auf *natürlichen oder praktischen Begriffen* aufbauen, wie sie z.B. in der Biologie vorkommen.[211] Er hat jedoch das Ziel, auch diese Gesetze in sein vollbegründetes System miteinzubeziehen; denn für den Konstruktivisten ist alle empirische Wissenschaft nur vorläufig, so wie die wissenschaftlichen Forschungen in der Geschichte nur vorläufig sein konnten, da die konstruktivistische Einsicht, daß nur durch ein methodisch vollbegründetes System, das von einem absoluten Anfang her lückenlos und zirkelfrei aufgebaut ist, absolute Gewißheit und Sicherheit ausgehen kann.

4.3.4.6.2 Festsetzungen zur Unterscheidung von Erkenntnisbereichen

Dingler ist der Auffassung, daß der Naturforscher bei der Erforschung eines neuen Gesetzes nicht mit rein konstruktiven Mitteln arbeiten kann; denn dabei komme es auf viel Intuition des Forschers an. Dazu sagt Dingler:

> „Im praktischen Bereich, in dem Ringen um neue Erscheinungen an der Front der Forschung, kommen natürlich die mannigfachsten Aushilfen, Zwischenformen und Mischformen des Vorgehens vor, die oft schwer näher aufzugliedern sind, und die der methodischen Forschung noch ein großes Feld der Untersuchung bieten. So kann das Programm natürlich niemals einen Zwang bedeuten, an der Forschungsfront nur bestimmte Mittel anzuwenden, oder ein Verbot, gewisse Mittel nicht anzuwenden. Die aktive Naturforschung muß in ihren Mitteln ganz frei sein."[212]

Dieses überraschende Bekenntnis zur methodischen Freiheit in der Forschung zeigt an, daß Dingler seinen Konstruktivismus nicht als starres Steuerungsmittel des aktiven Forschens verstehen will. Diese Haltung ist erstaunlich inkonsistent; denn ein vollbegründeter Aufbau bedarf keiner äußeren Anregungen, er hat sich aus sich selbst heraus zu entwickeln. Und wenn es darum geht, absolute Sicherheit für das Leben der Menschen zu gewinnen, dann könnte im freien Drauflosforschen doch eine große Gefahr bestehen, wenn man sich auf Forschungsergebnisse verläßt, die sich später im Sinne des vollbegründeten Aufbaus als verhängnisvolle Fehler erwiesen. Das Dinglersche Bekenntnis zur Methodenfreiheit in der aktiven Forschung scheint jedenfalls mit seinem eigenen konstruktivistischen Programm nicht in Einklang zu stehen. Dieses von Dingler als das „Ringen um neue Erscheinungen an der Front der Forschung" bezeichnet er als *freie Forschung*. Aus der zugestandenen Tatsache, daß die Ergebnisse des freien Forschens meistens nicht durch I.W.-Begriffe (*ideal*wissenschaftliche Begriffe) rekonstruiert werden können, gibt es im Dinglerschen Konstruktivismus drei unterschiedliche Formen des Forschens und der Erkenntnisse, für die es entsprechend verschiedener Festsetzungen bedarf:

---

210 Vgl. ‚Ergreifung' S. 189.
211 Vgl. ebenda S. 190fff.
212 Vgl. ‚Geltungsproblem' S. 283.

1. Das Aufsuchen der I.W.-Begriffe und die Konstruktion des vollbegründeten Aufbaus.
2. Das konstruktivistische Bemühen, vorläufige Ergebnisse der freien Forschung durch I.W.-Begriffe zu rekonstruieren.
3. Das nicht-konstruktivistische und allenfalls durch konstruktivistische Ideen begleitete freie Forschen.

Zur Beschreibung des konstruktivistischen Bemühens zur idealwissenschaftlichen Rekonstruktion von Forschungsergebnissen der freien Forschung und zur Beschreibung der freien Forschung selbst unterscheidet Dingler folgende Begriffe:

1. *E-Erscheinung*: Sie ist eine natürliche Erscheinung, die durch Anwendung von I.W.-Realisaten aus der Natur herausgeschnitten werden kann, ohne daß sie in lauter I.W.-Begriffe auflösbar und aus ihnen synthetisierbar ist.[213]
2. *Reines Gesetz r* und *reiner Begriff r*: In ihnen sind alle störenden Umstände beseitigt, so daß eine reine Konstruktion aus I.W.-Begriffen vorliegt.
3. *Natürlicher Faktor n*: Das ist ein „Faktor des Experiments, der nicht aus I.W.-Begriffen besteht."[214]
4. *Wesentliche Umstände*: Das sind solche Umstände, bei deren Konstanthaltung sich der n-Faktor nicht ändert und bei deren Variierung auch n variiert. Es gibt keine Sicherheit für die Vollständigkeit der wesentlichen Umstände, es sei denn sie wären durch I.W.-Begriffe rekonstruiert. In diesem Fall würde aus n ein r.[215]
5. *Formende Forschung* oder *f-Forschung*: Dies ist die freie Forschung, die versucht, Forschungsergebnisse unter I.W.-Begriffe zu bringen. Dabei werden Realisierungen von I.W.-Begriffen nicht nur deshalb gesucht, „um genaue Meßapparate herzustellen, sondern auch dazu, um dem Arrangement, an dem gemessen wird, eine möglichst eindeutige Gestalt zu geben."[216] „In der f-Forschung wird ein Natur-Vorgang N nach und nach immer mehr ‚eingeengt', d.h. möglichst unter I.W. Formen gesetzt."[217]
6. *Empirische Gesetze* oder *e-Gesetze*: „Das sind gemessene Gesetze, die aber (mindestens) einen Faktor n enthalten."[218]

4.3.4.6.3 Die Festsetzungen des absoluten Allgemeinen und Einzelnen

Die Darstellung der Festsetzungen beginne ich mit denjenigen, die das Verhältnis zur Außenwelt festlegen und die die konstruktivistische Position erst begründen. Dabei werden die Begriffe des Einzelnen und des Allgemeinen in einem absoluten Sinn bestimmt, sie mögen darum die *Festsetzungen des Absoluten* genannt werden. In diesem absoluten

---

213 Vgl. ‚Ergreifung' S. 172.
214 Vgl. ebenda.
215 Vgl. ebenda S. 174.
216 Vgl. ebenda S. 179.
217 Vgl. ebenda.
218 Vgl. ebenda S. 189.

Sinne ist das Einzelne begrifflich durch eine unbegrenzte Fülle von Eigenschaften gekennzeichnet. Existentiell liegt dieses so bestimmte Einzelne in der Außenwelt vor. Aufgrund dieser unbegrenzten Fülle ist eine sichere Beschreibung der Außenwelt durch Verallgemeinerungen von Gegenständen der Außenwelt nicht erreichbar; denn das Allgemeine findet sich im absoluten Sinne nicht in der Außenwelt. Das Allgemeine ist begrifflich durch eine begrenzte Fülle von Bestimmungen festgelegt und existentiell spannt es die Innenwelt des Menschen auf. Das Verläßliche findet sich nur in der Innenwelt, da sich die Außenwelt in stetem Wandel befindet.

Diese Festlegungen der empirischen Gegenstände der Außenwelt erfordern unter dem Postulat der Sicherheit eine Erfassung der Außenwelt mit der Hilfe von absolut sicheren begrifflichen Konstruktionen der Innenwelt. Dazu muß das Instrumentarium zur „Ergreifung der Wirklichkeit" erst in einem vollbegründeten lückenlosen Aufbau von Handlungsregeln konstruiert werden. Das Erkenntnisobjekt des Konstruktivismus ist dieser vollbegründete lückenlose Aufbau.

4.3.4.6.4 Die Festsetzungen des relativen Allgemeinen und Einzelnen

Das Einzelne des *allgemeinsten konstruktivistischen Erkenntnisobjektes* besteht ersteinmal aus einzelnen Anweisungen für das Handeln im Geiste, die aus den einfachsten Ideen des Anfangs I1 bis I4 abzuleiten sind, wie z.B. die Regeln zur Erstellung der Zahl-Ideen, zur Konstruktion der Idee der Ebene oder der Idee der Urbewegung sowie der Idee der gleichförmigen Bewegung. Die einzelnen Handlungsregeln im Geiste sind dann in praktische Handlungsregeln zur Erzeugung von Gegenständen der Wirklichkeit zu übersetzen, die den konstruierten Regeln des geistigen Aufbaus in einem kontinuierlichen Annäherungsprozeß immer besser gehorchen. Aus den Regeln zur Erstellung der Zahlideen werden dadurch die einzelnen Handlungsanweisungen zur Erzeugung von Strichzeichenfolgen und die einzelnen Regeln zur Formung von überprüfbar zählbaren Gruppen. Aus der Konstruktionsregel der Idee der Ebene werden die einzelnen Handlungsregeln des Dreiplattenschleifverfahrens zum Erzeugen einer nahezu idealen euklidischen Ebene. Aus den einzelnen Handlungsanweisungen zur geistigen Erzeugung der Ideen der Urbewegung, der Geraden und des Punktes werden über die Idee der gleichförmigen Bewegung die einzelnen Handlungsanweisungen zur Erstellung von möglichst exakten gleichförmigen Bewegungen in der Wirklichkeit, u.s.w.

Durch diese Stufung von ursprünglichen Ideen, ideellen und praktischen Handlungsanweisungen ist es notwendig, eine Relativierung dessen einzuführen, was unter Allgemeinem und Einzelnen verstanden wird. In Bezug auf die ideellen Handlungsanweisungen im Geiste, sind die ursprünglichen Ideen I1 bis I4 das Allgemeine. Diese selbst sind jedoch etwas Einzelnes in Bezug auf das Allgemeinste der Idee von ‚Etwas Unterschiedenem überhaupt'. Für die einzelnen praktischen Handlungsanweisungen sind dagegen die ideellen Handlungsanweisungen das Allgemeine. Die praktischen Handlungsanweisungen sind schließlich das Allgemeine für die Handlungsregeln, nach denen Meßinstrumente zu konstruieren sind, und die Festsetzungen zum Bauen von Meßinstrumenten sind das Allgemeine zur Erstellung von reproduzierbaren einzelnen Meßdaten, die das ursprünglich Einzelne für die *logischen Empiristen* und die *Kritischen Rationalisten* darstellen.

Dieses Ineinandergreifen von allgemeinen und einzelnen Bestimmungen wird von Dingler nicht gesehen, da er nur die für absolut gehaltenen Bestimmungen von einzelnen und allgemeinen Vorstellungen kennt. Dadurch entgeht ihm der Mangel an Eindeutigkeit, der in seinem gesamten Aufbau angelegt ist, da von einer allgemeinen Bestimmung kein eindeutiger Weg zu einer einzelnen führt und umgekehrt, d.h. die Übersetzung der im Geiste konstruierten zusammengesetzten Ideen in praktische Handlungsregeln kann nicht auf *eindeutige* Weise gelingen.

Die existentiellen Festsetzungen ergeben sich aus den Festsetzungen der Absolutheit. Die Existenz des Ausgangspunktes der Konstruktion, die allgemeinsten, weil einfachsten Ideen, liegt in der Innenwelt vor. Die daraus abzuleitenden geistigen und praktischen Handlungsregeln sind begrifflich nicht näher bestimmt als daß sie aus den allgemeinsten Ideen abzuleiten sind.

An dieser Stelle liegt keine Eindeutigkeit des Ableitungszusammenhanges vor, da Dingler in seinem Ableitungsgedankengang das unbestimmte Verhältnis zwischen dem Allgemeinen und dem Einzelnen übersehen hat, vermutlich weil er keine klare Vorstellung vom Wesen eines Begriffes hatte. Dementsprechend fehlen auch Vorstellungen für die Überprüfung der Zuordnung von allgemeinen Ideen zu einzelnen Handlungsanweisungen. Es gibt allenfalls eine Korrekturmöglichkeit an den praktischen Handlungsregeln, wenn durch sie nicht die Forderung der allmählichen Annäherungen der konstruktiv erzeugten Objekte der Außenwelt an die Bestimmungen der Ideen des Aufbaus erfüllt wird.

4.3.4.6.5 Festsetzungen über die Vermögen des Menschen, die seine Erkenntnisfähigkeit sichern

Sie gibt es bei Dingler nur insofern, als daß er die übliche Auffassung von der zeitlichen Endlichkeit des Menschen mit der Endlichkeit seiner eigenen Vorstellungen verbindet, so daß die Innenwelt des Menschen durch die endliche Fülle von Vorstellungsinhalten bestimmt ist. Darüber hinaus hat Dingler wohl weitgehend die Aufteilung und Abgrenzung der Erkenntnisvermögen von Kant übernommen mit einem besonderen Gewicht auf der produktiven Einbildungskraft und insbesondere sogar der reinen produktiven Einbildungskraft verbunden mit einem entsprechenden Vorstellungsvermögen.

4.3.4.6.6 Die Zwecksetzungen

Die Zwecksetzungen sind bei Dingler besonders ausgeprägt, da es bei dem ganzen Unternehmen um den Zweck der Sicherung der menschlichen Lebensbedingungen geht. Insbesondere erfordert dieser Zweck die Erstellung des höchsten Allgemeinen des Dinglerschen Konstruktivismus, die zirkelfreie Hierarchie des vollbegründeten Aufbaus. Dieser Aufbau ist das große Ziel, das dem Sicherheitszweck zu dienen hat. Der vollbegründete Aufbau kann wegen der unbegrenzten Fülle der empirischen Objekte, die durch den Aufbau ergriffen werden sollen, prinzipiell niemals abgeschlossen werden. Der Aufbau soll in den direkten Betrieb der freien Wissenschaft hinüberführen, um diese mehr und mehr durch den vollbegründeten Aufbau zu umgrenzen. Auch im Konstruktivismus enthüllt die Frage nach den existentiellen Zwecksetzungen die Metaphysik des erkenntnis- und wissenschaftstheoretischen Unternehmens. Denn es muß hier gefragt werden, welche existentiellen Annahmen erforderlich sind, um die nach den gesetzten Zwecken konstruierten Ziele wenigstens annäherungsweise erreichen zu können.

Nach der angegebenen Gliederung ist *die allgemeine von der speziellen Metaphysik* zu unterscheiden:

Die Aussagen der allgemeinen Metaphysik enthalten:

1. Aussagen über die Struktur des Seins als allgemeine oder generelle Ontologie und
2. Aussagen über die besondere Beziehung des Menschen zu dieser Seinsstruktur als besondere oder spezielle Ontologie.

Die besondere oder spezielle Metaphysik verlangt:

1. Aussagen über die Möglichkeit des Menschen, mit einfachsten Zusammenhangserlebnissen beginnend, die Komplexität der Seinsstruktur durch Zusammenfügung einfachster Verstehensschritte immer sicherer zu bestimmen.
2. Aussagen über die Art der einfachsten Zusammenhangserlebnisse. Die spezielle Metaphysik besteht darum aus Aussagen über die Bedingungen der Möglichkeit zu wissenschaftlichen Erfahrungen, die nach der Struktur und den Elementen zu unterscheiden sind. Darum sind diese Aussagentypen als **generelle** und **spezielle Transzendentalität** zu unterscheiden.

Dinglers Metaphysik läßt sich nach der Analyse seines konstruktivistischen Systems wie folgt darstellen (*Dinglerscher Konstruktivismus* wird hier als **DK** abgekürzt):

1. **Allgemeine Metaphysik**
   1.1   Generelle Ontologie
         DK1.   Es existiert eine nicht eindeutig strukturierte, sondern beliebig vielgestaltige und variable Wirklichkeit.
   1.2   Spezielle Ontologie
         DK2   Der Körper des Menschen ist Bestandteil der beliebig vielgestaltigen Wirklichkeit.
         DK3.   Die Wirklichkeit erscheint dem Menschen in Form des Unberührten.
         DK4.   Der Mensch erlebt das Unberührte als Einzelnes mit unbeschränkter Fülle.
         DK5.   Das Unberührte ist von Mensch zu Mensch verschieden.
         DK6.   Der Mensch besitzt keine Möglichkeit, das Unberührte sicher zu erkennen, da im Unberührten nichts Allgemeines enthalten ist.
         DK7.   Es gibt eine Innenwelt des Menschen, bestehend aus Vorstellungen mit begrenzter Fülle, d.h., das Allgemeine ist nur in der Innenwelt des Menschen vorhanden.

2. Spezielle Metaphysik

2.1.   Generelle Transzendentalität

DK8. Der Mensch besitzt die Fähigkeit, Vorstellungserlebnisse so hierarchisch zu ordnen, daß diese Ordnung mit einem eindeutig bestimmten Anfang beginnt und daß die Folgeglieder durch die vorangehenden eindeutig bestimmt sind.

DK9. Der Mensch kann diese hierarchische Ordnung (den vollbegründeten Aufbau) nach Belieben in seiner inneren Erlebniswelt sicher reproduzieren.

2.2.   Spezielle Transzendentalität

DK10. Der Mensch findet in seiner inneren Erlebniswelt einfachste und darum allgemeinste Ideen vor, aus denen sich alle anderen Erlebnisvorstellungen des hierarchischen Aufbaus über ideelle Handlungsanweisungen eindeutig bestimmen lassen.

DK11. Der Mensch besitzt die Möglichkeit, den vollbegründeten hierarchischen Aufbau von ideellen Handlungsanweisungen in ein vollbegründetes System von praktischen Handlungsanweisungen zu übertragen.

DK12. Die Wirklichkeit enthält so viel Konstanz, daß die Anwendung der praktischen Handlungsanweisungen zur Eingrenzung der Wirklichkeit möglich ist.

Die Festsetzungen DK4, DK6, und DK7 verraten, daß Dingler ein spezieller Vertreter des gemäßigten Nominalismus ist, indem er dem Allgemeinen die Existenzform in der Innenwelt des Menschen zugesteht. Er unterscheidet sich damit von der Metaphysik des Thomas Hobbes, der als Vertreter des radikalen Nominalismus zu betrachten ist, da er dem Allgemeinen jegliche Existenzform abspricht.

4.3.4.6.7 Festsetzungen zur freien Forschung (f-Forschung)

Die Festsetzungen der f-Forschung richten sich vollständig nach den Festsetzungen des bisher dargestellten Aufbaus. Dabei werden die natürlichen Faktoren (n-Faktoren) und empirischen Gesetze zum jeweils Einzelnen; denn die Aufgabe der f-Forschung besteht darin, n-Faktoren und empirische Gesetze solange durch reine Begriffe (r-Begriffe) und reine Gesetze (r-Gesetze) einzuschränken, bis deren Reproduktion durch reine Ideal-wissenschaftliche Begriffe (I.W.- Begriffe) gelingt. Die methodischen Regeln der f-Forschung bleiben bei Dingler sehr vage, und die Prüfungsfestsetzungen beschränken sich auf die Forderung, daß n-Faktoren sicher durch die ausschließliche Anwendung von I.W.-Begriffen zu reproduzieren sind. Solange dies nicht möglich ist, hat die f-Forschung ihr Ziel noch nicht erreicht.

4.3.4.7 Die Beurteilung des Dinglerschen Konstruktivismus

Hinsichtlich des **Konsistenzkriteriums** hat der Dinglersche Konstruktivismus, wie schon gezeigt, erhebliche Mängel. Diese sind vor allem durch mangelnde begriffliche Unterscheidungen von allgemeinen und einzelnen Bestimmungen begründet und den fehlenden Zuordnungsfestsetzungen. Zuordnungsfestsetzungen sind deshalb nötig, weil es keinen logischen, keinen empirischen und auch keinen konstruktivistischen Weg gibt, der eine eindeutig bestimmte Brücke zwischen Einzelnem und Allgemeinem schlägt, wenn keine Festsetzungen darüber vorliegen. Dies gilt, obwohl wir Menschen in uns eine intuitive Zuordnungsfähigkeit besitzen, die z.b. schon in jeder sprachlich formulierten Wahrnehmung zum Ausdruck kommt. Wenn z.B. ein Kind sagt: „Oh, sieh mal: ein Marienkäfer!", dann ordnet es das allgemeine Merkmal ‚Marienkäfer sein' einem einzelnen Wahrnehmungsobjekt zu und hat damit bereits eine Erkenntnis gewonnen. Diese zusammenhangstiftende Fähigkeit zwischen Einzelnem und Allgemeinem ist bereits für Aristoteles ein erkenntnistheoretischer Grundbegriff, den er als *hypolepsis* bezeichnet.[219] Daß Menschen eine, wie Kant sie bezeichnet, spontane Erkenntnisfähigkeit besitzen, scheint Dingler mit in das Unberührte hineinverlegt zu haben, da es sich dabei freilich nicht um bewußte Konstruktionen handelt. Es ist rätselhaft, wieso das Streben nach Sicherheit bei Dingler nicht dazu geführt hat, sich über die Grundlagen der Erkenntnisfähigkeit des Menschen zu bemühen; denn alle seine Setzungen über den Anfang und den Aufbau eines vollbegründeten Systems von Handlungsanweisungen steht und fällt mit bestimmten Erkenntnissen, über die er meint, mit Selbstverständlichkeit verfügen zu können. Und natürlich möchte er uns seine Erkenntnisse über einen idealen Aufbau der Wissenschaften vermitteln. Wie aber sollen wir diesen Erkenntnissen Vertrauen entgegenbringen, wenn er sich selbst aufgrund einer fehlenden Erkenntnistheorie über deren Verläßlichkeit keinerlei Rechenschaft abgelegt hat?

In Dinglers Aufbau der Geometrie finden sich fatale Begründungszirkel, die zwar nach der Theorie ganzheitlicher Begriffssysteme unvermeidbar sind, die im konstruktivistischen Aufbau aber prinzipiell nicht erlaubt sind, da sie die verlangte Vollbegründung des Aufbaus zu Fall bringen.

Trotz der Inkonsistenz des Dinglerschen Konstruktivismus kann man ihm Verdienste hinsichtlich der größeren **Transparenz** des wissenschaftlichen Arbeitens zurechnen. Dies gilt besonders in bezug auf die Abhängigkeit der naturwissenschaftlichen Ergebnisse von ihren *instrumentellen Festsetzungen*, wie Hübner sie nennt. Darum läßt sich zeigen, daß es unmöglich ist, von theorieunabhängigen Tatsachen zu sprechen. Diese Problematik ist entsprechend auf Ergebnisse der experimentellen Psychologie und Soziologie auszudehnen. Gerade auch in diesen Bereichen ließen sich durch die Anwendung konstruktivistischer Prinzipien Begründungszirkel nachweisen, in dem die Versuchsergebnisse weitgehend durch die Versuchsanordnung vorgegeben waren.

Das **Transparenzkriterium** beurteilt die Wissenschaftstheorien auch danach, in welchem Maße durch sie die Strukturen im Vergleich der verschiedensten Wissenschaften untereinander durchschaubar und vergleichbar werden. Zu dieser Durchsichtigkeit der

---

219 Vgl. Werner Theobald, *HYPOLEPSIS. Ein erkenntnistheoretischer Grundbegriff der Philosophie des Aristoteles,* Dissertation, Kiel 1994, erschienen als *Hypolepsis, Mythische Spuren bei Aristoteles,* Academia Verlag, Sankt Augustin 1999.

Allgemeinheit wissenschaftlichen Arbeitens liefert der Dinglersche Konstruktivismus nur einen Beitrag, wenn es in einer Wissenschaft um die Frage der Mathematisierung geht. Allerdings besteht wegen der Inkonsistenz des Unternehmens dabei die Gefahr, anstelle von Transparenz Konfusion zu erzeugen.

Die **Fruchtbarkeit** des Dinglerschen Konstruktivismus beschränkt sich weitgehend auf seine starke Wirkung auf nachfolgende konstruktivistische Unternehmungen. Obwohl der Erklärungs- und Vorraussagezweck zugleich auch Zweck des konstruktivistischen Unternehmens ist, kann er diesen Zweck in den einzelnen Wissenschaften nicht befördern, da er ausdrücklich die Forschung von jedem normativen Zwang frei halten will. Darum ließen sich auch keine konkreten methodischen Regeln in Dinglers Beschreibung der f-Forschung finden.

Dingler gibt zwar eine Deutung der metaphysischen Abhängigkeit der verschiedenen historischen erkenntnistheoretischen und wissenschaftstheoretischen Richtungen an, indem er ihnen unterstellt, daß sie die Erfolge ihrer Erkenntnisbemühungen ontologisiert hätten, da ihnen der wahre konstruktivistische Hintergrund ihrer wissenschaftlichen Arbeit verborgen geblieben wäre. Von seinem eigenen Konstruktivismus behauptet er darum, daß dessen Aufbau vollständig metaphysikfrei erfolgt sei. Er sitzt damit dem gleichen Irrtum auf, wie die Logischen Empiristen und die Kritischen Rationalisten. Es ist der Fehler zu meinen, man könnte irgendein erkenntnis- oder wissenschaftstheoretisches System ohne den Rückgriff auf eine Metaphysik aufbauen. Freilich setzt diese Beurteilung die Bestimmung von Metaphysik voraus, wie sie hier über den allgemeinen Erkenntnisbegriff der Zuordnung von etwas Einzelnem zu etwas Allgemeinem vorgenommen wurde. Durch den Fehler der vermeintlichen Metaphysikfreiheit und durch die Fehldeutung der metaphysischen Annahmen in der Geschichte der Mathematik und Naturwissenschaft ist es Dingler unmöglich, den metaphysischen Wandel in den erkenntnistheoretischen Begründungen der Wissenschaft nachzuzeichnen oder gar verständlich zu machen. Darum ist es ihm nicht möglich, neue Anregungen für wissenschaftliche Forschungen zu geben.

Schließlich scheint sich Dingler hinsichtlich der Methoden der freien Forschung tolerant zu zeigen. Er sieht jedoch keine Möglichkeiten, andere erkenntnis- oder wissenschaftstheoretische Richtungen zu tolerieren, da er das eigene System für das einzig sinnvolle erachtet, wenn es darum geht, absolute Sicherheit in den Lebensvollzug des Menschen hineinzutragen. Dinglers Ansatz, den Aufbau seines Systems auf Definitionen zu gründen, hätte zu einem toleranten Verhalten führen können, da Definitionen stets willkürlich sind. Über diese Einsicht sind, wie bereits gezeigt, durchaus relative Normierungen denkbar, die sich auf die zugrundeliegenden Definitionen beziehen. Daß Dingler hier nur eine einzige Möglichkeit des definitorischen Anfangs sehen konnte, ist seinem religiösen Glauben an die Möglichkeit geschuldet, absolute Sicherheit nur auf dem konstruktivistischen Weg gewinnen zu können.

4.3.5   Der dialogische oder protowissenschaftliche Konstruktivismus

4.3.5.1 Vorbemerkungen

Paul Lorenzen kommt das Verdienst zu, den Konstruktivismus in der Gegenwartsphilosophie wieder interessant gemacht zu haben. Dies gilt für den ursprünglichen Konstruktivismus Hugo Dinglers ebenso wie für den durch Paul Lorenzen weiterentwickelten Konstruktivismus, den ich hier den *dialogischen Konstruktivismus* nenne. Zu seiner Darstellung beziehe ich mich nur auf Schriften von Wilhelm Kamlah und Paul Lorenzen sowie Schriften von seinen direkten Schülern wie etwa Kuno Lorenz, Jürgen Mittelstraß oder Peter Janich.

Es wurde schon darauf hingewiesen, daß sich die Entwicklung vom Dinglerschen Konstruktivismus zum dialogischen Konstruktivismus aus ähnlichen Gründen vollzog, wie die vom Positivismus zum Logischen Positivismus. Dem dialogischen Konstruktivismus geht es darum vordringlich um die Erstellung von Regeln des sprechenden Handelns, da diese allen anderen Handlungen vorgelagert zu sein scheinen, wenn sie methodisch begründet sein sollen. Bei Sprechhandlungen kann sich das Sprechen auf äußere oder auf innere Objekte beziehen. Der sprachliche Bezug auf äußere Objekte – das sind die Objekte in der sinnlich wahrnehmbaren Welt – bestimmt den Anfang des Aufbaus der wissenschaftlichen Terminologie, während es sich beim Aufbau der Logik nur um sprachliche Bezüge auf innere Objekte handelt, die vor allem durch Aussagen und deren Formen gegeben sind, die ausschließlich in der inneren Gedankenwelt der Menschen zu Hause sind.

Die Änderung eines Konstruktivismus betrifft wesentlich den Konstruktionsanfang, da sich aus ihm das gesamte konstruktivistische Programm ergibt. Ähnlich wie für Dingler kann es für Lorenzen keinen absoluten Anfang ohne Vorbedingungen geben. Es ist deutlich geworden, daß Dinglers Unberührtes aus den mythisch bestimmten Lebensbereichen des Menschen besteht. Auf sie kann der Mensch nicht mit Hilfe des Begriffspaares ‚Allgemeines – Einzelnes' gliedernd einwirken.

Lorenzen benutzt nicht ausdrücklich Dinglers mythogene Idee vom Unberührten. Er bezieht sich in seinem methodischen Aufbau lediglich auf eine Äußerung Diltheys: „Hinter das Leben kann die Erkenntnis nicht zurückgehen."[220] Lorenzen versteht dieses Zitat als die schlichte Einsicht,

> „daß das Leben, also die praktische Lebenssituation, in der wir uns schon immer befinden, ehe wir beginnen, Wissenschaft zu treiben oder gar zu philosophieren, auch einschließt, daß wir schon eine natürliche Sprache mit all ihrer Syntax benutzen."[221]

Für Lorenzen ist dieser Sprachgebrauch ein selbstverständlicher Lebensvollzug, in dem noch keine Rede von einem methodisch gesicherten Sprachgebrauch die Rede ist. Die

---

220 Vgl. Paul Lorenzen, Methodisches Denken, *Ratio, 7*, 1965, S. 1–23, in: Lorenzen 1968, S. 26.
221 Vgl. ebenda S. 28.

natürliche Sprache, wie sie Lorenzen charakterisiert, besitzt mit ihrem Bezug zu einer „praktischen Lebenssituation" so wie das Unberührte Dinglers mythischen Charakter, da sich die natürliche Sprache nach Lorenzen nicht methodisch zum Objekt machen läßt. Damit reduziert Lorenzen das Unberührte auf den *sprachlichen Bereich*.[222] Den Anfang eines methodischen Sprachaufbaus versucht Lorenzen nur durch die grundsätzliche Sprachfähigkeit des Menschen zu bestimmen. Denn das Problem des Anfangs im Aufbau einer Sprache hat Lorenzen in seinem Aufsatz ‚Methodisches Denken' mit folgendem Beispiel beschrieben:

> „Betrachten wir die natürliche Sprache als ein auf See befindliches Schiff, so können wir unsere Situation auch folgendermaßen darstellen:
> Wenn es kein erreichbares Festland gibt, muß das Schiff schon auf hoher See gebaut sein; nicht von uns, aber von unseren Vorfahren. Diese konnten also schwimmen und haben sich – irgendwie aus etwa herumtreibendem Holz – wohl zunächst ein Floß gezimmert, dieses dann immer weiter verbessert, bis es heute ein so komfortables Schiff geworden ist, daß wir gar nicht mehr den Mut haben, ins Wasser zu springen und noch einmal von vorn anzufangen. Für das Problem der Methode unseres Denkens müssen wir uns aber in den Zustand ohne Schiff, d.h. ohne Sprache versetzen und müssen versuchen, die Handlungen nachzuvollziehen, mit denen wir – mitten im Meer des Lebens schwimmend – uns ein Floß oder gar ein Schiff erbauen könnten."[223]

Dieses Bild verrät, daß Lorenzen noch 1965 glaubte, mit einem minimalen sprachlichen Anfang auskommen zu können, der nur die grundsätzliche Sprachfähigkeit voraussetzt, so wie er in seinem Bild nur mit der Fähigkeit auskommen will, sich schwimmend über Wasser zu halten. Der von ihm selbst verwendeten deutschen Sprache kommt in dem genannten Aufsatz ‚Methodisches Denken' aus dem Jahre 1965 lediglich die Funktion einer Erläuterungssprache zu. Er will sie nur dazu verwenden, um „zu beschreiben, was man zu tun hätte, wenn man eine Sprache methodisch lehren wollte." Wörtlich sagt er:

> „Diese Beschreibung ließe sich ersetzen durch einen praktischen Unterricht, wie ihn Kinder zu bekommen hätten, die noch nicht sprechen können."[224]

Dieser Standpunkt ist für das Unternehmen, das er uns vorführt, zu begrenzt; denn Lorenzen braucht dazu vielfältige Kenntnisse über die Verwendung und über die Beziehungen von Prädikaten. Diese Kenntnisse kann er nur der bereits gesprochenen Sprache entnehmen, d.h., die natürliche Sprache kann nicht ausschließlich als „Erläuterungs-

---

222 Dingler gibt in seinem 6. Beispiel für das Unberührte, das ich hier im Abschnitt 4.3.4.3 (Die Definitionen des Anfangs) angegeben habe, auch die Sprache als Unberührtes an, solange sie nicht bewußt verändert wird. Dabei hängt das Unberührte der Sprache vom einzelnen Sprechenden ab.

223 Vgl. Paul Lorenzen, Methodisches Denken, *Ratio, 7*, 1965, S. 1–23, in: Lorenzen 1968, S. 28f.

224 Vgl. Lorenzen 1968, S. 29.

sprache" dienen, sie enthält bereits den ganzen Fundus, den Lorenzen methodisch gesichert verwendbar machen möchte. Immerhin betonen Kamlah und Lorenzen in ihrem für Konstruktivisten richtungsweisend gewordenen Werk ‚Logische Propädeutik. Vorschule vernünftigen Redens‘[225] schon zwei Jahre später, „"davon auszugehen", daß wir „immer schon sprechen", miteinander sprechen als Menschen unter Menschen und als Menschen in der Welt."[226] Sie erkennen die „Nichthintergehbarkeit der Sprache"[227] an und wählen die Umgangssprache und nicht nur die grundsätzliche Sprachfähigkeit als ihren Konstruktionsanfang. Zu Konstruieren ist die wissenschaftliche und noch weitergehend die sogenannte Bildungssprache. Die Umgangssprache soll dabei nicht mehr nur als Erläuterungssprache wie beim Erlernen des Klavierspiels dienen. Sie sagen:

> „Wir haben keinen stichhaltigen Grund, nicht auch die Verwendung von Wörtern wie „Wort" oder „Satz" bereits als eingeübt vorauszusetzen. In unserem Fall werden wir also nicht allein erläuternd, sondern auch rückgreifend an bereits Bekanntes und Gekonntes, von der Umgangssprache Gebrauch machen."[228]

Mit der Umgangssprache ist der Anfang, aus dem heraus wohlbestimmte Systeme von Handlungsregeln abgeleitet werden sollen, so allgemein gewählt, daß prinzipiell alle Bereiche des menschlichen Lebens, für die es wünschenswert ist, sie durch explizit angebbare Handlungsregeln zu strukturieren, erfaßt werden könnten. Damit läßt sich der dialogische Konstruktivismus nicht nur als Wissenschaftstheorie verstehen, sondern ebenso als eine Theorie zur systematischen Darstellung des menschlichen Verhaltens, die traditionsgemäß als Ethik bezeichnet wird. Dementsprechend liegen neben der konstruktivistischen Wissenschafts- und Techniktheorie auch eine konstruktivistische Ethik und politische Theorie vor, deren Grundzüge vor allem auch von Paul Lorenzen entwickelt wurden. Da ich hier nur das Ziel habe, Wissenschaftstheorien darzustellen, zu vergleichen und zu beurteilen, beschränke ich mich auf die Besprechung der wissenschaftstheoretischen Normen des dialogischen Konstruktivismus, welche eine pointierte Form des methodischen Konstruktivismus darstellt.

4.3.5.2 Der Aufbau der wissenschaftlichen Terminologie

Das Problem des Anfangs wird von Lorenzen durch ein intuitives Überzeugungsargument für die Einfachheit gelöst (Lorenzen 1970/74, S. 65). Danach ist ein Satz um so einfacher, je weniger Worte er umfaßt. Da es Lorenzen nur um Eindeutigkeit in der Beschreibung

---

225 Vgl. Paul Lorenzen, Wilhelm Kamlah, ‚Logische Propädeutik. Vorschule vernünftigen Redens‘, Bibliogr. Inst., Mannheim 1967, S. 21, 2., verb. u. erw. Aufl. 1973, Logische Propädeutik. Vorschule des vernünftigen Redens, Nachdr. 1990, 1992.

226 Vgl. ebenda.

227 Vgl. ebenda.

228 Vgl. ebenda S. 25.

des Sollens und des Seins geht, beschränkt er sich „auf solche Sätze, die die Grammatiker Imperativsätze und Indikativsätze nennen."

Die einfachsten Indikativsätze drücken nach Lorenzen *Prädikationen* aus, die durch Zeigehandlungen (Handlungen des Hinweisens oder deiktische Handlungen[229] einem Gegenstand ein Prädikat zuordnen oder – wie Lorenzen sagt – einen *Prädikator* zusprechen. Ein Musiklehrer nimmt z.B. ein Fagott in die Hand und sagt: „Dies ist ein Fagott."[230] Der Anfang wird von Lorenzen dadurch möglich, daß er beginnt, die – wie sich auch sagen ließe – methodisch unberührte Umgangssprache mit Hilfe des Begriffspaares ‚Einzelnes – Allgemeines' zu strukturieren. Damit vollzieht er absichtlich, was in der Geschichte der Menschheit stets geschehen ist, wenn mythische Lebensbereiche durch das Wirksam werden der Relativierungsbewegung zerstört wurden. Denn im mythischen Bewußtsein findet sich die Unterscheidung von Einzelnem und Allgemeinem noch nicht vor, und alle Lebensbereiche, in denen noch ein selbstverständlicher, unreflektierter Lebensvollzug geschieht, tragen dieses Merkmal.[231] In seinem Aufsatz ‚Methodisches Denken' scheint Lorenzen angenommen zu haben, daß die Anwendung des Begriffspaares ‚Einzelnes – Allgemeines' schon in der Umgangssprache intuitiv geschieht. Denn dort sagt er (Lorenzen 1965, S. 30):

> „Wird ein Prädikat gebraucht, so ist immer schon ein Einzelnes intendiert, dem dieses Prädikat zu- oder abgesprochen wird. . Das Prädikat wird dem Einzelnen durch die Kopula – im Deutschen sind das die Wörter „ist" bzw. „ist nicht" – zu- bzw. abgesprochen."

Generell soll gelten: „Die Einübung solcher Wörter wie ‚klein' hat an Beispielen zu geschehen,[232] man hat zu lernen, das Wort einigen Gegenständen *zuzusprechen*, anderen *abzusprechen* (diese Gegenstände liefern ‚Gegenbeispiele')."[233] Das Zu- und Absprechen von Prädikatoren und den Unterschied verschiedener Prädikationen werde schon in der Umgangssprache gelernt. Im Aufbau der wissenschaftlichen Terminologie werde dieser

---

229 Ebenda S. 27.

230 Ebenda S. 27f.

231 Vgl. Wolfgang Deppert, *Die gegenwärtige Orientierungskrise. Ihre Entstehung und die Möglichkeiten ihrer Bewältigung*, Vorlesungsmanuskript, Kiel 1994.

232 Es sei hier bereits angemerkt, daß es sehr ungeschickt ist, das Wort ‚klein' als Element des ganzheitlichen Begriffssystems ‚klein – groß' für ein Beispiel elementarer Prädikation auszuwählen; denn der Prädikator ‚klein' kann ohne den Prädikator ‚groß' nicht eingeführt werden. Eigentümlicherweise haben Kamlah und Lorenzen schon drei Jahre vor dem Erscheinen des zitierten Aufsatzes ‚Regeln vernünftigen Argumentierens' diesen Sachverhalt in ihrem gemeinsamen Buch ausdrücklich vermerkt. (Kamlah/Lorenzen, S. 74) Auf die Schwierigkeiten, die damit verbunden sind, ganzheitliche Begriffssysteme als Prädikatoren exemplarisch einzuführen, gehe ich an anderer Stelle noch gesondert ein.

233 Vgl. Paul Lorenzen, Regeln vernünftigen Argumentierens, *Aspekte*, 3. Jahrg., Heft 1–6, 1970 und in: Lorenzen 1974, S. 47–97, S. 66.

bedeutungsstiftende Vorgang nur explizit gemacht und dazu benutzt, zu bestimmen, was eine Aussage ist:[234]

> „Einen Satz, den wir in solcher Weise behaupten oder bestreiten können, nennen wir eine *Aussage*."

Damit man die Prädikation unabhängig von einer Zeigesituation und deiktischen Handlungen machen kann, werden *Eigennamen* für Gegenstände eingeführt. Der Prädikator ‚Eigenname' soll von den umgangssprachlichen Beschränkungen befreit werden, indem folgendes erklärt wird:[235]

> „Von jedem beliebigen Gegenstand, dem ein Prädikator zugesprochen werden kann und den wir bisher durch deiktische Wörter und Gesten gekennzeichnet haben, wollen wir nunmehr sagen, daß er durch einen Eigennamen *benannt* werden kann oder doch benannt werden könnte."

Dabei wird unter dem Wort ‚Gegenstand' verstanden:[236]

> „alles ‚dasjenige', dem ein Prädikator zugesprochen werden kann oder worauf man durch Eigennamen oder deiktische Handlungen hinzeigen kann in einer für den Gesprächspartner verständlichen Weise."

Anstelle von Eigennamen können auch *Kennzeichnungen* verwendet werden, die stets aus einem Zeigeausdruck und einem Prädikator bestehen, wie etwa in der folgenden Aussage:

> „Das im Schlußsatz des Buches von Kamlah und Lorenzen zuerst genannte Wort ist ein Zeigewort."

Der Zeigeausdruck ist hier: ‚Das im Schlußsatz des Buches von Kamlah und Lorenzen zuerst genannte', das Wort ‚Wort' ist der Prädikator der Kennzeichnung und das Wort ‚Zeigewort' ist der Prädikator der Aussage. Die vollständige Kennzeichnung in der Aussage lautet: ‚Das im Schlußsatz des Buches von Kamlah und Lorenzen zuerst genannte Wort'. Derartige Kennzeichnungen übernehmen bei Prädikationen die gleiche Funktion wie die Eigennamen.[237] Im Unterschied zu Eigennamen, mit denen „wirkliche" Gegenstände benannt werden, ist nach Kamlah und Lorenzen mit Kennzeichnungen auch die Möglichkeit verbunden, Gegenstände nur zu „fingieren". Das soll heißen: Es gibt kei-

---

234 Vgl. Kamlah/Lorenzen 1967, S. 30.
235 Ebenda S. 31.
236 Ebenda S. 42.
237 Ebenda S. 33.

nen Gegenstand, auf den die Kennzeichnung zutrifft, wie etwa die ‚zehnte Sinfonie Beethovens'.[238] Darum übernehme

> „derjenige, der eine Kennzeichnung () gebraucht, jedenfalls in wissenschaftlicher Rede die Verpflichtung, erstens nachzuweisen, daß es Gegenstände gibt, denen der verwendete Prädikator zukommt () und zweitens nachzuweisen, daß es nicht mehrere, sondern genau einen solchen Gegenstand gibt."

Ein Eigenname kommt genau einem Gegenstand zu, während der Prädikator auf mehrere Gegenstände anwendbar ist. Darum kennzeichnet ein Eigenname etwas Einzelnes und ein Prädikator etwas Allgemeines.[239] Wenn nur die Form der Prädikation ausgesagt wird, ohne daß ein bestimmter Eigenname und ein bestimmter Prädikator genannt ist, dann spricht man von einer *Aussageform*. Die Kennzeichnung des unbestimmten Eigennamens und des unbestimmten Prädikators heißt *Variable*. Werden für die Variablen Eigennamen und Prädikatoren eingesetzt, dann wird aus der Aussageform eine Aussage. Da eine Aussage behauptet oder bestritten werden kann, hat schon die Aussageform zwei verschiedene formale Schreibweisen:

$x \varepsilon P$ (x ist P) und $x \varepsilon' P$ (x ist nicht P).

Prädikatoren können ein- oder mehrstellig sein. So ist ‚Schüler von' ein zweistelliger Prädikator. In der formalen Schreibweise ist die Angabe des Schülers und des Lehrers als ein geordnetes Paar aufzufassen, so daß z.B. die Schüler-Lehrer-Relation zwischen Platon und Sokrates in der Prädikatorschreibweise folgende Form erhält (Ebenda, 35):

Platon, Sokrates ε Schüler.

Die allgemeinen elementaren Aussageformen besitzen somit folgende Form:

$x_1, x_2, x_3, \ldots, x_n \, \varepsilon \, P$ und $x_1, x_2, x_3, \ldots, x_n \, e, \, P$
mit n = 1, 2, 3, …

Diese normierte Schreibweise soll für Kamlah und Lorenzen den Zweck erfüllen, zu einer[240]

> *„international verständlichen Wissenschaftssprache vorzustoßen, die unabhängig von den historischen Umgangssprachen und somit interlingual und kontextunabhängig ist."*

---

238 Ebenda S. 107ff.
239 Ebenda S. 32.
240 Ebenda S. 37.

Im Unterschied dazu sprechen Kamlah und Lorenzen auch von Gebrauchsprädikatoren, die ihre volle Bedeutung erst durch einen bestimmten Kontext erhalten. Den Übergang von kontextabhängigen Gebrauchsprädikatoren zur Kontextunabhängigkeit der wissenschaftlichen Terminologie wollen sie durchaus fließend gestalten, indem sie ausdrücklich betonen:[241]

> „Es gehört zu der Kunst wissenschaftlichen Sprechens, dort zu normieren, wo es notwendig ist, ohne in den spanischen Stiefeln der Pedanterie einherzugehen, ohne also auf den Vorzug der Kontextoffenheit von Wörtern rigoros zu verzichten."

Ein normierter Prädikator wird als *Terminus* bezeichnet. Die Normierung von Prädikatoren der wissenschaftlichen oder philosophischen Sprache soll mit Hilfe von Beispielen durch explizite Vereinbarung geschehen und durch die Angabe von Prädikatorenregeln.[242] Prädikatoren hängen miteinander zusammen, das gilt bereits für die Gebrauchsprädikatoren der Umgangssprache. Der Zusammenhang von normierten Prädikatoren soll durch *Prädikatorenregeln* beschrieben werden, die folgende Gestalt haben:

$$x \varepsilon \underline{P} => x \varepsilon \underline{Q}$$

Hierbei stehen die unterstrichenen Großbuchstaben für bestimmte normierte Prädikatoren, d.h., es sind keine Prädikatorenvariablen. Das Zeichen zwischen den beiden Aussageformen ('=>' ist eine Gegenstandsvariable) verbindet diese zu folgender Aussage (Ebenda, 72f.):

'$x \varepsilon \underline{P}$ erlaubt x'$\underline{Q}$'

oder 'man darf von der Aussageform '$x \varepsilon \underline{P}$' zu der Aussageform '$x \varepsilon \underline{Q}$' übergehen'.

Als Beispiel möge gewählt werden: $\underline{P}$ sei der normierte Prädikator: „Pelz sein" und $\underline{Q}$ sei der normierte Prädikator: „behaart sein", dann bedeutet die Prädikatorregel $x \varepsilon \underline{P} => x \varepsilon \underline{Q}$ für den Gegenstand x, der ein Pelz ist, daß man von x auch sagen darf, daß er behaart ist.

Entsprechend gibt es Prädikatorenregeln, die es verbieten, von einem Prädikator zu einem nächsten fortzuschreiten. Analog der bereits eingeführten Schreibweise verbietet die Prädikatorenregel

'$x \varepsilon \underline{P} =/> x \varepsilon$'$\underline{Q}$'

---

241 Ebenda S. 69
242 Ebenda S. 70f.

den Übergang von der Aussageform ‚$x \varepsilon P$‘ zu der Aussageform ‚$x \varepsilon Q$‘. Wenn in unserem Beispiel P nicht für „Pelz sein" stünde sondern für „Zahn sein", dann würde die Prädikatorenregel

$$‘x \varepsilon \underline{P} = /> x \varepsilon ‘\underline{Q}‘$$

besagen, daß es verboten, ist von einem Gegenstand x, der ein Zahn ist, zu sagen, daß er behaart sei. (So läßt sich durch schlichte Prädikatorenregeln das Problem beseitigen, daß man hat, wenn man von Menschen sagt, sie hätten Haare auf den Zähnen: Man darf es nicht sagen!)

Mit Hilfe von Prädikatorregeln lassen sich zweistellige Metaprädikatoren einführen. Z. B.[243]:

1. *Genereller als* oder *spezieller als*:
   ‘$\underline{Q}$‘ ist genereller als ‘$\underline{P}$‘ oder ‘$\underline{P}$‘ ist spezieller als ‘$\underline{Q}$‘ =: $x \varepsilon ‘\underline{P}‘ => x \varepsilon Q$.
2. *Konträrer Gegensatz* oder *gegenseitige Unverträglichkeit*:
   ‘$\underline{Q}$‘ und ‘$\underline{P}$‘ stehen im konträren Gegensatz =: $x \varepsilon \underline{P} => x \varepsilon ‘Q$ oder $x \varepsilon Q => x \varepsilon ‘\underline{P}$.
3. *Kontradiktorischer Gegensatz*:
   ‚$\underline{Q}$‘ und ‚$\underline{P}$‘ stehen im kontradiktorischen Gegensatz =: $x \varepsilon \underline{P} => x \varepsilon ‘Q$ und $x \varepsilon ‘Q => x \varepsilon \underline{P}$.

Kamlah und Lorenzen wollen an dieser Stelle den Metaprädikator ‚*polar-konträrer Gegensatz*‘ einführen. Sie tun dies hier nur mit Beispielen und ohne Angabe von Prädikatorenregeln. Sie verweisen lediglich darauf, daß es sich hier um „einen weiteren Spezialfall des konträren Gegensatzes" handele, indem sie erklären:[244]

> „Die beiden Prädikatoren befinden sich je am Ende einer Skala derart, daß es einen kontinuierlichen Übergang von einem Ende zum anderen gibt. Beispiele: klein – groß, kurz – lang, hell – dunkel, heiß – kalt, jung – alt, gut – schlecht. Umgangssprachlich sagen wir: „Klein" ist etwas immer nur im Vergleich mit etwas anderem, „relativ" auf ein anderes. Hier sagen wir genauer: Ersichtlich können polar-konträre Prädikatoren immer nur so exemplarisch eingeführt werden, daß ein zweistelliger Prädikator eingeführt wird und zugleich mit ihm, anhand derselben Beispiele, seine Kontroverse. Zum Beispiel wählen wir zwei Gegenstände, deren einer „größer als" der andere ist, so daß zugleich der zweite „kleiner als" der erste ist."

Das klingt so, als ob das Prädikatorenpaar ‚klein – groß‘ über das zweistellige Prädikatorpaar ‚kleiner als – größer als‘ eingeführt werden soll, obwohl Carnap sicher damit Recht hat, daß die klassifikatorischen Begriffe logisch und auch operativ vor den komparativen Begriffen liegen. Komparative Begriffspaare sind jedoch ebenso wie klassifikatorische Begriffspaare nur hinsichtlich einer bestimmten Vergleichsoperation angebbar. Ein Gegenstand ist nicht klein oder groß im Vergleich zu einem anderen, sondern dies gilt nur

243 Ebenda S. 73.
244 Ebenda S. 74.

für bestimmte Merkmale der Gegenstände, wie etwa für seine Längenausdehnung, sein Gewicht, sein Volumen, seine Energie, seine Wärme, seine Bekanntheit, u.s.w. Kamlah und Lorenzen sagen selbst, daß sie an eine Skala denken, von deren beiden Endpunkten die polar-konträren Gegensätze ausgesagt werden sollen. Man kann dabei an physikalische Größen oder anders bestimmte Größen denken, die im Verhältnis zueinander klein oder groß genannt werden können. Das Abstraktum ‚Größe' müßte über relativ komplizierte Prädikatorenregeln in Form eines Metaprädikators eingeführt werden. Darum können die Prädikatorpaare, die Kamlah und Lorenzen hier als Beispiele für polar-konträre Gegensätze angeben, nicht auf dem Wege elementarer Prädikationen gewonnen werden. Der Metaprädikator ‚Größe' ist nur bestimmbar, wenn zuvor die Prädikatoren wie z.B. ‚Länge', ‚Volumen', ‚Masse', ‚Kraft' oder ähnliches schon zu den Bausteinen der wissenschaftlichen Terminologie gehören. Wie aber soll dies geschehen, wenn dazu Prädikatorpaare wie ‚klein – groß', ‚kurz – lang', ‚leicht – schwer', ‚warm – kalt', ‚hart – weich' u.s.w. grundsätzlich nicht benutzt werden können?

Zwar haben Kamlah und Lorenzen bemerkt, daß sich das Verständnis von Begriffspaaren nur sprungweise erreichen läßt. Darum schlugen sie vor, die Prädikatoren ‚klein' und ‚groß' an zwei verschieden großen Gegenständen zugleich einzuführen. Sie haben aber nicht gesehen, daß Begriffspaare als ganzheitliche Begriffssysteme in einer gegenseitigen definitorischen Abhängigkeit ihrer Elemente stehen, und damit eine abstrakte Form besitzen, deren Anwendungsproblem sich nur auf dem Wege der Modellbildung lösen läßt, wie sie etwa in der Sneed-Stegmüllerschen Theorie vorliegt. Dadurch haben wir es selbst bei den einfachsten Fällen ganzheitlicher Begriffssysteme, bei den Begriffspaaren, schon mit Abstraktionen zu tun, die sich auf dem hier aufgezeigten Weg der exemplarischen Einführung von Prädikatoren nicht erreichen lassen.

Diese Thematik ist erst weiter diskutierbar, wenn der Aufbau der wissenschaftlichen Terminologie des dialogischen Konstruktivismus weiter beschrieben ist. Dazu führen Kamlah und Lorenzen sogenannte Abstraktoren ein. Sie sind, wie sie sagen:[245]

> „nicht Prädikatoren, die wir Gegenständen zusprechen könnten, sondern lediglich Zeichen, die anzeigen, daß Aussagen in einer bestimmten Weise verstanden werden sollen."

Abstraktoren sind die Ergebnisse von Abstraktionen, die dann vorgenommen werden, wenn von etwas abgesehen wird. Sehen wir von der Lautgestalt eines Terminus ab, dann bleibt etwas übrig, was sich auch als Bedeutungsgehalt des Terminus bestimmen ließe, den Kamlah und Lorenzen als den *Begriff* bestimmen. Das Wort ‚Begriff' ist ein Abstraktor.

Ähnliches gilt für den Zusammenhang von Handlung und Handlungsschema. Wenn wir von den tatsächlichen Gegebenheiten einer bestimmten Handlung absehen, dann bleibt eine gewisse Form und eine formale Intention der Handlung, und dies wird von Kamlah und Lorenzen als Handlungsschema bezeichnet. Auch das Wort ‚Handlungsschema' ist also ein Abstraktor. So wie man zum Begriff vorstößt, wenn man von der Lautgestalt eines

---

245 Ebenda S. 101.

Terminus absieht, so kommt man zum Handlungsschema, wenn man das Gewand, in dem eine Handlung erscheint, abstreift.

Ein entsprechender Abstraktionsvorgang führt von einer Aussage zum Sachverhalt. Sieht man von dem Erscheinungsbild einer Aussage ab, dann ist dadurch der Sachverhalt bestimmt. Die Abstraktoren ‚Begriff‘, ‚Handlungsschema‘ und ‚Sachverhalt‘ stehen zu den Prädikatoren ‚Terminus‘, ‚Handlung‘ und ‚Aussage‘ im gleichen Entsprechungsverhältnis. Demnach unterscheiden Kamlah und Lorenzen „Abstraktionen der ersten und der zweiten Stufe.“ Diese Stufung erläutern sie so:[246]

> *„Auf der ersten Stufe gehen wir vom konkreten, aktuell gesprochenen Wort oder Satz zum Wort als Schema oder zum Satzschema über. Ist das Wort ein Terminus oder ist der Satz eine Aussage, so können wir auf der zweiten Stufe abstrahierend zum Begriff oder zum Sachverhalt weitergehen, gegebenenfalls zur Tatsache als wirklichem Sachverhalt.“*

Schließlich sei noch der Abstraktor ‚Klasse‘ erwähnt, der für Kamlah und Lorenzen, deshalb nötig ist, weil man vom Terminus ‚Terminus‘ in zwei verschiedenen Hinsichten abstrahieren kann; denn „man pflegt neben die „intensionale“ noch die „extensionale“ Bedeutung (von Prädikatoren) zu stellen, neben den „Begriff“ die „Klasse“.“ (Ebenda, S. 92) ‚Extensional‘ heißt hier: die Menge aller Gegenstände betreffend, auf die der Prädikator anwendbar ist. Sie wird von Kamlah und Lorenzen ‚Klasse‘ genannt. Prädikatoren sind *extensional gleich*, wenn ihre Anwendungsbereiche identisch sind. Durch den Abstraktor ‚Klasse‘ wird von der interlingual vermittelbaren Bedeutung eines Terminus abgesehen, indem nur die Menge der Gegenstände betrachtet wird, für die die Prädikation mit dem Terminus wahr ist.

Indem Kamlah und Lorenzen den Abstraktor ‚Klasse‘ dem Abstraktor ‚Begriff‘ gegenüberstellen, hat es den Anschein (sie sagen es nicht explizit), als ob sie das Wort ‚Begriff‘ als Bezeichnung der intensionalen Abstraktion des Terminus ‚Terminus‘ reservieren wollen, während sie als Bezeichnung der extensionalen Abstraktion das Wort ‚Klasse‘ benutzen. An der Stelle der Einführung des Abstraktors ‚Klasse‘ bleibt ungeklärt, warum Kamlah und Lorenzen die entsprechende Abstraktion nicht auf die Handlungsschemate und auf die Sachverhalte durchführen. Denn wenn mit dem Abstraktor ‚Klasse‘ der existentielle Bereich der Anwendbarkeit des Begriffs (intensional gemeint) verstanden wird, so stellt sich doch die existentielle Frage über die Anwendbarkeit von Handlungsschematen ebenso wie die für Sachverhalte. Beide könnten durch Begriffe, und d.h. intensional, bestimmt sein, so daß es durchaus nicht selbstverständlich ist, ob für sie ein Anwendungsbereich bestimmt ist. Vielleicht haben Kamlah und Lorenzen diese Frage deshalb nicht behandelt, weil sie sich selbst durch eine andere Frage in Bedrängnis bringen, nämlich die Frage, ob den Abstraktoren denn ein eigenes Sein zukomme oder nicht. Hier gewinnt der Leser den Eindruck, daß die eigene zugrundeliegende Metaphysik nicht reflektiert

---

246 Ebenda S. 101.

worden ist und dadurch Berührungsängste hinsichtlich der existentiellen Fragestellungen aufkommen.[247] (Ebenda, S. 102f.)

Nach der Einführung der wichtigsten Bausteine der wissenschaftlichen Terminologie des dialogischen Konstruktivismus, wie: Prädikatoren, Elementaraussagen, Termini, Eigennamen, Kennzeichnungen, Variablen, Aussageformen, Aussagen, Prädikatorregeln und Abstraktoren wie vor allem Handlungsschema, Begriff, Klasse und Sachverhalt, bedarf es bestimmter Vereinbarungen über die möglichen Zusammensetzungen dieser Bausteine. Dies geschieht durch *Definitionen*. Kamlah und Lorenzen legen Wert darauf, Definitionen von Vereinbarungen zu unterscheiden; denn eine „Definition setzt voraus, daß wir bereits die Termini", die wir (im Definiens) zum Definieren des Definiendums (des Zu-Definierenden) verwenden, „explizit vereinbart haben."[248] (Ebenda, S. 77ff.) Darum ist die Definition „Ein Terminus ist ein Prädikator, der als Element einer wissenschaftlichen Sprache explizit vereinbart wurde", nur:[249]

> „für denjenigen verständlich, der den bisherigen terminologischen Aufbau mitvollzogen hat, der also z.B. weiß: Einen Prädikator „vereinbaren" heißt seine Verwendung normieren, nicht etwa nur seine Lautgestalt normieren, und „seine Verwendung normieren" heißt die Unterscheidung angeben, die durch den Prädikator gemacht werden soll."

Da eine Definition auch eine explizite Vereinbarung ist, wird sie auch *terminologische Bestimmung* genannt.[250] Sie selbst ist dadurch bestimmt, daß das Definiendum (das Zu-Definierende) eine Abkürzung für das Definiens (das Definierende) ist. Das Abkürzungsverhältnis müßte analog der Schreibweise von Kamlah und Lorenzen durch das Zeichen „<=>" wiedergegeben werden, da sie im Gegensatz zu einer Prädikatorenregel eine Regel sei, „die vorwärts und rückwärts gelesen werden" könne. Dies ist aber nur formal richtig; denn die ursprünglicheren Vereinbarungen liegen im Definiens. Das heißt, in bezug auf die intensionale Bedeutung des Terminus, für den das Definiendum eine abkürzende Schreibweise darstellt, besteht eine einseitige Abhängigkeit des Definiendums vom Definiens, die nicht umkehrbar ist. Peter Janich meint sogar, eine Definition sei „logisch gesehen eine Äquivalenzrelation".[251] Das ist jedoch aus diesem Grund der Bedeutungsasymmetrie verfehlt. Dies mag an folgendem Beispiel deutlich werden: Kamlah und Lorenzen definieren: „Terminus <=> explizit vereinbarter Prädikator". Nun mag ein Fregejaner aber lieber definieren: „Begriffswort <=> explizit vereinbarter Prädikator". Wenn wir die Relation ‚<=>' als Äquivalenzrelation verstehen, dann gilt: Terminus <=> Begriffswort. In einem rein formalen Sinn (den meint Janich vielleicht, wenn er von ‚logisch gesehen' spricht) ist diese Beziehung richtig, sie sagt aber nichts über die intensionale Bedeutung der Worte

---

247 Ebenda S. 102.
248 Ebenda S. 77ff.
249 Ebenda.
250 Ebenda S. 78.
251 Vgl. Janich, Peter, *Die Protophysik der Zeit*, Bibliogr. Inst. Mannheim 1969, S. 31.

‚Terminus' und ‚Begriffswort' aus, so daß ein analytisches Urteil über das Vorliegen eines Terminus oder eines Begriffswortes in einem Text nicht ausgesagt werden kann. Das Zeichen, das die definierende Relation zum Ausdruck bringt, sollte darum keine Symmetrie vortäuschen, die für die Art der explizit vereinbarten Termini nicht gegeben ist. Es ist durchaus üblich, an die Seite des Definiens einen Doppelpunkt zu setzen, woran ich mich auch halten möchte und darum für das Definitionszeichen schreibe: „<=>:".

Nach Kamlah und Lorenzen ist mit den hier wiedergegebenen und beschriebenen Bausteinen einer wissenschaftlichen Terminologie das nötige Instrumentarium zum weiteren konstruktivistischen Aufbau dargestellt. Es scheint mir, daß Peter Janich recht hat, wenn er zu diesem Instrumentarium noch den sogenannten Ideator hinzufügt[252], da dieser entscheidend ist, für den Aufbau der konstruktivistisch begründeten Wissenschaften. Nach dem Dinglerschen konstruktivistischen Grundmuster ist der Mensch mit Hilfe seines Geistes in der Lage, Idealvorstellungen zu konstruieren, die er versucht zu realisieren, wobei das Problem besteht, die Realisate möglichst weit den Idealvorstellungen anzunähern. Auch Kamlah und Lorenzen stehen in dieser Tradition, wenn sie schreiben[253]:

> „Wie im Anschluß an Platon die aprioristische Philosophie (vor allem Kant, in unserem Jahrhundert H. Dingler) hervorgehoben hat, handelt die Geometrie nicht von Beziehungen, die wir an Naturdingen vorfinden, sondern von Beziehungen, die wir den Dingen *vorschreiben*."

Ideatoren sind demnach ideale Prädikatoren idealer Gegenstände, wenngleich man eine solche Formulierung wegen ihrer schon angedeuteten Scheu hinsichtlich der Existenz abstrakter Gegenstände bei den Konstruktivisten nicht finden wird. So erläutert Janich das Wort ‚Ideator' lediglich durch den Klammerausdruck (z.B. ‚Ebene', ‚Punkt', ‚gleichförmige Bewegung'). In seinem zusammen mit Oswald Schwemmer 1973 herausgegebenen Buch ‚Konstruktive Logik, Ethik und Wissenschaftstheorie' benutzt Paul Lorenzen eine Art von Als-Ob-Philosophie, um diese Schwierigkeit idealer Gegenstände und idealer Prädikatoren zu umgehen, indem er schreibt:[254]

> „Ideale Realisierungen gibt es nicht, nur Realisierungen von Idealen. Aber, um bequem darüber reden zu können, was unsere Realisierungsverfahren erreichen sollen, *fingieren* wir die Existenz von Objekten, die die Homogenitätsprinzipien erfüllen. Wir ersetzen also die realen Eigenprädikatoren: Ecke, Kante, Seite, Ding durch neue Wörter (Punkt, Gerade, Ebene, Körper) und reden so, als ob dies Eigenprädikatoren für neue Objekte, *Ideate*, wären. Orthosprachlich geschieht dies etwa dadurch, daß die realen Prädikatoren Ecke, … in eckige Klammern [Ecke], … [Ding] gesetzt werden. Die Rolle dieser Klammern als Ideatoren übernimmt in der Bildungssprache das vorgesetzte „Ideal" – mit den anschließenden Definitionen-Punkt <=>: ideale Ecke, …"

---

252 Ebenda S. 31.
253 Vgl. Kamlah/Lorenzen 1967, S. 229.
254 Vgl. Lorenzen/Schwemmer 1973, S. 165.

Für den bisher dargestellten Aufbau einer wissenschaftlichen Terminologie wird von den Konstruktivisten keinerlei Wahrheitsanspruch gestellt. Die entwickelte Terminologie wird lediglich als ein Angebot für vernünftiges Reden über mögliche Einigungen zur Grundlegung einer wissenschaftlichen Sprache verstanden. Während für Dingler die Frage nach der Wahrheit erst nach der sicheren Konstruktion der idealwissenschaftlichen Anfänge behandelt werden kann, ist für Lorenzen der Aufbau einer wissenschaftlichen Terminologie schon immer mit Wahrheitsbegriffen verschiedener Art verbunen, wie man vernünftiger Weise über Wahrheit spricht und in welchen verschiedenen Hinsichten. Lorenzen beruft sich an vielen Stellen seines Werkes auf Kant, und man kann den Eindruck gewinnen, daß er in der Frage der Bestimmung von Wahrheitsquellen einen ähnlichen Weg wie Kant gehen möchte, indem er versucht, die Wahrheitsbegriffe der verschiedenen erkenntnistheoretischen Wahrheitskonzeptionen in seiner dialogischen Wahrheitskonstruktion zu vereinigen.

4.3.5.3 Der konstruktivistische Wahrheitsbegriff

Der Konstruktivismus setzt traditionsgemäß nicht auf *eine* Wahrheitsquelle, wie dies im Empirismus mit den Sinneswahrnehmungen oder im Rationalismus mit den Vernunftwahrheiten geschieht. Denn der traditionelle Konstruktivismus möchte den Wahrheitsbegriff erst mit Hilfe einer eindeutig bestimmten, und das heißt, zirkelfreien Hierarchie von Handlungsanweisungen konstruieren. Der dialogische Konstruktivismus aber scheint diese Tradition aufgegeben zu haben. Denn Kamlah und Lorenzen (1967, S. 118f.) nehmen eine im einzelnen Menschen gelegene, nicht näher bezeichnete Wahrheitsquelle an, wenn sie Wahrheit als ein Beurteilungsergebnis ansehen, das Menschen mit bestimmten gleichen Voraussetzungen übereinstimmend erzielen:

> „Wenn auch jeder andere, der mit mir dieselbe Sprache spricht, der sachkundig und vernünftig ist, einem Gegenstand nach geeigneter Prüfung den Prädikator „P" zusprechen würde, dann habe auch ich das Recht zu sagen „dies ist P". Und wenn diese Bedingung erfüllt ist, dann darf ich ferner sagen: „die Aussage ‚dies ist P' ist wahr" oder auch: „die Behauptung ‚dies ist P' ist berechtigt.""

Wie es im einzelnen Menschen zur Feststellung der Wahrheit eines Satzes kommt, wird hier nicht gesagt, sondern nur daß es sich dabei um eine Prüfung handelt und daß der Prüfende gewisse Bedingungen der Sprachkompetenz, der Sachkompetenz und der Vernünftigkeit erfüllen muß. Mit diesen drei Bedingungen wird eine für Konstruktivisten erstaunliche Vagheit zugelassen.[255] Von einer Korrespondenz zwischen innerer Vor-

---

255 Auch der von Kamlah und Lorenzen (1967, S. 127) angegebenen Definition von Vernünftigkeit haftet diese Vagheit an: „Wir nennen einen Menschen vernünftig, der dem Mitmenschen als seinem Gesprächspartner und den besprochenen Gegenständen aufgeschlossen ist, der ferner sein Reden nicht durch bloße Emotionen und nicht durch bloße Traditionen oder Moden,

stellung und der äußeren oder inneren Wirklichkeit wird hier aber nicht gesprochen, wie es in der Korrespondenztheorie der Wahrheit der Fall ist, worauf sie ausdrücklich hinweisen (S. 123 und S. 142): Es gibt nur *die Wahrheitsbedingung der intersubjektiven Übereinstimmung*. Darum sprechen Kamlah und Lorenzen[256] von „interpersonaler Verifikation". „Die Wahrheit einer Aussage wird erwiesen durch Homologie", sagen sie. Die Feststellung der Wahrheit eines Satzes erfolgt somit in zwei grundsätzlich voneinander unterschiedenen Schritten:

1. Die Prüfung der Prädikation durch einen sprachkundigen, sachkundigen und vernünftigen Beurteiler.
2. Die Prüfung der Übereinstimmung verschiedener Beurteiler oder die Untersuchung der grundsätzlichen Möglichkeit dazu.

Durch diese beiden Schritte hätte die Möglichkeit bestanden, subjektive von intersubjektiven Wahrheiten zu unterscheiden. Diese Möglichkeit wird nicht ergriffen, vermutlich weil es Kamlah und Lorenzen mehr auf den konstruktivistisch anmutenden zweiten Schritt ankommt, der als eine Handlungsanweisung formuliert werden kann, was für den ersten Schritt so nicht gilt. Solange der Glaube an eine einheitliche Vernunft aufrecht erhalten werden kann, wird man daran glauben können, daß der erste Schritt die Voraussetzung für erfolgreiche zweite Schritte liefert. Sicher hatten und haben die Konstruktivisten allen Anlaß, an diesem Glauben festzuhalten; denn wie anders könnte man darauf hoffen, das Problem des Anfangs und das Problem der Konstruktion einer zirkelfreien Hierarchie von Handlungsanweisungen zu lösen, wenn nicht durch Anrufung der gemeinsamen Vernunft.

Mit Hilfe der Einführung des Aussagenprädikators „wahr" konstruieren Kamlah und Lorenzen den Prädikator „wirklich" wie folgt:[257] Eine Aussage stellt einen *Sachverhalt* dar. Eine wahre Aussage beschreibt eine *Tatsache*, und eine Tatsache ist ein *wirklicher Sachverhalt*. Die Wahrheit einer Aussage ist hier eine Funktion der *Sprachübereinstimmung*, der *Sachkunde*, der *Vernünftigkeit* und der *Einigungsbereitschaft*. Man kann diese vier Bedingungen insgesamt der *Vernunft* zuordnen, so daß – verkürzt gesprochen – Wahrheit eine Funktion der Vernunft ist. Wenn nun *Wirklichkeit* erst über diese Vorstellung von Wahrheit bestimmbar ist, dann ist Wirklichkeit eine Funktion der Wahrheit und dadurch wird auch Wirklichkeit eine Funktion der Vernunft. Aus dieser Konsequenz des dialogischen Konstruktivismus wird ersichtlich, daß die Korrespondenztheorie der Wahrheit nicht wahrheitsdefinierend ist, sondern daß sie umgekehrt eine Folge der Bestimmung ist,

---

sondern durch Gründe bestimmen läßt." Noch vager ist der Versuch der Negativabgrenzung, wenn verlangt wird, daß der Gesprächspartner „weder böswillig noch schwachsinnig" ist, wie Kamlah und Lorenzen (1967, 118) sagen.

256 Vgl. Lorenzen, Paul, „Regeln vernünftigen Argumentierens", in: *Aspekte*, 3. Jahrgang, Heft 1–6, 1970, S. 120 und in: Lorenzen 1974, S. 47–97.

257 Vgl. Kamlah/Lorenzen 1967, 135–138.

daß alles, was wirklich ist, auch wahr ist, weil ein wirklicher Sachverhalt durch eine wahre Tatsache definiert ist und nicht umgekehrt. Diese Einsicht stammt von Kant[258], daß wir von den Dingen an sich nichts wissen können, sondern daß alles, was wir über sie wissen, durch unsere reinen Formen der Sinnlichkeit und des Verstandes geprägt sind, durch die wir die Begriffe unserer Sprache bilden. Kamlah und Lorenzen drücken das so aus:

> „„Die Wirklichkeit als maßgebende Instanz" kann nicht selbst „entscheiden", da sie nicht redet, sondern schweigt."[259]

Wir können im Rahmen des dialogischen Konstruktivismus die Wirklichkeit nur redend erfassen.[260] Das Erfassen von Wirklichkeit gelingt ausschließlich über *festgestellte* oder *empirische Wahrheiten*, deren Quelle wir in uns bemerken, wenn wir uns der sinnlich wahrnehmbaren Welt aussetzen, und diese Quelle bewirkt eine *Verbindung* von unserem *begrifflichen Denken* zu den Gegenständen der *sinnlich erfaßbaren Existenzform.*

Wir können uns in unserer sprachlichen Welt unabhängig von der sinnlich wahrnehmbaren Welt machen und Aussagen formulieren, die ohne Bezug auf Sinneswahrnehmungen behauptet oder bestritten werden können. Darum müßte es auch für den dialogischen Konstruktivismus eine weitere Form von Wahrheit geben, die sich nicht auf dem Wege sinnlicher Wahrnehmungen feststellen läßt. Konsequenterweise findet sich bei Kamlah/Lorenzen (1967, Kap. VI) das Konzept der nicht-empirischen Wahrheit, das im konstruktivistischen Konzept sogar eine ganz besonders weitreichende Bedeutung hat, so daß diese konstruktivistische Richtung auch ihren Namen von diesem Konzept erhalten hat. Es ist das **Wahrheitskonzept des Dialogspiels** oder allgemeiner ausgedrückt, das der *dialogischen Logik*, das Paul Lorenzen zusammen mit seinem Schüler Kuno Lorenz erarbeitet hat.

Der Charakter des Spiels weist daraufhin, daß es sich in der dialogischen Logik um Spielregeln handelt, die nichts mit Empirie zu tun haben, sondern nur mit vernünftigen Regelungen, die „sich dem mit uns um eine Regelung bemühten von selbst empfehlen".

---

258 Diese Behauptung muß allerdings dahingehend eingeschränkt werden, daß es sehr wahrscheinlich schon Protagoras gewesen ist, der mit seinem sogenannten Homo-mensura-Satz darauf hinwies, daß alle menschliche Erkenntnis erst die menschliche Sprachbarriere überwinden muß und dadurch notgedrungen den Prägestempel der menschlichen Sprache besitzt. Die von Protagoras überlieferte Begründung des Homo-mensura-Satzes lautet: Sein **bedeutet** jemandem erscheinen. Diese Sicht scheint bereits mit der Wahrheits- und Wirklichkeitsdefinition von Kamlah/Lorenzen zusammenzufallen. Vgl. Deppert, Wolfgang, *Einführung in die Philosophie der Vorsokratiker (2). Die Entwicklung des Bewußtseins vom mythischen zum begrifflichen Denken,* nicht druckfertiges Vorlesungsmanuskript der Vorlesungen WS 1997/98 und WS 1998/1999, Kiel 1999, S. 163ff.

259 Vgl. Kamlah/Lorenzen 1967, S. 142.

260 Verallgemeinernd läßt sich sagen: Jede Kommunikationsform baut ihre eigene Wirklichkeit auf, die Musik schafft die musikalische Wirklichkeit, die Malerei die malerische oder der Tanz die tänzerische Wirklichkeit, u.s.w. Vgl. Hübner, Kurt, *Die zweite Schöpfung. Das Wirkliche in Kunst und Musik*, Beck Verlag, München 1994.

Das *Dialogspiel* wird zur Bestätigung oder zur Widerlegung einer ursprünglichen Aussage zwischen einem Behaupter und einem Bezweifler durchgeführt. Der Behaupter wird von Lorenzen der *Proponent* genannt, und der Bezweifler wird als *Opponent* bezeichnet. Proponent und Opponent wechseln sich mit je einem Schritt oder mit einem Zug im Dialogspiel ab. Wer keinen Zug mehr tätigen kann, hat verloren. Der Gewinner zeichnet die umkämpfte Aussage mit dem für ihn spezifischen Wahrheitswert aus: Gewinnt der Proponent, dann ist die Aussage *wahr*, gewinnt der Opponent, dann ist die Aussage *falsch*. Diese klare Regelung, das eine Gewinnsituation nur die beiden Möglichkeiten kennt, daß die umkämpfte Aussage entweder wahr oder falsch ist, besagt nichts darüber, daß es in der dialogischen Logik grundsätzlich nur zwei Warheitswerte geben kann. Wie sich noch zeigen wird, ist diese Bedingung von nur zwei Wahrheitswerten keine Voraussetzung der Dialogischen Logik.

Das Wahrheitskonzept des Dialogspiels läßt sich auf empirische Wahrheiten ebenso anwenden wie auf nicht-empirische Wahrheiten.[261] Es fragt sich darum: Durch welche Eigenarten des Dialogspiels lassen sich grundsätzlich empirische von nicht-empirischen Wahrheiten unterscheiden? Zur Klärung dieser Frage schreibt Paul Lorenzen die wichtigsten Regeln des Wahrheits-Dialogspiels hier auf[262]:

> „Der Proponent beginnt das Spiel mit dem Setzen einer These. Danach ziehen die Spieler abwechselnd – und jeder Spieler darf nur eine der vom Gegner gesetzten Aussagen angreifen oder sich gegen einen Angriff des Gegners verteidigen."

Die Regeln, wie angegriffen oder verteidigt wird, sind durch die Definition der Verbindungsoperationen von Aussagen, den sogenannten *Junktoren* bestimmt. Diese werden klassisch durch sogenannte Wahrheitstafeln definiert. Die wichtigsten zweistelligen Junktoren sind: „und" ($\wedge$), „oder" ($\vee$) und „wenn, dann" ($\rightarrow$). Außerdem ist der einstellige Junktor „nicht" ($\neg$) von besonderer Bedeutung. Für diese Junktoren seien im folgenden Wahrheitstafeln und Dialogregeln angegeben:

Mögen p und q Aussagen sein, die entweder wahr (w) oder falsch (f) sein können. Den Sätzen, die aus den möglichen Verbindungen von p und q bestehen, lassen sich 16 verschiedene Kombinationen von Wahrheitswerten zuordnen. Die Wahrheitswertkombinationen für die Satz-Verbindungen der genannten Junktoren „p und q" (p$\wedge$q), „p oder q" (p$\vee$q), „wenn p, dann q" (p$\rightarrow$q) und die Negation von „p" ($\neg$p) lassen sich der folgenden Tabelle entnehmen:

---

261 Die Anwendung des Dialogspiels auf empirische Wahrheiten findet sich im V. Kapitel von Kamlah/Lorenzen (1967), während die Anwendung auf nicht-empirische Wahrheiten im VI. Kapitel abgehandelt werden.

262 Vgl. Kamlah/Lorenzen 1967, S. 201.

Tabelle der Wahrheitstafeln für die Junktoren ∧, v, → und ¬:

p	q	p∧q	q	pvq	p→q	¬p	¬q
w	w	w		w	w	f	f
w	f	f		w	f	f	w
f	w	f		w	w	w	f
f	f	f		f	w	w	w

Für die Darstellung der Dialogregeln, die diesen Wahrheitstafeln entsprechen, sei vereinbart, daß jede hingeschriebene Aussage, die Behauptung dieser Aussage bedeutet, daß ein
Fragezeichen (?) hinter der Aussage diese Behauptung bezweifelt und daß eine eckig ein-
geklammerte Aussage für den Beweis dieser Aussage steht. Die „und"-Verknüpfung von p
und q hat dann folgenden Dialogverlauf:

Proponent	Opponent	Fall	Ausgang
p ∧ q	p?	Proponent kann p nicht beweisen: p ist falsch	p ∧ q ist falsch
[p]	q?	Proponent kann q nicht beweisen: q ist falsch	p ∧ q ist falsch
[p] [q]		Proponent hat p und q bewiesen	p ∧ q ist wahr

Der Proponent kann eine „und"-Verbindung (Konjunktion) nur dann erfolgreich verteidigen, wenn sich beide Aussagen dieser Verbindung je für sich verteidigen lassen,
d. h., wenn sie beide wahr sind, so wie es die Wahrheitstafel verlangt. Der Dialog zur
„oder"-Verbindung (Disjunktion oder Adjunktion) läßt sich dagegen leichter gewinnen,
wie der folgende Dialogverlauf zeigt:

Nr.	Proponent	Opponent	Die möglichen Fälle	Die Ausgänge dazu
1	p v q	(p v q)?		
2	p	p?	Proponent kann p nicht beweisen, p ist falsch, gehe zu Nr.4	
3	[p]		Proponent hat p bewiesen	p v q ist wahr
4	q	q?	Proponent kann auch q nicht beweisen, p ist falsch und q ist falsch	p v q ist falsch
5	[q]		Proponent hat q bewiesen, q ist wahr	p v q ist wahr

Die „oder"-Verbindung kann vom Proponenten nur dann nicht gewonnen werden, wenn
er weder p noch q beweisen kann. Damit wird auch die Wahrheitstafel des „oder"-Junk-
tors durch den Dialogverlauf der „oder"-Verbindung simuliert. Auch für den „wenn,
dann"-Junktor läßt sich ein entsprechender Dialogverlauf angeben:

Nr.	Proponent	Opponent	Die möglichen Fälle	Die Ausgänge dazu
1	$p \to q$	p		
2a	p?		Opponent kann p nicht beweisen, p ist falsch	$p \to q$ ist wahr
2b		[p]	Opponent hat p bewiesen, p ist wahr	
3	q	q?	Proponent kann q nicht beweisen, q ist falsch	$p \to q$ ist falsch
4	[q]		Proponent hat q bewiesen, q ist wahr	$p \to q$ ist wahr

Der Dialogverlauf der „wenn, dann"-Verbindung (Subjunktion oder Implikation) konzentriert sich auf die zweite Zeile in der Wahrheitstafel, da die Implikation nur dann falsch ist, wenn der Vordersatz wahr und der Folgesatz falsch ist. Nur in diesem Fall kann der Opponent gewinnen. Wenn aber gezeigt werden kann, daß der Folgesatz (q) wahr ist, dann ist die Implikation in jedem Falle wahr, so daß der Proponent in allen anderen Fällen gewinnt.

Damit haben wir die Dialogverläufe kennengelernt, wie sie für die wichtigsten Junktoren zu führen sind. Lorenzen leitet aber noch ganz allgemeine Spielregeln für den Proponenten und den Opponenten ab sowie eine Gewinnregel (Kamlah/Lorenzen 1967, 203f. und 207):

1. Der Proponent darf nur eine der vom Opponenten gesetzten Aussagen angreifen oder sich gegen den letzten Angriffszug des Opponenten verteidigen.
2. Der Opponent darf nur die im vorhergehenden Zug des Proponenten gesetzte Aussage angreifen oder sich gegen den Angriff im vorhergehenden Zuge des Proponenten verteidigen.
3. Gewinnregel: Der Proponent hat nur dann gewonnen, wenn der Opponent nicht mehr ziehen kann.

Wenn bis hierher die Rede davon war, daß Aussagen bewiesen oder nicht bewiesen werden können, dann wurde dabei in keiner Weise auf die Art und Weise Bezug genommen, mit welchen Mitteln die Beweise geführt werden. Die Definition der Wahrheitstafeln und der zugehörigen Dialogverläufe erfordert damit noch keine Unterscheidung von empirischen und nicht-empirischen Wahrheiten. Diese Unterscheidung wird erst dann notwendig, wenn die Aussagen aus Zusammensetzungen von Junktor-Verbindungen bestehen. Nehmen wir als Beispiel die Aussage MP:= $((p \to q) \wedge p) \to q$. Wie läßt sich ermitteln, ob diese Aussage vom Proponenten oder vom Opponenten gewonnen werden kann? Dazu müssen konsequent die Dialogverläufe der in der Aussage verwendeten Junktoren angewandt werden. Also tun wir dies!

Nr.	Proponent	Opponent		Ausgang
1	MP	$((p \longrightarrow q) \wedge p)$		
2	$((p \longrightarrow q) \wedge p)$?	$(p \longrightarrow q)$	Beweist Opponent $((p \longrightarrow q) \wedge p)$ nicht, so	ist MP wahr
3	$(p \longrightarrow q)$?	q	Beweist Opponent $(p \longrightarrow q)$ nicht, so gilt 2.	MP ist wahr
4	q?		Beweist Opponent q nicht, so gilt wieder 2.	MP ist wahr
5	p?	[p]	Beweist Opponent p, so gilt wieder 2.	MP ist wahr
6	[p] und [q]		Proponent beweist durch Verweis auf 5 und 3	MP ist wahr

Der Satz MP, der auch der modus ponens genannt wird, kann durch den Proponenten stets gewonnen werden, weil er die Beweise, die er braucht, vorher vom Opponenten geliefert bekommt. Der Opponent kann dies nicht umgehen, da er seinen Angriff nur durch diese Beweise aufbauen kann. Dadurch, daß der Opponent aufgrund der Dialogstruktur die Beweismittel, mit denen der Proponent gewinnt, mit Notwendigkeit vorher in die Hände spielen muß, kommt es überhaupt nicht darauf an, mit welchen Mitteln der Opponent die vom Proponenten gebrauchten Beweise liefert. Dies ist das *Kennzeichen logisch wahrer Sätze*, die unabhängig von den tatsächlichen Wahrheitswerten im Dialogspiel immer verteidigt werden können.

Lorenzen bezeichnet darum die Aussagen als **logisch-wahr**[263], bei denen „der Proponent () den Dialog so führen (kann), daß er schließlich eine Primaussage zu verteidigen hat, die der Opponent vorher gesetzt hat." Primaussagen sind die Aussagen, die mit Hilfe von Junktoren zusammengesetzte Aussagen bilden können, die selbst aber keine in dieser Weise zusammengesetzten Aussagen sind. Damit ist eine erste formale Unterscheidung zwischen empirischen und nicht-empirischen Wahrheiten gegeben, denn nicht empirische Wahrheiten sind jedenfalls solche, die zu ihrer Feststellung keines empirischen Bezuges bedürfen. Solche Wahrheiten werden von Lorenzen des *fehlenden Wahrnehmungsbezugs* wegen auch allgemein als **apriorische Wahrheiten** bezeichnet. Es ist auffallend und merkwürdig, daß es sich bei diesen *logischen Wahrheiten* um *festgestellte Wahrheiten* zu handeln scheint; denn bei einer gegebenen zusammengesetzten Aussage muß man zur Wahrheitswertzuordnung untersuchen, ob sie durch einen Dialogverlauf verteidigt werden kann, der die Form hat, daß der Proponent immer dadurch gewinnt, indem er auf eine frühere Setzung des Opponenten verweist. Denn erst dann läßt sich *feststellen*, ob die Aussage logisch-wahr ist oder nicht. Dennoch gehören die logischen Wahrheiten grundsätzlich zu den durch Festsetzung gewonnenen Wahrheiten. Denn das Verfahren der Wahrheitswertzuweisung kommt nur durch Festsetzung und zwar durch folgende zustande:

1. Die Festsetzung: Logische Wahrheiten *dürfen* keine Aussagen über die empirische Welt implizieren.
2. Die Festsetzung: Durch das dialogische Verfahren ist die Wahrheitswertzuweisung vorzunehmen.

---

263 Ebenda, Kamlah/Lorenzen 1967, 206.

Derartige Festsetzungen finden sich nicht, wenn ich feststellen möchte, ob es draußen regnet oder nicht. Zur Feststellung der Wahrheit von Aussagen über unsere sinnlich wahrnehmbare Wirklichkeit, müssen wir in uns *Sinneswahrnehmungen feststellen*, durch die wir die Wahrheitswertzuordnung vornehmen können. Sicher brauchen wir auch dazu eine Menge von Festsetzungen, etwa über die Bedeutung dessen, was wir mit „regnen" meinen. Der Ursprung der Wahrheitswertzuweisung liegt aber bei den empirischen Wahrheiten immer in einer Feststellung wenigstens einer sinnlichen Wahrnehmung, einer **Wahrheitsquelle**, an die auch die dialogischen Konstruktivisten zu glauben scheinen.

Es fragt sich nun, ob sich Aussagen formal bestimmen lassen, die wegen ihres fehlenden Wahrnehmungsbezugs apriorisch wahr aber *nicht* zugleich logisch-wahr sind.

Lorenzen gibt dafür ein erstaunliches Beispiel an. Er untersucht die Aussage p ∨ ¬ p (p oder nicht p). Wie und unter welchen Umständen läßt sie sich vom Proponenten verteidigen? Zur Beantwortung dieser Frage haben wir uns zwei mögliche Dialogverläufe anzusehen:

1. Dialogverlauf:

Nr.	Proponent	Opponent	Fall	Ausgang
1	p ∨ ¬ p	(p ∨ ¬ p)?		
2	p	p?		
3	[p]		Proponent hat p bewiesen	p ∨ ¬ p ist wahr

2. Dialogverlauf:

Nr.	Proponent	Opponent	Fall	Ausgang
1	p ∨ ¬ p	(p ∨ ¬ p)?		
2	P	p?	Proponent kann p nicht beweisen	
3	¬p	p	Opponent kann p auch nicht beweisen	
4.	[¬p]		Proponent beweist ¬p	p ∨ ¬ p ist wahr

In beiden Dialogverläufen gewinnt der Proponent. Er gewinnt aber nicht dadurch, daß er auf eine vom Opponenten gesetzte und zu beweisende Aussage verweisen kann. Dies bedeutet:

P ∨ ¬ p (p oder nicht p) oder im Volksmund ausgedrückt: „Wenn der Hahn kräht auf dem Mist, ändert sich das Wetter oder es bleibt wie es ist" ist in dem hier definierten Sinn keine logische Wahrheit.

Dies ist zweifellos ein erstaunliches Ergebnis, da nach der Wahrheitstafelmethode p ∨ ¬ p unabhängig vom Wahrheitswert von p immer wahr ist:

$p \neg p$	$p \lor \neg p$
w f	w
f w	w

Entsprechend läßt sich auch die zusammengesetzte Aussage $\neg \neg p \rightarrow p$ nicht durch den Verweis auf eine vom Opponenten gesetzte und zu beweisende Aussage gewinnen. Damit zeigt sich, daß das dialogische Verfahren der Wahrheitswertzuordnung, durch das die dialogische Logik gekennzeichnet ist, von zusammengesetzten Aussagen einen größeren Unterscheidungsspielraum von wahren Aussagen hat, als es bei der sogenannten *klassischen Logik*, die mit dem *Wahrheitstafelverfahren* gleichgesetzt wird, der Fall ist. Dies liegt daran, daß in der klassischen Logik aufgrund der Festlegung, daß einer Aussage entweder der Wahrheitswert „wahr" oder der Wahrheitswert "falsch" zukommt, keine dritte Möglichkeit der Wahrheitswertzuweisung vorgesehen ist. Man spricht darum vom *Ausschluß des Dritten* oder lateinisch: tertium non datur. Die ersten Buchstaben dieser lateinisch formulierten Zusatzbedingung der klassischen Logik TND werden zu ihrer Kennzeichnung benutzt. Das TND erzwingt die logische Wahrheit von $p \lor \neg p$. Darum weist Lorenzen[264] darauf hin, daß solche Zusatzannahmen in die dialogische Logik dadurch eingeführt werden können, daß der Opponent ausnahmsweise mit dem Dialog beginnt, indem er diese Zusatzannahmen vor der These des Proponenten setzt, so daß der Proponent im Dialogverlauf auf sie verweisen kann. Das TND wäre dann so einzuführen, daß der Opponent für alle Primaussagen a, b, c, … die von Lorenzen als Hypothesen bezeichneten Aussagen $a \lor \neg a$, $b \lor \neg b$, $c \lor \neg c$, … festsetzt. Wenn $a \lor \neg a$ schon vom Opponenten gesetzt ist, dann kann der Proponent, der die Aussage $a \lor \neg a$ verteidigen will, auf diese bereits vom Opponenten gesetzte Aussage verweisen und somit daraus eine logisch wahre Aussage machen.

Bevor Paul Lorenzen seine dialogische Logik erfand, hatte Hans Reichenbach[265] bemerkt, daß die klassische Logik auf bestimmte Aussagetypen, die in der Quantenmechanik auftreten, nicht anwendbar ist. Dies betrifft Aussagen über sogenannte *komplementäre Größen*, wie etwa Ort und Impuls eines Teilchens. Wenn z.B. ein genauer Meßwert über den Ort eines Teilchens zur Zeit t bekannt ist, dann kann eine Aussage über den Impuls dieses Teilchens zur gleichen Zeit t aufgrund der *Heisenbergschen Unbestimmtheitsrelation* weder wahr noch falsch sein. Darum führt Reichenbach für derartige Aussagen den Wahrheitswert „*unbestimmt*" ein. Seine *dreiwertige Logik* liefert eine adäquate Beschreibungsbasis für die sogenannte *Kopenhagener Deutung der Quantenmechanik*.

Die Nichtanwendbarkeit der klassischen Logik auf bestimmte Aussagen der Quantenmechanik weist aus, daß die klassische Logik Bestandteile enthält, die eine bestimmte

264 Vgl. Kamlah/Lorenzen 1967, S. 208f.

265 Vgl. Hans Reichenbach, *Philosophische Grundlagen der Quantenmechanik*, Birkhäuser Verlag, Basel 1949 oder in Hans Reichenbach, *Gesammelte Werke*, Bd. 5, *Philosophische Grundlagen der Quantenmechanik und Wahrscheinlichkeit*, hrsg. von Andreas Kamlah und Maria Reichenbach, Friedrich Vieweg & Sohn, Braunschweig 1989.

Struktur der Wirklichkeit gegenüber anderen Strukturen ausweist.[266] Dies darf für eine Logik in dem hier vertretenen Verständnis von Logik nicht gelten. Wie es schon im Abschnitt 4.2.3.1.2 (Der Anwendungsfehler) herausgearbeitet wurde, müssen wir von der Logik fordern, daß logische Wahrheiten keine Aussagen über die empirische Welt implizieren *dürfen*. Und wir kamen darum zu dem Ergebnis, daß diese Forderung verlangt, daß scheinbar logische Strukturen, die spezielle Strukturen bestimmter möglicher Welten auszeichnen, aus dem Korpus der Logik zu eliminieren sind. Wie Reichenbach zeigte, ist das TND eine Beschränkung, die die Wirklichkeitsbeschreibung, wie sie mit der Kopenhagener Deutung der Quantenmechanik vorliegt, nicht zuläßt. Also muß das TND fortan aus der Logik entfernt werden. Wie dies möglich ist, hat Paul Lorenzen mit seiner dialogischen Logik gezeigt. Dies ist ein kaum zu überschätzendes *Verdienst des dialogischen Konstruktivismus*. Es ist die erste wesentliche Änderung in den Grundlagen der Logik seit Aristoteles in seinem sogenannten *Organon* die Theorie der *Syllogismen* aufstellte. Es ist sehr wichtig, daß Lorenzen nicht wie Reichenbach eine bestimmte Wertigkeit der Logik einführt. Denn dies hätte wiederum eine Auszeichnung einer bestimmten Wirklichkeitsstruktur bedeutet, der wir uns für die *Grundlegung der Logik* zu enthalten haben.

Die Wahrheit der Aussage p ∨ ¬ p ist sicher von nicht-empirischer Art, da p ∨ ¬ p für jeden Wahrheitswert von p wahr ist. Paul Lorenzen nennt die nicht-empirischen Aussagen auch *a priorisch*. Unter apriorisch im engeren Sinn (i.e.S.) versteht er die Aussagen die a priorisch aber nicht logisch wahr sind. Von den apriorischen Wahrheiten trennt Lorenzen noch die *analytischen* Wahrheiten ab. Dieses Prädikat sollen Sätze erhalten, die „*allein* auf Grund der explizit vereinbarten Prädikatorenregeln gegen jeden Opponenten verteidigt werden" können.[267] Da die Prädikatorenregeln als explizit vereinbart gelten, spielen sie die gleiche Rolle wie etwa die logischen Hypothesen des TND. Sie werden vom Opponenten gesetzt, bevor der Proponent seine These vorstellt. Dieser kann durch Verweis auf die bereits gesetzten Prädikatorregeln gewinnen.

Auch die analytisch-wahren Sätze untergliedert Lorenzen in logisch-wahre und in analytisch-wahre Sätze i.e.S., um schließlich die i.e.S. analytisch-wahren Sätze noch weiter in die formal-analytischen und die material-analytischen Sätze aufzuteilen[268]. Für diese Unterscheidung macht er sich den Unterschied zwischen einer Definition und einer Prädikatorregel zunutze. Während in einer Definition das Definierte in seiner Bedeutung ganz von den Prädikatoren abhängig ist, die in dem definierenden Ausdruck enthalten sind, verbindet eine Prädikatorenregel Prädikatoren, deren Bedeutungen unabhängig voneinander eingeführt wurden. I.e.S. analytisch-wahre Sätze, die nur mit Hilfe der in ihnen

---

266 Die von Reichenbach entwickelte dreiwertige Logik zur adäquaten Beschreibung der Quantenmechanik wurde später als Quantenlogik bezeichnet. Nicht wenige Autoren haben in ihr die grundlegendste Logik überhaupt gesehen, da die Quantenmechanik die Grundstruktur der Welt wiedergebe, die auch unser Denken bestimme. Derartige Auswüchse von sich selbst widerstreitenden Spekulationen hat Hübner (1978, Kap. VII) mit scharfsinniger Akribie als unsinnig entlarvt.

267 Vgl. Kamlah/Lorenzen 1967, S. 215.

268 Vgl. Ebenda S. 218.

verwendeten Definitionen verteidigt werden können, werden *formal-analytisch wahr* genannt. Benötigt der Proponent zur Verteidigung einer i.e.S. analytisch-wahren Aussage wenigstens eine Prädikatorenregel, dann heißt diese Aussage *material-analytisch wahr*.

Diese von Lorenzen möglichst scharfsinnig vorgenommene Unterscheidung von apriorischen Bestimmungen der Wahrheit läßt erkennen, daß er keine explizite Definition von empirischer Wahrheit besitzt, weil er empirische Wahrheit nur als Negation von jeglicher Form von apriorischer Wahrheit bestimmt. Das steht in engster Beziehung zu Kants Leugnung von jeglicher Möglichkeit etwas über das An-sich-Sein der Dinge auszusagen, wovon ja doch etwas in den empirischen Erkenntnissen über die Dinge enthalten sein könnte. Mit derartigen Unsicherheiten wollen Kamlah und Lorenzen sich grundsätzlich aber nicht abgeben; denn sie streben Sicherheit durch Vollbegründetheit des Systems der Handlungsregeln an.

Alle Wissenschaften werden grundsätzlich nur über bestimmte Inhalte, die mit der menschlichen Sprache festgehalten und vermittelt werden, erstellt. Dies bedeutet aber, daß ein vollbegründetes System von Handlungsregeln von allen Wissenschaften vorausgesetzt werden muß. Insbesondere aber sind es die Regeln eines vernünftigen Sprachgebrauchs, die von allen Wissenschaftlerinnen und Wissenschaftlern als Norm anzuerkennen und sorgfältig zu beachten sind; denn auch die Sprache besteht ja nur aus Sprachhandlungen. Darum haben Kamlah und Lorenzen ihr für den dialogischen Konstruktivismus wegweisendes Werk „Logische Propädeutik" im Untertitel „Vorschule vernünftigen Redens" genannt.

4.3.5.4 Der nicht gelungene Aufbau der Protowissenschaften und die Gründe für sein Mißlingen

Protowissenschaften bestehen für die dialogischen Konstruktivisten aus den für den Objektbereich einer Wissenschaft konstruierten Bestandteilen einer „exakten wissenschaftlichen Terminologie", die nach den Normen der wissenschaftlichen Begriffsbildung aufgebaut wurden, wie sie in dem konstruktivistischen Lehrbuch „Logische Propädeutik" von Kamlah und Lorenzen[269] detailliert ausgearbeitet worden sind. Dort ist aber auch nur das Programm angedeutet, wie man auf dem Wege der dort angegebenen konstruktivistischen Methoden zur Bestimmung „ideativer Normen" über die Bestimmung der fundamentalen Meßgrößen der Physik wie Länge, Dauer und Masse zu einer Protophysik vorstoßen könnte. 1969 schreibt der Lorenzenschüler Peter Janich im Vorwort seines Buches „Die Protophysik der Zeit", seit den 8 Jahren der Verkündigung des Programms der „Protophysik" im Jahre 1961 durch Paul Lorenzen wären „keine Ansätze zur Durchführung dieses umfänglichen Programms bekannt geworden". Insofern versucht Peter

---

269 Die erste revidierte Fassung des Werks *Logische Propädeutik, Vorschule des vernünftigen Redens*, von Wilhelm Kamlah und Paul Lorenzen ist 1967 im Bibliographischen Institut in Mannheim erschienen.

Janich mit seiner Dissertation und dem daraus entstandenen Werk „Die Protophysik der Zeit" die bisher noch nicht erfolgte Durchführung jenes Programms zu beginnen.

Die Gründe für das Ausbleiben der Verwirklichung des Programms der Protowissenschaften vermag Janich nicht aufzudecken, da auch sein eigenes Vorhaben, die Protophysik der Zeit aufzubauen, an eben diesen Gründen scheitert. Es sind die Gründe für Irritationen, die immer wieder in der Kulturgeschichte der Menschheit aufgetreten sind, und die von unserem obersten Sicherheitsorgan, von unserem Gehirn ausgehen. So statten uns unsere Gehirne über die stufenweise Verschaltung der in der Kulturgeschichte aufgetretenen Bewußtseinsformen auf dem langen Weg des Erwachsenwerdens durch die dabei auftretenden Lebensumstände mit einer Bewußtseinsform aus, mit der wir unser Leben meistern, bis im Greisenalter diese Bewußtseinsformen durch das allmähliche altersbedingte Absterben von Neuronen nach und nach wieder abgeschaltet werden und wir wieder zu kindlichen Verhaltensformen zurückkehren. Aber in unserem Erwachsenenleben stehen uns durchaus vielfältige Bewußtseinsformen zur Verfügung, die wir durch gründliches Nachdenken zu langfristig wirksamen Entscheidungen für unsere Lebensgestaltung nutzen können. Darum läßt sich das gründliche Nachdenken ganz im Sinne des historischen Sokrates und gewiß auch im Sinne von Kant als das Philosophieren bezeichnen.

In Zeiten, in denen Menschen unter starken Verunsicherungen leiden, sind unsere Gehirne als oberste Sicherheitsorgane besonders gefordert, möglichst einleuchtende Konzepte zur Überwindung dieser Verunsicherungen zu entwerfen, wobei es nicht so sehr auf die Gründlichkeit ankommt, sondern vielmehr auf die Überzeugungskraft der Argumente für eine bestimmte Sicherheitstiftungskonzeption. Und genau an dieser Stelle finden wir die Entstehungsgründe der hier zu behandelnden und zu kritisierenden normativen Wissenschaftstheorien.

Wie bereits im Kapitel 3 besonders im Abschnitt 3.1 dargestellt, haben die Philosophen durch den enormen Bedeutungszuwachs der Wissenschaften und da besonders der Naturwissenschaften erheblich an Ansehen verloren. Und dieser Bedeutungsverlust hat sogar dazu geführt, daß der einst ganz ausgezeichnete Zusammenhang zwischen Philosophie und Wissenschaft fast vollständig verloren gegangen ist, obwohl alle Wissenschaften aus philosophischen Überlegungen und philosophischen Konzepten hervorgegangen sind, was – wie auch bereits beschrieben – zum Nachteil von Wissenschaft und Philosophie geführt hat. Diese Lage hat sich für die Philosophie besonders durch die wissenschaftlichen Revolutionen der Relativitätstheorie und der Quantentheorie dramatisch zugespitzt, wodurch die normativen Wissenschaftstheorien entstanden und als eine Art von Wiederbelebungsversuch der Philosophie zu verstehen sind, was auch deshalb geboten erschien, weil durch die wissenschaftlichen Revolutionen auch unter den Wissenschaften selbst erhebliche wissenschaftliche Irritationen entstanden. Die Wiederbelebung der Philosophie konnte aber nur gelingen, wenn die vertretenen Positionen auch für die Wissenschaftler mit weniger philosophischer Bildung leicht verständlich waren und überdies auch noch orientierungstiftende Wirkung besaßen.

Derartige Konzepte konnten die Positivisten auch gerade für die Grundlegung der Naturwissenschaften liefern; denn jeder Mensch kann doch mit seinen Sinneswahrnehmungen feststellen, daß in ihnen zumindest ein Kern von Wahrheit über die Wirklichkeit enthalten ist und besonders dann, wenn einfachste Aussagen über die Empfindungen unserer Sinnesorgane so separiert werden, daß ihr Auftreten durch die exakte Einpassung in ein raum-zeitliches Koordinaten-System keine Sinnestäuschungen mehr zuläßt, wie dies in den *Basissätzen* der Logischen Positivisten zu geschehen hat. Diese Konzeption hatte wegen ihrer grundsätzlichen Einfachheit eine starke Überzeugungskraft für nicht wenige Wissenschaftler. Aber die Problematik, wie aus den Basissätzen Naturgesetze gefunden werden können, war doch mit starken Unsicherheiten behaftet, so daß sich schon aus der von David Hume stammenden Kritik des Induktionsprinzips ein wiederum bestechend einfaches Prinzip als Grundlage einer neuen normativen Wissenschaftstheorie ergab. Denn wenn das Induzieren von Naturgesetzen nicht in eindeutiger Weise aus einzelnen Basissätzen gelingen kann, so läßt sich die behauptete Gültigkeit eines Gesetzes durch einen einzelnen Satz ganz eindeutig widerlegen, wenn es sich dabei um einen Satz handelt, deren Aussage eine Messung an einem System wiedergibt, die einer Voraussage widerspricht, welche aus dem betreffenden Gesetz über die Eigenschaften dieses Systems abgeleitet worden ist. Aus diesem sehr einfachen Falsifizierungsgedanken hat sich vor allem durch die Arbeiten von Karl Popper die normative Wissenschaftstheorie des Kritischen Rationalismus entwickelt.

Wie bereits im Einzelnen gezeigt, kann auch der Kritische Rationalismus ebensowenig wie der Logische Positivismus den Anspruch, einen sicheren Weg zum Auffinden von verläßlicher Wahrheit über die Wirklichkeit erfüllen, durch den das menschliche Leben dauerhaft gesichert werden kann. Wenn sich die erwünschte Verläßlichkeit weder auf dem Weg der logischen Positivisten noch auf dem der kritischen Rationalisten erreichen läßt, dann könnte dies an ihrer besonderen Art liegen, daß sie beide in ihren grundlegenden Konzepten der Empirie einen ganz bestimmten Platz einräumen, nämlich in den Basissätzen der logischen Empiristen und in den falsifizierenden Sätzen der kritischen Rationalisten. Sollte es nicht möglich sein, ohne Empirie auszukommen und die gesuchte Verläßlichkeit nur auf klaren Vereinbarungen zu gründen? Ist nicht die Mathematik weltweit so verläßlich, weil sie nur aus vereinbarten zirkelfreien Definitionen besteht? Es müßte doch gelingen, ein entsprechend zirkelfrei konstruiertes sprachliches System zu vereinbaren, das sich auf alle Wissenschaftsgebiete anwenden läßt und damit zur verläßlichen Grundlage aller Wissenschaften wird. Mit Hilfe derartig konzipierter Wissenschaften sollte sich dann die Überlebenssicherheit der Menschheit optimalisieren lassen.

Die Gehirne von Mathematikern, welche ja auch bei ihnen die Funktionen von Sicherheitsorganen ausüben, werden derartige gedanklichen Konzepte gerade dann entwickeln, wenn die gedanklichen Systeme, die sich in irgend einer Weise auf Empirie stützen, so unsicher geworden sind, wie es hier angezeigt werden konnte. Darum ist es nicht von ungefähr, daß der Mathematiker Paul Lorenzen sich dem methodischen Konstruktivismus zuwandte und ihn erheblich genauer formalisierte, wie ihn Hugo Dingler begonnen hatte zu entwerfen.

Das Programm, zirkelfreier apriorischer Konstruktionen zum Entwurf einer exakten Wissenschaftssprache ohne empirische Einschübe ist erstmalig von Paul Lorenzen und seinem kongenialen Kollegen Wilhelm Kamlah in ihrem schon mehrfach erwähnten und zitierten Werk „*Logische Propädeutik. Vorschule des vernünftigen Redens*" schon im Jahre 1967 veröffentlicht worden. Und ich muß zugeben, daß mich dieses Buch in der Zeit als ich meine physikalische Diplomarbeit in theoretischer Physik schrieb, gleich nach seinem erscheinen im Bibliographischen Institut Mannheim so fasziniert hat, daß ich sogar einen studentischen Arbeitskreis gründete, um in wöchentlichen Sitzungen dieses Werk gründlich durch Referate und Diskussionen zu erarbeiten.[270] Als ich aber in meiner Assistentenzeit bei dem Philosophen Kurt Hübner anfing, mich für die exakte Darstellung des Ganzheit-Begriffs zu interessieren, wurde mir schon bald klar, daß dies grundsätzlich nicht zirkelfrei möglich ist; denn die kleinsten Bedeutungseinheiten sind in unserer Sprache in Begriffspaaren oder auch Begriffstripeln enthalten, die sich bei genauer begrifflicher Betrachtung als ganzheitliche Begriffssysteme gegenseitiger Abhängigkeit erweisen. Worte, die *einzelne Bedeutungseinheiten* beinhalten, gibt es in unserer Sprache nicht, wobei die Worte, mit denen mythogene Ideen bezeichnet werden, eine erklärbare Ausnahme sind, weil in ihnen einzelne und allgemeine Bedeutungen in einer Vorstellungseinheit zusammenfallen.

Es ist eine konstruktivistische und nicht realisierbare Utopie, zirkelfreie Begriffssysteme zur Grundlegung der Wissenschaften mit Hilfe der natürlichen Sprache konstruieren zu können. Darum konnte Peter Janichs Versuch, eine Protophysik der Zeit zu konstruieren ebensowenig gelingen, wie etwa weitere Versuche, irgendeine Protowissenschaft konstruktivistisch aufzubauen.

Außerdem konnte Janich das Phänomen der Systemzeiten, wie es sich z.B. in den vielfältig nachgewiesenen circadianen Rhythmen sogar als konstitutiv für die Evolution der Lebewesen erweist, gar nicht durch seine Konstruktionen erfassen. Diese sind mithin für eine Wissenschaft vom Leben gänzlich unbrauchbar. Insbesondere hat sich im Zuge des zweiten Bandes der Theorie der Wissenschaft, in dem es um das Werden der Wissenschaft geht, gezeigt, daß ein Fortschritt im Werden der Wissenschaft in der Zukunft weitgehend davon abhängt, ob es gelingen wird, den Begriff der Ganzheit mathematisch zu erfassen, was mit den bislang bekannten Methoden des Konstruktivismus als unmöglich erscheint, weil dabei die Struktur des Bedeutungszirkels mathematisch gefaßt werden müßte, der ja bei den Konstruktivisten des methodischen Konstruktivismus grundsätzlich verboten ist.

Anstatt zu erkennen, daß ein Begründungszirkel stets auf eine ganzheitliche Struktur hinweist, die für die Erforschung natürlicher Vorgänge von elementarer Bedeutung

---

270 Als ich ziemlich unerwartet als Physiker wissenschaftlicher Assistent des Philosophen Kurt Hübner wurde, erzählte ich ihm von dem einzigen philosophischen Werk von Kamlah und Lorenzen, das ich je gelesen hatte. Daraufhin berichtete er mir spontan von seinem guten Freund Paul Lorenzen und daß dieser ihn immer wieder wegen einer – nach seiner Meinung – inkorrekten Redeweise im Gespräch sprachlich korrigiert habe, und er zeigte mir auch gleich die handgreifliche Symbolik des Drei-Platten-Schleifverfahrens, indem er seine Hände flach aufeinander legte, sie hin-und-her bewegte und sie dann nacheinander umdrehte, womit er meinte, daß damit die Konstruktivisten gekennzeichnet würden, die behaupten, daß durch die Handwerks-Kunst des Dreiplatten-Schleifverfahrens die euklidische Ebene ausgezeichnet und Einsteins spezielle Relativitätstheorie widerlegt würde.

ist, haben die Konstruktivisten mit ihrem Zirkelverbot den Zugang zu den Naturwissenschaften lebender Systeme grundsätzlich verbaut. Hätten sie das Werk Immanuel Kants etwas gründlicher beachtet, dann wäre es ihnen aufgefallen, daß er schon in den letzten Abschnitten seiner *Kritik der Urteilskraft* deutlich darauf hinweist, daß die Erforschung der organismischen Strukturen in der Natur Rückkopplungen derart erforderlich macht, daß *organismische Systeme Ursache und Wirkung zugleich von sich selbst sind.* Kant stellt anfänglich sogar verblüfft in Zweifel, ob sich so etwas überhaupt denken läßt, kann aber diese Zweifel in grandioser Weise überwinden.

Gewiß sind die Konstruktivisten in ihrem Wunsch nach zirkelfreien Begründungen durch die schon von Platon und Aristoteles aufgestellte Vernunftwahrheit des verbotenen Widerspruchs angeregt worden, der ja schon in der mittelalterlichen Mathematik zum Verbot des Definitionszirkels und mithin auch zum Verbot des Begründungszirkels geführt hatte. Dabei wurde aber übersehen, daß das Auftreten von Definitions- oder Begründungszirkeln stets eine bestimmte Struktur des Zusammenhangs der betreffenden Begriffe, in welche die Begriffe eingesponnen sind, verrät, die allerdings stets von ganzheitlichem Charakter gegenseitiger Bedeutungsabhängigkeit sind. Und es ist nun von höchstem wissenschaftlichen und besonders naturwissenschaftlichem Interesse, diese ganzheitlichen Strukturen aufzuspüren und zu klassifizieren, um sie auch einer mathematischen Behandlungsweise zugänglich zu machen. Anstatt dem hoffnungslosen Ansinnen der Konstruktivisten nach zirkelfreien Begründungen zu folgen, gilt es für die Wissenschaften der Zukunft, Zirkularitäten im wissenschaftlichen Arbeiten aufzuspüren und diese hinsichtlich ihrer ganzheitlichen Strukturen durchschaubar und genauer beschreibbar zu machen.

Obwohl es so scheint, als ob sich der Methodische Konstruktivismus durch die Festsetzung des Zirkelverbots alle Chancen verbaut hat, eine ernst zu nehmende Wissenschaftstheorie zum erfolgreichen Bearbeiten der im 2. Band „Das Werden der Wissenschaft" dargestellten Zukunftsaufgaben der Wissenschaft zu sein, sollen im Folgenden dennoch die Festsetzungen des dialogischen Konstruktivismus aufgesucht werden, um nicht von vornherein auszuschließen, daß mit dem dialogischen Konstruktivismus, der hier als eine Sonderform des methodischen Konstruktivismus verstanden wird, doch noch eine Aufhebung des Zirkelverbots in seiner sehr allgemeinen Form möglich sein könnte.

4.3.5.5 Die Festsetzungen des dialogischen Konstruktivismus

4.3.5.5.0 Vorbemerkungen

Nach dem hier beschriebenen Programm der Darstellung von Wissenschaftstheorien, sind sie dadurch definiert, daß in ihnen folgende 12 Festsetzungen getroffen worden sind:

1. Begriffliche Gegenstandsfestsetzungen
2. Existentielle Gegenstandsfestsetzungen
3. Begriffliche Allgemeinheitsfestsetzungen
4. Existentielle Allgemeinheitsfestsetzungen

5. Begriffliche Zuordnungsfestsetzungen
6. Existentielle Zuordnungsfestsetzungen
7. Begriffliche Prüfungsfestsetzungen
8. Existentielle Prüfungsfestsetzungen
9. Begriffliche Festsetzungen über die menschliche Erkenntnisfähigkeit
10. Existentielle Festsetzungen über die menschliche Erkenntnisfähigkeit
11. Begriffliche Zwecksetzungen
12. Existentielle Zwecksetzungen

Schon bei der Besprechung der Festsetzungen des methodischen Konstruktivismus von Hugo Dingler stellte sich heraus, daß sein Konstruktivismus im Vergleich mit den bereits besprochenen normativen Wissenschaftstheorien aus dem Rahmen fällt. Denn im Dinglerschen Konstruktivismus geht es nicht vordringlich um empirische Erkenntnis, sondern um die Sicherheit der Konstruktion eines vollbegründeten Systems von Handlungsanweisungen, durch die dann allerdings die wissenschaftliche Erkenntnisgewinnung möglich werden soll. Diese Konzeption verschärft sich im dialogischen Konstruktivismus durch die Forderung, daß alle Konstruktionsmittel von *apriorischer Art* sein sollen, was durchaus nicht unabsichtlich an Kants Erkenntnistheorie erinnert, da auch in ihr das konstruktivistische Element durchaus vertreten ist. Damit gibt es für die Existenzform der Konstruktionsmittel nur die Möglichkeit der Existenz im Geiste der Menschen. Die Existenzform der sinnlich wahrnehmbaren Wirklichkeit spielt im dialogischen Konstruktivismus nur eine nachgeordnete Rolle, da Lorenzen und Kamlah davon ausgehen, daß die erkenntnistheoretischen Probleme, die es mit dieser Existenzform geben könnte, mit der Verwendung der Umgangssprache von vernunftbegabten Menschen in ihrem Gebrauch beim Umgang mit der sinnlich wahrnehmbaren Wirklichkeit intuitiv gelöst werden, wodurch auch die Unterscheidungsfähigkeit von Einzelnem und Allgemeinem immer wieder eingeübt wird. Aus diesen Gründen finden sich im dialogischen Konstruktivismus keinerlei Aussagen zu der hier als Wissenschaft konstituierend beschriebenen Metaphysik, aus der sich etwa die existentiellen Festsetzungen auch zur menschlichen Erkenntnisfähigkeit ableiten ließen. Wir finden im Dialogischen Konstruktivismus darum im Wesentlichen nur begriffliche und kaum existentielle Festsetzungen.

4.3.5.5.1 Die begrifflichen Gegenstandsfestsetzungen des dialogischen Konstruktivismus

Gegenstände werden in der sinnlich wahrnehmbaren Wirklichkeit mit Hilfe der Umgangssprache als etwas Einzelnes erfaßt. Aber wodurch bestimmt sich das, was ein Gegenstand ist?

Zur Erklärung der Durchführung von Prädikationen haben Kamlah und Lorenzen sich mit mit einer Zeigehandlung, die in Begleitung eines sprachlichen Hinweisens auf ein Diesda beholfen, etwa mit dem Satz: „Dies da ist ein Fagott". Entsprechend beziehen sie sich auf Aristoteles in ihrer Festsetzung über das, was für sie das Wort ‚Gegenstand' bedeutet, indem sie sagen:

„So hat sich bereits Aristoteles (zu Recht) ausgedrückt, als er den Kunstausdruck „tode ti"
einführte"[271], der zu deutsch auch als ‚Diesda' übersetzt wird. Das Wort ‚Gegenstand' bedeutet für Kamlah und Lorenzen „so etwas wie ein verlängertes „dies" (ein verlängertes
Demonstrativpronomen – in der Sprache der Grammatik)"[272]

Damit setzen die dialogischen Konstruktivisten fest, daß das Wort ‚Gegenstand' als die
Kennzeichnung für irgend etwas Einzelnes einzelnes steht, auf das sich in der sinnlich
wahrnehmbaren Welt oder in der gedanklichen Welt verweisen läßt. Darum können im
konstruktivistischen Vorgehen Gegenstände grundsätzlich mit Namen versehen werden,
die stets für etwas Einzelnes stehen. Etwas Konstruiertes ist ebenso auch stets ein Einzelnes, bzw. ein möglicher Gegenstand des Denkens oder der Betrachtung, wenn er etwa
mit Hilfe der Umgangssprache einen Satz bzw. eine Aussage darstellt, der bzw. die ausgesprochen oder aufgeschrieben worden ist. Die konstruktivistische Festsetzung bestimmt
eine Aussage als einen Satz, der behauptet oder bestritten werden kann.

Die wichtigsten Festsetzungen des Konstruktivismus sind diejenigen, die Hübner die
instrumentellen Festsetzungen nennt und durch die bestimmt wird, wie durch ein Experiment einzelne Daten, gewonnen werden. Es sind also die Festsetzungen, durch die einzelne Aussagen, sogenannte Daten, gewonnen werden. Und nur bei diesen Festsetzungen
finden sich auch existentielle Festsetzungen; denn die Teile und das Zusammenwirken
der Teile eines Meßinstrumentariums, durch das ein Meßergebnis entsteht, müssen in der
äußeren Wirklichkeit gegeben sein.

4.3.5.5.2 Die begrifflichen Allgemeinheitsfestsetzungen des dialogischen Konstruktivismus

Allgemeines wird für Kamlah und Lorenzen durch Prädikatoren repräsentiert, die von
ihnen explizit eingeführt werden und welche auf Einzelnes angewandt werden und den
Gegenständen mit dieser Anwendung Eigenschaften zusprechen. Die Probleme der Festsetzung von Zuordnungsregeln werden von ihnen durch schlichte Zeigehandlungen gelöst,
und das Ergebnis einer solchen Zeigehandlung ist dann stets eine Prädikation, welche zugleich schon die Form einer Erkenntnis besitzt, weil durch die Prädikation einem einzelnen Gegenstand ein allgemeines Prädikat zugeordnet wird. Nun ist auch jede Messung
eine Prädikation, durch die dem Meßobjekt eine bestimmte Eigenschaft zukommt. Dadurch sind auch die begrifflichen Festlegungen, die zu den Handlungsanweisungen zur
Konstruktion von Meßinstrumenten führen, auf indirekte Weise auch existentielle Allgemeinheitsfestsetzungen des Konstruktivismus.

4.3.5.5.3 Weitere Festsetzungen des dialogischen Konstruktivismus

Die Prüfungsfestsetzungen erfordern Festsetzungen darüber, ob eine Behauptung stimmt
oder nicht, und dazu bedarf es eines irgendwie gearteten Wahrheitsbegriffs. Kamlah und

---

271 Vgl. Kamlah/Lorenzen 1967 S. 49.
272 Vgl. ebenda.

Lorenzen tun sich auffallend schwer damit, dazu eindeutige Festlegungen zu treffen; denn für sie spielt der umgangssprachlich eingeübte Wortgebrauch der Worte ‚wahr‘ und ‚falsch‘ eine grundlegende Rolle, so daß sie in Ihrem Werk das umfangreiche 4. Kapitel dem Thema „Wahrheit und Wirklichkeit" widmen. Darin findet sich die zentrale Erklärung folgenden Wortlauts:[273]

> „Die freilich notwendige explizite Vereinbarung der Termini „wahr" und „falsch" hat nämlich dadurch zu erfolgen, daß wir *zunächst* die Verwendung dieser Prädikatoren in der natürlichen Sprache, sofern sie Aussagen betrifft (!), *explizit rekonstruieren. Zugleich* aber gehen wir über die bloße Rekonstruktion hinaus, indem wir die *Anforderung* festlegen: Es soll nicht bei irgend jemandem nachgefragt werden, der mit uns dieselbe Sprache spricht und der in irgendeiner Weise als Autorität gilt (wie in alter Zeit die Dichter oder die Priester), sondern nur bei einem sachkundigen und vernünftigen Beurteiler. Wenn dieser Urteiler Autorität hat, so soll sich diese aus nichts anderem als seiner bewährten Vernunft und Sachkunde herleiten. Wir normieren die Verwendung der Wörter „wahr" und „falsch" also in der Weise, daß wir einerseits *anknüpfen* an die Umgangssprache oder an überlieferte vorwissenschaftliche Sprachen und daß wir andererseits *kritisch* über solche Sprachen hinausgehen zur Sprache von Wissenschaft und Philosophie.
> Wenn uns daher entgegengehalten werden sollte, daß es überlieferte Sprachen mit einem anderen „Wahrheitsverständnis" gibt, so kann uns eine solche Mitteilung zwar historisch interessieren, in unserer Bestimmung des Gebrauchs der Wörter „wahr" und „falsch" jedoch nicht beirren. Dies aber keineswegs, weil wir als „moderne Menschen" alles besser wüßten als die Bibel oder Homer, sondern weil wir uns verpflichtet haben, eine vernünftige Sprache aufzubauen, deren Vernünftigkeit wiederum von jedem Gutwilligen eingesehen werden kann (so wie Sokrates an die Einsicht seiner Gesprächspartner appellierte)."

Hier setzen Kamlah und Lorenzen sehr auf die Vernunft der Menschen, obwohl auch ihnen klar gewesen sein sollte, daß wir spätestens nach dem zweiten Weltkrieg von einer identischen Vernunft der Menschen, so wie es Kant einmal angenommen hat, nicht mehr ausgehen können; denn in der Zeit des zweiten Weltkrieges sind auf allen Seiten in sehr bedauernswerter Weise gänzlich unvernünftige Entschlüsse und Aktionen in verbrecherischer Weise ausgeführt worden. Seitdem sollten wir uns klar darüber sein, daß jeder Mensch seine eigene Vernunft besitzt, nach der er versucht sinnvoll zu agieren. Auch wenn die beiden zitierten Absätze den Eindruck machen, daß mit ihnen Festsetzungen über die exakte Verwendung der Prädikatoren ‚wahr‘ und ‚falsch‘ geliefert werden, so täuscht dieser Eindruck, und Kamlah und Lorenzen geben das auch zu, wenn sie sagen:[274]

> „zu beachten ist, daß die Termini „wahr" und „falsch" durch solche explizite Vereinbarung keineswegs *definiert* werden. Insbesondere sei angemerkt, daß wir keinerlei Versuch unternommen haben, den Terminus „wahr" zu definieren durch Rekurs auf den Ausdruck „Wirk-

---

273 Vgl. ebenda S. 122.
274 Vgl. ebenda S. 123 (untere Mitte der Seite).

lichkeit" (eine Aussage habe als „wahr" zu gelten, wenn sie mit der „Wirklichkeit" übereinstimmt oder dergleichen)."

Da es Lorenzen nur um Eindeutigkeit in der Beschreibung des Sollens und des Seins geht, beschränkt er sich „auf solche Sätze, die die Grammatiker Imperativsätze und Indikativsätze nennen."
Die einfachsten Indikativsätze drücken nach Lorenzen *Prädikationen* aus, die durch Zeigehandlungen (Handlungen des Hinweisens oder deiktische Handlungen[275]) einem Gegenstand ein Prädikat zuordnen oder – wie Lorenzen sagt – einen *Prädikator* zusprechen. Etwa, wie schon einmal dargestellt: Ein Musiklehrer nimmt z.B. ein Fagott in die Hand und sagt: „Dies ist ein Fagott."[276] Der Anfang wird von Lorenzen dadurch möglich, daß er damit beginnt, einen Gegenstand über das verlängerte „Dies" zu bestimmen und dann mit einer Prädikation, die – wie sich auch sagen ließe – methodisch unberührte Umgangssprache mit Hilfe des Begriffspaares ‚Einzelnes – Allgemeines' strukturiert. Und darauf sei auch noch einmal hingewiesen, daß er damit absichtlich vollzieht, was in der Geschichte der Menschheit stets geschehen ist, wenn mythische Lebensbereiche durch das Wirksam-Werden der Relativierungsbewegung zerstört wurden. Denn im mythischen Bewußtsein findet ja die Unterscheidung von Einzelnem und Allgemeinem noch nicht statt, und alle Lebensbereiche, in denen sich noch ein selbstverständlicher, unreflektierter Lebensablauf vollzieht, tragen dieses Merkmal[277] der Nichtunterscheidung von Einzelnem und Allgemeinem. Und darum nimmt Lorenzen in seinem Aufsatz ‚Methodisches Denken' an, daß die Anwendung des Begriffspaares ‚Einzelnes – Allgemeines' schon in der Umgangssprache intuitiv geschieht. Denn – wie bereits erwähnt – sagt er dort (Lorenzen 1965, S. 30):

„Wird ein Prädikat gebraucht, so ist immer schon ein Einzelnes intendiert, dem dieses Prädikat zu- oder abgesprochen wird. Das Prädikat wird dem Einzelnen durch die Kopula – im Deutschen sind das die Wörter „ist" bzw. „ist nicht" – zu- bzw. abgesprochen."

Kamlah und Lorenzen scheinen von der Treffsicherheit des umgangssprachlichen Gebrauchs der Sprache so überzeugt zu sein, daß sie gar nicht über begriffliche oder existentielle Prüfungsfestsetzungen nachgedacht haben, jedenfalls nicht in den hier zitierten Texten. Dagegen stehen die begrifflichen und existentiellen *Zwecksetzungen* in ihrem gesamten Konstruktionskonzept an erster Stelle; denn der Konstruktivismus hat – so wie schon bei Hugo Dingler – vor allem dem Zweck zu dienen, die Überlebenssicherheit der Menschen zu stärken und zwar dadurch, daß sichere, sich nicht widerstreitende Handlungsanweisungen im Denken und im Tun bereitgestellt werden. Daß dazu auch metaphysische

---

275 Ebenda S. 27.
276 Ebenda S. 27f.
277 Vgl. Wolfgang Deppert, *Die gegenwärtige Orientierungskrise. Ihre Entstehung und die Möglichkeiten ihrer Bewältigung,* unveröffentlichtes Vorlesungsmanuskript, Kiel 1994.

Überlegungen nötig sind, etwa dazu, was die Menschen ohne ihr Zutun in der Welt vorfinden, wie sie davon Kenntnis bekommen können und worauf sie sich mithin als etwas Gegebenes einzustellen haben, von derartigen metaphysischen Aussagen fehlt jede Spur. Die Konstruktivisten der Erlanger Schule stützen ihr gesamtes Sicherheitskonzept ausschließlich auf die Vermeidung von gedanklichen Fehlern, wie etwa die Erzeugung von Widersprüchen durch Begründungszirkel. Dies soll auf dem Wege eines zirkelfreien Systems von Handlungsanweisungen garantiert werden, was sich bereits als eine unmögliche Zielsetzung erwiesen hat.

Aber die Zielsetzung der Widerspruchsfreiheit ist trotz der Gödelschen Narreteien[278] durchaus für beschränkte Systeme möglich, mit denen wir es ja als endliche Wesen ausschließlich zu tun haben, so daß die dialogischen Konstruktivisten mit dem Ziel, widerspruchsfreie Systeme von Handlungsanweisungen aufzubauen, erfolgreich weiterarbeiten können.

4.3.5.6 Die Beurteilung des dialogischen Konstruktivismus

Nach dem hier bereits angewandten Beurteilungsverfahren von normativen Wissenschaftstheorien ist nun auf den dialogischen Konstruktivismus das Konsistenz-, das Transparenz-, das Fruchtbarkeits- und das Toleranzkriterium anzuwenden.

Das **Konsistenzkriterium** fördert den größten Makel des dialogischen Konstruktivismus zu Tage, der aus seinem Anspruch besteht, ein zirkelfreies vollbegründetes Begriffssystem zur Grundlegung jeglicher Wissenschaft zu liefern, der ebenso wie im Dinglerschen Konstruktivismus aus prinzipiellen Gründen unseres semantischen Sprachaufbaus scheitern muß, weil die einfachsten Bedeutungseinheiten durch Begriffspaare gegeben sind, deren Bestandteile hinsichtlich ihrer Bedeutungsinhalte immer zirkulär miteinander verbunden sind.

Dagegen geht über das **Transparenzkriterium** vom dialogischen Konstruktivismus eine faszinierende Überzeugungskraft aus, weil das zweifellos sehr vernunftgeleitete klare schrittweise Konstruieren schon der sprachlichen Handlungsanweisungen leicht verstehbar ist und die gesamte Konstruktion gut überschaubar und sogar durchsichtig macht.

Durch das **Fruchtbarkeitskriterium** fällt die Beurteilung des dialogischen Konstruktivismus' noch besser aus. Denn der dialogische Konstruktivismus verdient uneingeschränktes Lob mit der Einführung seiner dialogischen Logik, mit der es gelingt, eine Logik einzuführen, die das Tertium non Datur, das TND, nicht mehr benötigt und die darum auch mit der Quantentheorie kompatibel ist, indem sie Systemzustände zulassen kann, die Hans Reichenbach mit dem dritten Wahrheitswert des Unbestimmten charakterisiert hat und der auf Zustände anzuwenden ist, die mit Heisenbergs Unbestimmtheitsrelation in der Quantenmechanik auftreten. Ferner ist zuzugeben, daß auch die Präzisierung der Einführung und Verwendung des Eigenschaftsbegriffs über das Verfahren der Prädikation unter Einführung von Prädikator-Regeln zur Fruchtbarkeit der wissenschaft-

---

278 Vgl. dazu meinen im Anhang befindlichen Aufsatz: *Gödels Narretei.*

lichen Arbeit beiträgt, weil dadurch Mißverständnisse im wissenschaftlichen Arbeiten vermieden werden können. Dagegen war die Leugnung der Anwendbarkeit der Riemannschen Geometrien in der Einführung der physikalischen Raum-Zeit-Konzepte sehr unfruchtbar und sogar hinderlich in der Entwicklung der relativistischen Physik.

Auch das **Toleranzkriterium** läßt erhebliche Mängel in der Bereitschaft erkennen, mit anderen wissenschaftstheoretischen Konzeptionen zu kooperieren. Das hat seinen Grund schon in der tiefen Überzeugung von Kamlah und Lorenzen, daß ihr konstruktivistischer Weg die einzige Möglichkeit ist, zu sicheren wissenschaftlichen Ergebnissen vorzudringen, die auch für das Überleben der Menschheit von entscheidender Bedeutung sind.

Über die zweifellos guten Beurteilungen hinaus, die dem dialogischen Konstruktivismus durch das Transparenz- und das Fruchtbarkeitskriterium zufallen, sollten sich die dialogischen Konstruktivisten mehr um eine größere Toleranzbereitschaft gegenüber anderen konstruktivistischen Richtungen bemühen, weil die über das Konsistenzkriterium deutlich werdenden Unstimmigkeiten des gesamten Konzepts, dessen Anwendbarkeit nur auf Bereiche ohne Ganzheitsproblematiken beschränken. Diese Beschränkungen können aber gewiß überwunden werden, wenn sich die dialogischen Konstruktivisten in größerer Offenheit, den Problemen der zukünftigen Wissenschaft zuwenden, wie sie hier bereits angedeutet wurden und wie sie noch weiter unten in diesem Text explizit beschrieben werden.

4.3.6 Der radikale Konstruktivismus

4.3.6.0 Vorbemerkende Fragestellung: Wie ratzekahl ist der radikale Konstruktivismus?

Ein Konstruktivismus ist eine Theorie über die konstruktive Errichtung von Verfahren, mit denen man etwas zur sinnvollen Gestaltung der Lebenswirklichkeit erreichen kann. Eine solche Theorie muß über Konstruktionselemente oder Konstruktionsmittel und über Konstruktionsregeln verfügen, durch die Anweisungen gegeben sind, wie aus den Konstruktionselementen mit Hilfe von Konstruktionsmitteln ein derartiges Konstrukt erstellt werden kann.

Sucht man in den Büchern der Autoren, die sich selbst als radikale Konstruktivisten bezeichnen, nach derartigen Konstruktionselementen, Konstruktionsmitteln oder gar Konstruktionsregeln, dann findet sich da nichts Derartiges und eine ziemliche Frustration macht sich bei dem Suchenden breit, wodurch die Überschrift zu dieser fragenden Vorbemerkung zu dem letzten konstruktivistischen Abschnitt entstanden ist, weil der Eindruck aufgekommen ist, daß die Radikalität des radikalen Konstruktivismus ihm die Eigenschaft raubt, überhaupt ein Konstruktivismus sein zu können. Die Frage ist nun, ob dieser erste Eindruck doch nur oberflächlich ist, so daß die Leere an Konstruktionsmitteln doch nicht so vollständig ist, wie es der Volksmund mit dem Ausdruck ‚ratzekal' auszudrücken weiß.

Angesichts der Tatsache, daß es inzwischen doch eine gar nicht so geringe Anzahl von wissenschaftlich durchaus gut beleumundeten Persönlichkeiten gibt, die sich dem radikalen Konstruktivismus zugewandt haben, scheint es womöglich doch sinnvoll zu sein, herauszufinden, was es mit diesem *Radikalen Konstruktivismus* bei näherem Hinsehen auf sich hat. Dazu ist es gewiß ratsam, sich erst einmal Arbeiten von *den* Autoren anzuschauen, die als Begründer des radikalen Konstruktivismus gelten. Da ist zunächst Ernst von Glasersfeld zu nennen[279], der dem Vernehmen nach auch den Ausdruck des *radikalen Konstruktivismus* sogar erfunden hat und dem sich sehr bald schon Heinz von Foerster angeschlossen hat. Man sagt aber, daß Humberto Maturana es ersteinmal abgelehnt hat, sich als Konstruktivist zu bezeichnen, vermutlich deshalb, weil er auch keinerlei Instrumentarien zur Durchführung von Konstruktionen erkennen konnte. Von seinem engen Vertrauten Francisco J. Varela ist allerdings nichts bekannt geworden, ob er sich selbst als einen Kontuktivisten betrachtete oder nicht, wenngleich ihr gemeinsames Werk *Der Baum der Erkenntnis. Wie wir die Welt durch unsere Wahrnehmung erschaffen – die biologischen Wurzeln des menschlichen Erkennens*, aus dem Spanischen übersetzt von Kurt Ludewig in Zusammenarbeit mit dem Institut für systemische Studien e.V. Hamburg, 1. Aufl., Scherz Verlag, Bern 1987 geradezu als Standardwerk des Radikalen Konstruktivismus bezeichnet wird, da schon in seinem Titel von einem Erschaffen unserer Wahrnehmung die Rede ist, so daß mit dem Erschaffen doch ein Konstruieren verstanden werden könnte. Aber auch in diesem Werk finden sich keinerlei derartige Konstruktionswerkzeuge. Immerhin stammt von Maturana und Varela der ausgearbeitete Begriff der *Autopoiesis*, welcher als ein Zentralbegriff des radikalen Konstruktivismus betrachtet wird. Schauen wir uns also diesen Begriff etwas genauer an!

Die Wortfindung des Wortes ‚*Autopoiesis*‘, die wohl von Humberto Maturana stammt, sagt schon sehr viel über das gesamte Konzept des *radikalen Konstruktivismus* aus. Denn die Zusammensetzung aus dem Wort ‚auto‘, das aus dem Altgriechischen stammt und als ‚autos‘ für das deutsche Wort ‚selbst‘ steht und dem Wort ‚poiein‘, das „schaffen“ oder auch „bauen“ bedeutet, soll mit dem Substantiv ‚Autopoiesis‘ ein Vorgang der ‚Selbsterschaffung‘ der lebenden Systeme bezeichnet werden, der zugleich den Unterschied zu nicht lebenden Systemen kennzeichnen soll, für die eine Selbsterschaffung nicht angenommen werden kann. Maturana hat diesen Begriff aufgrund der überraschenden Ergebnisse seiner neurophysiologischen Untersuchungen zur Farbwahrnehmung gebildet, indem das Gehirn sich die Farbwahrnehmungen so erfindet, daß das Wahrnehmungsganze in sich stimmig ist. Und weil dadurch vom Gehirn scheinbar Wirklichkeit geschaffen werde, müsse offenbar das Gehirn die Fähigkeit zur Konstruktion von Wirklichkeit besitzen. Ursprünglicher und mithin radikaler kann wohl ein Konstruktivismus nicht gedacht werden, obwohl niemand irgend eine Ahnung davon hat, wie wohl das Gehirn diese konstruktive Leistung hervorbringt. Aber irgendwie muß das Gehirn zu dieser Kon-

---

279 Vgl. Ernst von Glasersfeld: *Der Radikale Konstruktivismus*; o.V., Frankfurt am Main 1996, S. 59. – Als Suhrkamp Taschenbuch Wissenschaft: 1997 (1. Aufl.).

struktion in der Lage sein. Hier taucht das erste Mal ein Gedanke an eine *Philosophie des Irgendwie* auf.

Aber sicher scheint Maturana, seinen Mitarbeitern und seinen Nachfolgern auf dem Wege zum radikalen Konstruktivismus gar nicht aufgefallen zu sein, daß Immanuel Kant schon lange vorher – wie bereits berichtet – „in den letzten Abschnitten seiner Kritik der Urteilskraft deutlich darauf hinweist, daß die Erforschung der organismischen Strukturen in der Natur Rückkopplungen derart erforderlich macht, daß organismische Systeme Ursache und Wirkung zugleich von sich selbst sind." Von den Teilen eines organismischen Ganzen führt er dort aus[280]:

„daß die Teile desselben sich dadurch zur Einheit eines Ganzen verbinden, daß sie voneinander wechselseitig Ursache und Wirkung ihrer Form sind."

Und weiter unten fährt er fort:

„In einem solchen Produkte der Natur wird ein jeder Teil, so, wie er nur *durch* alle übrige da ist, auch als *um der anderen* und des Ganzen *willen* existierend, d.i. als Werkzeug (organ) gedacht: welches aber nicht genug ist (denn er könnte auch Werkzeug der Kunst sein, und so nur als Zweck überhaupt möglich vorgestellt werden); sondern als ein in die andern Teile (folglich jeder den andern wechselseitig) *hervorbringendes* Organ, dergleichen kein Werkzeug der Kunst, sondern nur der allen Stoff zu Werkzeugen (selbst denen der Kunst) liefernden Natur sein kann: und nur dann und darum wird ein solches Produkt, als *organisiertes* und *sich selbst organisierendes Wesen*, ein *Naturzweck* genannt werden können."

Kant benutzt hier sogar schon ganz bewußt den **Begriff eines sich selbst organisierenden Wesens.** Kant war nur nicht so erfindungsreich, dafür den Ausdruck der Autopoiesis einzuführen, aber gemeint hat er genau das damit Intendierte. Außerdem hat Kant nicht den Fehler gemacht, aus seiner Entdeckung des eigentümlichen Verhaltens dieser *sich selbst organisierenden Wesen* eine besondere Erkenntnistheorie machen zu wollen.

4.3.6.1 Zur Darstellung des radikalen Konstruktivismus

Zur Beschreibung dessen, was unter dem radikalen Konstruktivismus verstanden werden könnte, hat der chilenische Neurophysiologe Humberto Maturana 1982 ein erstes Buch geliefert, das den Titel trägt „*Erkennen: Die Organisation und Verkörperung von Wirklichkeit*"[281] und das schon 1985 in der zweiten Auflage bei Friedr. Vieweg & Sohn als

---

280 Vgl. Immanuel Kant, Kritik der Urteilskraft, § 65 ‚Dinge als Naturzwecke sind Organisierte Wesen', in: Kant Werke, WBG Bd. 8, herausgg. von Wilhelm Weischedel, A287f., B291f., S. 485f.

281 Maturana, Humberto R., *Erkennen: Die Organisation und Verkörperung von Wirklichkeit, Ausgewählte Arbeiten zur biologischen Epistemologie*, 2. Aufl., deutsch. von Wolfram K. Köck, Vieweg&Sohn, Braunschweig 1985.

Band 19 der Reihe Wissenschaftstheorie, Wissenschaft und Philosophie in der autorisierten deutschen Fassung durch Wolfram K. Köck erschienen ist.

Drei Jahre danach kommt das bereits kurz erwähnte gemeinschaftliche Buch von Humberto Maturana und Francisco Varela *„Der Baum der Erkenntnis"*[282]heraus, in dem aus dem Begriff der Autopoiesis eine *neue konstruktivistische Erkenntnistheorie* entwickelt werden soll.

Aber beim genaueren Studium dieses Werks erweist sich schon in den ersten Abschnitten, daß das Unternehmen der Entwicklung einer neuen konstruktivistischen Erkenntnistheorie nicht gelingen kann, weil sich die Autoren über die von ihnen verwendeten Grundbegriffe keine Klarheit verschaffen. Da bringen sie auf Seite 31 unten den Leitsatz *„Tun ist Erkennen. Und jedes Erkennen ist Tun."*, ohne zu erklären, was die Prädikate ‚Tun' und ‚Erkennen' bedeuten oder was sie unter einer ‚Handlung', die ja vermutlich getan werden soll oder unter einer ‚Erkenntnis' verstehen, die ja wohl das Ergebnis des Erkennens sein soll, worüber sie nur auf Seite 33 sagen: *„Das Phänomen der Erkenntnis ist eine Ganzheit,"*, ohne auch nur ein Wort darüber zu verlieren, wie sie den Begriff der ‚Ganzheit' begreifen. Und so geht das weiter, indem sie immerhin meinen, vier Bedingungen für das *Aufstellen einer wissenschaftlichen Erklärung* unterscheiden zu können, ohne wiederum zu sagen, was sie unter einer wissenschaftlichen Erklärung verstehen. Und bei diesen vier Bedingungen ist es lediglich die zweite, die als Reproduktionsbedingung eines *zu erklärenden Phänomens* bezeichnet werden könnte, auf die sich die anderen drei beziehen, so daß es genügt, sie hier wie folgt anzugeben:

„Aufstellung eines Systems von Konzepten, das fähig ist, das zu erklärende Phänomen in einer für die Gemeinschaft der Beobachter annehmbaren Weise zu erzeugen" (Was auch als „explikative Hypothese" verstanden wird.)

Erläuternd wird dann noch hinzugefügt:

„Eine Erklärung ist somit nur dann eine wissenschaftliche Erklärung, wenn sie dieses Validitätskriterium erfüllt, und eine Behauptung ist nur dann eine wissenschaftliche Behauptung, wenn sie auf wissenschaftlichen Erklärungen gründet."

Leider bleibt es hier wiederum völlig offen, was unter einer wissenschaftlichen Erklärung verstanden werden kann. Ist denn eine Wurfbahn dann erklärt, wenn ich eine Wurfanordnung baue, welche die Wurfbahn eines zu beobachtenden Wurfkörpers reproduziert? Ganz sicher nicht; denn hier befinden wir uns noch im handwerklichen aber

---

282 Maturana, Humberto R. und Francisco J. Varela, *Der Baum der Erkenntnis. Wie wir die Welt durch unsere Wahrnehmung erschaffen – die biologischen Wurzeln des menschlichen Erkennens*, aus dem Spanischen übersetzt von Kurt Ludewig in Zusammenarbeit mit dem Institut für systemische Studien e.V. Hamburg, 1. Aufl., Scherz Verlag, Bern 1987. (DBdE)

noch nicht im wissenschaftlichen Bereich, in dem zu klären ist, warum etwas geschieht, wie es geschieht.

Auf diesem Niveau bleibt leider das ganze Buch, so daß es seinem Titel „Der Baum der Erkenntnis" nicht gerecht wird; denn das, was Erkenntnis ist und wie sie sich erwerben läßt, wird in ihm nicht behandelt, sondern nur eine Fülle von Erkenntnissen der Erdgeschichte, der Physik, der Molekül-Chemie und der Evolutionstheorie, ohne daß die Fragen danach gestellt würden, warum wir uns auf diese Erkenntnisse verlassen können, oder gar unter welchen erkenntnistheoretischen Bedingungen die Evolutionstheorie selber steht.

Natürlich ist die Frage des Immanuel Kant auch an die evolutionären Erfahrungen zu stellen: *Was sind die Bedingungen der Möglichkeit dieser Erfahrung?*[283] Mit derartigen erkenntnistheoretischen Fragen scheinen sich die radikalen Konstruktivisten vermutlich aufgrund ihrer mangelhaften Kantrezeption gar nicht beschäftigt zu haben. Ich kann mich lebhaft an ein Streitgespräch zwischen Maturana und Prigogine erinnern, dem ich während einer Tagung direkt beiwohnte und in dem es gerade sogar um die fehlerhafte Kantrezeption des Umberto Maturanas ging. Er schien sich in diesem Gespräch überhaupt nicht einsichtsvoll zu zeigen.

Wenn auch der Erkenntnisbegriff in dem Gemeinschaftswerk von Maturana und Varela „Der Baum der Erkenntnis" weitgehend ungeklärt bleibt, soll hier in einem kleinen Abschnitt dennoch der Versuch gemacht werden, dem Erkenntnisbegriff der radikalen Konstruktivisten ein wenig auf die Spur zu kommen.

4.3.6.2 Versuch einer groben Bestimmung des Erkenntnisbegriffs im radikalen Konstruktivismus

Im üblichen Sprachgebrauch ist Erkennen immer rezeptiv, d.h. In Form eines inneren Wahrnehmens, d.h. wir sind beim Erkennen passiv und niemals aktiv; denn Zusammenhangserlebnisse lassen sich nicht aktiv erzeugen. Erkenntnisse sind Ereignisse in uns, deren Zustandekommen man zwar auf methodische Weise näher kommen kann, was aber nur bedeutet, daß wir den Erkenntnisakt in einzelne kleine Schritte zerlegen, so wie es Descartes vorgeschlagen hat, aber der einzelne Erkenntnisakt selbst, sei er auch noch so klein, bleibt doch in seinem Zustandekommen weiterhin rätselhaft.

Aber Maturana und Varela schreiben:

> „Erkennen ist effektive Handlung, das heißt, operationale Effektivität im Existenzbereich des Lebewesens."[284]

---

283 Die Beantwortung dieser Frage findet sich in meinem Aufsatz *Bedingungen der Möglichkeit von Evolution – Evolution im Widerstreit zwischen kausalem und finalem Denken –*, der sich hier in diesem Band im Anhang 2 findet.

284 Vgl. DBdE S. 35.

Wenn Maturana aber gerade herausarbeiten will, daß das Erkennen stets durch eine Aktivität des Erkennenden zustandekommt, dann wäre es freilich gut zu wissen, ob es sich dabei um eine bewußte oder um eine unbewußte Aktivität handelt. Ist sie unbewußt, dann ist dies eine Behauptung im Rahmen einer psychologischen Theorie, die nach reichlich viel Spekulation aussieht, weil sie mit den angedeuteten Rätseln verbunden ist. Ist die zur Erkenntnis führende Aktivität bewußt, dann fragt sich, wie sie sich auf eine Erkenntnis ausrichten kann, die sie noch gar nicht kennt. Dazu müßte das eristische Problem gelöst sein. Das wäre aber zu schön, um wahr zu sein; denn das eristische Problem verbindet sich ja mit der Behauptung der vorsokratischen Eristiker, daß man nichts Neues erforschen könne, weil man nach dem, was man schon kennt, nicht zu forschen braucht, weil man es ja bereits kennt, und nach dem, was man nicht kennt, könne man deshalb nicht forschen, weil man ja nicht weiß und auch nicht wissen kann, wonach man forschen solle. Und das eristische Problem, das uns Platon in seinem Dialog *Menon* vorgestellt hat, besteht nun in der Schwierigkeit, zu beweisen, daß der Satz der Eristiker falsch ist. Platon löst dieses Problem mit seiner Wieder-Erinnerungslehre, wonach die Seele in ihrer Prä-Existenz, die unsterblichen Ideen, wonach alle Erscheinungen der sinnlich wahrnehmbaren Wirklichkeit gemacht worden sind, schon gesehen hat, so daß das eristische Problem sich dadurch löst, wenn ein Beobachter der Wirklichkeit, in etwas Wahrgenommenen eine bereits geschaute Idee wiedererkennt. Wenn wir also einen Baum als eine Linde erkennen, dann deshalb, weil wir uns beim Ansehen dieses Baumes an die Idee der Linde erinnern. Damit aber kann nach Platon der Fall der Eristiker gar nicht auftreten, daß wir das, wonach wir zu forschen haben, nicht kennen, weil die Seele in ihrer Prä-Existenz schon alles, was es überhaupt geben kann, als Idee schon einmal gesehen hat, so daß es beim Erkennen nur um ein Wiedererinnern geht.

Nun fragt sich, wie Maturana und Varela das eristische Problem lösen wollen. Leider findet sich auf diese Frage keine Antwort, sie scheinen aufgrund ihrer mangelhaften Kenntnis der erkenntnistheoretischen Philosophiegeschichte nicht einmal das eristische Problem zu kennen.

Immerhin scheinen sie sich um begriffliche Klarheit darüber zu bemühen, was sie unter einem Lebewesen verstehen wollen.[285] Das klingt zu Beginn tatsächlich danach, als ob hier der Versuch gemacht werden soll, aus den atomaren Bestandteilen der Materie die Möglichkeit zum Entstehen der Lebewesen zu erklären, zumal damit begonnen wird, wie sich mit der erdgeschichtlichen Entwicklung im Zusammenhang mit dem Geschehen im Kosmos die ersten Moleküle bilden. Dann aber taucht plötzlich der Begriff von aus Kohlenstoffketten bestehenden *organischen* Molekülen[286] auf, ohne zu erklären, warum gerade sie *organische Moleküle* sein sollen, d.h., daß sie nun zu den molekularen Grundlagen der Entstehung des Lebens gehören sollen. Und durch weitere Transformationen (womit stets lediglich Umformungen gemeint sind) der Moleküle entstehen plötzlich auf durchaus geheimnisvolle Weise die molekularen Bedingungen zum Auftreten von Lebe-

---

285 Vgl. DBdE S. 36, 41f., 47f.
286 Vgl. Ebenda S. 44.

wesen, was Maturana und Varela zu Beginn des Unterkapitels „Das Erscheinen der Lebewesen" wie folgt beschreiben[287]:

„Als die molekularen Transformationen in den Meeren der Urerde diesen Punkt erreicht hatten, wurde die Bildung von Systemen mit ganz besonderen molekularen Reaktionen möglich. Das heißt: Wegen der nun möglichen Vielfalt und Plastizität im Bereich der organischen Moleküle wurde die Bildung von Netzwerken von molekularen Reaktionen möglich, die wiederum dieselben Klassen von Molekülen, aus denen sie selbst bestehen, erzeugen und integrieren, wobei sie sich im Prozeß ihrer Verwirklichung gleichzeitig gegen den unbeweglichen Raum abgrenzen. Solche Netze und molekularen Interaktionen, welche sich selbst erzeugen und ihre eigenen Grenzen bestimmen, sind, wie wir weiter unten sehen werden, Lebewesen."

Weiter unten kann man dann lesen, daß wir ein Kriterium brauchen, „um wissen und klassifizieren zu können, wann eine Entität oder ein vorhandenes System ein Lebewesen ist und wann nicht."[288] Dieses Kriterium liegt nach dem bereits Ausgeführten zum Greifen nahe, so daß Maturana und Varela ihr Ergebnis wie folgt präsentieren:[289]

„Unser Vorschlag ist, daß Lebewesen sich dadurch charakterisieren, daß sie sich – buchstäblich – andauernd selbst erzeugen. Darauf beziehen wir uns, wenn wir die sie definierende Organisation autopoietische Organisation nennen (griech. *autos* = selbst; *poien* = machen)."

Und wenn Maturana und Varela nachfolgend behaupten, daß die Relationen der autopoietischen Organisation „auf der zellulären Ebene noch leicht zu verstehen sein werden", dann meinen sie damit offenbar nur, daß es nachvollziehbar sein könnte, was sie zur Funktion einer Zell-Membran ausführen. Ein chemisch-physikalisches Verständnis ist aber leider nicht intendiert und auch nicht erreichbar.

Zu der Frage, warum die Materie nach den bislang bekannten Naturgesetzen in der Lage ist, auopoietische Systeme auszubilden, zur Antwort auf diese Frage können leider die radikalen Konstruktivisten nichts Erhellendes beitragen. Sie sind über den Stand, den bereits Immanuel Kant in seiner späten Schrift „Kritik der Urteilskraft" noch nicht herausgekommen, in der er feststellte,

„daß die Teile desselben (eine organismischen Ganzen) sich dadurch zur Einheit eines Ganzen verbinden, daß sie voneinander wechselseitig Ursache und Wirkung ihrer Form sind."[290]

---

287 Vgl. Ebenda S. 47.
288 Vgl. Ebenda S. 48.
289 Vgl. Ebenda S. 50f.
290 Vgl. Fußnote 282.

Maturanas Verkopplung seines Erkenntnisbegriffes mit dem Begriff einer Handlung, wie er sie schon in seinem frühen Aufsatz auf Seite 297 durch den Satz

„Jede menschliche Handlung bedeutet Erkenntnis."

programmatisch vorgenommen hat, hätte nur gelingen können, wenn er einen konstruierten Handlungsbegriff etwa so entwickelt hätte, wie es die dialogischen Konstruktivisten getan haben. Das hat er aber nicht einmal ansatzweise versucht, so daß nach dem hier Ausgeführten aufgrund des Satzes der Eristiker wir im Akt des Erkennens stets passiv und niemals aktiv sind. Auch der Versuch, das Erkennen über den Begriff der autopoietischen Systeme endete in einer *Philosophie des Irgendwie*, daß eben in der Zeit der sogenannten irdischen Ursuppe die diversen Molekülbildungen *irgendwie* dazu geführt haben, daß auf molekularer Ebene autopoietische Systeme entstanden. Wieder findet sich keine Erkenntnis bei Maturana und Varela darüber, wodurch diese Bildungen im Einzelnen möglich wurden, und ebenso bleibt ungeklärt, wie aus der willenlosen Materie in den Lebewesen ein Wille entsteht.

4.3.6.3 Abschließende Bemerkungen zum radikalen Konstruktivismus

Aufgrund der gänzlich fehlenden naturwissenschaftlichen Begründungen ihrer Thesen gelingt es den radikalen Konstruktivisten weder eine neue Erkenntnistheorie aufzustellen, noch eine neue Sicht in der Biologie einzuführen, die etwa Schlüsse auf das Zusammenleben der Menschen zuließen, da diese ja aufgrund der biologischen Evolution aus dem Tierreich hervorgegangen sind, was wir freilich schon vor dem Auftreten der radikalen Konstruktivisten gewußt haben. Auch die Behauptung, es handele sich bei dem radikalen Konstruktivismus um einen Konstruktivismus läßt sich nicht verifizieren, da sich nirgendwo Konstruktionselemente oder Konstruktionsregeln oder gar Konstruktionsanweisungen finden lassen. Was für eine Peinlichkeit, daß seit 1992 bis heute in der 15. Auflage im Piper Verlag ein Werk „Einführung in den Konstruktivismus" erscheint, in dem lediglich über den sogenannten radikalen Konstruktivismus berichtet wird, obwohl gerade dieser gar keiner ist, und von den tatsächlichen Konstruktivisten wie Thomas Hobbes, Hugo Dingler, Paul Lorenzen, Wilhelm Kamlah, Peter Janich oder Jürgen Mittelstraß liest man darin kein Wort.

Sobald es aber gelingt, auf wissenschaftliche Weise zu zeigen, durch welche Eigenschaften der Materie die Bildung von autopoietischen Systemen erklärt werden kann, dann könnten die Arbeiten der radikalen Konstruktivisten vermutlich bei der Aufstellung einer Phänomenologie der beobachteten autopoietischen Systeme sehr hilfreich sein.

Zusammenfassende Folgerungen aus der Kritik der normativen Wissenschaftstheorien

5

5.0 Vorbemerkungen

Die erstaunlichste Feststellung, die sich bei nahezu allen kritischen Untersuchungen machen ließ, ist die Einsicht, daß die grundlegenden erkenntnistheoretischen Positionen Immanuel Kants noch immer richtungsweisend sein sollten, um mit einem wissenschaftstheoretischen Unternehmen nicht in die Irre zu laufen. Da ist es vor allem Kants transzendentaler Ansatz, der sich ja für Kant sogar als sein eigener Erkenntnisweg beschreiben läßt und den zu verfolgen, er sein Leben lang durchgehalten hat. Dieser Erkenntnisweg ist bestimmt durch die Frage nach den Bedingungen der Möglichkeit von Erfahrungen, die er selbst konkret gemacht hat. Und wenn wir dies auf Erfahrungen übertragen, die wir heute konkret machen, dann läßt sich sein Erkenntnisweg auch heute noch für eine Fülle von Problemstellungen sehr erfolgreich fortsetzen.[291]

Eine wichtige Konsequenz der Transzendental-Philosohie Kants ist seine klare Abgrenzung von den früheren ungenauen oder gar schwärmerischen Verwendungen des Metaphysik-Begriffs. Für Kant besteht schon in seiner *Kritik der reinen Vernunft* Metaphysik genau aus den Bedingungen der Möglichkeit von Erfahrung und sonst nichts. Leider wird aufgrund der mangelhaften Kant-Rezeption vor allem im anglo-amerikanischen Einflußbereich dieser klare Metaphysik-Begriff Kants kaum verwendet. Die Konsequenz daraus ist, daß der Metaphysik-Begriff möglichst vollständig vermieden wird oder daß ein Metaphysikverständnis alten Stils der beliebigen Gefühlsduselei verwendet wird, den man dann freilich nur kritisieren kann. Will man aber die Grundlagen einer Wissenschaft möglich klar bestimmen, dann ist man sehr gut damit beraten, den transzendentalen Metaphysik-Begriff Kants zu verwenden, um mit der Metaphysik einer Wissenschaft genau die

---

291 Dazu finden sich im Anhang 3 weitere Ausführungen und Beispiele.

© Springer Fachmedien Wiesbaden GmbH, ein Teil von Springer Nature 2019
W. Deppert, *Theorie der Wissenschaft*, https://doi.org/10.1007/978-3-658-15120-1_5

Bedingungen der Möglichkeit von Erfahrung in jener Wissenschaft zu bestimmen. Und wenn in einer Wissenschaftstheorie dieser klare Metaphysikbegriff Kants nicht eingesetzt wird, dann führt dies notwendigerweise zu einer Kritik, von der nun auch die Rede sein wird.

5.1   Die wichtigsten Kritikpunkte

Die Kritik aller normativen Wissenschaftstheorien ist vernichtend, wenn es um die Rechtfertigung ihres normativen Anspruchs geht; denn diese Rechtfertigung konnte weder von den Wissenschaftstheorien erbracht werden noch waren gutwillige Rettungsversuche durch das hier durchgeführte kritische Unternehmen erfolgreich. Der Hauptgrund dieses Scheiterns liegt in der mangelhaften Aufarbeitung des Metaphysikbegriffs, der von Immanuel Kant in aller Klarheit dargestellt worden ist.

Verbunden mit dem Scheitern des normativen Anspruchs der normativen Wissenschaftstheorien ist ihr Bezug zu einer absoluten Wesenheit, die freilich prinzipiell einen metaphysischen Charakter besitzen müßte, welcher aber verborgen bleibt, wenn der Metaphysikbegriff bewußt oder unbewußt gar nicht angesprochen wird. Dies ist bei den logischen Positivisten die Annahme einer absolut gesetzten Erscheinungswelt und für das Geschehen in ihr, das ebenso nach für absolut gültig gehaltenen Naturgesetzen abläuft. Das Prädikat des Absoluten wird hier stets so verwendet, daß es die Eigenschaft von etwas charakterisiert, welche darin besteht, völlig losgelöst von jeglicher Veränderungsmöglichkeit zu sein.

So gibt es auch für den Menschen keinerlei Möglichkeit, etwas für absolut Gehaltenes in irgend einer Form zu verändern oder auch nur auf dasselbe einwirken zu können. Entsprechend soll etwa bei den logischen Positivisten das in Sätzen formulierte Wissen über die Naturgesetze und über die Wirklichkeit für alle Zeiten den Wahrheitsanspruch stellen, der sich nur durch irrtümlich verwendete sprachliche Formen relativieren läßt. Aufgrund der grundsätzlichen Isoliertheit einer für absolut gehaltenen Wesenheit, besteht das grundsätzliche Problem der Verifizierung von Aussagen über dieses Absolute, welches auch nicht zu lösen ist, woran der logische Positivismus und insbesondere sein normativer Anspruch scheitern mußte.

Mit dem Scheitern des Verifikationismus der logischen Positivisten lag es nahe, daß Gegenteil davon den Falsifikationismus zu versuchen, was von Sir Karl Popper ausgehend die sogenannten kritischen Rationalisten betrieben. Sie scheiterten ebenso an ihren absolutistischen Annahmen, daß Falsifikationen endgültig sein sollten, was freilich schon durch die Einsicht des Historismus deutlich werden mußte, daß sich alle wissenschaftlichen Aussagen der Relativität ihres wechselnden historischen Bezugs nicht entziehen können, wie es Kurt Hübner in seinem Standardwerk „*Kritik der wissenschaftlichen Vernunft*" eindrucksvoll gezeigt hat[292]. Zusammenfassend läßt sich sagen, daß alle normati-

---

292 Vgl. Kurt Hübner, *Kritik der wissenschaftlichen Vernunft*, Karl Alber Verlag, Freiburg 1978 und viele spätere inländische und ausländische Auflagen.

ven Wissenschaftstheorien, die sich auf eine irgendwie geartete absolute Wesenheit beziehen, zum Scheitern verurteilt sind.

Die Konstruktivisten der Geschichte und auch Hugo Dingler haben geschickt solche metaphysischen Grundlagen gewählt, die es durchaus gestatten, in ihren Konstruktionen durchaus einen historischen Wandel zuzulassen, da schon Hobbes die Konstruktionen an die menschlichen Konstruktionsmöglichkeiten anbindet, und Entsprechendes findet sich auch bei Hugo Dingler, der es vermeidet, das Unberührte mit absoluten Prädikaten zu versehen. Und die dialogischen Konstruktivisten lehnen sich bisweilen zwar an Dinglers metaphysische Vorstellungen an, drücken sich aber ansonsten ganz geschickt um weitergehende metaphysische Festlegungen herum. Und auch die Festlegung auf eine absolute Wesenheit zu umgehen, verlegen sie diese in die menschlichen geistigen Fähigkeiten des vernünftigen Urteilens, so daß sie durchaus auch in der Lage waren, eine historische Wandelbarkeit der menschlichen Bewußtseinsformen einzuplanen, worauf sich ihre Leistung gründet, auf das seit der Antike konstant in der Logik gesicherte TND (Tertium Non Datur) zu verzichten. Allerdings scheint bei ihnen die Zirkelfreiheit die Rolle einer absoluten Konstruktionsvorschrift zu spielen, die ihnen dann aber die Einsicht in die Unmöglichkeit der konsequenten Anwendung ihrer Forderung der Zirkelfreiheit auf die Sprachelemente der Umgangssprache in Form von ganzheitlichen Begriffssystemen verdirbt, wie es die Begriffspaare, Begriffstripel oder auch Begriffsquadrupel sind.

Nun ist aber auch in dem hier unternommenen Unternehmen mit jeder Definition von Wissenschaft eine Abgrenzung von dem gegeben, was nicht zur Wissenschaft gehört. Und auch in der Hübnerschen Wissenschaftstheorie sowie in der hier verallgemeinerten Metatheorie der Wissenschaftstheorien ist ein Wissenschaftsbegriff erarbeitet, der sich prinzipiell am Erkenntnisbegriff orientiert und der im Kantschen Sinne mit Hilfe von Festsetzungen die Bedingungen der Möglichkeit von Erkenntnis sicherstellt, also auf transzendentale Weise. Dabei ist freilich ein möglichst einfacher Erkenntnisbegriff zugrundegelegt, der aus einer erfolgreichen Zuordnung von Einzelnem und Allgemeinem besteht. Hat sich aber mit den damit erfolgten prinzipiellen Abgrenzungen hier nicht doch auch der Geist des Absolutismus wieder eingeschlichen, nur auf eine sehr subtile Art? Aber Erkenntnisse lassen sich auch methodisch als reproduzierbare Zusammenhangserlebnisse verstehen, so daß der Erkenntnisbegriff sogar auf den Erlebnisbegriff zurückzuführen ist, der ja wohl doch von jedem Verdacht auf absolutistische Tendenzen frei sein sollte.

Aber halt! Haben wir nicht auch die Begründung für das Auftreten von Zusammenhangserlebnissen auf das Wirksamsein von etwas Zusammenhangstiftenden zurückgeführt, das in allem Sein sogar auf spezifische Weise wirksam ist, so daß wir uns nicht scheuten, dieses Zusammenhangstiftende mit der religiösen Vokabel des Göttlichen zu belegen? Und steckt denn darin nicht doch wieder etwas Absolutes, das der Mensch nicht bewußt ändern kann? Das kann aber nur teilweise zugegeben werden; denn dieses Zusammenhangstiftende ist auch im Menschen wirksam, und dadurch könnte das Zusammenhangstiftende auf sich selbst einwirken, was zweifellos als das Gegenteil von Isoliertheit zu begreifen ist, die ja mit etwas Absolutem stets verbunden ist.

Hier scheint sich eine prinzipielle Argumentationsgrenze aufzutun, die dazu führt, daß unser Überlebenswille, dessen Ursprung einerseits auch im Zusammenhangstiftenden anzunehmen ist, aber auch andererseits nach gewissen Verläßlichkeiten suchen muß, ohne die er keine Überlebenstaktik entwickeln kann. Gewiß ist von daher auch das Streben der Menschen nach etwas Absolutem zu verstehen, aber dies scheint doch an eine Unterwürfigkeitsbewußtseinsform gebunden zu sein, wie sie etwa bei den Anhängern der Offenbarungsglauben und später auch bei den Vernunfts- oder Wissenschaftsgläubigen anzutreffen ist, die aber sogar wieder anerzogen werden kann, etwa im militärischen oder polizeilichen Drill.

Gewiß entwickelt jeder Mensch bis in sein Erwachsenenalter hinein eine bestimmte Bewußtseinsform, von der aus er das bestimmt, was für ihn verläßlich ist. Da unsere Bewußtseinsformen, die wir in unserer Kindheit und Jugendzeit durchlaufen, gerade die Bewußtseinsformen sind, welche in der kulturellen Entwicklungszeit der Menschheit die Menschen zu den Kulturleistungen befähigten, die gerade den Kulturstufen der Menschheitsgeschichte entsprechen, so bewahren wir auch noch im Erwachsenenalter in unserem Gehirn neuronale Verschaltungen in unserem unbewußten Gedächtnis, so daß es durchaus möglich ist, durch ein bestimmtes Training, ältere Bewußtseinsformen zu reaktivieren, wie es etwa in der strengen Beachtung bestimmter Gebetsrituale immer wieder geschieht, wenn Menschen aus welchen Gründen auch immer, sich im Erwachsenenalter entschließen, noch einer Religionsgemeinschaft, in der Rituale gepflegt werden, beizutreten. Darum sollten wir uns als Menschen davor hüten, unsere eigene Bewußtseinsform auf andere übertragen zu wollen. Bei diesem Gedanken komme ich in die Verlegenheit, mir selbst möglicherweise den Vorwurf machen zu müssen, daß ich in meiner Kritik der normativen Wissenschaftstheorien aber genau dies getan habe.

Nun habe ich aber versucht, mich in meiner Kritik möglichst genau an die Begriffe von Wissenschaft und von einer Wissenschaftstheorie sowie an die Beurteilungskriterien von Wissenschaftstheorien zu halten, wie ich sie hier im 2. und 3. Kapitel beschrieben habe. Aber an dieser Stelle ist zuzugeben, daß ich das natürlich im Rahmen meiner eigenen Bewußtseinsformen getan habe, wie anders sollte ich denn dazu überhaupt fähig sein. Ganz sicher haben wir davon auszugehen, daß sich die Bewußtseinsformen in unserer Menschheitsgeschichte weiter entwickeln werden, so daß es durchaus denkbar ist, daß auch diese *Kritik der normativen Wissenschaftstheorien* eines Tages wieder zu kritisieren sein wird. Nur zu!

Interdisziplinarität

6

Künftige Aufgabe der Wissenschaftsphilosophie

6.1   Kurt Hübners Aufruf in seinem Nachruf

Die international große Bekanntheit des Philosophen und Wissenschaftstheoretikers Kurt Hübner (1921–2013) ist weitgehend auf seine ungezählten interdisziplinären Arbeiten zur Untersuchung der Entwicklung und Bedeutung der Wissenschaften für das menschliche Gemeinwesen zurückzuführen, deren Essenz Hübner in seinen vielfach übersetzten Werken *Kritik der wissenschaftlichen Vernunft* und *Die Wahrheit des Mythos* zusammengefaßt hat.[293] Als sein Schüler hat mir der Springer Verlag anvertraut, in seiner deutsch-englischen hochangesehenen Wissenschaftstheorie-Zeitschrift JGPS Jahrgang 2015 den Nachruf für Kurt Hübner zu schreiben[294]. Darin war es mir ein Anliegen, daß von diesem Nachruf nicht nur ein Impuls zur interdisziplinären Wissenschaftsforschung sondern ebenso zum selbstverantwortlichen Selberdenken in Form eines Aufrufs ausgeht, in dem sein eigenes lebenslanges philosophisches Bemühen zum Ausdruck kommt und den ich mir darum erlaubt habe, meinem verehrten Lehrer Kurt Hübner wie folgt in den Mund zu legen:

---

293 Vgl. Kurt Hübner, *Kritik der wissenschaftlichen Vernunft*, Karl Alber Verlag, Freiburg 1978 und viele folgende Auflagen in deutsch und diversen anderen Sprachen, und Kurt Hübner, *Die Wahrheit des Mythos*, Beck-Verlag, München 1985.

294 Vgl. W. Deppert, Ein großer Philosoph: Nachruf auf Kurt Hübner Aufruf zu seinem Philosophieren, in: *J Gen Philos Sci* (2015) 46: 251–268, Springer, published online: 16. Nov. 2015, Springer Science+Business Media Dordrecht 2015.

W. Deppert, *Theorie der Wissenschaft*, https://doi.org/10.1007/978-3-658-15120-1_6

1. *Philosophen, kümmert Euch wieder um die Grundlagenprobleme der Wissenschaften, die aus ihrer historischen Gewordenheit und ihren Konfrontationen mit den Herausforderungen der Gegenwart entstehen! Durch Eure Fähigkeiten zum gründlichen Nachdenken seid Ihr Philosophen in den Grundlagenfragen aller Wissenschaften und aller Lebensbereiche dann wieder gefragt.*
2. *Wissenschaftler aller Sparten, bemüht Euch, die für Euer wissenschaftliches Arbeiten erforderlichen Festsetzungen explizit zu machen und für andere wissenschaftliche Disziplinen verstehbar schriftlich niederzulegen, weil es dadurch zu der nötigen interdisziplinären Zusammenarbeit kommen kann, die für viele Problemstellungen in allen Lebensbereichen erforderlich ist, um zu langfristig tragbaren Lösungen zu kommen! Dieser Aufruf gilt ausdrücklich für alle Wissenschaftler: für Naturwissenschaftler und Geisteswissenschaftler und ebenso für Sozial-, Politik-, Rechts- und Wirtschaftswissenschaftler. Arbeitet interdisziplinär zusammen!*
3. *Mitmenschen, werdet Euch Eurer historisch gewachsenen Fähigkeiten zum gründlichen Nachdenken bewußt, werdet Eure eigenen Philosophen! Euren Verstand nutzt, um Eure äußere Existenz zu sichern, und Eure Vernunft zur Sicherung Eurer inneren Existenz, die aus den Sinngebungen Eurer Sinnstiftungsfähigkeit besteht.*

Selbstverantwortliches Denken setzt in unserer Zeit eine Fülle von Kenntnissen voraus, die man sich gemeinsam und bisweilen auch mühevoll möglichst mit anderen zusammen erarbeitet hat. Im Falle des interdisziplinären Forschens wird es schnell einsichtig, daß alle Wissenschaften eine eigene Sprache ausbilden, die aber alle einer gemeinsamen Grammatik folgen, die aus der historisch tradierten Erkenntnistheorie abgeleitet ist und deren Kenntnis man durch das Studium der Wissenschaftstheorie erwerben kann. Mit dieser Einsicht wird sich der folgende Abschnitt beschäftigen.

6.2   Wissenschaftstheorie-Institute an allen Universitäten!

Die Überschrift dieses Abschnitts ist mit einem Ausrufungszeichen verbunden, weil sich mit ihr eine Forderung verbindet; denn an jeder Universität, sollte es selbstverständlich werden, daß in ihr nicht nur Wissenschaftstheorie gelehrt wird, sondern auch durchaus im Sinne des Humboldtschen Bildungsideals der *Einheit von Forschung und Lehre* auch wissenschaftstheoretische Forschungen betrieben werden, die auch Forschungsergebnisse zu Tage fördern könnten, daß neue Wissenschaften zu begründen sind, wenn die Wissenschaft generell das Ziel verfolgt, die Existenzsicherung der Menschheit zu betreiben.

Im Band I dieses Wissenschafts-Theorie-Werkes ist beschrieben worden, daß der Anstoß zu den Vorlesungen, aus denen dieses Werk entstanden ist, von der Antrittsvorlesung des ersten Präsidenten der Christian-Albrechts-Universität (CAU) zu Kiel kam, der darin beklagte, daß in der Universitären Lehr- und Forschungswirklichkeit der Gedanke von der *Einheit der Wissenschaft* immer mehr verloren ginge.

Darum war ist die Intention dieses Werks „Theorie der Wissenschaft", das aus jenen Vorlesungen entstand, weiterhin zu zeigen, wie sich die *Einheit der Wissenschaft* denken und verwirklichen läßt. Zur Verdeutlichung dieser Zielrichtung, erlaube ich mir, etwas aus dem Anfang des 1. Bandes zu zitieren:

„Diese Vorlesungen sind durch eine sehr ernsthafte Befürchtung des ersten Präsidenten der Christian-Albrechts-Universität zu Kiel (CAU), Herrn Prof. Dr. Gerhard Fouquet, zustande gekommen, die er in der Ansprache zu seiner Amtseinführung am 29. Mai 2008 im Audimax unserer Universität mit großem Nachdruck geäußert hat und die ihn und mit ihm viele andere ebenso umtreibe,

„die Sorge vor dem endgültigen Auseinanderfallen unserer Wissenschaften, als Wissenschaftler des Eigenen kein Verständnis mehr zu entwickeln für die anderen Wissenschaften, keine gemeinsame Sprache mehr zu haben mit der anderer Wissenschaftler und Wissenschaftlerinnen."

„Aber was ist denn daran so beängstigend?", könnte man sogleich fragen, „ist das nicht eine notwendige Konsequenz der Arbeitsteilung, die freilich auch in den Wissenschaften nötig ist, um Spitzenleistungen hervorzubringen? Ist es vielleicht nicht nur ein alter, nicht mehr wünschbarer Traum, *der universitäre Traum von der Einheit der Wissenschaft?*"

Die Beantwortung dieser Fragen führt uns schon gleich mitten in unser Thema; denn wir müßten ja wohl erst einmal klären, was wir denn meinen, wenn wir von Wissenschaft reden und was eine Vorstellung von der Einheit der Wissenschaft überhaupt bedeuten soll. Diese Fragen werden wir erst im Laufe dieser Vorlesung klar beantworten können.[295] Aber gewiß können wir auch schon mit einem oberflächlichen Verständnis von Wissenschaft sagen, daß sich unsere Gesellschaft die überaus teuren Unternehmungen der Universitäten sicher nur deshalb leistet, weil sie von den Wissenschaften, die an den Universitäten gelehrt und durch Forschungen in ihrem Bestand vergrößert werden, erhofft, daß sie mit dazu beitragen, die zum Teil auch großen Probleme des mitmenschlichen und natürlichen Zusammenlebens zu lösen oder wenigstens einer Lösung näher zu bringen. Nun sind aber alle wichtigen Problemstellungen in unseren Gesellschaften von sehr komplexer, interdisziplinärer Art, wie die Arbeitslosigkeit, die zunehmende Verarmung in diversen Teilen der Bevölkerung, die gerechte Verteilung der Bedarfs- und Genußgüter, die Bereitstellung gleicher Bildungschancen, die Gesundheitsfürsorge, die Umweltverschmutzung, die Orientierungsnot, die zukünftige Überlebenssicherung der Menschheit usw., usw. Sie lassen sich nur bewältigen, wenn die Fachleute verschiedenster Disziplinen in der Lage sind, miteinander an die Lösung der Probleme heranzugehen. Wie aber soll dies möglich werden, wenn die Wissenschaftler sich untereinander nicht mehr verstehen, wie es Herr Fouquet beklagt?

---

295 Schon am Anfang dieses Werkes zur Wissenschaftstheorie sei betont, daß die Bestimmung des Wissenschaftsbegriffs sehr wohl in voller Klarheit möglich ist. Diese Bemerkung ist deshalb bedeutsam, weil Alan F. Chalmers sich in seinem auch bei Springer seit 30 Jahren verlegten Werk zur Wissenschaftstheorie nicht im Stande sieht, eine eindeutige Definition des Wissenschaftsbegriffs abzugeben, obwohl Chalmers seinem englischen Original den Titel gegeben hat: „What is This Thing called Science?". Vgl. Alan F. Chalmers, *Wege der Wissenschaft, Einführung in die Wissenschaftstheorie*, Herausgg. und übersetzt von Niels Bergemann und Christine Altstötter-Gleich, sechste, verbesserte Auflage, Springer-Verlag Berlin Heidelberg 1986, 1989, 1994, 1999, 2001, 2007.

Wir haben also an unseren Universitäten Maßnahmen zu ergreifen, so daß die von uns ausgebildeten Wissenschaftler zu *interdisziplinärer Arbeit* in der Lage sind. Genau dies soll mit
dieser Vorlesung erreicht werden. Um eine erste Vorstellung darüber zu vermitteln, wie das
möglich werden kann, will ich die Wissenschaften mit Sprachen vergleichen, die im wesentlichen der gleichen Grammatik folgen. Wenn sich zeigen ließe, daß die Wissenschaften zumindest eine Strukturähnlichkeit hinsichtlich ihrer Vorstellungen von Erkenntnissen und
den Möglichkeiten, sie zu gewinnen, besitzen; dann wäre das Bild von den verschiedenen
Sprachen mit einer vergleichbaren Grammatik gar nicht so falsch, und es käme für die Ausbildung der Fähigkeit zum interdisziplinären Arbeiten vor allem darauf an, die Strukturen
des wissenschaftlichen Arbeitens zu studieren, so daß das Umsteigen von einer Wissenschaft
in eine andere im Rahmen des Sprachvergleichs lediglich in der Bewältigung der Aufgabe
läge, die Vokabeln der anderen Wissenschaftssprache zu lernen, die sich insbesondere aus der
Andersartigkeit des Objektbereiches ergibt, mit dem es die andere Wissenschaft zu tun hat.
Der Gedanke der Einheit der Wissenschaft läßt sich dann von innen oder von außen beschreiben, oder wie man gern wissenschaftlich sagt: *intensional* oder *extensional*. Die *intensionale Einheit der Wissenschaft* sei durch die gemeinsame Struktur, die gemeinsame Systematik der Erkenntnisgewinnung aller Wissenschaften gegeben und die *extensionale Einheit*
dadurch, daß schließlich alle Objektbereiche, mit denen sich die universitären Wissenschaften beschäftigen, zusammengenommen die Gesamtwirklichkeit unserer Lebenswelt
ergäben. Wenn sich herausstellen sollte, daß diese beiden Einheitsbedingungen von den
universitären Wissenschaften erfüllt werden, dann wäre damit die Ursprungsidee der Universität erhalten geblieben oder durch die Bewußtmachung wieder hergestellt."

Damit sollte glaubhaft sein, daß es weiterhin das große Ziel des Werkes *Theorie der
Wissenschaft* ist, den großen Gedanken von der Einheit der Wissenschaft im intensiona-
len Sinn gedanklich zu fassen und im extensionalen Sinn auch durch das Werben für interdisziplinäre Zusammenarbeit der universitären Wissenschaftler möglichst weitgehend
zu realisieren. Durch die Kritik der normativen Wissenschaftstheorien, der dieser dritte
Band gewidmet ist, soll also bitte nicht der Eindruck entstehen, als ob damit auch der
Gedanke der Einheit der Wissenschaft kritisiert werden sollte; denn das Gegenteil ist der
Fall! Heute stehen der Wissenschaftstheorie nicht wenig Wissenschaftler sehr kritisch
gegenüber, weil sie sich von den diversen normativen Wissenschaftstheorien nicht haben
vorschreiben lassen, wie man eigentlich Wissenschaft zu machen habe. So hat neulich
ein bedeutender Astrophysiker dem neuen Präsidenten in Kiel gegenüber die Meinung
vertreten, daß wir an der Universität keine Wissenschaftstheorie bräuchten. Eine solche
Haltung ist nur gegenüber den überzogenen Forderungen der normativen Wissenschaftstheorien verständlich, und zumindest deshalb waren sie hier zu kritisieren, um den Gedanken der Einheit der Wissenschaft wieder denkbar zu machen und ihre Realität vielleicht sogar erstmalig herzustellen.

Nun hat sich in der Behandlung der Fragen, wie es im Einzelnen zum wissenschaftlichen Forschen kommen kann, herausgestellt, daß es dazu einer ganzen Anzahl von Festsetzungen bedarf, und es fragt sich, ob nicht die wissenschaftstheoretische Feststellung,
daß die Bestimmung einer Wissenschaft die notwendige Bedingung zu erfüllen hat, daß
ganz bestimmte Festsetzungen, die explizit oder implizit gegeben sein müssen, wieder
eine normative Forderung ist, die von den Wissenschaftlern als eine überhebliche An-

maßung von seiten der Wissenschaftstheoretiker ganz entsprechend den Forderungen der normativen Wissenschaftstheorien aufgefaßt werden könnte. Nun ist dies allerdings nicht der Fall, weil die Erkenntnisproblematik, die sich mit dem Begriff der Wissenschaft verbindet, zu ihrer Lösung dieser Festsetzungen bedarf, um überhaupt die Begrifflichkeit von wissenschaftlichen Erkenntnissen bilden zu können. Dies hat Kurt Hübner in seinen umfassenden wissenschaftstheoretischen Studien nachgewiesen, daß diese Festsetzungen auch immer nachzuweisen waren, auch wenn sie nicht explizit festgehalten wurden, sondern nur intuitiv benutzt worden sind. Diese Feststellung der Notwendigkeit von wissenschaftstheoretischen Festsetzungen gehört darum bereits zur Grammatik der Wissenschaften, welche alle Wissenschaften miteinander verbindet und somit die gedankliche Einheit der Wissenschaft sichert.

6.3 Zu der Aufgabe der wissenschaftstheoretischen Forschung, neue Wissenschaften zu begründen

Es ist eine unbestrittene historische Tatsache, daß alle Wissenschaften durch philosophische Fragestellungen entstanden sind. Und die Wissenschaftstheorie ist als eine philosophische Disziplin zu verstehen; denn sie ist aus der Verantwortung der Philosophie für die Wissenschaften, welche sie begründet hat, entstanden. So ist es nicht verwunderlich, daß im Zuge der wissenschaftshistorischen Forschungen, die zur Erstellung des zweiten Bandes *„Das Werden der Wissenschaft"* erforderlich gewesen sind, bemerkt wurde, daß eine neue Wissenschaft zu begründen ist, welche im Band II bereits als *Bewußtseinsgenetik* bezeichnet wurde. Denn es zeigte sich, daß aus dem mythischen Bewußtsein noch keine Wissenschaft entstehen konnte, weil die mythische Bewußtseinsform es den Menschen noch nicht gestattet, Einzelnes von Allgemeinem zu unterscheiden, was auch zur Folge hat, daß in der mythischen Bewußtseinsform ein zyklisches Zeitbewußtsein integriert ist, wonach von Ewigkeit zu Ewigkeit stets das Gleiche geschieht. Durch die Feststellung, daß die mythische Bewußtseinsform und alle anderen späteren Bewußtseinsformen durch das durch die biologische Evolution entstandene Sicherheitsorgan des Gehirns gebildet werden, um den individuellen Menschen aufgrund der Umstände, in denen sie aufwachsen, größtmögliche Sicherheit für ihr Überleben zu gewährleisten, wurde deutlich, daß es eine womöglich auch schon anfänglich durch die biologische Evolution festgelegte Reihenfolge der Bewußtseinsformen beim Heranwachsen der Menschen gegeben sein muß, so daß die Fragestellung auftaucht, wie lassen sich die einzelnen Bewußtseinsformen unterscheiden, und wie und wodurch folgen sie aufeinander bis sich schließlich die kulturschaffende Bewußtseinsform im erwachsenen Menschen festsetzt. Diese Fragestellung war der Geburtsmoment einer neuen Wissenschaft, welche im Band II den Namen *Bewußtseinsgenetik* bekam.

Diese Wissenschaft hat inzwischen bereits politische Bedeutung gewonnen; denn die Unsicherheiten, die heute von den sogenannten Gefährdern ausgehen, sind Unsicherheiten, die von Bewußtseinsformen ausgehen, die etwa durch extreme Unterwürfigkeit gegenüber einem allmächtigen Gott bestimmt sind, so daß es etwa von Gefährdern der islamistischen Gedankenwelt für höchst vernünftig gehalten wird, möglichst viele Ungläubige zu töten und womöglich dabei auch sich selbst, weil man im Jenseits dafür von Allah belohnt werden wird. Nun wird in der Politik und inzwischen sogar auch vom Bundesverfassungsgericht gefordert, derartige Gefährder auch unter Verletzung ihrer Würde in ihr Heimatland abzuschieben. Offenbar hat sich niemand von diesen Leuten darüber Gedanken gemacht, daß mit dem Abschieben ihre durchaus gemeingefährliche Bewußtseinsform überhaupt nicht verändert wird, sondern eher noch in dem Bewußtsein gesteigert wird, sich an diesen Ungläubigen zu rächen. Und damit ist die Gefahr, die von ihnen ausgeht, durch das Abschieben sogar noch gesteigert worden; denn wer kann sie daran hindern, mit zusätzlicher Wut im Bauch wiederzukommen und einen Riesenschaden anzurichten, wie es der Tunesier Anis Amri am 19. Dez. 2016 auf dem Weihnachtsmarkt des Breitscheidplatzes in Berlin auf überaus erschreckende Weise vorgeführt hat. Die einzig sichere Weise, die Bevölkerung vor den Greueltaten dieser Gefährder zu schützen wäre, ihr Bewußtsein so zu ändern, daß sie eine Achtung des Lebens anderer Menschen und vom eigenen Lebens bekommen, so daß sie dieses Leben für so wertvoll einschätzen, daß sie es eher schützen als gefährden oder gar vernichten wollen. Wie aber lassen sich die Bewußtseinsformen der Gefährder in dieser Weise ändern?

Dazu bedarf es offensichtlich tragfähiger Forschungsergebnisse der Bewußtseinsgenetik. Damit eine solche Forschung in Gang kommen kann, bedarf es einer interdisziplinären Zusammenarbeit von Philosophen, Gehirnphysiologen, Psychologen, Pädagogen und dogmenfrei gebildeten Theologen, die sich wissenschaftlich als Religiologen verstehen.

Obwohl 2015 die Wortwahl *„Bewußtseinsgenetik"* noch nicht bestimmt war, habe ich zusammen mit Herrn Dr. Florschütz schon vor gut 2 Jahren in einem gemeinsamen Aufsatz „Zur Möglichkeit einer kulturellen Phylogenese des Gehirns" die Vorarbeiten zu dieser Wissenschaft vorangetrieben, allerdings noch in der Vorstellung, damit den Aufbau einer theoretischen Gehirnphysiologie im Rahmen eines zu etablierenden Forschungsprogramms voranzubringen, was aber von den dazu geplanten Geldgebern einstweilen noch nicht unterstützt wurde. Es bietet sich nun an, diesen bisher unveröffentlichten Aufsatz im Anhang 4 beizufügen, damit den ersten Schritten zur Eröffnung der neuen Wissenschaft *Bewußtseinsgenetik* nun weitere Schritte folgen mögen.

Die ersten Überlegungen über mögliche Abfolgen von Stufungen im Werden der Bewußtseinsformen bis hin zum Erwachsenenalter habe ich schon im Jahre 2010 in dem Aufsatz „Vom biogenetischen zum kulturgenetischen Grundgesetz" dargelegt, da ich an meinen Söhnen beobachtet hatte, daß sich in ihnen im Alter von 2–5 Jahren mythische Bewußtseinsformen ausgebildet hatten, da sie beim abendlichen Vorlesen etwa des Sokrates-Märchens, dann Einspruch erhoben haben, wenn ich den Text nach eigenem Gutdünken etwas verändert hatte, was für mich das Zeichen war, das sie in einem zyklischen Zeitbewußtsein lebten, in dem stets das Gleiche zu geschehen hat. Entsprechendes konnte ich mit ihnen erleben hinsichtlich der allmählichen Abkehr von ihrer mythischen Unterwürfigkeitsbewußtseinsform; denn als sie einmal vom Kindergarten nach Hause kamen, sagte plötzlich der Kleinste: „Papa, Du bist nicht mehr der alleinige Bestimmer!" Da habe ich ihn umarmt, um Freude darüber zum Ausdruck zu bringen, daß er nun auf dem langen Weg zur Selbstbestimmung ist, ja schließlich sogar auf dem Weg zur Selbstverantwortlichkeit. Und an vielen anderen Beobachtungen, wurde mir klar, daß es nicht nur das biologische Grundgesetz gibt, das im 19. Jahrhundert von Ernst Haeckel (1834–1919) als *biogenetisches Grundgesetz* bezeichnet wurde und das heute als biogenetische Grundregel genannt wird, da es eben auch Ausnahmen gibt, die sich freilich auch evolutionär erklären lassen, sondern daß es für die Gehirnentwicklung ebenso eine ganz entsprechende *kulturgenetische Grundregel* gibt, nach der die Bewußtseinsformen, welche die Kulturstufen der kulturellen Menschheitsgeschichte hervorbrachten, in der Entwicklung der heranwachsenden Menschen vom Babyalter über die Kindheit, die Jugendzeit und Teenager- bzw. die Halbstarkenzeit bishin zum Erwachsenenalter wiederum aus informationstheoretischen Gründen nacheinander alle durchlaufen werden.[296]

Die Konsequenz davon ist, daß im Gehirn der Erwachsenen die durchlaufenen Bewußtseinsformen im Gedächtnis gespeichert sind und sogar aufgrund bestimmter dauerhafter Umstände auch wieder reaktiviert werden können. Wenn wir bedenken, daß der Einsatz von Gewalt oder auch das Ertragen von Gewalt zur Durchsetzung bestimmter Ziele durch ganz bestimmte Bewußtseinsformen in der Menschheitsgeschichte bedingt waren, die gar nicht lange vergangen sind, so finden sich derartige Bewußtseinsformen noch im Halbstarkenalter. Und sie lassen sich relativ schnell im militärischen oder auch polizeilichen Drill relativ leicht wieder aktivieren und sogar erhalten, wenn sie dazu erklärt werden, notwendig zu einem derartigen Berufsstand zu gehören. Entsprechendes gilt für die Bewußtseinsform der geistigen Gewaltanwendung, die sich in der Kulturgeschichte auch lange erhalten hat und die besonders in pädagogischen, juristischen oder auch politischen Berufen fröhliche Urständ feiern.

Dadurch, daß die Entwicklungen der Bewußtseinsformen in den verschiedenen Kulturen auf unserem Planeten durchaus nicht synchron verlaufen, wird diese Verschiedenheit von der Wissenschaft der Bewußtseinsgenetik sicher in gar nicht so ferner Zukunft auch deutlich herausgearbeitet werden können. Es wird die Gefahr aufkommen, daß eine Bewertung dieser Bewußtseinsformen vorgenommen wird und eine Hochmut bei den Menschen gegenüber den Menschen aufkommt, von denen man meint, daß ihre Bewußtseinsformen noch unterentwickelt sind. Nun hat sich aber bereits im zweiten Band („Das Werden der Wissenschaft") gezeigt, daß die kulturelle Evolution, welche ja die Entwicklung der Bewußtseinsformen hervorbringt, nach den gleichen Prinzipien verläuft, wie die biologische Evolution. Und diese Prinzipien sind das *principium individuationis* und das *principium societatis* oder auf deutsch: *das Individualisierungsprinzip* und das *Vergemeinschaftungsprinzip*. Von besonderer Zukunftbedeutung ist nun die Feststellung, daß die biologischen oder kulturellen Lebewesen die besten Überlebenschancen besitzen, die beide Prinzipien zu größerer Harmonie miteinander in sich vereinigen können, so daß die-

---

296 Wolfgang Deppert, „Vom biogenetischen zum kulturgenetischen Grundgesetz", abgedruckt in: *unitarische blätter für ganzheitliche Religion und Kultur*, Heft 2, März/April 2010, 61. Jahrg. S. 61–68.

ses Harmoniestreben mit der größten Sinnhaftigkeit verbunden ist, so daß die Menschen, die sich nach den Prinzipien der *individualistischen Wirtschaftsethik (IWE)*[297] verhalten und darum solche Forderungen an sich selbst stellen, um ein sinnvolles Leben zu führen, der Gefahr entgehen werden, sich hochmütig über die Menschen zu erheben, von denen sie meinen, daß sie in der Entwicklung ihrer Bewußtseinsformen weiter vorangekommen sind als andere. Denn aufgrund ihres Strebens nach friedlichen menschlichen Gemeinschaftsformen, werden sie sich gewiß eher fürsorglich um die Menschen kümmern, die sich womöglich aufgrund ihres Zurückbleibens in ihrer Bewußtseinsentwicklung noch störrisch gegenüber dem Strebens nach friedlicher Gemeinsamkeit verhalten. Denn die Weiterentwicklung der Bewußtseinsformen ist ja gerade daran zu erkennen, daß sie sich für ein friedliches Zusammenleben von Mensch und Natur immer mehr einsetzen.

6.4   Zum versöhnlichen Schluß

Dieser dritte Band versteht sich als ein Aufruf zu freiem aber verantwortlichem wissenschaftlichen Forschen, welches leider immer wieder von Gefahren bedroht wird, die stets von der menschlichen Neigung ausgeht, absolute Sicherheit gewinnen zu wollen, die aber aus einsichtigen Gründen nicht erfüllbar zu sein scheint. Dieses Buch mag darum auch als ein Aufruf zur Wachsamkeit verstanden werden, derartige Wünsche und Bestrebungen bei sich und anderen zu entdecken und sie durch den stärkeren Wunsch nach Freiheit für eigenes und gemeinsames kreatives Arbeiten zu verabschieden.

Die hier vollzogene Kritik an den normativen Wissenschaften mag bisweilen etwas sehr herbe ausgefallen sein. Es war damit aber niemals die Absicht verbunden, die Möglichkeit zu neuen und auch ungewöhnlichen Gedanken zu unterbinden. Denn das Größte, das wir als Menschen in uns tragen, ist die Kreativität, das heißt, daß wir uns etwas denken können, was es vorher so noch nicht gegeben hat, und dazu brauchen wir vor allem innere Freiheit, zu deren Ermöglichung und selbstverantwortlichen Nutzung ich mit diesem Buch ermuntern möchte, allerdings stets verbunden mit dem verantwortungsvollen Bewußtsein, daß wir stets möglichst vorher zu prüfen haben, ob das Neue, das wir durch unsere schöpferischen Fähigkeiten verwirklichen können, nicht auch mit irgendeiner Gefahr verbunden ist, die uns selber, andere Menschen oder auch die Natur zu schädigen droht. Wir haben darum stets die Sinnfrage im Denken und Handeln zu stellen, aber davon wird im vierten und letzten Band ausführlich die Rede sein. Als versöhnlichen musikalischen Schlußgedanken schlage ich vor, in sich das schöne Schweizer Lied „Die Gedanken sind frei!" aufklingen zu lassen!

---

297 Vgl. Wolfgang Deppert, *Individualistische Wirtschaftsethik (IWE)*, Springer Gabler Verlag, Wiesbaden 2014.

Anhänge 7

7.0 Erläuterungen zu dem Kapitel „Anhänge"

In dem ganzen Werk "Theorie der Wissenschaft" geht es immer wieder um die historische Gewordenheit jeglichen wissenschaftlichen Arbeitens. Und auch die Gedanken, die ich darin von mir einbringen konnte, haben ebenso eine Geschichte, so daß es dem Leser bisweilen so vorkommen mag, als ob im Text hin und wieder Wiederholungen auftreten, die aber dennoch beim genauen Lesen doch kleine Veränderungen erfahren haben. Das kann daran liegen, daß diese Textteile aus verschiedenen Zeiten stammen, wobei die späteren Texte gewisse gedankliche Veränderungen erfahren haben. Um diese Zusammenhänge nachvollziehen zu können, habe ich hier in den Anhängen einige wenige Arbeiten aus verschiedenen Zeiten zusammengestellt, die bislang alle nicht irgendwo veröffentlicht worden sind, da ich mir wohl eine gewisse Veröffentlichungsfaulheit zu attestieren habe; denn das Veröffentlichen ist doch mit ganz erheblichen Mühen verbunden. So habe ich nicht einmal meine Antrittsvorlesung veröffentlicht, in der ich mich immerhin dem kollegialen Publikum der Kieler Universität und insbesondere der Philosophischen Fakultät erstmals als Wissenschaftstheoretiker vorgestellt habe. Nun finden Sie diese Antrittsvorlesung hier im *ersten Anhang*, in der es wesentlich noch um gegenwärtige Grundlagenprobleme mit der Bestimmung des Erkenntnisbegriffs geht, von denen aber einige Biologen behaupten, sie lösen zu können.

Nun gibt es seit dem Beginn der ersten systematisch organisierten Erkenntnisbemühungen immer einige aus welchen Gründen auch immer hervorragende Aktivitäten, denen eine Führungsrolle zugewiesen wird, oder die für sich eine Führungsrolle beanspruchen. Nun waren es gewiß die Philosophen, die in Europa wissenschaftliche Aktivitäten überhaupt erst in Gang gebracht haben und denen dadurch eine Führungsrolle zufiel. Diese Rolle haben sie auch behalten, bis die Theologen der Offenbarungsreligionen meinten, die Führungsrolle unter den Wissenschaften für sich in Anspruch nehmen zu sollen. Aber im Zuge der europäischen Aufklärung übernahmen die Philosophen wieder die Führungsrolle. Diese wurde im Zuge der enormen wissenschaftlichen Erfolge der Naturwissenschaften im Laufe des 19. und 20. Jahrhunderts freiwillig von den Philosophen schon nach dem ersten Viertel des 20. Jahrhunderts an die Physiker weitergereicht. Durchaus auch mit Hilfe neuer physikalischer Einsichten gelang es allmählich den Biologen enorme Erkenntnisse über die biologische Evolution zu Tage zu fördern, so daß im letzten Viertel des vergangenen Jahrhunderts die biologischen Evolutionstheoretiker sich anschickten, für sich die Führungsrolle in den Wissenschaften zu beanspruchen. Der Titel meiner Antrittsvorlesung *„Löst die neue Biologie alte philosophische Probleme?"* zielt auf die Beantwortung der Frage, ob dieser Führungsanspruch zu rechtfertigen ist, was sich jedoch im Zuge der darin vorgeführten Untersuchungen nicht bestätigen läßt, weil sich die Ausbildung der speziellen erkenntnistheoretischen Fähigkeiten der neuzeitlichen Menschen durch die Anwendung der biologischen Evolution auf die Gehirnentwicklung nicht erklären läßt. Denn die Zeiträume der biologischen Evolution sind viel zu lang, so daß damit die Veränderungen in den Raum- und Zeitvorstellungen der Menschen nicht erklärbar sind, die sich oft nur in wenigen Jahrzehnten der erkenntnistheoretischen Fortentwicklung in den menschlichen Gehirnen vollzogen haben. Das ist nun allerdings durch die Entdeckung der zweiten Evolution, der kulturellen Evolution, ganz anders geworden, so daß sich damit die erkenntnistheoretischen Ansätze der evolutionären Erkenntnistheorie etwa von Gerhard Vollmer auf eine neue Grundlage stellen lassen. Und dieser mögliche Brückenschlag soll durch den Abdruck des *ersten Anhangs* ermöglicht werden.

Im *zweiten Anhang* geht es um die logische Trivialität, daß sogenannte *selbstreferentielle Sätze* keine Sätze im Sinne von Aussagen sind, mit denen dennoch die Fachwelt von Kurt Gödel zum Narren gehalten werden konnte. Damit sich derartige gedanklichen Verwirrungen beim Denken von rückbezüglichen Systemstrukturen nicht bei der schwierigen aber für den Fortgang der biologischen, medizinischen und gehirnphysiologischen Wissenschaften notwendig gewordenen Forschungsarbeit zur Aufstellung einer mathematischen Theorie ganzheitlicher Begriffssysteme nicht wiederholt, ist der *zweite Anhang* **Anmerkungen zu Gödels Narretei: Der Satz vom ausgeschlossenen Widerspruch und der Unsinn selbstreferentieller Sätze** hier abgedruckt worden.

Im dritten Absatz **Lebende Systeme als dynamische Systeme oder Kausalität als Finalität – Begriffliche Grundlagen der Theorie dynamischer Systeme** geht es nun um den Nachweis, daß sich alle lebenden Systeme adäquat nur mit Hilfe von ganzheitlichen Begriffssystemen beschreiben lassen, in denen Kausalität und Finalität harmonisch miteinander verbunden sind und daß es im Kantischen Sinne durchaus vernünftig ist, den Mathematikern die Entwicklung einer entsprechenden Theorie anzuvertrauen, weil sie bereits ihren großen Erfolg den axiomatischen Systemen zu verdanken haben, die ja als paradigmatische Fälle von ganzheitlichen Begriffssystemen anzusehen sind, wie es von Frege das erste Mal nachgewiesen wurde.

Auf die Evolution des Menschen bezogen läßt sich inzwischen nachweisen, daß spätestens durch ihn eine zweite Evolution entdeckt werden konnte, die als kulturelle Evolution bestimmbar ist, und durch die für die Entwicklung der menschlichen Bewußtseinsformen in Analogie zu Ernst Haeckels *biogenetischem Grundgesetz* eine *bewußtseinsgenetische*

Grundregel angeben läßt, durch die wir auch von einer Phylogenese des Gehirns sprechen können, was im **Anhang 4 *Zur Möglichkeit einer kulturellen Phylogenese des Gehirns*** im Einzelnen dargelegt wird.

Anhang 1

Wolfgang Deppert

Löst die neue Biologie alte philosophische Probleme?

Antrittsvorlesung an der Kieler Universität am 2. Mai 1984

Spectabilität, meine Damen und Herren,
betrachtet man die Wissenschaft als ein Unternehmen, in dem versucht wird, bedeutsame Probleme der Menschen zu lösen, dann kann man das wissenschaftliche Arbeiten als einen Wettstreit um die besten Problemlösungen ansehen. Durch diesen Wettbewerbscharakter der Wissenschaften stehen nicht nur die Wissenschaftler eines Faches, sondern auch die Wissenschaften untereinander in Konkurrenz. Dies betrifft die angewandten Wissenschaften ebenso wie die Grundlagenfächer. So gibt es in neuerer Zeit den Streit zwischen Chemie und Biologie um die besseren Düngemittel oder den Streit zwischen Psychotherapie und Psychopharmazie um die besseren Heilmethoden seelischer Gebrechen. Ferner ist der heftige mittelalterliche Kampf zwischen Theologie und Philosophie um die Begründung wahrer Erkenntnis weithin bekannt, und auch Kant hat sich eingehend zum Streit der Fakultäten geäußert.

Der Problembereich der Grundlegung wissenschaftlicher Erkenntnis war in der Neuzeit lange Zeit die unbestrittene Domäne der Philosophie bis um die Jahrhundertwende Philosophen auftraten, die diese Rolle der Physik übertragen wollten. Basierend auf der positivistischen Idee, daß sich in den Naturwissenschaften die wahren Strukturen der Wirklichkeit offenbaren, behauptet schließlich der Hauptvertreter des sogenannten Neopositivismus Rudolf Carnap im Jahre 1931, die physikalische Sprache sei die Universalsprache für jegliche Wissenschaft. „Jeder Satz der Wissenschaft," so sagt er, „kann grundsätzlich gedeutet werden als physikalischer Satz".

Diese Behauptung, die Physik könne die Rolle der Philosophie für die Grundlegung wissenschaftlicher Erkenntnisse übernehmen, ließ sich einerseits wegen innerer Widersprüchlichkeiten der neopositivistischen Philosophie und andererseits wegen des historisch belegten und geistesgeschichtlich bedingten Wandels der grundlegenden physikalischen Begriffe nicht aufrecht erhalten.

Heute erleben wir einen erneuten Angriff auf die bisher von der Philosophie geleistete Begründung wissenschaftlicher Erkenntnis von seiten der modernen Biologie. Im deutschen Sprachraum sind es vor allem der Verhaltensforscher Konrad Lorenz, der Wissenschaftstheoretiker Gerhard Vollmer und der Zoologe Rupert Riedl, die behaupten, mit Hilfe der biologischen Evolutionstheorie die alten Fragen der Philosophie nach der *Begründung* und der *Gewinnung* objektiver Erkenntnis beantworten zu können. Gerhard Vollmer nennt sein Buch „Evolutionäre Erkenntnistheorie" (Hirzel Verlag, Stuttgart 1975), Rupert Riedl bezeichnet sein Werk als „Biologie der Erkenntnis" (Parey Verlag, Berlin 1979) und beide beziehen sich auf die Schrift „Die Rückseite des Spiegels" von Konrad Lorenz (Piper Verlag, München 1973).

Auf diese Bücher gab es zum Teil überschwängliche Reaktionen. Man sprach wie Hoimar von Ditfurth in einem Spiegelartikel von einer kopernikanischen Wende in der Erkenntnistheorie und dem Selbstverständnis des Menschen. Fragen wir also, ob es den Anhängern der Evolutionären Erkenntnistheorie, wie ich sie allgemein nennen werde, tatsächlich gelungen ist, die alten Philosophischen Probleme der Begründung und der Gewinnung von Erkenntnis zu lösen.

Dazu werde ich zunächst jenen alten philosophischen Problemen der Erkenntnisbegründung und -gewinnung nachgehen, danach die evolutionstheoretischen Lösungsversuche wiedergeben, um dann schließlich nach einer Untersuchung der grundsätzlichen Problemlösungsmöglichkeiten der evolutionären Erkenntnistheorie zur Beantwortung der im Thema gestellten Frage zu kommen.

Wenn wir nach etwas fragen, dann suchen wir nach etwas, das uns fehlt. Das bedeutet aber, daß wir schon etwas anderes haben müssen, wodurch wir bemerken, daß uns etwas fehlt. Wenn wir nun danach fragen, was Erkenntnis ist, dann sollten wir bereits etwas kennen in bezug auf das sich der Begriff von Erkenntnis bestimmen läßt. Aber heißt dies nicht, daß wir uns bei der Frage nach der *Erkenntnis* in einem hoffnungslosen Zirkel verfangen; denn wenn wir etwas *kennen* müssen, um nach dem Begriff von Erkenntnis fragen zu können, setzen wir dann nicht schon voraus, daß wir wissen müssen, was Erkenntnis ist?

Nun ist es aber gewiß ein Unterschied, wenn ich etwas nur *kenne* oder wenn ich davon eine Erkenntnis habe. Wenn ich z.B. einen Menschen gerade nur soweit kenne, daß ich ihn wiedererkennen kann, dann ist damit noch nicht unbedingt eine Erkenntnis über ihn verbunden. Und so kennen die Menschen gewiß schon lange das Gefühl von Sicherheit und Geborgenheit oder das Gefühl der Unsicherheit in bezug auf eine ungewisse Zukunft. Darum ist es verständlich, daß die Menschen nach etwas suchen, wodurch sie sich sicherer *darin* fühlen, alle möglichen Gefahren und Herausforderungen in einer ungewissen Zukunft bestehen zu können. Dieses Gesuchte aber läßt sich in einem sehr allgemeinen Sinne ‚Erkenntnis' nennen. Es muß allerdings zugegeben werden, daß dieser Versuch, den Erkenntnisbegriff auf den von Kenntnis zurückzuführen, den erwähnten definitorischen Zirkel nur auf die Definition des Begriffes ‚Kenntnis' verschiebt, etwa wenn man Kenntnis als das Gegenteil von Unkenntnis erklären wollte. Gewiß sind solche definitorischen Zirkel für Begriffspaare und andere ganzheitliche Begriffssysteme unvermeidlich. Dies ist aber insofern unproblematisch, da wir die Bedeutung unserer umgangssprachlichen Wörter durch ihren Gebrauch lernen, so daß explizite Definitionen nicht nötig sind. Dieser erlernte Gebrauch unserer Worte ist historisch tradiert, und darum ist es für das Verständnis des Erkenntnisbegriffs von Wichtigkeit, seine historische Herkunft ein wenig zu beleuchten.

Der hier verwendete auf die Zukunftssicherung gerichtete Erkenntnisbegriff wurde erst erforderlich, als der Mensch die Vorstellung einer unbekannten und ungewissen Zukunft entwickelte. Wir haben nämlich davon auszugehen, daß unser heutiges von vielen für selbstverständlich gehaltene Zeitbewußtsein, wonach die Vergangenheit niemals wiederkehrt und die Zukunft darum unbekannt und ungewiß ist, in mythischer Zeit nicht vorhanden oder von untergeordneter Bedeutung war. Die Quellen aus der Zeit des Mythos' belehren uns nach Hübner darüber, daß für die Menschen damals eine sogenannte zyklische Zeitvorstellung von der ewigen Wiederkehr des Gleichen vorherrschte, in der die Zukunft mit der Vergangenheit durch den Ablauf ewig gleicher Perioden identisch war.[298] Der Ablauf der Welt war eingebunden in das zyklische Geschehen der heiligen Ereignisse, wie sie in den Göttergeschichten erzählt wurden, und wie sie heute teilweise noch allgemein bekannt sind in den Sagen und Märchen und in unserer eigenen Welterfahrung über die sich unaufhörlich wiederholenden Tages- und Jahreszeiten.

In einem solchen zyklischen Zeitbewußtsein konnte es noch keinen Erkenntnisbegriff für die Sicherung einer ungewissen Zukunft geben; denn gegen die einzige Ungewißheit in der Zukunft, die von den Schicksalsmächten ausging, konnte man nichts ausrichten, da gegen diese die Götter selbst machtlos waren.

Die Vorstellung der zyklischen Zeit wurde in Ägypten dargestellt durch eine sich in den Schwanz beißende Schlange. Und daraus ergibt sich eine Deutung der biblischen Erzählung über den Anfang des menschlichen Erkenntnisstrebens, dem Mythos vom Sündenfall, als einem Mythos vom Zerfall des Mythos', d.h. von der Ablösung der zyklischen durch die offene Zeitvorstellung: Indem die Schlange sich nicht mehr wie einst in den Schwanz beißt, hat sie das Maul frei, um Eva zu beschwatzen, vom Baum der Erkenntnis zu essen. Durch den Mythos vom Sündenfall wird demnach der Verlust der paradiesischen Geborgenheit dadurch dargestellt, daß der Übergang von einer zyklischen zu einer offenen Zeitvorstellung die Angst vor einer ungewissen Zukunft mit sich bringt und damit das immerwährende Streben, diese Angst durch Erkenntnisgewinn zu lindern. So gesehen läßt sich das Unternehmen Wissenschaft deuten als der groß angelegte Versuch, an die paradiesische Zeit angstfreier Zukunftsvorstellungen anzuknüpfen.

Es geht also bei unserem Erkenntnisbegriff darum, die Angst vor der Ungewißheit des zukünftigen Geschehens abzubauen. Dies könnte durch eine religiöse Gewißheit über die grundsätzliche Geborgenheit in einem umfassenden Zusammenhang geschehen, und man kann dann von religiöser Erkenntnis sprechen. Mit wissenschaftlicher Erkenntnis meinen wir hingegen, daß wir einzelne Ereignisse der Vergangenheit und der Gegenwart so in

---

298 Vgl. Kurt Hübner, *Kritik der wissenschaftlichen Vernunft*, Verlag Karl Alber, Freiburg/ München 1978, Kap. XV *Die Bedeutung des griechischen Mythos für die Zeitalter von Wissenschaft und Technik*. Die sich ewig wiederholenden Götterschichten nennt Hübner schon in dieser ersten Arbeit über den Mythos Archaí S. 409–426.

einen Zusammenhang bringen, daß wir daraus Ereignisse, die möglicherweise in der Zukunft eintreten werden, ableiten bzw. voraussagen können.

Ganz allgemein läßt sich demnach Erkenntnis darstellen als die Zuordnung von Einzelnem zu etwas Allgemeinem, und je nachdem, welche Bedingung diese Zuordnung erfüllt, wird man von einer religiösen, einer künstlerischen oder einer wissenschaftlichen Erkenntnis sprechen. So sollen z.B. wissenschaftliche Erkenntnisse den Bedingungen gehorchen, daß die Zuordnung von etwas Einzelnem zu etwas Allgemeinem wiederholbar oder wenigstens intersubjektiv nachvollziehbar ist, d.h., daß sie für jedermann, der über die nötigen Kenntnisse verfügt, eingesehen werden kann.

Wenn wir z.B. sagen, alle physikalischen Körper gehorchen dem Fallgesetz, dann ist das Fallgesetz das Allgemeine und die physikalischen Körper das Einzelne, und die Zuordnung der physikalischen Körper zum Fallgesetz kennzeichnet den nachprüfbaren Satz: alle physikalischen Körper fallen gemäß dem Fallgesetz. Oder wenn es heute als eine biologische Erkenntnis gilt, daß Menschen und Menschenaffen gemeinsame Vorfahren haben, so sind Menschen und Menschenaffen Einzelnes, welches in das Allgemeine eines evolutionstheoretischen Stammbaumes eingeordnet wird, was etwa durch Vergleiche der Anatomie nachprüfbar ist.

Man kann demnach auch sagen: wissenschaftliche Erkenntnis besteht im Einordnen von einzelnen Ordnungselementen in ein allgemeines Ordnungsgefüge. Das Einzelne und das Allgemeine unterscheidet sich dabei nur durch die Relation, die Beziehung des Einordnens: Das Einzuordnende ist das Einzelne und das, wonach eingeordnet wird, das Ordnungsgefüge oder kurz die Ordnung, das Allgemeine.

In dieser Darstellung wissenschaftlicher Erkenntnis finden sich die alten philosophischen Probleme der Erkenntnistheorie in folgenden Fragen;

1. Wie läßt sich Einzelnes bestimmen oder wie kommt man zu wahren einzelnen Aussagen?
2. Wie läßt sich Allgemeines bestimmen oder wie kommt es zu wahren allgemeinen Aussagen?
3. Wie läßt sich die Zuordnung von Einzelnem und Allgemeinem vornehmen?
4. Welche Bedingungen soll diese Zuordnung erfüllen? Und
5. Wie läßt sich die Einhaltung dieser Bedingungen überprüfen?

Zur Beantwortung dieser Fragen müssen Festsetzungen getroffen werden. Sie lassen sich nicht auf wissenschaftliche Erkenntnisse zurückführen, da durch sie erst wissenschaftliche Erkenntnisse begründbar werden. Wie Kurt Hübner in seiner „Kritik der wissenschaftlichen Vernunft" gezeigt hat, lassen sich die von Wissenschaftlern bewußt oder unbewußt getroffenen Festsetzungen nur historisch verstehen. Alle Versuche, für die Beantwortung dieser Fragen eine eindeutige und allgemeinverbindliche Methodenlehre aufzustellen, müssen als gescheitert angesehen werden.

Die Philosophie ist also heute weiter denn je von der Lösung dieser alten erkenntnistheoretischen Probleme entfernt. Darum ist die Frage von höchstem Interesse, ob mit Hilfe der neuen Biologie sich jene alten philosophischen Probleme lösen lassen, wie es die evolutionäre Erkenntnistheorie behauptet.

Der Ausgangspunkt der Evolutionären Erkenntnistheorie ist die biologische Evolutionstheorie des irdischen Lebens, wonach alle lebendigen Organismen dieser Erde von einfachsten Organismen abstammen. Der Entwicklungsprozeß zu komplizierteren Organismen wird dabei durch zwei Annahmen erklärt:

1. Es gibt sprunghafte Änderungen der Erbanlagen, sogenannte Mutationen, die zufällig aber im statistischen Mittel mit einer angebbaren Rate auftreten.
2. Aufgrund der natürlichen Überproduktion von Nachkommen können sich wegen des beschränkten Lebensraumes nur die Lebenstüchtigsten weiter vermehren.

Aus diesen Annahmen wird in der Evolutionstheorie gefolgert, daß neue Arten dann durch Mutationen entstehen können, wenn durch sie die Überlebenschancen erhöht werden. Konrad Lorenz sagt (S. 36):

„Schlechterdings *alle* komplexen Strukturen sämtlicher Organismen sind unter dem Selektionsdruck bestimmter arterhaltender Leistungen entstanden."

Bessere Überlebenschancen werden von den Biologen auch als bessere Anpassung an die Lebensbedingungen bezeichnet. Betrachtet man nun den Menschen auch als ein Ergebnis der biologischen Evolution, so liegt es nahe, die besondere Erkenntnisfähigkeit des Menschen als Anpassungsleistung der Evolution zu interpretieren, da der Mensch sich nach einer weitverbreiteten Meinung gerade durch seine Fähigkeit zu Erkenntnissen von anderen Lebewesen unterscheidet. Und dies ist der Grundgedanke der Evolutionären Erkenntnistheorie.

Konrad Lorenz bezeichnet bereits *die* Erbanlagen, die sich durch Selektion als besser angepaßt erweisen, als eine genetische Speicherung von Wissen über die „äußere" Realität, wie er sagt (S. 37). Angewandt auf das menschliche Erkenntnisvermögen formuliert Gerhard Vollmer diese These über die genetische Speicherung von Wissen zu seiner sogenannten *Hauptthese der Evolutionären Erkenntnistheorie* wie folgt:

„*Unsrer Erkenntnisapparat ist ein Ergebnis der Evolution. Die subjektiven Erkenntnisstrukturen passen auf die Welt, weil sie sich im Lauf der Evolution in Anpassung an diese reale Welt herausgebildet haben. Und sie stimmen mit den realen Strukturen (teilweise) überein, weil nur eine solche Übereinstimmung das Überleben ermöglichte.*"

Fragt man nun nach der Methodik der Evolutionären Erkenntnistheorie, so finden sich lediglich eine groß angelegte Beispielsammlung, um die These von der ererbten und an die äußere Wirklichkeit angepaßten Erkenntnisstrukturen zu belegen. Während Lorenz eine Fülle von Beispielen aus seinem Gebiet der Verhaltensforschung gibt, versucht Riedl, diese Sammlung mit Beispielen aus der Physiologie und der Molekularbiologie zu erweitern. Auch Gerhard Vollmer gibt sich Mühe, seine Hauptthese durch viele Zitate bekannter Autoren zu belegen. Und ohne auf eine bestimmte Methodik der Evolutionären Erkenntnistheorie einzugehen, formuliert er ihre Leistungen als logische Folgerungen aus seiner Hauptthese in folgender Zusammenfassung:

> *„Erstens wissen wir, woher die subjektiven Strukturen der Erkenntnis kommen (sie sind ein Produkt der Evolution). Zweitens wissen wir, warum sie bei allen Menschen nahezu gleich sind (weil sie genetisch bedingt, also erblich sind und – wenigstens als Anlage – angeboren). Drittens wissen wir, daß und warum sie zumindest teilweise mit den Strukturen der Außenwelt übereinstimmen (weil wir die Evolution sonst nicht überlebt hätten)."*

Damit wären allerdings die hier genannten alten philosophischen Fragen nach der Art und Weise des Erkenntnisgewinns noch gar nicht berührt. Die Evolutionäre Erkenntnistheorie versteht sich aber als ein *interdisziplinäres Forschungsprogramm*, wie Vollmer sagt. Und es soll damit eines Tages die Frage nach den „tatsächlich angeborenen Erkenntnisstrukturen" (Kant u.d.E.E.,S. 47) befriedigend beantwortet werden. Dies aber würde bedeuten, daß wir dann auch in der Lage wären zu sagen, von welchen Grundlagen wir auszugehen hätten, um Erkenntnis über die Außenwelt zu gewinnen, und damit wären schließlich die hier beschriebenen alten philosophischen Fragen doch lösbar geworden.

Die Evolutionäre Erkenntnistheorie erhebt somit den Anspruch, die alte Frage nach der Möglichkeit intersubjektiver Erkenntnis über die Außenwelt schon heute beantworten zu können und darüber hinaus zu wissen, in welcher Richtung geforscht werden müsse, um auch die Probleme der Erkenntnisgewinnung einmal in befriedigender Weise lösen zu können. In der nun folgenden Untersuchung über die Haltbarkeit dieser Behauptungen werde ich beginnen mit dem weitestgehenden Anspruch der Erforschbarkeit der „tatsächlich angeborenen Erkenntnisstrukturen".

Da die Biologie eine Erfahrungswissenschaft ist, die Erkenntnistheorie jedoch die Bedingungen untersucht, unter denen Erfahrungen erst möglich werden, so liegt bei einer Erkenntnistheorie, die eine erfahrungswissenschaftliche Theorie, wie die Evolutionstheorie es ist, zu ihrer Grundlage macht, sogleich der Verdacht nahe, daß es sich hier um eine zirkelhafte Theorie handelt, die das zu beweisen trachtet, was sie in ihren Grundlagen bereits vorausgesetzt hat.

Diesem Vorwurf versuchen die evolutionären Erkenntnistheoretiker durch einen Gegenangriff zu entgehen, indem sie darauf hinweisen, daß der Erkenntnisbegriff in allen Erkenntnistheorien zirkelhaft sei. Nun ist aber ein definitorischer Zirkel grundsätzlich etwas anderes als ein Begründungszirkel. Ein Zirkel in einer Definition ist immer dann unproblematisch, wenn die durch den Zirkel fehlende Bedeutungsfestlegung durch den Verweis auf einen tradierten Sprachgebrauch gelingt, wie ich dies hier für den Begriff der Erkenntnis angedeutet habe. Das Auftreten eines Begründungszirkels dagegen ist ein Fehler in der Argumentation; denn dabei wird die Gültigkeit eines Satzes durch die Annahme seiner Gültigkeit bewiesen, was unmöglich ist oder eine schlichte Festsetzung darstellt. Der Willkür einer solchen Festsetzung soll in der Evolutionären Erkenntnistheorie dadurch entgangen werden, daß diese Festsetzungen durch erfahrungswissenschaftliche Einsichten korrigiert werden. Man beginne demnach mit einer ersten Annahme, durch die erste Erfahrungen möglich würden, korrigiere dann mit Hilfe der so gewonnenen Erkenntnisse die erste Annahme, wodurch dann genauere Erkenntnisse erfahrbar wären, und so fort. Vollmer nennt ein solches Vorgehen einen virtuosen Zirkel, und er meint, auf einem derartigen spiralenförmigen Wege den subjektiven Erkenntnisstrukturen der Menschen und somit auch den objektiven Strukturen der äußeren Wirklichkeit immer näher zu kommen.

Um diese optimistischen Vorstellungen über die mögliche Rolle der Evolutionären Erkenntnistheorie verstehbar zu machen, will ich nun die ersten Annahmen, die Metaphysik der Evolutionären Erkenntnistheorie aufsuchen, um danach etwaige weitere Schritte in dem Sinne von Vollmers virtuosem Zirkel verfolgen zu können. Dazu erinnere ich an seine Hauptthese in folgender Zusammenfassung:

Die subjektiven Erkenntnisstrukturen haben sich im Laufe der Evolution an die realen Strukturen der Welt angepaßt und stimmen nun teilweise mit diesen überein, weil nur eine solche Übereinstimmung das Überleben ermöglichte.

Die metaphysischen ersten Annahmen bestehen auch hier aus folgenden Festsetzungen über ein Allgemeines, über Einzelnes und über deren Zuordnung:

Das Allgemeine ist gegeben in der

1. Annahme: Es gibt eine vom Menschen unabhängige Außenwelt mit einer ebenso vom Menschen unabhängigen Struktur.

Die Festsetzung über **das Einzelne** findet sich in der

2. Annahme: Der Mensch besitzt Erkenntnisstrukturen.

Und **die Zuordnungsfestsetzung** zwischen den Erkenntnisstrukturen des Menschen und den Strukturen der Außenwelt wird angegeben durch die

3. Annahme: Die Erkenntnisstrukturen des Menschen haben sich als ein Ergebnis der Evolution an die realen Strukturen der Außenwelt angepaßt.

Fragt man nun nach der Herkunft dieser metaphysischen Annahmen, so bemerkt man, daß sie hier in einer Form gegeben sind, wie sie aus der Philosophie Platons bekannt ist: Die vom Menschen unabhängige Außenwelt ist als die platonische Welt des ewigen Seins zu verstehen, wobei die unveränderlichen Strukturen der Außenwelt den platonischen Ideen entsprechen, während die Erkenntnisstrukturen der Lebewesen nur deren unvollkommene Abbilder darstellen. Der Verlauf der Evolution kann entsprechend als ein Prozeß der Wiedererinnerung aufgefaßt werden, da ja die biologischen Organismen der äußeren Welt angehören, die nur eine Abbildwelt der ewigen Ideen darstellt.

Eine derartige Interpretation der Evolutionären Erkenntnistheorie würde ihr geistiger Vater Konrad Lorenz weit von sich weisen; denn er sagt, daß der platonische Ideenhimmel den Fehler mache (S. 28) „die reale Gegebenheit für ein Bild dessen zu halten, was in Wirklichkeit *ihr* Bild ist" und so „das Verhältnis zwischen phänomenaler und realer Welt genau verkehrt zu sehen". Konrad Lorenz übersieht dabei, daß man an der Struktur eines Gegenstandes gar nichts ändert, wenn man ihn auf den Kopf stellt. Genau das aber wird in der Evolutionären Erkenntnistheorie mit dem Platonismus getan. Lorenz konnte die platonistische Art seines Vorgehens vermutlich deshalb nicht durchschauen, weil er die heutigen physikalischen Gesetze mit der Struktur der realen Außenwelt gleichsetzte, etwa wenn er sagt (S. 15):

> „Die Flossen- Bewegungsform der Fische bildet die hydrodynamischen Eigenschaften des Wassers ab, die dieses unabhängig davon besitzt, ob Flossen in ihm rudern oder nicht."

Aber gerade der Glaube, die Physiker könnten durch ihre Gesetze die realen Strukturen der Wirklichkeit sichtbar machen, ermöglicht eine weitere Analogie zum früheren Platonismus. Denn nach Platon sollten es die Philosophen sein, die den Weg zum Schauen der Ideen aufzeigen können, wie es Konrad Lorenz hier offenbar scheinbar überzeugend tut. Da aber aufgrund der positivistischen Philosophie die Physiker als Nachfolger der Philosophen den direkten Zugang zur realen Wirklichkeit hätten, so müßten demnach die Erzeugnisse der Physiker, ihre Gesetze, entsprechend den platonischen Ideen für die realen Strukturen selbst gehalten werden. Und zweifellos führt die Vorstellung von der Existenz von Naturgesetzen auf einen Platonismus zurück: Gesetze und Strukturen sind keine aufweisbaren Gegenstände, sondern ideelle Vorstellungen.

Ich erwähnte bereits, daß sich der Physikalismus als eine in die Zukunft weisende Erkenntnistheorie nicht durchsetzen konnte, da sich mit seinen Mitteln die historischen Veränderungen der wissenschaftlichen Erkenntnisse nicht beschreiben ließen. Es hat den Anschein, als ob der mit der Evolutionären Erkenntnistheorie aufkommende Biologismus durch die Idee der evolutionären Entwicklung aller Erkenntnissysteme dieser Anforderung gewachsen wäre.

Denn in der erwähnten dritten metaphysischen Annahme über die Zuordnung unserer menschlichen Erkenntnisformen zu den realen Strukturen der Wirklichkeit durch die Anpassung in der Evolution wird ein dynamisches Modell von dern Erkenntnisentwicklung angegeben. Dieser Anschein trügt selbst dann, wenn man den Evolutionsgedanken auch auf die menschliche Geschichte ausdehnt; denn die evolutionäre Tatsache, daß sich in der Vergangenheit etwas als lebenserhaltend bewährt hat, läßt niemals den Schluß zu, daß dies auch für die Zukunft so sein wird. So hat es im Laufe der Evolution sehr erfolgreiche Arten und Gattungen gegeben, man denke etwa an die Ammoniten oder die Saurier, und niemand weiß, ob nicht auch die Menschen eine Tages am Riesenwuchs ihres Gehirns zugrunde gehen werden, wie es der Kieler Zoologe Remane einmal zu bedenken gab.

Demnach kann es aus einem evolutionstheoretischen Ansatz grundsätzlich keine Hinweise für eine sinnvolle Gestaltung der Zukunft geben. Einer solchen Argumentation läßt sich aber im Sinne der Evolutionären Erkenntnistheorie entgegenhalten, daß es ihr um die Erforschung der subjektiven Erkenntnisstrukturen des Menschen gehe, und erst wenn dies gelungen sei, bestehe aufgrund der Anpassungsannahme an die Strukturen der realen Welt die Hoffnung, Wege für eine bessere Annäherung an eine objektive Erkenntnis der Wirklichkeit beschreiten zu können.

Hier taucht nun die Frage auf, wie wir es anzustellen haben, um unsere eigenen an die reale Außenwelt angepaßten Erkenntnisstrukturen herauszufinden. Wenn diese Strukturen der realen Welt in uns selbst genetisch gegeben oder wenigstens angelegt sind, dann könnten wir sie ja vielleicht durch reines Denken bestimmen, so wie es die Rationalisten Descartes, Leibniz oder Kant vorgeschlagen und getan haben. Oder sollten wir einen empirischen Weg im Sinne Lockes oder Humes gehen und es über die Psychologie oder die Neurophysiologie versuchen? Aber diese empiristischen Wissenschaften stehen ja gerade in dem genannten erkenntnistheoretischen Dilemma, daß sie keine allgemein verbindlichen Festsetzungen für ihr wissenschaftliches Vorgehen angeben können.

Somit hat uns die Frage nach der Methode des Auffindens unserer Erkenntnisstrukturen wieder auf die alten philosophischen Probleme der Erkenntnistheorie zurückgeführt, ohne daß von seiten der Biologie auch nur eine Idee für deren Lösung beigetragen wurde. Wenn es demnach aussichtslos erscheint, die Evolutionäre Erkenntnistheorie zur Lösung der Probleme um die Erkenntnis*gewinnung* heranzuziehen, so läßt sich vielleicht doch die Behauptung aufrecht erhalten, daß die grundsätzlichen Fragen nach der Möglichkeit von Erkenntnis überhaupt und deren Intersubjektivität durch den evolutionstheoretischen Ansatz beantwortet werden könnten. Denn wenn sich unsere Erkenntnisstrukturen durch die Evolution herausgebildet haben, dann liegen sie genetisch fest und gelten für alle Menschen in gleicher Weise, und wenn sie wenigstens teilweise mit den realen Strukturen der äußeren Wirklichkeit übereinstimmen, dann wäre damit zumindest die Möglichkeit von objektiver Erkenntnis sichergestellt, unabhängig davon, ob das direkte Aufweisen einer objektiven Erkenntnis gelingen kann oder nicht.

An dieser Stelle der Argumentation ist aber das Zirkelproblem unaufhebbar, da mit einer empiristischen Erkenntnis, wie es die Evolutionstheorie ist, die Möglichkeit von empirischer Erkenntnis begründet werden soll. Da es keine Abstufung von Möglichkeiten gibt, d.h., entweder ist Erkenntnis möglich oder nicht, so kann hier nicht der Ausweg einer allmählichen spiralenartig sich verbessernden Möglichkeit der Erkenntnis gegangen werden. Wenn man die Evolutionstheorie als ein Erfahrungsargument Ernst nehmen möchte, dann muß man vorher auf andere Weise bereits die Möglichkeit von Erfahrungsargumenten akzeptiert haben. Ein Erfahrungsargument kann somit nicht seine eigene Möglichkeit begründen.

Wegen des nicht akzeptierbaren Begründungszirkels dürfte man für die Evolutionäre Erkenntnistheorie zwar nicht mehr behaupten, daß sie eine Begründung für die Möglichkeit von Erkenntnis überhaupt liefert, man könnte sich aber stattdessen auf die Behauptung beschränken, mit Hilfe dieser Theorie die Art und Weise dieser Möglichkeit erkannt zu haben.

Dieses Argument stützt sich auf die Annahme, daß sich durch die Evolution unsere Erkenntnisstrukturen an die Strukturen der realen Welt angepaßt hätten, da nur so unser Überleben erklärbar sei. Tatsächlich ist es in der Biologie üblich, eine größere Überlebenstüchtigkeit mit einer besseren Angepaßtheit zu erklären oder gar gleichzusetzen. Oft wird auch die Angepaßtheit als Lebenstüchtigkeit definiert. Dieser Begriff der Anpassung darf aber in dieser Verwendung nicht im wörtlichen Sinne von Passen oder Zusammenpassen verstanden werden, wie es jedoch Lorenz, Riedl, und sogar auch Vollmer tun. Vollmer führt dazu aus (EEDdA S. 5):

„Dieser Passungscharakter darf durchaus im werkzeugtechnischen Sinne aufgefaßt werden. Wie ein Schlüssel in ein bestimmtes Schloß paßt (in andere nicht), ein Schraubenzieher sich für den Umgang mit Schrauben eignet (für den mit Muttern nicht), so passen die Strukturen unseres Erkenntnisapparates auf einige Objekte der realen Welt (und auf andere nicht)."

Es ist aber eine Anpassung, verstanden als Überlebenstüchtigkeit, nicht immer ein Anpassen an die Strukturen der Außenwelt; denn das Überleben wird oft gerade durch das Gegenteil von dieser wörtlich verstandenen Anpassung erreicht, indem nämlich das betroffene Lebewesen *unabhängig* von besonderen Lebensumständen wird. So paßt sich zwar eine Schlange mit ihrer Körpertemperatur weitgehend an die Umgebungstemperatur an, die Säugetiere aber entwickeln eine weitreichende Unabhängigkeit ihrer Körpertemperatur von den schwankenden Außentemperaturen. Oder wenn zwar eine Napfschnecke des Mittelmeeres mit ihrer Körperform in die Form ihres Liegeplatzes paßt, so können sich unsere Füße doch an eine Fülle von verschiedenen Geländeformen anpassen – wie wir sagen.

Die *Möglichkeit* der Anpassung an verschiedene Verhältnisse bedeutet für die Lebewesen gerade seine Unabhängigkeit von diesen. So verstandene Anpassungsfähigkeit bedeutet also, daß *keine* äußeren Strukturen eingeprägt werden, jedenfalls nicht für die Strukturen, für die die Anpassungsfähigkeit besteht. Der Mensch setzt seine Erkenntnisstrukturen in besonderem Maße dafür ein, um sich unabhängig von den wechselnden Gegebenheiten der natürlichen Außenwelt zu machen. Es ist also zu erwarten, daß die Anpassungsfähigkeit des Menschen, die er durch seine Erkenntnisstrukturen besitzt, nicht durch eine Einprägung äußerer Strukturen zu stande gekommen ist. Es ist darum nicht einzusehen, wie, warum und in welchem Sinne sich seine Erkenntnisstrukturen denen der äußeren Realität angeglichen haben sollten.

Der Begriff der Anpassung, verstanden als Überlebenstüchtigkeit darf also nicht in dem wörtlichen Sinne aufgefaßt werden, daß sich in der Evolution ausschließlich ein Prozeß der Einpassung in vorgegebene Strukturen vollzöge. Im Gegenteil wird die Anpassungsfähigkeit erst dadurch erforderlich, weil die Organismen eine eigene innere Gesetzlichkeit aufbauen, die von der Außenwelt abgeschirmt werden muß, um das Überleben zu sichern. Die dazu erforderlichen Abschirm- und Schutzsysteme sind somit Funktionen der *inneren* Gesetzmäßigkeiten der Organismen und freilich auch der äußeren Bedingungen. Die Anpassungsschritte der Evolution bewegen sich also in dem ganzen Spektrum zwischen den Gegensätzen der Abhängigkeit und der Unabhängigkeit von den Bedingungen der Außenwelt.

Wenn Biologen eine Fülle von wörtlich verstandenen Anpassungen an vorgegebene Umweltstrukturen feststellen, so sind dies nichts anderes als wissenschaftliche Erkenntnisse, die ja gerade darin bestehen, daß versucht wird, Einzelnes in allgemeine Ordnungsgefüge einzupassen. Anpassungen in diesem wörtlichen Sinne zu suchen, ist also gerade das Ziel jeglicher wissenschaftlicher Arbeit. Und ein Wissenschaftler wird so lange an seinen einzelnen und allgemeinen Aussagen sowie an den Zuordnungsregeln arbeiten, bis ihm eine Zuordnung gelingt, die seinen gestellten Bedingungen genügt. Eine gefundene Passung von etwas Einzelnem in eine allgemeine Struktur ist somit das *Ergebnis* wissenschaftlicher Arbeit und nicht ihre Voraussetzung. Dies haben die Evolutionären Erkenntnistheoretiker offensichtlich verwechselt.

Die bishrigen Argumente gegen den Anspruch der Evolutionären Erkenntnistheorie, alte Probleme der Erkenntnistheorie lösen zu können, gingen stillschweigend von der Korrektheit der Evolutionstheorie aus. Aber auch diese Theorie ist in der Allgemeinheit, wie Konrad Lorenz sie vertritt, nicht haltbar: Da die Mutationen zufällige Ereignisse sind, läßt es sich nicht ausschließen, daß Erbänderungen vorkommen, die auf die Überlebenstüchtigkeit keinen Einfluß haben. Darum müssen nicht alle komplexen Strukturen sämtlicher Organismen durch Selektion entstanden sein, wie Lorenz es behauptet.

Unabhängig von den hier angestellten Untersuchungen ist die Unhaltbarkeit des Ansatzes der Evolutionären Erkenntnistheorie auch durch den Hinweis darauf aufzuzeigen, daß die Vorstellungen über die menschlichen Erkenntnisformen dem vielfach historischen Wandel unterworfen sind. So hat sich etwa der Raum-, der Zeit- oder der Substanzbegriff im Laufe der Geschichte erheblich gewandelt. Dasselbe gilt für den Erkenntnisbegriff oder den Begriff der Realität. Und selbst der hier benutzte sehr verallgemeinerte Erkenntnisbegriff läßt sich, wie ich anfangs zu zeigen suchte, erst mit dem Aufkommen einer bestimmten Zeitvorstellung anwenden. Es ist leicht einsehbar, daß in diesen Zeiträumen selbst die einschneidenden Veränderungen wie etwa der Wechsel von einer zyklischen zu einer offenen Zeitvorstellung sich nicht genetisch erklären lassen; denn die Geschichte der Menschheit betrifft die Art Mensch nicht ihre Evolution. Die Frage dieser Vorlesung: „Löst die neue Biologie alte Philosophische Probleme?", ist nun in bezug auf die hier diskutierten Probleme der Erkenntnistheorie mit einem uneingeschränkten „Nein" zu beantworten.

Wenn ich zu Anfang sagte, daß die Philosophie heute weiter denn je von der Lösung der aufgeworfenen Probleme entfernt sei, so bedeutet dies nicht, daß die Philosophie damit selbst an einem Tiefpunkt angelangt ist. So wie es erst einer weiterentwickelten Mathematik gelingen konnte zu zeigen, daß die Quadratur des Kreise unmöglich ist, und so wie die Physik eines hohen theoretischen Standes bedurfte, um die Unmöglichkeit eines realen perpetuum mobile zu beweisen, so kostete es auch der Philosophie erhebliche Anstrengungen, um einzusehen, daß eine allgemein verbindliche Lösung des Erkenntnisproblems nicht angebbar ist. Die Vorstellung von einem Philosophen, wie Goethe ihn durch seinen Mephisto charakterisieren läßt, indem er sagt:

„Der Philosoph, der tritt herein, und beweist euch, es müßte so sein",

diese Vorstellung mag noch für die Evolutionären Erkenntnistheoretiker gelten, für die philosophische Erkenntnistheorie gilt sie nicht mehr. Man wird mit Recht die Frage stellen, ob erkenntnistheoretische Bemühungen überhaupt noch sinnvoll sind. Wenn offenbar allgemeingültige Grundlagen der Erkenntnis nicht angebbar sind, so bedeutet das nicht, daß wir für spezielle Erkenntnisprobleme nicht doch Lösungswege finden können. Erkenntnis kann nur auf die jeweilige historische Situation des Menschen bezogen werden. Absolutheitsansprüche lassen sich wegen der Unvorhersehbarkeit der geschichtlichen Entwicklung in Wissenschaft und Philosophie nicht mehr stellen. Dies ist der tiefere Grund dafür, daß auch die Wissenschaft von ihrem Ziel, eine angstfreie Zukunft zu ermöglichen, weiter denn je entfernt ist. Der Wissenschaftler kann darum nicht mehr blind seinen Methoden vertrauen, sondern muß ebenso wie die Philosophen sich seiner historisch gewordenen Erkenntnisproblematik immer wieder neu bewußt werden. Die Abhängigkeit der wissenschaftlichen Grundbegriffe von der geschichtlichen Entwicklung macht darum eine Zusammenarbeit von Philosophie und den anderen Einzelwissenschaften zur Lösung ihrer Erkenntnisprobleme erforderlich.

Anhang 2

Wolfgang Deppert

Anmerkungen zu Gödels Narretei: Der Satz vom ausgeschlossenen Widerspruch und der Unsinn selbstreferentieller Sätze

Der Satz vom ausgeschlossenen Widerspruch ist wohl der sicherste Bestand an Vernunftwahrheiten, d.h. von Einsichten, die wir ohne Kenntnis irgendeiner Wahrheit über unsere Welt akzeptieren müssen, um ein verläßliches Verständigen und Verstehen zu ermöglichen. Das erste Mal ist dieser Satz meines Wissens von Platon in seinem Dialog *Der Staat* formuliert und benutzt worden, ohne daß Platon ihn allerdings als Vernunftprinzip benannt hätte. Platon formulierte so (436b8–10):

> „Offenbar ist doch, daß das selbige nie wird zu gleicher Zeit entgegengesetztes tun und leiden, wenigstens nicht in dem selben Sinne genommen und in Beziehung auf ein und dasselbige."

Platon benutzt diese Einsicht, um verschiedene Seelenteile aus der Tatsache abzuleiten, daß wir zugleich etwas begehren können und es dennoch nicht tun, d.h., wir besitzen dabei in uns nur einen scheinbaren Widerspruch, der sich aber dadurch auflösen läßt, indem die entgegengesetzten Willensäußerungen verschiedenen Seelenteilen zugeschrieben werden. Diese beiden Seelenteile bezeichnet Platon als den begehrenden Seelenteil und den vernünftigen Seelenteil. Der vernünftige Seelenteil begründet etwas, das gewollt werden soll, während der begehrende Seelenteil schlicht nur will, ohne eine Ableitung für sein Wollen angeben zu können. Der scheinbar paradoxe Satz: „Ich will etwas, was ich nicht will", läßt sich nach Platon so auflösen: „Mein Begehrungsvermögen will etwas, was meine Vernunft nicht will". Damit es aber in einer solchen Situation zu einem eindeutigen Willen kommen kann, muß geklärt werden, welcher Wille den Vorrang hat, der des Begehrungsvermögens oder der der Vernunft. Platon entscheidet sich bei dieser Frage noch nicht für einen Vorrang der Vernunft oder des Begehrungsvermögens, er postuliert ein drittes eifriges Vermögen, welche die Entscheidung schlicht durch eine Aktivität hervorbringt. Und jedesmal ist es das Ich, auf das die Wünsche und schließlich der Handlungsimpuls bezogen sind. Und dann kann noch das Kuriosum passieren, daß ich schließlich sagen muß: „Das, was ich wollte, wollte ich nicht, und das, was ich tat, wollte ich auch nicht, und trotzdem war es genau das richtige, was ich getan habe." Bei einem solchen Satz könnte man meinen, daß sein Sprecher ein vernunftloses Wesen ist, weil der Satz des ausgeschlossenen Widerspruchs für ihn keine Bedeutung hat oder aber wir verfallen auf Platons Lösung, daß das Wort „Ich" hier nur fälschlicherweise selbstbezüglich verwendet wird, weil in jeder seiner Verwendungen ein anderes Vermögen des Ichs gemeint ist, so daß hier tatsächlich nichts Widersprüchliches zu erkennen ist.

Sätze haben stets eine Bedeutung, eine Referenz, d.h. etwas, worauf sich die Aussage des Satzes bezieht. Diese Feststellung gilt allerdings nur für Sätze, die eine Bedeutung besitzen, nicht aber für bedeutungslose Sätze, die nur in einem syntaktischen aber nicht in einem semantischen Sinn Sätze sind. Die Art und Weise, wodurch die Referenz erstellt wird, kann durch außersprachliche oder durch sprachliche Zeigehandlungen erfolgen. Grundsätzlich ist dabei stets der Satz von seiner Referenz zu unterscheiden; denn nur wenn eine Aussage vorliegt, kann sie auch irgendeinem Gegenstand zugeordnet werden, wobei der Gegenstand ziemlich beliebig ist.

Mit der Frage der Zuordnung, die in einem Satz vorgenommen wird, hat sich schon Aristoteles sehr intensiv beschäftigt. Gleich das erste Wort ‚homonym', mit dem Aristoteles das erste Kapitel seiner Kategorienschrift beginnt, benutzt er, um das Zuordnungsproblem zu kennzeichnen, da sich mit ihm eine Zuordnung zwischen Gegebenheiten vollzieht, die den größten Wesensunterschied besitzen, den Aristoteles überhaupt kennt. Diese Zuordnung geschieht mit einem Wort, das die Eigenschaft der Homonymität besitzt, weil mit ihm ein erstes Wesen *und* ein zweites Wesen bezeichnet wird. Das erste Wesen nennt Aristoteles ein schlechthin Existierendes, das er auch als ein Todeti, ein Diesda, kennzeichnet, also ein etwas, an das sich auf dem Wege des Hinweisens etwas anheften läßt, das wir heute als ein Begriffswort bezeichnen und was für Aristoteles ein Wort war, durch das entweder eine Art oder eine Gattung gekennzeichnet wird. Art oder Gattung gehören für Aristoteles dem zweiten Wesen, dem begrifflichen Denken an, welches grundverschieden vom ersten Wesen ist, welches etwas Existentielles darstellt, warum ich gern das begriffliche vom existentiellen Denken unterscheide. So hat etwa das Wort ‚Mensch' nach Aristoteles eine homonyme Verwendung, weil mit ihm etwas Existierendes gekennzeichnet wird, das wir einen Mensch nennen, außerdem aber auch den Begriff ‚Mensch'. Der Begriff ‚Mensch' aber ist vom Wesen her etwas ganz anderes als ein einzelner Mensch. Eine solche Zuordnung zwischen einem Begrifflichen und einem Existierenden nennt man auch eine Referenz, oder eine Bezugnahme, d.h., mit Hilfe eines

Begriffes wird auf etwas Existierendes Bezug genommen. Im sprachwissenschaftlichen Kontext nennt man dies auch eine Prädikation oder eine Denotation, d.h. ein Prädikat, das Denotierende (ein Begriff) wird einem Gegenstand, dem Denotat (etwas Existierendes) angeheftet. Und ein Satz ist ein sprachliches Gebilde, in dem diese Zuordnung vorgenommen wird.

Soll eine Prädikation gelingen, müssen bestimmte Bedingungen vorliegen, damit ein Satz, eine Aussage, mit der die Prädikation vorgenommen wird, überhaupt eine Bedeutung hat, oder wie wir in der Logik sagen, damit ein Satz oder eine Aussage überhaupt wahrheitsdefinit sein kann. Paul Lorenzen definiert darum eine Aussage als einen Satz, den man behaupten oder den man bestreiten kann. Und gewiß sind nicht alle grammatikalisch richtig gebildeten Sätze auch Aussagen. Rudolf Carnap gibt in seinem berühmten Aufsatz „Überwindung der Metaphysik durch logische Analyse der Sprache" dafür eine ganze Menge von Beispielen an. Sätze, die der Form nach Sätze sind, aber inhaltslehre Wörter und falsche semantische Kombinationen enthalten, und darum Scheinsätze sind. Zu den Bedingungen, die Carnap angibt, damit es in einer Satzkonstruktion zu einer wahrheitsdefiniten Aussage kommen kann, sollen nun noch folgende Bedingungen hinzugefügt werden:

1. Die Gegenstände, denen mit Hilfe einer Aussage ein Prädikat zugeordnet wird, müssen in einer klar bestimmten Existenzform vorliegen.
2. Die Gegenstände müssen vor dem Akt der Prädikation dort vorhanden sein.
3. Die Prädikate, müssen einer anderen Existenzform oder einer höheren Allgemeinheitsstufe angehören, als die Prädikate, die ihnen zugeordnet werden.
4. Die Gegenstände der Prädikation müssen wie die Prädikate eine gewisse zeitliche Stabilität ihrer Existenz besitzen, damit die Prädikation überprüfbar ist.
5. Die Zuordnung, auch Prädikation genannt, des Prädikats zu dem Gegenstand, dem das Prädikat zugesprochen werden soll, muß eindeutig und mithin zirkelfrei sein, d.h. in der Zuordnungsvorschrift darf weder das Einzelne (der Gegenstand) noch das Allgemeine (das Prädikat) enthalten sein; denn eine Aussage ist nur dann eine Erkenntnis, wenn die Prädikation aus einer eindeutigen Zuordnung von etwas Einzelnem zu etwas Allgemeinem besteht.

Daraus folgt, daß es sich bei sogenannten selbstreferentiellen Sätzen um keine Prädikationen und mithin um keine Aussagen handelt, die sich bestreiten oder widerlegen ließen, weil durch den Selbstbezug die Sätze – also die Gegenstände, denen scheinbar ein Prädikat durch den Selbstbezug zugeordnet wird, in dem Moment der Zuordnung noch gar nicht als Ganzes vorhanden sind und weil darum die Zuordnung selbst unbestimmt ist. Daraus folgt, daß selbstreferentielle Sätze gar keine Sätze sind, die einen Wahrheitsgehalt besitzen können, weil sie weder wahr noch falsch sein können; denn die Behauptungen, die in ihnen scheinbar ausgesprochen werden, sind nicht wahrheitsdefinit.

In einem selbstreferentiellen Satz ist darum immer ein Widerspruch enthalten, weil durch die vorgebliche Prädikation die Existenz eines zu prädizierenden Gegenstandes behauptet wird, die aber nicht gegeben ist. Der Satz, der auf sich selbst bezug nimmt, existiert an der Stelle des Satzes noch nicht an der auf ihn bezug genommen wird. Es handelt sich also hier um den klassischen Fall eines Widerspruches, daß die Existenz von etwas an einer Raum-Zeitstelle eines Existenzraumes behauptet wird, an der es diese Existenz nicht gibt. Nun beruht aber der Gödelsche „Unvollständigkeitsbeweis" auf der Annahme, daß es sich bei selbstreferentiellen Sätzen um wahrheitsdefinite Sätze handele. Dadurch wird der Gödelsche Unvollständigkeitssatz hinfällig bis auf die triviale Unvollständigkeit des untersuchten Systems, die darin besteht, daß in ihm der Hinweis darauf fehlt, daß es sich bei selbstreferentiellen Sätzen um keine Aussagen handelt, die einen Wahrheitswert besitzen können.

Eine Denotation oder Prädikation ist auch nicht möglich, wenn man einem Gegenstand einen anderen Gegenstand anheftet. Denotieren läßt sich nur mit Hilfe von Begriffen. Sicher muß man auch einem Begriff eine Existenz zusprechen, so daß auch Begriffen wiederum andere Begriffe zugeordnet werden können. Aber wir haben das existentielle Denken stets vom begrifflichen Denken scharf zu unterscheiden, damit uns nicht der Fehler unterläuft, etwas Existentielles mit etwas Existentiellem der gleichen Existenzform oder Allgemeinheitsstufe denotieren zu wollen. Darauf hat schon Aristoteles in seinem zweiten und fünften Kapitel seiner Kategorienschrift hingewiesen, für ihn läßt sich etwas Existierendes nicht von etwas in gleicher Weise Existierendem aussagen. Ein Diesda ist immer nur das eine Diesda und nicht ein anderes Diesda, was ja immer zu einem Widerspruch führte. Auch Platon hatte schon bemerkt, daß die Selbstbezüglichkeit, die sich mit dem Wort „Ich" aussagen läßt, zu unauflösbaren Widersprüchen führt, wenn man das Ich nicht in verschiedene Teile gliedert, so daß das Ich als Ganzes genommen sehr wohl widersprüchliche Handlungsabsichten besitzen kann. Platon hat, um mehr Sicherheit in sein Denksystem hineinzutragen als er es von dem relativistischen Denksystem seines Lehrers Sokrates her kannte, schon früh die Neigung zu Hypostasierungen ausgebildet, indem er Prädikaten, die nach sokratischer Manier wie Begriffe zu behandeln waren, schon in einem seiner ersten Dialoge *Protagoras* durch Hypostasierungen Substantialität verleihen wollte, so daß er derart eigenwillige Fragen formuliert wie: „Ist das Gerechte gerecht?", denen wir Fragen wie „Ist das Wahre wahr?" oder „Ist das Lustige lustig?" hinzufügen könnten.

Wollte man versuchen, etwas Existierendes zu einem Prädikat zu machen, dann könnte dies nur gelingen, wenn man ein Prädikat als etwas Existierendes und mithin als etwas Einzelnes betrachtet, so daß es möglich ist, ein Prädikat von einem Prädikat zu bilden. Dabei taucht das Wahrheitsproblem in der Form auf, ob und wie entschieden werden kann, ob denn die Zuordnung eines Prädikats zu etwas Existierendem korrekt vorgenommen wurde, was freilich in einem unendlichen Regreß endigt, so wie wenn man das Prädikat ‚Begriff' durch einen Begriff vom Begriff klären wollte. Ein unendlicher Regreß läßt sich nur durch einen Zirkel beenden oder durch Festsetzungen von Begründungsendpunkten. Im Wahrheitsproblem führt dies auf die Unterscheidung von festgesetzten und festgestellten Wahrheiten. Dieser dabei auftretende Relativismus läßt sich nicht verabsolutieren, denn es gilt grundsätzlich: „Weil wir bislang nicht sagen können, wie wir

absolute Wahrheiten gewinnen können, müssen wir uns stets mit dem Relativismus be-
gnügen, der uns auferlegt anzuerkennen, daß wir keine anderen als relative Wahrheiten
kennen und der von uns verlangt, Wahrheiten festzusetzen, damit wir auf der Grundlage
dieser Festsetzungen Wahrheiten feststellen können." Wir haben also stets festgesetzte
Wahrheiten, die relativ zum Festsetzenden sind, von festgestellten Wahrheiten, die relativ
zu den Festsetzungen gelten, zu unterscheiden. Ganz unmöglich aber ist es, den unendlichen Regreß des Wahrheitsproblems mit einem selbstreferentiellen Satz zu beenden, weil
dieser nicht die Bedingungen dafür erfüllen kann, für einen Satz angesehen zu werden.

Anhang 3

Wolfgang Deppert

XII. Symposion des IIfTC vom 19. bis 20. August 2005 in Kiel:
Die Beziehung zwischen Krankheit, Gesundheit und der Theorie
dynamischer Systeme am Beispiel des Menschen, der Wirtschaft
und von Ökosystemen

Eröffnungsvortrag am 19. August 2005, 14.00 Uhr

Lebende Systeme als dynamische Systeme oder Kausalität als Finalität

Begriffliche Grundlagen der Theorie dynamischer Systeme
Jochen Schaefer zum 75. Geburtstag

Leben bedeutet überlebt haben. Denn alles Leben kämpft ums Überleben. Wer in diesem Kampf erfolgreich ist, der lebt, wer nicht, der überlebt nicht und stirbt. Das Überlebensproblem ist das gemeinsame Kennzeichen aller Lebewesen. *Systeme mit einem
Überlebensproblem sind Lebewesen.* Mit dieser Definition ist der Begriff des Lebewesens
gegenüber herkömmlichen Vorstellungen erheblich erweitert; denn nun gehören auch
alle aufs Überleben angelegte Vereinigungen von Menschen zu den Lebewesen, seien es
nun Vereine, Wirtschaftsbetriebe, Familien oder gar Staaten. Wenn sich das Überlebensproblem allgemein behandeln läßt, dann gelten die dabei erworbenen Erkenntnisse für alle
diese Arten von Lebewesen. Mit der gewählten Definition wird allen Lebewesen ein ziel-
gerichtetes Verhalten unterstellt, das darauf ausgerichtet ist, einem in der Zukunft erkenn-
baren Geschehen, durch das das System zerstört werden könnte, so zu begegnen, daß das
System erhalten bleibt. Zukünftige Geschehnisse, durch die das System vernichtet werden

könnte, heißen *Gefahren*. Der Grund für das zielgerichtete Verhalten zur Gefahrenabwehr wird als *Überlebenswille* bezeichnet und sein Wirken als *finale Systemsteuerung*. Lebewesen funktionieren gemäß eines **Finalitätsprinzips**. Fragt man sich, welche Fähigkeiten ein System wenigstens besitzen muß, damit es sein Überlebensproblem wenigstens zeitweilig beherrschen kann, dann müssen in ihm folgende vier Funktionen realisiert sein:

1. Eine *Wahrnehmungsfunktion*, durch die wahrgenommen werden kann, was außerhalb und innerhalb des Systems geschieht.
2. Eine *Erkenntnisfunktion*, durch die festgestellt werden kann, ob die wahrgenommenen Situationen Gefahren für das System darstellen.
3. Eine *Maßnahmefunktion*, durch die eine Maßnahme ergriffen werden kann, um der erkannten Gefahr zu entgehen.
4. Eine *Durchführungsfunktion*, durch die die passende Maßnahme zur Gefahrenbekämpfung durchgeführt wird. Oft wird diese Funktion auch als der Vitalimpuls bezeichnet, da durch ihn eine bestimmte Aktivität des Systems sichtbar wird.

Das Ins-Werk-Setzen all dieser Funktionen läßt sich schlicht als *Überlebenswille* interpretieren. Weil sich die Situationen für ein System mit einem Überlebenswillen laufend ändern, müssen diese vier Funktionen und der Überlebenswille direkt miteinander verkoppelt sein, wobei es sich aus systematischen Gründen anbietet, die dazu erforderliche Kopplungsstelle im System das ***Bewußtsein*** *des Systems* zu nennen. Diese Bezeichnung wird dann überzeugender, wenn man sich vorstellt, daß die so mit einem Überlebensproblem gekennzeichneten Systeme einer evolutionären Situation der Überlebenskonkurrenz ausgesetzt sind und daß die Systeme die besseren Überlebenschancen haben, die ihre Wahrnehmungen, ihre Erkenntnisse und ihre Maßnahmen speichern, hinsichtlich ihrer Verläßlichkeit und Wirksamkeit vergleichen und schließlich auch verbessern können. Die Frage danach, wie dies im Einzelnen geschieht, soll hier einstweilen übergangen werden, da es hier lediglich darauf ankommt einzusehen, daß mit den Verbesserungen der vier Überlebensfunktionen vielfältige Reflexionsschleifen und Hierarchien von Willensformen entstehen müssen, weil sich im Evolutionsprozeß nur die Willensformen auf Dauer durchsetzen werden, die zu verläßlicheren Wahrnehmungen, Erkenntnissen und Maßnahmen durchsetzen führen, um das Überleben, des Systems immer besser zu sichern. Und weil in dem Überlebenskampf der natürlichen Evolution nur die Systeme überleben, in denen sich optimalisierte Willens- und damit auch Wertehierarchien durchgesetzt haben, konnte es dazu kommen, daß wir in unserem Bewußtsein sogar den Willen zur Unterordnung vorfinden, wenn wir das Vertrauen haben können, daß von einem übergeordneten Willen größere Lebenssicherheit ausgeht. Dieser Wille findet sich bereits in allen Herdentieren[299] aber auch in allen heranwachsenden Tieren, die des Schutzes ihrer Eltern bedürfen, und

---

299 Der Papst bezeichnet sich bis heute noch als Oberhirte, der sogar in Glaubensdingen mit dem Prädikat der Unfehlbarkeit ausgestattet ist, was zweifellos größtmögliche Sicherheit verspricht, allerdings aufgrund einer größtmöglichen Überheblichkeit..

wir kennen ihn, wenn wir uns etwa einer fachlichen Autorität unterwerfen, sei es einem Arzt, einem Rechtsanwalt oder einem tüchtigen Unternehmensberater.

Demnach brauchen alle lebenden Systeme zur Bewältigung ihrer Überlebensproblematik eine ausgeprägte Erkenntnisfunktion. Hier ist bereits der allgemeinste Erkenntnisbegriff der Zuordnung von etwas Einzelnem zu etwas Allgemeinem gültig, indem einzelne wahrgenommene Situationen danach klassifiziert werden müssen, ob von ihnen eine Gefahr ausgeht oder nicht. Diese Klassifikationen aber sind das Allgemeine, in das die einzelnen Situationen einzuordnen sind, was freilich bei den weitaus meisten lebenden Systemen ganz intuitiv geschieht. Erkenntnisse sind demnach verläßliche Zusammenhänge. Irrtümer aber lassen sich als Isolationen bezeichnen, in denen ein Zusammenhang, der eine Erkenntnis konstituiert, fehlt. Erkenntnisse fördern die Überlebenssicherheit, einerlei, ob es sich dabei um die Erkenntnisse von Gefahren, um Erkenntnisse von besseren Schutzmaßnahmen oder auch um die Erkenntnisse über genießbare Nahrungsmittel handelt.

Die Erkenntniskonstitution muß schon in den allereinfachsten Lebewesen gegeben sein; denn Erkenntnis verschafft Überlebenssicherheit. Wenn wir Menschen durch einen unvorstellbar langen Zeitraum aus diesem einfachsten ersten Leben geworden sind, dann ist zu erwarten, daß auch unsere in unserem Selbstbewußtsein bemerkbare und einsetzbare Erkenntnisfunktion aus den einfachsten Erkenntnisfunktionen über eine lange Kette ihrer Veränderungen und Optimalisierungen hervorgegangen ist. Dies bedeutet, daß unsere heutige Erkenntniskonstitution intuitive Anteile besitzen wird, die sich möglicherweise sogar von ihrer Quelle her jeder Erkennbarkeit von unserem Ich-Bewußtsein her entziehen. Tatsächlich können wir an uns beobachten, daß sich Phasen von dunklem und hellerem Bewußtsein unterscheiden lassen und daß es wenige Augenblicke gibt, in denen sich unser Bewußtsein schlagartig aufhellt, so als ob ein Strahl göttlichen Glücks unsere Gegenwart durchdringt, so daß wir uns ganz mit der Gegenwart und dem Geschehen in ihr vereinigt fühlen. Diese plötzlichen Erlebnisse ganz bewußter Gegenwart können von sehr verschiedener Intensität sein, so daß wir sie kaum bemerken oder daß wir von ihnen beseligt und in besonderer Weise aktiviert werden.[300] Diese Erlebnisse hellen eine irgendwie geartete dunkle Situation auf und zwar dadurch, daß in ihnen schlagartig Zusammenhänge bewußt werden, die vorher so nicht im Bewußtsein waren, darum heißen sie *Zusammenhangserlebnisse*. Sie haben immer die Eigenschaft, unsere Gefühlslage positiv zu beeinflussen. Wir sind darum geneigt, Zusammenhangserlebnisse zu wiederholen. Wenn uns das immer wieder für ein bestimmtes Zusammenhangserlebnis gelingt, dann können wir von einer Erkenntnis sprechen. Denn jede Erkenntniskonstitution ist eine Zusammenhangsstiftung. Daß uns aber Erlebnisse von Zusammenhängen beglücken können, ist sicher evolutionär zu begründen; denn alles Leben lebt von Zusammenhängen, und Isolation bedeutet Tod.

---

300 Diese Erfahrung beschreibt Henri Bergson mit seinem Begriff der ‚reinen Dauer', woraus er seine ganze Zeittheorie entwickelt. Vgl. Henri Bergson, *Essai sur les données immédiates de la conscience*, Paris 1889, deutsch: *Zeit und Freiheit*, Westkulturverlag Anton Hain, Meisenheim am Glan 1949.

Die Vorstufe zur Entstehung von Erkenntnissen sind Zusammenhangserlebnisse, wobei es geschehen kann, daß bei dem Versuch, sie zu reproduzieren, wir wiederum intuitiv den Eindruck gewinnen können, daß der Zusammenhang, von dem wir intuitiv glaubten, daß er bestünde, gar nicht vorhanden ist. Dann wird sich unsere Gefühlslage so ins Negative verändern, wie das Zusammenhangserlebnis uns positiv stimmte. Solche Erlebnisse, durch die wir das Nichtbestehen von geglaubten Zusammenhängen gewahr werden, heißen *Isolationserlebnisse*.[301] Natürlich werden wir danach streben, uns vor Isolationserlebnissen zu schützen. Dies können wir im mitmenschlichen Bereich dadurch versuchen, daß wir uns möglichst unverstellt geben und nach einem guten gegenseitigem Verstehen streben. Aus dem Streben der Vermeidung von Isolationserlebnissen läßt sich eine ganze Ethik ableiten, die das individuelle Streben nach Sinnhaftigkeit des eigenen Handelns und Lebens zu ihrem Ausgangspunkt wählt.[302]

Der Begriff der Gefahr ist ein zeitlicher Begriff, der die Unterscheidung von Gegenwart und Zukunft voraussetzt, wobei die Zukunft beeinflußbar sein muß, d.h., es muß mehrere Möglichkeiten des zukünftigen Geschehens geben. Die aktive Lösung des Überlebensproblems in bezug auf eine Gefahr besteht darin, eine der möglichen Zukünfte in einer Gegenwart Wirklichkeit werden zu lassen, durch die das System überlebt. Die Anwendbarkeit des Begriffs der Gefahr setzt somit eine Zeitvorstellung, die jedenfalls in bezug auf die Zukunft nicht eindimensional sein kann. John Archibald Wheeler spricht hier von einer vielfingrigen Zeit. Der Begriff der Gefahr ist unverträglich mit der Vorstellung der Determiniertheit allen Geschehens. Eine Gefahr, die grundsätzlich nicht abgewehrt werden kann, ist keine, sondern ein schicksalhaftes Geschehen. Die Anwendbarkeit des Begriffs der Gefahr setzt im Gegensatz zu einem notwendigen Geschehensablauf eines Möglichkeitsraumes voraus. Erst der Möglichkeitsraum der Gefahrenabwehr macht die Evolution des Lebens möglich; denn sie läuft nur dann ab, wenn Lebewesen ihre Fähigkeiten zur Sicherung des Überlebens verbessern können. Damit enthält auch der Begriff der Evolution ein **Finalitätsprinzip.**

Nun kann man freilich aus einem Begriff nicht auf die Realität schließen, etwa nach dem Muster: Wenn es den Begriff der Gefahr gibt, dann kann die Natur nicht deterministisch organisiert sein, weil sonst der Begriff der Gefahr nicht anwendbar wäre. Diese Art zu schließen hat die gleiche Form wie der ontologische Gottesbeweis, in dem von dem Begriff des allervollkommensten Wesens auf die Existenz dieses Wesens geschlossen wird. Bei genauer Analyse dieser Beweistypen zeigt sich aber, daß derartige Existenzbeweise weder im Positiven wie im Negativen möglich sind. Andererseits aber brauchen wir,

---

301 Zu der kleinen Theorie der Zusammenhangserlebnisse vgl. W. Deppert, Hermann Weyls Beitrag zu einer relativistischen Erkenntnistheorie, in: Deppert, W.; Hübner, K; Oberschelp, A.; Weidemann, V. (Hg.), *Exakte Wissenschaften und ihre philosophische Grundlegung*, Vorträge des internationalen Hermann-Weyl-Kongresses Kiel 1985, Peter Lang, Frankfurt/Main 1988 oder ders. Der Reiz der Rationalität, in: *der blaue reiter*, Dez. 1997, S. 29–32.

302 Vgl. W. Deppert, Individualistische Wirtschaftsethik, in: W. Deppert, D. Mielke, W. *Theobald: Mensch und Wirtschaft. Interdisziplinäre Beiträge zur Wirtschafts- und Unternehmensethik*, Leipziger Universitätsverlag, Leipzig 2001, S. 131–196.

um argumentieren zu können, so etwas wie Begründungsendpunkte, die die Struktur sogenannter mythogener Ideen besitzen, d. h., bei denen Allgemeines und Einzelnes in einer Vorstellungseinheit zusammenfällt. Der Begründungsendpunktcharakter entsteht dadurch, daß die mythogenen Ideen nicht weiter relativiert werden, entweder aufgrund eines Entschlusses oder aufgrund der eigenen Unfähigkeit, sich etwas noch Allgemeineres oder etwas noch Einzelneres vorzustellen. In jedem Fall besitzen mythogene Ideen Überzeugungscharakter, die nicht weiter zu begründen sind und darum als Begründungsendpunkte fungieren. In ihnen fällt existentielles und begriffliches Denken zusammen, d. h., das begrifflich Gedachte existiert und das so Existierende wird vom begrifflichen Denken erfaßt. Der Glaube an einen allmächtigen Gott oder an die vollständige Determiniertheit der Welt oder entsprechend der Glaube an eine alles beherrschende Weltgesetzlichkeit sind solche mythogenen Ideen, und darum entziehen sie sich jeder Beweisbarkeit.

Der Glaube an die vollständige Determiniertheit der Welt ist meist zugleich der Glaube an eine allumfassende Naturgesetzlichkeit. Dieser Glaube ist historisch gesehen eine Säkularisierung des Glaubens an einen allmächtigen Schöpfergott, der nach Leibniz die beste aller möglichen Welten schuf, wobei unter Welt der Inbegriff aller raumzeitlichen Ereignisse und Abläufe verstanden wird. Darum wird bis heute versucht, die Naturgesetze mit Hilfe von Extremalprinzipien zu erfassen. In einer solchen Welt kann es keine Veränderung von Gesetzlichkeiten geben, da es keine Möglichkeit zu Verbesserungen gibt. Alles Geschehen ist mithin durch die mythogene Idee der einen alles bestimmenden Naturgesetzlichkeit an allen Orten und zu allen Zeiten festgelegt oder – wie wir auch sagen – determiniert. Die Vorstellung von einer Evolution des Lebens mit eigenen, sich entwickelnden Gesetzmäßigkeiten ist im Rahmen der mythogenen Idee der einen alles determinierenden Naturgesetzlichkeit nicht denkbar. Wir befinden uns derzeit in einer historischen Epoche, in der diese mythogene Idee bei mehr und mehr Menschen zerbricht, so daß an deren Stelle neue mythogene Ideen gefunden werden müssen, damit wieder ein begründender Rahmen vorhanden ist.

Die Zerstörung von mythogenen Ideen geschieht im allgemeinen durch die sogenannte Relativierungsbewegung, durch die zu den mythogenen Ideen allgemeinere oder einzelnere Vorstellungen gefunden werden, durch die einstige Begründungsendpunkte relativiert werden. Es bietet sich die Möglichkeit an, den Begriff der Welt zu verallgemeinern, indem die raumzeitlichen Bestimmungen verallgemeinert werden. Diesen Weg hat Albert Einstein bereits hinsichtlich der Zusammenhangsverhältnisse im Raum-Zeit-Kontinuum beschritten und Hermann Weyl ist diesen Weg mit seinem Konzept der Eichtheorien sogar noch weitergegangen. Beiden gedenken wir in diesem Jahr, weil sie vor 50 Jahren gestorben sind. Sie haben bei ihren Relativierungen jedoch an dem Kosmisierungsprogramm festgehalten, indem sie dem Einsteinschen Kovarianzprinzip folgten, das besagt, daß eine gesetzesartige Aussage nur dann ein Naturgesetz sein kann, wenn es in allen möglichen Bezugssystemen die gleiche Form hat. Danach dürfen Gesetze nicht nur in speziellen Bezugssystemen Gültigkeit besitzen; denn dann würden sie nicht den Kosmos als Ganzes charakterisieren.

Das noch aus dem Mythos stammende Kosmisierungsprogramm verlangt aber: Alle Ordnungen haben aus dem Kosmos zu kommen, d.h., daß alle Naturgesetze kosmische Gesetze sein sollen. Einstein und Weyl haben damit trotz ihrer Neuerungen in den raumzeitlichen Beziehungen noch an der mythogenen Idee der einen alles beherrschenden kosmischen Naturgesetzlichkeit festgehalten. Und es ist höchste Zeit, das Kosmisierungsprogramm zu kritisieren; denn wer wollte bezweifeln, daß jeder Organismus eigene Gesetzlichkeiten aufbaut, die keine kosmischen Gesetze sind und die sich auch nicht aus kosmischen Gesetzen herleiten lassen? Doch wohl niemand![303]

Immerhin hat sich durch den Eingriff Einsteins in das physikalische Begründungssystem ein göttlicher Zugriff zur Konstitution des Ganzen der Welt erübrigt. Das Ganze der Welt hat Einstein mit seinen allgemeinen Feldgleichungen durch die gegenseitige Abhängigkeit der Konstituenten des Weltalls sichergestellt. Damit aber hat er den Weg zur Verallgemeinerung der Ganzheitsvorstellung der Welt geebnet: Ganzheiten entstehen durch gegenseitige Abhängigkeit ihrer Konstituenten. Damit wird die Ganzheit des physikalischen Universums zum paradigmatischen Fall für eine Fülle von anderen Ganzheiten, die ihre eigenen Gesetzmäßigkeiten auf entsprechende Weise ausbilden, wie dies von Einstein in Form von hochgradig nichtlinearen Differentialgleichungen der Allgemeinen Relativitätstheorie vorgeführt wurde. – Dies ist übrigens ein Gedanke der schon im ausgehenden Mittelalter und zu Beginn der Neuzeit von einigen Mystikern geäußert wurde. – Dementsprechend könnte sogar daran gedacht werden, das Kovarianzprinzip auf jede der zu beschreibenden Ganzheiten anzuwenden, wie sie etwa von den bereits beschriebenen Systemen mit einem Überlebensproblem gegeben sind. Grundsätzlich werden die Konstituenten dieser Ganzheiten elementfremden Klassen angehören, so daß Vergleiche zwischen verschiedenen Ganzheiten grundsätzlich nur formaler Natur sein können. Ein Beispiel dafür sind die elementfremden PEP-Klassen, durch die das Konzept der PEP-Systemzeiten begründet ist und die die Existenz von Systemgesetzen anzeigen, welche weit davon entfernt sind, kosmische Gesetze zu sein.

Entsprechend werden die Gesetzmäßigkeiten, die die Lebewesen zur Überwindung ihres Überlebensproblems ausbilden, keine kosmischen Gesetzmäßigkeiten im Sinne der mythogenen Idee der einen allumfassenden Naturgesetzlichkeit mehr sein. Damit aber ist die mythogene Idee der Determiniertheit der Welt aufgrund einer allumfassenden Naturgesetzlichkeit zerstört. Und es fragt sich, durch welche mythogene Idee die nun unübersichtliche Fülle von selbstorganisierten Ganzheiten zusammengehalten werden kann.

Die bisherige naturwissenschaftliche Forschung ist von den Prinzipien eines gestuften Weltaufbaus und der grundsätzlichen Rekonstruktionsmöglichkeit der höheren Stufen durch das schrittweise Zusammensetzen von Elementen der einfachsten Stufen beherrscht. Die Atome sollten durch Elementarteilchen und die Moleküle durch Atome zusammen-

---

303 Vgl. Wolfgang Deppert, Kritik des Kosmisierungsprogramms, in: *Zur Kritik der wissen-schaft-lichen Rationalität*. Zum 65. Geburtstag von Kurt Hübner. Herausgegeben von Hans Lenk unter Mitwirkung von Wolfgang Deppert, Hans Fiebig, Helene und Gunter Gebauer, Friedrich Rapp. Verlag Karl Alber, Freiburg/München 1986, S. 505, 512.

gesetzt werden. Die Strukturen der Zellen als Urbausteine des Lebens, sollten durch Moleküle aufgebaut werden, die Organe aus Zellen und die Organismen aus Organen und so weiter. Die bei diesen Zusammensetzungen zu verwendenden Gesetze sollten ausschließlich kosmische Kausalgesetze sein, wobei jeglicher finale Bezug als unwissenschaftlich zu verwerfen ist. Jede bemerkte Akausalität darf nur scheinbar sein und muß auf kausale Mechanismen zurückgeführt werden. Ferner sollten die kausalen Gesetzmäßigkeiten in Form von linearen Differentialgleichungen darstellbar sein, weil nur diese die Eigenschaft der Superposition besitzen. Dadurch sollte garantiert werden, daß sich komplizierte Verhältnisse durch das Zusammensetzen, das Superponieren von einfachen Lösungen der Differentialgleichungen gewinnen lassen.

Wie bereits erwähnt, hat Einstein mit dieser Tradition gebrochen, indem er seine allgemeinen Feldgleichungen in Form von nichtlinearen Differentialgleichungen aufstellte. Ferner zeigte sich, daß man bei dem Beschreibungsversuch lebender Systeme auf rückgekoppelte Regelsysteme stieß, die im Rahmen der herkömmlichen Theorie differenzierbarer Mannigfaltigkeiten wiederum nur durch nichtlineare Differentialgleichungen darstellbar waren. Bei dem Versuch, eine allgemeine Lösungstheorie nichtlinearer Differentialgleichungen aufzustellen, offenbarten sich bislang unbekannte und gänzlich unerwartete Eigenschaften ihrer Lösungen. Während bis dahin zwischen den Lösungsräumen der linearen Differentialgleichungen und den Parametermannigfaltigkeiten ihrer Randbedingungen ein stetiges Abbildungsverhältnis bestand, zeigte sich nun die gänzliche Unvorhersehbarkeit der Lösungen, wenn man kleinste Änderungen an den Randbedingungen vornahm: Ein wahrhaft chaotisches Verhalten. Man spricht seitdem von einem deterministischen Chaos, weil natürlich angenommen wird, daß festgelegte Randbedingungen auch in einer nichtlinearen Differentialgleichung eindeutig eine Lösung bestimmen, auch wenn sie nur angenähert und nicht definitiv bestimmt werden kann.

Aufgrund der Tatsache, daß sich das Verhalten von Systemen, die nur mit Hilfe von nichtlinearen Gleichungssystemen beschrieben werden können, nicht vorausbestimmen läßt, ist man geneigt, diesen Systemen eine eigene Dynamik zuzuschreiben, und es hat sich eingebürgert, derartige Systeme als *dynamische Systeme* zu bezeichnen. Dennoch sollte man sich davor hüten, diesen Systemen einen Überlebenswillen zu unterschieben, wie es bei den hier definierten Lebewesen schon aufgrund ihrer Definition unterstellt wird. So ist das dreidimensionale Pendel, das ich vor Jahren im physikalischen Institut der Universität Greifswald bewundern konnte, sicher ein dynamisches System mit chaotischem Verhalten ohne einen Überlebenswillen, da es sich in keiner Weise gegen die lebensbedrohende Reibung wehren kann, die es zum Stillstand bringt. Umgekehrt aber liegt der Verdacht sehr nahe, daß es sich bei allen Lebewesen um dynamische Systeme handelt.

Dies bedeutet, daß bestimmte Charakteristika von dynamischen Systemen auch für Lebewesen Gültigkeit besitzen können. Einer der wichtigsten Begriffe in der Theorie dynamischer Systeme ist der Begriff des Attraktors. Ein *Attraktor* ist ein Systemzustand, dem ein System zuzustreben scheint. Für jemanden, der mit den Begrifflichkeiten der klassischen Physik vertraut ist, verbergen sich in diesem Satz mehrere Widersprüche:

1. Normalerweise wird unter einem Zustand eine bestimmte Konstanz von System-
   variablen verstanden, d.h., ein System bleibt in einem Zustand, wenn es nicht durch
   äußere Kräfte oder allgemeinere Einflüsse dazu gezwungen wird, diesen Zustand zu
   verlassen. Dies ist in der einfachsten Gestalt schon die cartesianische Formulierung
   des Trägheitsprinzips. Die Dinge bleiben so, wie sie sind, wenn sie nicht gewalttätig
   verändert werden. Die Viereckigen bleiben viereckig und die Runden rund, und dies
   gilt sogar für die Bewegungszustände, die mit einem konstanten Linearimpuls oder
   mit einem konstanten Drehimpuls charakterisiert werden, schließlich gilt für abgeschlossene Systeme der Impulssatz und der Energiesatz. Abgeschlossene Systeme
   ändern also ihre Zustände nicht freiwillig, und das heißt für die Attraktordefinition abgeschlossene Systeme befinden sich schon immer in ihrem eigenen Attraktorzustand.
2. Wieso läßt sich einem physikalisch beschriebenen System unterstellen, es besäße ein
   Streben? Ein Streben ist ein finalistischer Ausdruck, der in der Physik, in der alles kausal zugeht, nichts zu suchen hat.

Die erste Schwierigkeit mit der Attraktordefinition gestattet einen ersten wichtigen Ein-
blick in die Definition dynamischer Systeme: Dynamische Systeme sind offene Systeme,
für die die üblichen Erhaltungssätze nicht gelten. Sie sind z. B. dissipative Systeme, die
Energie abgeben, die aber auch wieder Energie aufzunehmen haben, wenn sie ihre Dynamik erhalten sollen oder wollen. Und natürlich können auch andere Größen ausgetauscht
werden, die in abgeschlossenen Systemen erhalten bleiben, wie etwa Linear- oder Dreh-
impulse oder auch Ladungen verschiedenster Art. Damit aber werden die Zustandsgrößen
zu Variablen, und die Angabe eines Systemzustandes zu einer Momentaufnahme der Zustandsgrößen zu einem bestimmten Zeitpunkt. Ein System kann darum seine zustands-
bestimmenden Größen, die auch Systemparameter genannt werden mögen, kontinuierlich
verändern. Wenn ein System durch n Parameter beschrieben werden kann, dann ist der
Zustand dieses Systems zu einem Zeitpunkt t durch ein n-tupel von Zahlen zu charakterisieren. Wenn sich bei einem sich selbst überlassenen System zeigt, daß sich seine Systemzustände auf einen ausgezeichneten Systemzustand hinentwickeln; dann wird dieser ausgezeichnete Systemzustand ein Attraktor genannt. Wenn man diesen Attraktor im Voraus
bestimmen kann, dann könnte der Eindruck entstehen, als ob das System diesem Attraktorzustand zustrebt. An dieser Stelle ist es reine Geschmackssache, ob man die kausale
oder die finale Beschreibungsweise wählt; denn sie drücken den gleichen Sachverhalt aus.
   Dies ist auch der Grund dafür, warum schon Aristoteles die finale Betrachtungsweise
zur Beschreibung von Naturvorgängen verwendete. Sein Begriff der Entelechie, der die
Gesamtheit der Entwicklungszustände eines dynamischen Systems umfaßt, ist demnach
eine Menge von Attraktoren, die das System während seiner Existenz durchläuft, wenn es
nicht durch Gewalt daran gehindert wird. Attraktoren sind demnach Systemeigenschaften,
die bereits in der Konstruktion des Systems angelegt sind, sie können aber auch außerhalb des Systems liegen. Nimmt man etwa ein Pendel als einfachstes Beispiel für ein
dynamisches System, dann verliert dies aufgrund der Reibung ständig an Energie bis es
schließlich stehenbleibt. Damit aber hört es auf, ein dynamisches System zu sein. Man

kann nun nicht nur im aristotelischen Sinne sagen, daß der Attraktor des Stillstands von dem System angestrebt wird, obwohl der Attraktor selbst kein Systemzustand ist. Attraktoren können jedoch auch von sehr viel komplizierterer Struktur sein, etwa wenn sie aus periodisch wiederkehrenden Zuständen bestehen, wobei dann der Attraktor aus diesen wiederkehrenden Zuständen besteht.

Riskieren wir nun einen ersten Blick auf unsere Lebewesen aus der Sicht der Theorie dynamischer Systeme. Denn Systeme mit einem Überlebensproblem sind sicher dissipative Systeme, da sie schon aufgrund ihrer dissipativen Eigenschaften in jedem Fall offene, dynamische Systeme sind. Ferner sind sie aufgrund der grundsätzlichen Verkopplung ihrer vier Überlebensfunktionen rückgekoppelte Systeme.

Wir könnten nun auf die Idee kommen, Gesundheitszustände als Attraktoren aufzufassen, besonders dann, wenn wir uns nach einem anstrengenden Tag einem erholsamen Schlaf hingeben und des morgens tatsächlich frisch und gesund wieder aufwachen. Und wenn wir uns abends aufgrund der Erschöpfung nahezu krank fühlten, erledigt unser System im Schlaf ganz ohne unser Zutun von selbst die Gesundung. Schon deshalb können wir als sicher annehmen, daß in den Lebewesen Selbstheilungskräfte vorhanden sind, die nun so gedeutet werden können, daß durch sie garantiert wird, daß die Gesundheit ein Attraktor des Systems ist, der nach der Auslenkung der Anstrengungen des Tages selbständig wieder erreicht wird.

Als ganz sicher dürfen wir annehmen, daß solche Selbstheilungskräfte in allen lebenden Teilsystemen, aus denen Organismen aufgebaut sind, wie etwa in allen Zellen oder allen Organen vorhanden sind, weil diese im Laufe der Evolution angelegt sind. D.h., auch in diesen lebenden Teilsystemen sind die vier Überlebensfunktionen mit dem zugehörigen Apparat von Gedächtnisleistungen für Wahrnehmungen, Erkenntnissen und Bewertungen sowie einem Arsenal von möglichen Gefahrenabwehrmaßnahmen vorhanden. Aufgrund der nötigen Hierarchie von Willensbildungen, werden jedoch viele dieser Überlebensfunktionen abgebremst oder sogar ganz ausgeschaltet sein, und es bleibt eine sehr entscheidende Frage für alle therapeutischen Eingriffe, wodurch und inweiweit diese archaischen Selbstheilungsmöglichkeiten aufgeschlossen und aktiviert werden können.

Aufgrund der beschriebenen Strebungen in dynamischen Systemen könnte man dazu verführt werden, Krankheiten als Systemzustände zu definieren, die sich weitab von den Systemattraktoren befinden. Diese Annahme aber ist mit erheblichen Schwierigkeiten behaftet, da es leider auch Krankheiten gibt, die selber die Form von Attraktoren des Systems besitzen, wie dies z. B. bei allen Suchtkrankheiten der Fall ist. Ferner haben wir durchaus entsprechend dem Pendelbeispiel auch den Tod als einen Attraktor des Systems zu betrachten, dem wir ganz sicher auch nicht entkommen und der auch nicht selbst Bestandteil des Systems ist, warum wir ihn nicht erleben können und warum wir in unserer eigenen Systemzeit an kein zeitliches Ende geraten können.

Die Suchtkrankheiten scheinen nun allerdings eine Spezialität des Menschen zu sein, bei denen wir aufgrund ihres Individualitätsbewußtseins eine zusätzliche innere Existenz zu postulieren haben, die wiederum Gefährdungen ausgesetzt sein kann, wodurch sich eine Neigung zu einem Suchtverhalten ableiten läßt. Denn durch sein Suchtverhalten strebt der Süchtige einen ertragbaren Zustand seiner inneren Existenz an, was für den Süchtigen wie ein psychischer Gesundheitszustand empfunden wird. Damit wäre allerdings die somatische Erkrankung durch das Suchtverhalten eine Folge eines Attraktors einer psychisch empfundenen Gesundheit der inneren Existenz.

Ganz sicher aber sind wir als Wesen, die aus der biologischen Evolution hervorgegangen sind, mit Wahrnehmungs-, Erkenntnis-, Maßnahmen- und Duchführungsfunktionen ausgestattet, durch die unser eigenes System ohne unser bewußtes Agieren sehr sicher umgehen kann. Oft scheint sogar der Fall vorzuliegen, daß es unser bewußtes Agieren ist, welches unser eigenes System in schwierige Überlebensprobleme hineinzwingt. Wir haben sogar mit dem Ausdruck der Zivilisationskrankheiten einen Terminus geschaffen, der dieses Phänomen deutlich anzeigt. Dies betrifft aber nur die Krankheitsformen, die durch die besondere Art des Lebens in unserer künstlich geschaffenen Zivilisationswelt hervorgerufen werden. Es gibt jedoch noch eine sehr viel tiefer angelegte Form von Bedrohungen unserer inneren und äußeren Existenz, die durch die überkommenen Prinzipien unserer Theorienbildung hervorgerufen werden.

Wie bereits dargestellt, haben wir uns und unsere Theorien in ein streng hierarchisch angeordnetes Weltbild eingeordnet, das von Platon und Aristoteles errichtet und durch das Christentum über äußere und innere Machtmittel bis heute gewaltsam aufrecht erhalten wird. Das Entstehen der Chaostheorie ist das Theoriesignal für die Inadäquatheit dieses Weltbildes zur Beschreibung des Lebens auf unserer Erde und schließlich auch zur Beschreibung des ganzen Kosmos. Denn ganz offensichtlich entwickeln sich die Systeme als selbstorganisierte Ganzheiten mit eigenen Parametermannigfaltigkeiten und eignen Gesetzmäßigkeiten. Und Chaos muß immer dann entstehen, wenn ganzheitliche Phänomene mit inadäquaten hierarchischen Theoriebildungen beschrieben werden sollen.

Ich erinnere mich da noch sehr lebhaft an das Aufkommen der Renormierungsproblematik in der Quantenfeldtheorie mit Wechselwirkung. Da wurde versucht, wechselwirkende Teilchen, durch mathematische Reihenbildungen aus wechselwirkungsfreien Teilchenzuständen zu beschreiben. Denn schließlich ließen sich ja nur die Lösungen von linearen Differentialgleichungen ohne Wechselwirkungsanteil superponieren. Wenn dann diese Ansätze in die Gleichungen mit nichtlinearem Wechselwirkungsanteil eingesetzt wurden, dann entstanden dabei unendliche Terme, die – wie man sagte – renormiert werden mußten.

Entsprechendes geschieht nun heute, wenn wir dynamische Systeme mit Hilfe von physikalischen Parametermannigfaltigkeiten und mit Hilfe von hierarchischen Begriffssystemen versuchen zu beschreiben. Die physikalischen Mannigfaltigkeiten sind im wesentlichen die physikalischen Metriken von Raum und Zeit, die zur Beschreibung von Lebewesen gänzlich inadäquat sind, d.h. Wir haben systemeigene Metriken zu finden, wozu die Systemtheorie der PEP-Systeme hinsichtlich der Systemzeiten ein erster Ansatz sein mag. Entsprechendes hat für die Systemräume und für alle anderen Systemparameter zu geschehen, wenn wir zu adäquaten Systembeschreibungen kommen wollen. Der Nützlichkeitsnachweis der Einführung von natural-time representations in komplexen Zeitreihen durch S. Abe, N.V. Sarlis, E. S. Skordas, H. K. Tanaka und P.A. Varotos in Phys. Rev. Lett. im Mai diesen Jahres scheint diese Behauptung eindringlich zu bestätigen.

Weit schwieriger aber steht es noch mit den Begrifflichkeiten, mit denen wir die Beschreibungen von Systemen vornehmen. Aufgrund unserer Definitionslehre können wir über Definitionen grundsätzlich nur hierarchische Begriffssysteme mit einseitigen Bedeutungsabhängigkeiten aufbauen. Gewiß gibt es schon seit einiger Zeit die kleine Theorie der ganzheitlichen Begriffssysteme. Dies aber hat bisher noch keinerlei internationale Diskussion erfahren. Es handelt sich dabei um Begriffssysteme von gegenseitigen Bedeutungsabhängigkeiten, wie wir dies im einfachsten Fall von unseren Begriffspaaren kennen. Aber auch die undefinierten Grundbegriffe von Axiomensystemen befinden sich in dieser gegenseitigen Bedeutungsabhängigkeit, worauf schon Frege in einem Brief an Hilbert hingewiesen hat, als er bemerkte, daß man die Bedeutungsbestimmung der undefinierten Grundbegriffe der Axiomensysteme nicht durch die Vorstellung von impliziten Definitionen – entsprechend des Auflösens von Gleichungssystemen mit mehreren Unbekannten – vornehmen kann, wie es Hilbert vorgeschlagen hatte, weil jeder derartige Versuch in einer Zirkeldefinition endet. Dies aber ist gerade das Kennzeichen von ganzheitlichen Begriffssystemen.

Die Begriffssysteme, mit denen wir in Biologie und Medizin versuchen, Lebewesen und überhaupt alle organischen Vorgänge zu beschreiben, entstammen den hierarchischen Begriffspyramiden des Kosmisierungsprogramms, wonach alle Vorgänge auf der Erde und mithin alle organischen Vorgänge auf physikalische Gesetzmäßigkeiten zurückzuführen sind. Es hat sich im Laufe der hier vorgeführten Überlegungen gezeigt, daß diese hierarchisch bestimmten Begriffsysteme gänzlich ungeeignet sind, um Ganzheiten zu beschreiben; denn diese gehorchen aufgrund der gegenseitigen existentiellen Abhängigkeit ihrer Teile grundsätzlich keinen hierarchischen Bildungsgesetzen, wie sie aber von hierarchische Begriffssystemen vorausgesetzt werden. Unsere Wissenschaften vom Leben hantieren demnach mit ungeeigneten oder gar unsinnigen Beschreibungswerkzeugen. So wie es längst erwiesen ist, daß die Quadratur des Kreises nicht gelingen kann, so ist es anschaulich einsichtig, daß es unsinnig ist, einen Kreis mit einem geraden Lineal zeichnen zu wollen. Die damit zu erzielenden Ergebnisse können grundsätzlich nur Näherungen sein. Und genau deshalb kann uns ein Arzt auch nur als einen statistischen Fall behandeln, weil er nicht in die Lage versetzt ist, die eigenen Gesetzmäßigkeiten eines einzelnen Organismus zu bestimmen. Ja, die sogenannte Schulmedizin ist nicht einmal in der Lage, so eine Begrifflichkeit überhaupt zu denken, weil sie – freilich ohne darüber reflektiert zu haben – dem ganz aus dem Mythos stammenden physikalistischen Reduktionismus verfallen ist.

Zur adäquaten Beschreibung von Lebewesen brauchen wir Begriffe, die im Rahmen der bisher immernoch kleinen Theorie der ganzheitlichen Begriffssysteme entwickelt wurden, was freilich nicht bedeutet, daß etwa für die dissipativen Strukturen des Energietransportes nicht hierarchische physikalistische Begrifflichkeiten zu verwenden sind, weil diese ja tatsächlich auf physikalisch faßbaren Sachverhalten beruhen. Alle Strukturbeschreibungen und deren gesetzmäßige Zusammenhänge werden sich jedoch nur adäquat mit Hilfe von ganzheitlichen Begriffssystemen darstellen lassen. Dazu gehört auch die metrische Bestimmung der den Systemen eigenen Systemzeiten, Systemräumen und Systemgesetzen und möglicherweise von weiteren Systemparametern.[304]

Nun mag von hier die Anregung ausgehen, zur Beschreibung von dynamischen Systemen Axiomensysteme zu formulieren, die von ihrer begrifflichen Grundstruktur wie alle Axiomensysteme ganzheitlichen Charakter besitzen, so daß es möglich wird, für jede einzelne Ganzheit eines Lebewesens ein eigenes Axiomensystem aufzustellen, aus dem dann eine für diese Ganzheit spezifische Hierarchie ableitbar ist, so wie wir ja durchaus auch in allen Lebewesen ganz bestimmte hierarchische Verhältnisse vorfinden. Diese Hierarchien aber werden Hierarchien von Ganzheiten sein, also von Teilsystemen, die selbst wieder Lebewesen sind, die allerdings in einen übergeordneten Verband eingeordnet sind. Damit wäre eine Wissenschaft vom einzelnen Lebewesen möglich, wobei die Lebewesen einer Art sich hinsichtlich ihrer axiomatischen Grundlegung vermutlich nur durch spezielle Parameter unterscheiden ließen, was entsprechend dann für die Organe oder die Zellen von Organen zu gelten hätte. Die für die Axiomatisierung zu verwendenden undefinierten Grundbegriffe haben wir allerdings unserem Überzeugungshintergrund zu entnehmen, so wie dies Euklid schon für die erste Aufstellung der euklidischen Geometrie getan hat. Zu diesem Überzeugungshintergrund könnten bereits die zu Beginn dieser Arbeit dargestellten Überlebensfunktionen gehören, die allerdings noch erheblich auszudifferenzieren wären.

Damit ist die Stelle der mythogenen Ideen wieder erreicht, der wir grundsätzlich nicht entkommen können, wenn wir etwas begründen wollen. Wir brauchen dazu einen Grund, der von uns nicht weiter begründet werden kann. Diese Überzeugungen haben wir in uns selbst aufzusuchen, was letztlich darauf zurückführt, daß wir versuchen, in uns selbst tragende Zusammenhänge aufzuspüren, aus denen wir für uns selbst meinen, unser Leben sinnvoll gestalten zu können. Daß wir solche tragenden Überzeugungen in uns finden können, dürfen wir annehmen, weil wir davon ausgehen können, daß auch unsere innere Existenz evolutionär bedingt durch vorhandene Überlebensfunktionen gewährleistet ist. Wir können dies eine sinnstiftende und damit religiöse Überzeugung nennen, die aber keinerlei Anspruch auf Allgemeinverbindlichkeit stellen kann.

---

304 Erste Ansätze dazu finden sich in folgender Litaratur:

W. Deppert, K. Köther, B. Kralemann, C. Lattmann, N. Martens, J. Schaefer (Hg.): *Selbstorganisierte Systemzeiten. Ein interdisziplinärer Diskurs zur Modellierung lebender Systeme auf der Grundlage interner Rhythmen*, Band I der Reihe: Grundlagenprobleme unserer Zeit, Leipziger Universitätsverlag, Leipzig 2002.

W. Deppert, *Zeit. Die Begründung des Zeitbegriffs, seine notwendige Spaltung und der ganzheitliche Charakter seiner Teile*. Steiner Verlag, Stuttgart 1989. S. 284.

Ders. Die Alleinherrschaft der physikalischen Zeit ist abzuschaffen, um Freiraum für neue naturwissenschaftliche Forschungen zu gewinnen, in: H. M. Baumgartner (Hg.), *Das Rätsel der Zeit*, Alber Verlag, Freiburg 1993, S. 111–148.

Ders. Hierarchische und ganzheitliche Begriffssysteme, in: G. Meggle (Hg.), Analyomen 2 – Perspektiven der analytischen Philosophie, Perspectives in Analytical Philosophy, Bd. 1. Logic, Epistemology, Philosophy of Science, De Gruyter, Berlin 1997, S. 214–225.

Anhang 4

Wolfgang Deppert, Gottlieb Florschütz (2015)

Zur Möglichkeit einer kulturellen Phylogenese des Gehirns
Sokrates-Universitäts-Verein e.V.
Interdisziplinäres Institut für den Zusammenhang von Kultur- und Naturwissenschaften

1. Definitorische Festlegungen und erste Folgerungen

Es ist schon relativ früh in der Geschichte der Naturwissenschaften bekannt gewesen, daß bestimmte Lebewesen Nervenzellen besitzen, die bei den verschiedensten Lebewesen die Funktion der Reizübertragung wahrnehmen. Das heutige Wort für Nervenzelle ‚Neuron' stammt ja aus dem Griechischen, was so viel wie Sehne, Faden, Faser oder auch Schnur bedeutet, wodurch sich für die Griechen die Vorstellung einer irgendwie gearteten Funktion der Kraftübertragung verband. Etwas verallgemeinert läßt sich bei einer ersten Betrachtung von Lebewesen sagen, daß die Nerven wohl ein Charakteristikum von tierischen Lebewesen sind. Wenn wir versuchen, den wesentlichen Funktionen der Gehirne auf die Spur zu kommen, die von ihnen auch schon in den allerfrühesten Stufen der Phylogenese des Lebens übernommen wurden, so scheint es vernünftig zu sein, eine möglichst einfache Definition von Lebewesen zu verwenden, in der die hochkomplexen Vorgänge in der Zellbildung noch gar nicht mitgedacht werden. Diese einfache Definition hat sich schon bei der Definition des Bewußtseins bewährt.[305]

Diese Definition lautet:

*Ein **Lebewesen** ist ein offenes System mit einem Existenzproblem, das es eine Zeit lang lösen kann.*

Diese Definition fordert dazu auf, die Bedingungen zu suchen, die wenigstens erfüllt sein müssen, damit das offene System, welches als Lebewesen definiert ist, die Chance hat, sein Existenzproblem zu überwinden. Die dazu nötigen Funktionen mögen die Überlebensfunktionen genannt werden. Sie lassen sich wie folgt bestimmen:[306]

1. Eine *Wahrnehmungsfunktion*, durch die das System etwas von dem wahrnehmen kann, was außerhalb oder innerhalb des Systems geschieht,

---

305 Vgl. W. Deppert, Die Evolution des Bewußtseins, in: Volker Mueller (Hg.), *Charles Darwin. Zur Bedeutung des Entwicklungsdenkens für Wissenschaft und Weltanschauung*, Angelika Lenz Verlag, Neu-Isenburg 2009, S. 85–101.

306 Vgl. ebenda S. 86f.

2. eine *Erkenntnisfunktion*, durch die Wahrgenommenes als Gefahr eingeschätzt werden kann,

3. eine *Maßnahmebereitstellungsfunktion*, durch die das System über Maßnahmen verfügt, mit denen es einer Gefahr begegnen oder die es zur Gefahrenvorbeugung nutzen kann,

4. eine *Maßnahmedurchführungsfunktion*, durch die das System geeignete Maßnahmen zur Gefahrenabwehr oder zur vorsorglichen Gefahrenvermeidung ergreift und schließlich

5. eine *Energiebereitstellungsfunktion*, durch die sich das System die Energie verschafft, die es für die Aufrechterhaltung seiner Lebensfunktionen benötigt.

Mit der leicht einsehbaren Darstellung dieser Überlebensfunktionen verbindet sich aber ein Begriff, der einem eingefleischten Naturwissenschaftler Kopfzerbrechen bereiten wird. Dies ist der Begriff der Gefahr, denn die Bedeutung des Wortes ‚Gefahr' ist nur final zu verstehen, d.h. auf die Zukunft bezogen. Schließlich enthält der Begriff ‚Gefahr' den Hinweis auf ein zukünftiges Geschehen, welches die Existenz des Lebewesens bedroht. Finale Bestimmungen aber gelten für Naturwissenschaftler bis heute noch immer als unwissenschaftlich. Und gewiß soll doch die Untersuchung der Phylogenese des Gehirns die vorgefertigte Bahn der Wissenschaftlichkeit nicht verlassen. Dazu bedarf es einer wissenschaftlichen Versöhnung zwischen Kausalität und Finalität, die andernorts bereits geschehen ist.[307] Diese Versöhnung wird durch den Begriff des Attraktors möglich, der eine spezifische Anwendung in der quantenphysikalischen elektromagnetischen Atomtheorie erfährt, indem die sogenannte Affinität der Atome, eine Edelgaselektronenkonfiguration zu erreichen, als Attraktor der Atome gedeutet wird, der schließlich zu dem finalen Begriff des Willens führt, welcher in den ersten molekularen Lebewesen bereits als *Überlebenswille* identifizierbar ist. Von dieser Versöhnung zwischen kausalen und finalen wissenschaftlichen Betrachtungsweisen der Natur wird noch oft die Rede sein müssen, da sie für die Phylogenese des Gehirns eine wesentliche Rolle spielt.

Auf unserem Diskussionsstand ist nun ersteinmal zu fragen, wie die soeben aufgezählten Überlebensfunktionen für die Existenzerhaltung möglichst schnell und zuverlässig wirksam werden können. Dazu müssen sie optimal miteinander verschaltet sein. Diese *Verschaltungsorganisation* ist bereits als das **Bewußtsein**[308] definiert und identifiziert worden; denn die Tätigkeit dieser Überlebensfunktionen läßt sich unschwer mit und in unserem Bewußtsein wahrnehmen, dessen Kenntnis wir durch den Bedeutungserwerb des Wortes ‚Bewußtsein' durch die Umstände des Spracherwerbs besitzen. Durch diesen Bedeutungserwerb findet bei den Menschen zugleich eine Identifikation des Be-

---

307 Vgl. W. Deppert, Problemlösung durch Versöhnung, in: www.information-philosophie.de <Vorträge>, 2009 oder im Internet-Blog >wolfgang.deppert.de< in der Rubrik „Bewußtseinsphilosophie": Wolfgang Deppert, *„Problemlösung durch Versöhnung – Am 1. September 2009 meinem verehrten Lehrer Kurt Hübner zum 88. Geburtstag gewidmet –."*

308 Vgl. ebenda S. 9.

wußtseinsträgers mit seinem Bewußtsein statt, so daß dieser sagen kann: *„Ich habe dieses Bewußtsein von mir in mir"*.[309] *Diese Identifikation der physiologischen neuronalen Verschaltungsvorgänge im Gehirn mit dem eigenen Ich in einem Bewußtsein* fällt noch immer vielen Philosophen, Gehirnforschern und Biologen sehr schwer, wodurch sie sich ihr intellektuelles Leben unnötig kompliziert machen. Diese Schwierigkeit steht in deutlichem Zusammenhang mit der schon von Platon stammenden und vom Christentum besonders gestützten Zweiteilung der Welt in Geistiges und Materielles. Obwohl viele Philosophen und Wissenschaftler unserer Zeit versuchen, sich von diesem unseligen Dualismus zu lösen, scheint es in ihrem Gefühl noch nicht vollständig zu gelingen, wie es sich aus ihren Werken erschließen läßt, etwa bei dem Philosophen Thomas Metzinger[310], dem Neurophysiologen Wolf Singer[311] und sogar auch bei dem Biologen Ernst Mayr, der sogar schlicht behauptet, daß sich der Begriff ‚Bewußtsein' grundsätzlich nicht bestimmen läßt[312], was freilich unhaltbar ist, weil wir es ja hier erneut getan haben.

---

309 Dazu gibt es einen schönen Zusammenhang zu Kants *Kritik der reinen Vernunft*, 2. Aufl. 1787, wo Kant seinen § *16 „Von der ursprünglich-synthetischen Einheit der Apperzeption"* wie folgt beginnt:
„Das: *Ich denke*, muß alle meine Vorstellungen begleiten können; denn sonst würde etwas in mir vorgestellt werden, was gar nicht gedacht werden könnte, welches eben so viel heißt, als die Vorstellung würde entweder unmöglich, oder wenigstens für mich nichts sein. Diejenige Vorstellung, die vor allem Denken gegeben sein kann, heißt *Anschauung*. Also hat alles Mannigfaltige der Anschauung eine notwendige Beziehung auf das: *Ich denke*, in demselben Subjekt, darin dieses Mannigfaltige angetroffen wird. Diese Vorstellung aber ist ein Aktus der *Spontaneität*, d. i. sie kann nicht als zur Sinnlichkeit gehörig angesehen werden. Ich nenne sie die *reine Apperzeption*, um sie von der *empirischen* zu unterscheiden, oder auch die *ursprüngliche Apperzeption*, weil sie dasjenige Selbstbewußtsein ist, was, indem es die Vorstellung *Ich denke* hervorbringt, die alle anderen muß begleiten können, und in allem Bewußtsein ein und dasselbe ist, von keiner weiter begleitet werden kann. Ich nenne auch die Einheit derselben die *transzendentale* Einheit des Selbstbewußtseins, um die Möglichkeit der Erkenntnis a priori aus ihr zu bezeichnen. Denn die mannigfaltigen Vorstellungen, die in einer gewissen Anschauung gegeben werden, würden nicht insgesamt *meine* Vorstellungen sein, wenn sie nicht insgesamt zu einem Selbstbewußtsein gehörten, d. i. als meine Vorstellungen (ob ich mich ihrer gleich nicht als solcher bewußt bin) müssen sie doch der Bedingung notwendig gemäß sein, unter der sie allein in einem allgemeinen Selbstbewußtsein zusammenstehen *können*, weil sie sonst nicht durchgängig mir angehören würden." Damit erweist sich I. Kant als der Vorläufer der hier vertretenen Bewußtseinstheorie, auf die noch näher einzugehen sein wird.
310 Vgl. etwa Thomas Metzinger, *DER EGO TUNNEL*, Berliner Taschenbuch Verlags GmbH, Berlin 2010.
311 Vgl. Wolf Singer, Verschaltungen legen uns fest: Wir sollten aufhören, von Freiheit zu sprechen, in: Christian Geyer (Hg.), *Hirnforschung und Willensfreiheit: Zur Deutung der neuesten Experimente*, Edition Suhrkamp, Frankfurt/Main 2004, S. 30.
312 Vgl. Ernst Mayr, *The Growth of Biological Thought*, The Belknap Press of Harvard University Press, Cambridge MA, London 1982. Da behauptet er auf Seite 74: "As far as consciousness is concerned, it is impossible to define it. … At any rate, the concept of consciousness cannot even approximately be defined and therefore detailed discussion is impossible."

2. Zu den grundsätzlichen Möglichkeiten der Realisierung
von physischen Bewußtseinsträgern

Fragen wir uns nun, auf welche Weise die Verschaltungsorganisation physisch realisiert werden kann oder besser, wie sie im Laufe der Evolution realisiert worden ist, dann bot sich in der Evolution dafür an, die höchste Übertragungsgeschwindigkeit, die physikalisch überhaupt verfügbar ist, dafür einzusetzen, nämlich die Lichtgeschwindigkeit, die in allen elektro-magnetischen Vorgängen – freilich noch materialabhängig – automatisch realisiert wird. Dadurch ist schon einmal klar, daß die Entstehung des Lebens von der physikalischen Seite aus betrachtet, stets mit elektro-magnetischen Vorgängen einhergegangen ist. Und nun verwundert es auch gar nicht mehr, daß wir bereits den in den Lebewesen vorhandenen Überlebenswillen, welches wieder ein finaler Begriff ist, mit Hilfe der elektro-magnetisch quantenphysikalischen Atomtheorie der Attraktoren physikalisch ableiten konnten, denn die Attraktoren verwirklichen sich für viele Atome in Form von elektrisch geladenen Ionen.

Außerdem ist auch klar, daß das Wasser für die Phylogenese des Lebens eine große Rolle spielen mußte, weil das Wasser ein ganz idealer Transporteur von elektrisch geladenen Ionen ist. Insbesondere für die optimale Verschaltung der Überlebensfunktionen werden elektro-magnetische Leitungssysteme im Laufe der Evolution entstanden sein, die wir heute die Nerven nennen und die sich im Laufe der Evolution zu Nervenzellen herangebildet haben. Damit aber überhaupt Zellen entstehen konnten, mußten Hunderte von Millionen Jahre im Laufe der chemischen bzw. biologischen Evolution vergehen; denn die Zellen sind schon äußerst komplexe selbständige Lebewesen. Und schon auf der Entstehungsebene der Zellen entscheidet sich bereits, ob eine Zelle die Funktion einer Nervenzelle übernehmen kann oder nicht.

Jede Zelle ist bereits ein offenes, selbsterhaltendes System, also nach der hier verwendeten Definition ein Lebewesen. Die ersten Formen der Zellbildung, die noch keinen Zellkern besitzen, werden als prokariotische Zellen bezeichnet oder auch kurz als Prokarioten, zu denen die Bakterien gehören. In ihnen sind die fünf Überlebensfunktionen noch nicht als voneinander getrennt zu betrachten, und insofern ist auf sie die Definition des Bewußtseins noch nicht anwendbar. Dies gilt entsprechend auch für die Eukarioten, die bereits einen Zellkern besitzen. Aber diese spalten sich in der Evolution bereits in die Pilz-, Pflanzen- und Tierzellen auf. Diese unterscheiden sich wesentlich dadurch, daß sich die Pilz- und Pflanzenzellen einen eigenen Überlebensschutz in Form von relativ stabilen Zellwänden zulegen, was für die tierischen Zellen nicht gilt. Diese besitzen für ihre System-Abgrenzung lediglich eine semipermeable Membran, wodurch sie sich die Möglichkeit zu optimalen elektromagnetischen Wechselwirkungen mit anderen Zellen erhalten. Dies aber ist die Voraussetzung dafür, daß durch die Evolution eine Verselbständigung der einzelnen Überlebensfunktionen stattfinden konnte, wie sie in allen höher entwickelten tierischen Lebewesen als Sinnesorgane ausgebildet sind.

Diese Sinnesorgane ermöglichen den Lebewesen den für ihre Überlebenssicherung nötigen Kontakt zu ihrer Umwelt und auch zu ihrer eigenen Innenwelt. Dazu bedarf es eines Kontaktzentrums im Inneren des Lebewesens, das bereits als die Verschaltungsorganisation der Überlebensfunktionen identifiziert und als Bewußtsein bezeichnet wurde. Die möglichen Informationen über Änderungen in der Außen- und Innenwelt sind in den physikalisch erfaßbaren Änderungen von Druckverhältnissen und von elektromagnetischen Feldern enthalten. Die Sinnesorgane sind in der Lage, die auf sie einwirkenden Änderungen in elektromagnetische Impulse zu verwandeln, die über die Nerven in die Verschaltungsorganisation eingespeist werden. Die Verschaltungsorganisation findet bei allen Lebewesen in einem bestimmten Organ statt, das wir Gehirn nennen. Es ist das Organ, das in der Evolution die Aufgaben der Überlebenssicherung übernommen hat und darum als das Sicherheitsorgan der Lebewesen zu bezeichnen ist, welches die Lebewesen mit der Fähigkeit versieht, ihr Existenzproblem eine Zeit lang lösen zu können, und die Evolution hat stets die erblichen Veränderungen konserviert, welche die Sicherheit des Überlebens der Einzellebewesen oder das ihrer Art verbesserten.

An dieser Stelle tauchen nun die bereits angedeuteten erheblichen Vorstellungsschwierigkeiten auf; wenn wir versuchen, uns klar darüber zu werden, daß unser Bewußtsein mit der Verkopplungsorganisation unserer Überlebensfunktionen, die in unserem Gehirn stattfindet, zu identifizieren ist. Die Verkopplungsorganisation besteht aber aus lauter miteinander verschalteten materiellen Neuronen. Und nun ist es nicht ganz leicht, sich vorzustellen, daß unser Ich-Gefühl identisch ist mit dieser unglaublich komplizierten Verschaltungsorganisation materiell existierender neuronaler Netze. Neuronale Netze kennen wir als mathematische Konstruktionen, mit denen wir die Leistungen unseres Gehirns sehr viel besser beschreiben können als mit dem alten Modell der K.I., wonach man versucht hatte, die Vorgänge im Gehirn analog den Vorgängen in unseren Computern zu begreifen, was sich allerdings als ein gänzlich unbrauchbares Modell herausgestellt hat[313], weil aufgrund der in unseren Computern ablaufenden linearen Kopplungen, keine Selbstorganisationen aufgrund von nichtlinearen rückgekoppelten Verschaltungen stattfinden können, wie es aber in unseren Gehirnen fortwährend geschieht. Und unser Bewußtsein ist nur in Form von rückgekoppelten stehenden Wellen denkbar, die insgesamt vielfältige Attraktoreigenschaften besitzen, welche durch ihre Überlagerungen einen systemerhaltenden Zentralattraktor ausbilden, den wir als unser *Ich* erleben.

In dieser Situation der eigenen Vorstellungsschwierigkeiten über die Natur unseres Bewußtseins können wir uns möglicherweise ersteinmal mit ganz anderen Vorstellungsschwierigkeiten über die menschliche Existenz hinwegtrösten, die Kurt Hübner in seiner Mythosforschung beschrieben hat, dass nämlich die Menschen der mythischen Kultur-Epochen ein ganz anderes Bewußtsein hatten, als wir heute, obwohl ihre Gehirne und Sinnesorgane durch die biologische Evolution mit großer Sicherheit genauso organisch entwickelt und aufgebaut waren wie die Gehirne und Sinnesorgane der heute lebenden Menschen. Hübner arbeitet an den uns verfügbaren Texten aus der Zeit des Mythos in aller

---

313 Vgl. z.B. Björn Kralemann, *Umwelt, Kultur, Semantik – Realität. Eine Theorie umwelt- und kulturabhängiger semanti-scher Strukturen der Realität auf der Basis der Modellierung kognitiver Prozesse durch neuronale Netze*, Bd. 1 der Schriftenreihe *Das Bewußtsein verstehen*, hrsgg. von Wolfgang Deppert, Leipziger Universitätsverlag, Leipzig 2006.

Klarheit heraus, daß Menschen mit einem mythischen Bewußtsein gar keine Möglichkeit besitzen, Einzelnes von Allgemeinem, Materielles von Ideellem oder auch Inhaltliches von Formalem zu unterscheiden. Damit konnten sie keine Begriffe denken und derartige Überlegungen, wie die hier angestellten, waren für sie ganz unmöglich. Demnach muß etwas mit unseren Gehirnen geschehen sein, etwas, das eine besondere Phylogenese der Gehirne bewirkte, aber eben keine biologische, sondern eine kulturelle Phylogenese; denn die Zeiträume für deutliche organische Veränderungen auf dem Wege der biologischen Evolution sind sehr viel länger als nur ein paar tausend Jahre, und es sind allenfalls 2800 Jahre her, seit es erste Anzeichen für den Beginn des Zerfalls des Mythos gibt. Wir haben darum nun der Denkbarkeit einer kulturellen Phylogenese der menschlichen Gehirne nachzugehen.

3. Die Denkbarkeit einer nicht biologischen Phylogenese des Gehirns
Aus der hier verwendeten Definition von Lebewesen und der daraus folgenden ersten funktionalen Bestimmung notwendiger Eigenschaften der Lebewesen in Form von fünf Überlebensfunktionen läßt sich erschließen, daß es eine evolutionär angelegte und damit genetisch vererbte Verschaltungsorganisationsstruktur der Überlebensfunktionen zur Sicherung der Existenz der Lebewesen geben müßte und eine ebenso ererbte Systematik des Aufbaus dieser Strukturen in der embryonalen und fortfahrend in der nach-embryonalen Lebensphase nach der Geburt. Dies ist eine unabdingbare Voraussetzung der spezifischen biologischen Evolutionsfähigkeit. Die Verschaltungsorganisation der Überlebensfunktionen haben wir als das *Bewußtsein* des Lebewesens definiert, wenn sie sich in den Lebewesen bereits räumlich voneinander entfernt ausgebildet haben. Darüber gibt es noch eine Menge zu forschen, wie sich die Verschaltungsorganisationen im Laufe der Evolution herangebildet haben. Und ganz sicher sind für die verschiedenen Lebewesen dazu auch recht verschiedene Möglichkeiten realisiert worden. Die grundsätzlich apriorischen Möglichkeitsräume und deren erste Realisierungsvarianten gehören zum Aufbau einer theoretischen Gehirnphysiologie, wenn wir die Verwirklichungen von neuronalen Verschaltungsorganisationen als unsere Gehirne verstehen. Diesen Teil der Forschungsarbeit über die Phylogenese der Gehirne müssen wir den philosophisch und wissenschaftstheoretisch gebildeten Sinnesphysiologen überlassen und uns einstweilen mit der Besonderheit beschäftigen, daß die Gehirne offenbar nach ihrer biologischen Phylogenese noch eine Möglichkeit zur kulturellen Phylogenese besitzen, was insbesondere für die *menschlichen* Gehirne zutrifft. Darum müßten die Möglichkeiten einer kulturellen Phylogenese der Gehirne, in den Gehirnteilen stattfinden, die bei unseren direkten Vorfahren unter den Primaten noch nicht ausgebildet sind. Das wäre von einer vergleichenden Gehirnphysiologie herauszufinden. Im Unterschied zum animalischen Gehirn unserer primitiveren Primaten-Vorfahren verfügt unser Gehirn über einen relativ großen Frontallappen, in dem bestimmte kognitive Funktionen im Tegmentum und insbesondere in der retikulären Formation lokalisierbar sind, wo vermutlich auch Bewusstsein, Selbstbewusstsein etc. durch deren Verschaltungsfunktionen erzeugt werden und vermutlich in Form von Überlagerungen der entsprechenden animalischen Gehirn-Strukturen. Aber diese Einzelheiten werden sich erst in der Zusammenarbeit mit den Gehirnphysiologen ausmachen lassen.

Die biologische Evolution hat den Primaten ein Gehirn beschert, welches aus bis zu einer Billion Neuronen besteht, wobei sich jedes Neuron in wenigstens 20 Dendriten verästelt, mit denen es sich mit anderen Neuronen verbinden kann. Dazu kommen noch etwa 3 Billionen Gliazellen, welche einerseits die wichtige Aufgabe des Stützens der neuronalen Verbindungen haben und zudem auch noch zu Verschaltungen fähig sind, die sie zur Erfüllung ihrer stützenden Funktionen benötigen. Die Menge der möglichen Verbindungen zwischen den Gehirnzellen ist überaus komplex und es muss darum schon durch die Evolution ein bestimmtes Überlebensprogramm im Gehirn vererbt werden, wonach sich mit der Geburt und auch schon davor solche Verbindungen zwischen den Gehirnzellen aufbauen, welche in den Lebewesen schon mit ihren ersten Kontakten zu ihrer Umwelt überlebensfähige Bewußtseinsformen heranbilden. Zu den übermäßig vielfältigen Verschaltungsmöglichkeiten im Gehirn kommen noch die sehr fein ausgebildeten Sinnesorgane hinzu, die wiederum eine übermäßig große Fülle an Nervenreizen ins Gehirn schicken. Und dies ist gewiß eines der ersten großen Wunder, daß das Gehirn es relativ schnell lernt, diese übergroße Fülle an Nervenreizen so miteinander zu organisieren, daß die Lebewesen es von Geburt an auf scheinbar systematische Weise lernen, sich in ihrer Umwelt in einer überlebenssichernden Weise zurecht zu finden. Das gilt für die Tiere, die eine Kindheit besitzen, ebenso wie für uns Menschen, wobei als Kindheit die Zeit bezeichnet sei, in der das Lebewesen von seiner Geburt an bis zu seiner selbständigen Überlebensfähigkeit heranreift. Die dazu nötigen Lernvorgänge sind offenbar durch die biologische Evolution bereits systematisch organisiert worden, so daß es einen bei allen Neugeborenen in gleicher Weise zu beobachtenden Entwicklungsfortschritt beim Erlernen der wichtigsten existenzerhaltenden Techniken und Methoden gibt. Die dabei erreichbaren Entwicklungsstufen sind bereits vielfach von Biogenetikern wie etwa Franz Wuketits oder auch von dem Evolutionsbiologen Ernst Mayr beschrieben worden. Spezifische Parallelen in der Entwicklung der verschiedenen Primaten, zu denen auch wir Menschen gehören, hat besonders Peter Singer herausgearbeitet und verblüffende Ähnlichkeiten zwischen Menschen und Menschenaffen festgestellt.[314]

Diese Entwicklungen der Gehirnaktivitäten gehören jedoch zu der nicht mehr als rein biologisch zu bezeichnenden Phylogenese des Gehirns, da sie nur auf einer irgendwie genetisch vorgegebenen planvoll ablaufenden Verschaltungssystematik der Gehirnzellen zustande kommt, ohne dass dabei die grundsätzlich vorgegebene Physiologie der Gehirnzellen Franz Wuketits bzw. ihrer neuronalen Verschaltungen grundlegend verändert würde. Die große Unterscheidung zwischen Menschen und Tieren scheint mit dem Zeitpunkt einzutreten, zu dem der Spracherwerb bereits im Kleinkind-Alter beginnt, obwohl auch dies noch ein sehr spannendes Übergangsfeld bei den Primaten darstellt; denn die

---

314 Vgl. Peter Singer, *Befreiung der Tiere – eine neue Ethik zur Behandlung der Tiere*, Übersetzg. d. Engl. Originals *ANIMAL LIBERATION – A new Ethics for our Treatment of Animals*, von: Elke vom Scheidt, F. Hirthammer Verlag, München 1982 oder Paola Cavalieri/Peter Singer (Hg.), Menschenrechte für die Großen Menschenaffen – Das Great Ape Projekt, deutsch: Hans Jürgen Baron Koskull, Goldmann Verlag, München 1994.

Fähigkeit des Sprechens setzt evolutionär entstandene physiologische Veränderungen voraus, etwa was die Struktur des Kehlkopfes und physiologische Veränderungen im Rachenraum angeht, die erst bestimmte und sehr differenzierte Tonbildungen ermöglichen. Es sei an dieser Stelle postuliert, daß die kulturelle Entwicklung der Menschheit mit der Epoche der Entwicklung seiner sprachlichen Kommunikationsfähigkeit allmählich anfängt. Wie man inzwischen weiß, besaßen bereits die Neandertaler (die vor ca. 25.000 Jahre ausgestorben sind) solche Sprechorgane, mit denen sie sich durch gutturale Laute mit ihren Stammesangehörigen verständigen konnten.

Die frühesten Kenntnisse über die möglichen Bewußtseinsformen von Menschen aus ihrer Urzeit haben wir erst aus der Zeit, in der die Menschen damit begannen, ihre bereits entwickelten Kommunikationsmöglichkeiten zu verschriftlichen. Davor wurden die Mythen von den Göttern der Ahnen durch orale Kommunikation von einer Generation zur nächsten weiter getragen. Denn das Verschriftlichte ist eine besondere Leistung des Gehirns, wodurch Rückschlüsse auf bestimmte neuronale Strukturen des Gehirns möglich sind, durch die das Gehirn seine Aufgabe der Überlebenssicherung der Gattung oder Art, in der es enthalten ist, systematisch betreibt. Um diese erforschbar zu machen, müssen die vorfindbaren schriftlichen Äußerungen von Menschen analysiert werden. Dabei tritt stets die grundsätzliche Schwierigkeit auf, daß wir dies nur mit den herkömmlichen Analyse-Methoden tun können, die unsere heutigen Gehirne uns bereitstellen, und wir müssen die evolutionstheoretisch bedingte axiomatische Annahme machen, daß unsere heutigen Denkformen und -muster aus den Denkformen entstanden sind, die wir mit Hilfe der schriftlichen Überlieferungen herausfinden wollen, weil wir meinen, daß die Bedingungen für das Vorliegen dieser Überlieferungen mit den zu erforschenden Gehirnstrukturen gegeben sind.

Sicher gibt es bereits evolutionär bedingte Gehirnstrukturen, die wir aus dem Tierreich ererbt haben, aber dazu gehört auch die enorme Plastizität unserer Gehirne mit der Fähigkeit, auf die evolutionär bedingten Gehirnstrukturen weitere kulturbedingte Gehirnstrukturen draufzusatteln. Daß dies möglich ist und dadurch eine kulturelle Phylogenese des Gehirns hervorgebracht wird, können wir Kurt Hübners epochalem Werk „Die Wahrheit des Mythos" entnehmen, indem er darin überzeugend nachgewiesen hat, daß die Menschen in mythischer Zeit ein ganz anderes Bewußtsein hatten als wir es heute haben, so daß wir davon ausgehen können, daß sich auch die Bewußtseinsformen der menschlichen Gehirne noch in einem kultur-evolutionären strukturellen Ausformungsprozeß befinden. Die mythischen Menschen nahmen ihre Wirklichkeit mit einem zyklischen Zeitbewusstsein[315] als eine von ortsgebundenen Gottheiten geschaffene und geprägte Wirklichkeit wahr, in der alles, was geschieht, von Ewigkeit zu Ewigkeit wiederkehrt. Das ist für uns kaum noch vorstellbar, weil wir in der modernen naturwissenschaftlichen Weltsicht von einem offenen Zeitbegriff ausgehen, in dem sich das Vergangene nicht wiederholt.

---

315 Zur Struktur der mythischen Zeitgestalten und des zyklischen Zeitbewußtseins vgl. W. Deppert, *Zeit. Die Begründung des Zeitbegriffs, seine notwendige Spaltung und der ganzheitliche Charakter seiner Teile*, Franz Steiner Verlag, Stuttgart 1989, S. 131ff. und S. 205f.

4. Zur Frage der möglichen Ausbildung einer kulturellen Phylogenese des Menschengehirns

All unsere Analyseverfahren über etwas Gewesenes sind historisierende Verfahren, in denen alles Gewordene aus etwas anderem entstanden ist, das selbst wiederum aus etwas zeitlich Vorausgehendem geworden ist. Und unsere Bewußtseinsstruktur ist vermutlich auch aus der mythischen durch bislang noch weitgehend unbekannte kulturelle Strukturveränderungen hervorgegangen. Dadurch ist im historischen Betrachten selbst offenbar ein kausales Denken angelegt, das aber auf keinen Fall dazu verführen darf, auf ein finales Geschichtsziel zu schließen, das den Ablauf der Kulturgeschichte hervorbrächte, wie es Hegel irrtümlich annahm, um die scheinbare Kausalität finalistisch zu erklären. Umgekehrt aber haben die Naturwissenschaftler aus der Kausalität – sogar leider auch mit Immanuel Kants Hilfe – ein Dogma gemacht, indem sie meinen, daß Naturwissenschaft ausschließlich kausale Erklärungen zulassen dürfe und daß finale Erklärungen darum grundsätzlich unwissenschaftlich wären. Es ist eines der besonderen Verdienste Kurt Hübners, gezeigt zu haben, dass alle naturwissenschaftlichen Methoden und Begrifflichkeiten nur historisch verstanden werden können. Dadurch, daß er auf die grundsätzliche historische Kontingenz der Wissenschaften und insbesondere der Naturwissenschaft hinwies, hat er sich nicht nur Freunde gemacht, weil die Historie zu den sogenannten Geisteswissenschaften gehört, von denen die Naturwissenschaftler immer noch irrtümlicherweise meinen, sich grundsätzlich von ihnen absetzen und sogar scharf trennen zu müssen. Aber diese historisierende Betrachtungsweise brachte Hübner auf die Einsicht, die historischen Quellen der Kulturgeschichte der Menschheit einer genaueren Betrachtung zu unterziehen. Dadurch hat er ein weiteres großes Verdienst erworben, eine erste gründliche Analyse der Bewusstseinsform der Menschen aus der sogenannten mythischen Zeit geliefert zu haben. Die mythische Bewußtseinsform, die zweifellos durch das menschliche Gehirn hervorgebracht wird, läßt sich nach Hübner durch folgende Wirklichkeitsauffassungen und Sprachformen beschreiben:

1. Alles Geschehen wird durch die Wirksamkeit von Gottheiten bestimmt.
2. Die Wirksamkeit der Gottheiten findet nur an den Orten oder Gebieten ihrer Gegenwart statt.
3. Der Ablauf allen Geschehens ist eine Aneinanderreihung von sich ewig wiederholenden Ereignissen.
4. Das zyklische Geschehen des Sternhimmels gibt die Wirksamkeit der Götter wieder, die im Kosmos ihren Sitz haben. Die Zahl 4 ist heilig wegen der vier Mondphasen, die Zahl 7, weil jeder Mondphase 7 Tage zuzuordnen sind und die Zahl 12, weil 12 Mondumläufe das Jahr füllen (allerdings nur ungefähr).
5. Zahlen treten nur in Form von Zahlqualitäten als heilige Zahlen auf, die mit dem göttlichen Geschehen verbunden sind und mit denen sich zeitliche Ganzheiten unterteilen lassen. Es gibt kein fortlaufendes Zählen und kein Messen.

6. In den sprachlichen Quellen wird nicht zwischen Einzelnem und Allgemeinem, Mate-
riellem und Ideellem oder Körperlichem und Seelischem unterschieden. Diese Unterscheidungen treten erst nach dem Zerfall des Mythos auf, so daß im Nachhinein der
Mythos als ganzheitliche Struktur erscheint.

Wie lange diese mythischen Wirklichkeits-Interpretationsmuster das Bewusstsein
und Denken der Menschen in der anfänglichen Menschheitsgeschichte bestimmte, ist
nicht datierbar, da es keine Verschriftlichung darüber gibt, vermutlich aber über einige
hunderttausend Jahre. Es ist nun aber zu fragen, ob es eine Erklärung für diese ersten Bewußtseinsstrukturen der Menschen gibt. Die Antwort kann sich nur aus der Funktion der
Gehirne erschließen lassen, welche sie für die Lebewesen und insbesondere auch für die
Menschen zu erfüllen haben, weil sich die Gehirne aufgrund der evolutionsbestimmenden
Überlebensfunktionen der Lebewesen gebildet haben. In den hier vorgestellten Funktionen, die mitsamt ihrer Verkopplungsorganisation zum Überleben von Lebewesen
notwendig vorhanden sein müssen, erfüllen die Gehirne ihre Aufgabe der Überlebenssicherung über die neuronale Verkopplung der Überlebensfunktionen. Die Gehirne sind
somit der Sitz des Bewußtseins der Lebewesen, und sie sind zugleich die Sicherheitsorgane der Lebewesen. Dazu entwickeln sie Bewußtseinsformen, durch die das Überleben in einer vorfindlichen Um- und Innenwelt-Situation bestmöglich gesichert werden
kann.

Nach unseren heutigen groben neurophysiologischen Kenntnissen ist die Mannigfaltig-
keit der von den Sinnesorganen im Gehirn eintreffenden Außenweltreize in Form von
elektromagnetischen Impulsen unübersehbar groß – und noch gewaltiger die Mannig-
faltigkeit der möglichen Verschaltungen zwischen den Milliarden von Neuronen und
Dendriten, mit denen es komplexe Verschaltungen mit anderen Gehirnzellen vornehmen
kann. Um das damit verbundene Informationsproblem zu lösen, muß es bereits im Gehirn
evolutionär angelegte Reizverarbeitungsstrategien geben, die aber ersteinmal aus Sicher-
heitsgründen nur mit einem Bruchteil der gesamten neuronalen Verschaltungskapazität
des Gehirns auskommen muss. Zu diesen Überlebensstrategien gehört unter anderem
die Objektkonstitution – sicher auch schon für die Tierwelt – und die Speicherung zur
Wiedererkennung, so ist es etwa für einen Fuchs nicht unwichtig, ein Kaninchen von einer
Ratte unterscheiden zu können, da Ratten sehr wehrhaft sind, die Kaninchen aber nicht
oder nur wenig. Und dabei wäre die Unterscheidung von Einzelnem und Allgemeinem
gänzlich irrelevant, ja eher sogar verwirrend und störend. Diese Gehirnleistung, die Reizfülle zu wiedererkennbaren Objekten zusammenzufassen, gehört sicher schon zur biologischen Phylogenese des Gehirns und sie ist eine Form, die im Mythos wiederzufinden
ist und gewiß auch für die heutigen Menschen, so daß es gar nicht verwunderlich ist,
daß sich Kant damit intensiv befasst hat. Es bleibt aber unverständlich, warum er diese
Verstandesleistung nicht ganz selbstverständlich auch den Tieren zugesprochen hat, was
er im Gegenteil sogar ausdrücklich verneinte[316]. Schon in dieser evolutionär bedingten

---

316 Vgl. etwa Kant, KrV A 534, B 562 oder A546f., B 574f.

Fähigkeit des Gehirns zur Objektkonstitution ist bereits deutlich seine Sicherheitsfunktion zu erkennen; denn nur durch das Erkennen von gefahrlosen Nahrungsquellen lässt sich das Überleben der Lebewesen sichern. Womöglich gehört zu diesen Erkenntnisformen, die schon bei Tieren anzunehmen sind, auch bereits die bei mythischen Menschen nachweisbare Ortsgebundenheit bestimmter göttlicher Wirkmechanismen. Überall, wo die Menschen etwas zum Überleben Wichtiges finden konnten, verstanden sie dies als die Wirksamkeit von Göttern, die an diesen Stellen anwesend waren, wie etwa die Nymphen, welche an dem Ort von bestimmten Wasser-Quellen wohnten. Diese Ortsgebundenheit von Nahrungsquellen kennen sicher auch schon Tiere. Wenn etwa ein Fuchs eine Gegend gefunden hat, in der die Kaninchen sich ihre unterirdischen Bauten anlegen, dann ist es für die Sicherung des Nahrungsangebots gewiss nicht unwichtig, dass die Fuchsgehirne sich die Gegend merken, so daß auch die Ortsgebundenheit mythischer Gottheiten – verstanden als die lebenssichernden Wesenheiten – durchaus schon zur biologischen Phylogenese tierischer Gehirne gehören könnte.

Läßt sich womöglich auch das mythische zyklische Zeitbewußtsein schon im Tierreich finden? „Oh, ja!", hören wir da die Chronobiologen rufen, und allen voran der gerade erst verstorbene Franz Halberg, der den Begriff der *circadianen Rhythmen* überhaupt erst geprägt[317] und darüber hinaus gefunden hat, daß in allen Lebewesen nicht nur circadiane Rhythmen angelegt sind, sondern auch Lebensrhythmen von sehr viel längerer Dauer, die sich auch über mehrere Jahre erstrecken kann.[318] Demnach sind in allen Lebewesen und sogar schon in den Zellen zyklische Zeitstrukturen angelegt. Diese zyklischen Rhythmen verlaufen sogar auch ohne eine Steuerung durch das Gehirn, wobei sich das Gehirn ganz sicher als Überlebensorgan mitbeteiligt hat und es auch weiterhin tun wird. Denn die Ordnung allen Geschehens in identisch gleiche zeitliche Abläufe, bedeutet ja eine ganz enorme Vereinfachung der übergroßen Reizfülle, die über die Sinnesorgane ins Gehirn eingespeist wird.

Eine entsprechende Vereinfachung der Überlebensproblematik liefert die strukturelle Übertragung der Lebenssicherung durch die Eltern-Tiere auf gedachte Gottheiten und deren Verehrung. Auch diese Struktur ist bereits im tierischen Bereich angesiedelt, das Verhalten so einzurichten, daß den Ernährern Folge geleistet wird, so daß das zugehörige

---

317 Vgl. dazu R. A. Wever, *The Circadian System of Man. Results of Experiments Under Temporal Isolation*, New York/Heidelberg/Berlin 1979 oder allgemeiner: A. Sollberger, *Biological Rhythm Research*, Amsterdam/London/New York 1965 oder auch W. Deppert, Die Alleinherrschaft der physikalischen Zeit ist abzuschaffen, um Freiraum für neue naturwissenschaftliche Forschungen zu gewinnen, in: Hans Michael Baumgartner (Hg.), *Das Rätsel der Zeit. Philosophische Analysen*, Alber Verlag Freiburg/München 1993, S. 111–148.

318 Vgl. Halberg F, Cornélissen F, Katinas G, Schwartzkopff O. Chrono-Oncology in 2002. Abstract, 10. NZW Onkologisch-Pharmazeutiker Fachkongress, January 25–27, 2002, Halberg F, Cornélissen G, Schwartzkopff O. [Book review of Deppert W, Köther K, Kralemann B, Lattmann C, Martens N, Schaefer J, editors. Selbstorganisierte Systemzeiten: Ein interdisziplinärer Diskurs zur Modellierung lebender Systeme auf der Grundlage interner Rhythmen.] Neuroendocrinol Lett 2002; 23: 262–265.

Bewußtsein als *Folgsamkeitsbewußtsein* bezeichnet sein mag. Wie eindrucksvoll hat dies Konrad Lorenz gezeigt, als seine von ihm aufgezogenen Graugansgüssel ihm ebenso so nachliefen, wie einer richtigen Grauganz-Mutter. Das Folgsamkeitsbewußtsein finden wir demnach bereits bei allen Tieren, die eine irgendwie geartete Kindheit durchleben. Es ist ein Bewußtsein, in dem noch keine Reflexion über die Folgen der Befolgung oder der Nichtbefolgung der gebotenen Folgsamkeit stattgefunden hat. Sobald dies geschieht, haben wir es bereits mit einem menschlichen Bewußtsein zu tun, in dem ein Reflektieren stattfindet. Wenn das Reflektieren das Ergebnis zu Tage fördert, daß die Folgeleistung positive Folgen hat, wird aus dem Folgsamkeitsbewußtsein ein *Gefolgschaftsbewußtsein*, und wenn die Folgen der Nichtbefolgung negativ sind und darum vermieden werden müssen, ein *Unterwürfigkeitsbewußtsein*.[319] Die Bewußtseinsform der mythischen Götterverehrung ist einstweilen „neutrales" Folgsamkeitsbewußtsein durch das der Wille der Menschen intuitiv so bestimmt wird, daß der Götterwillen ganz selbstverständlich zu befolgen ist. Diese Bewußtseinsformen ändern sich erst mit dem Beginn des Zerfalls der Zeit des Mythos.

Nach diesen Überlegungen zu den Grundstrukturen im mythischen Bewusstsein der Menschen und in den Gehirnen von höher entwickelten Tieren lässt sich die These vertreten, daß in den Gehirnen und neuronalen Verschaltungsstrukturen bei höher entwickelten Tieren wie Füchsen und Gänsen bereits gewisse biologisch bedingte Vorformen der mythischen Menschen erkennbar sind, so dass es nun beinahe fraglich erscheint, ob sich von einer kulturellen Phylogenese der menschlichen Gehirne überhaupt sprechen lässt, oder ob nicht eher die biologische Phylogenese dafür verantwortlich ist?

Nun lässt sich aber nicht bestreiten, daß die ursprüngliche mythische Phase der Menschheitsentwicklung eine von Menschen geschaffene Kultur hervorgebracht hat, die sich nicht mehr nur als reines Naturprodukt begreifen läßt. Und ferner gilt auch, daß das Bewusstsein mythischer Menschen ganz anders geartet ist als die Bewusstseinsformen von Menschen späterer Kulturen, so dass wir doch nach der Entwicklung einer kulturellen Phylogenese der menschlichen Gehirne zu fragen haben.

5. Zu Bedingungen der Erforschung der kulturellen Phylogenese des Menschengehirns

Die vorausgegangenen Untersuchungen zeigen, daß die Menschen nicht nur in ihrer physiologischen Konstitution aus dem Tierreich hervorgegangen sind, sondern daß sogar die erste kulturelle Stufe der Menschheitsgeschichte, die mythische Kultur, weitgehend von Gehirn- und Bewusstseinsstrukturen geprägt ist, deren Anfänge bereits im Tierreich nachzuweisen sind. Schon in dieser Bemerkung zeigt sich eine emanzipatorische

---

319 Es mag erstaunen, daß wir durch eine genauere Betrachtung des Verhaltens der Menschen im sogenannten Dritten Reich wie sie Konrad Löw in seinem gerade erschienenen Buch *Adenauer hatte recht – Warum verfinstert sich das Bild der unter Hitler lebenden Deutschen?* (Verlag Inspiration Un Limited, London/Berlin 2014) akribisch vorgenommen hat, die hier bezeichneten Bewußtseinsformen in der jüngsten Geschichte Deutschlands nicht nur nachweisen können, sondern sogar noch weitere Ausdifferenzierungen, je nachdem diese Bewußtseinsformen nur intuitiv oder mit hellem Bewußtsein gelebt worden sind.

Bewusstseinsform heutiger Menschen an, die sich ganz bewusst von den hochmütigen Bewußtseinsformen in der Menschheitsgeschichte absetzen, in denen sich die Menschen in angeblich gottgewollter Weise (laut 1.Buch Moses: „Macht Euch die Erde untertan!") als absolute Herrscher über die Natur und insbesondere über die Tierwelt aufspielten, was bis heute inhumane Formen grausamster Tierquälerei in der industriellen Massentierhaltung und in den Lebend-Tier-Transporten zur Folge hat – und was auch die Qualität unserer Ernährung in hohem Grad gefährdet, wie die Lebensmittelskandale der jüngsten Zeit gezeigt haben. Seien wir uns nun ruhig klar darüber, daß unsere Gehirnstrukturen uns Menschen noch sehr verwandter mit den Tieren erscheinen lassen, als wir es bisher geglaubt haben.

Das typisch Menschliche als Kulturwesen tritt wohl erst in deutliche Erscheinung, wenn die Menschen sich von der mythischen Kultur zu lösen beginnen. Die bekannteste Geschichte dazu findet sich in der Genesis, dem 1. Buch Mose, als die zweite Schöpfungsgeschichte von der Erschaffung der Menschen, ihr Leben im Garten Eden und ihrer Vertreibung daraus, nachdem sie von der Schlange verführt worden waren, Früchte von dem verbotenen Baum der Erkenntnis zu essen. Ganz offensichtlich ist dies eine Erzählung vom Zerfall des Mythos, wenn man bedenkt, daß Moses derjenige war, der das jüdische Volk aus der ägyptischen Gefangenschaft herausgeführt hat und daß die Schlange, die sich in den Schwanz beißt, in Ägypten das heilige Symbol der zyklischen Zeit war, wovon es noch Darstellungen gibt, die möglicherweise aus späterer Zeit stammen, die aber diese Heiligkeit deutlich machen, indem die Schlange, einen Kreis formierend, sich in den Schwanz beißt und drum herum die Tierkreiszeichen angeordnet sind. Das Zeichen für den Zerfall der mythischen Naturauffassung ist in Ägypten und darum auch für Moses die Schlange, die sich *nicht mehr* in den Schwanz beißt. Weil aber mit dem Aufbrechen des zyklischen Zeitbewußtseins die Vergangenheit in der Zukunft nicht wiederkehrt, stehen die Menschen nun einer ungewissen Zukunft gegenüber, und da sie damit die paradiesische Geborgenheit verloren haben, müssen sie nun in der Lage sein, das Lebensfreundliche vom Lebensfeindlichen, das Gute vom Bösen unterscheiden zu können. Darum hat die Schlange, die ihr Maul geöffnet und damit das zyklische Zeitbewußtsein zerstört hat, nun sogar die Pflicht, Eva davon zu überzeugen, daß sie und Adam nun vom Baum der Erkenntnis zu essen haben, um künftig überleben zu können. Damit wird in eindringlicher Weise schon in der Genesis der Anfang der kulturellen Entwicklung markiert. Daß diese mythologische Darstellung des beginnenden Zerfalls des Mythos als Sündenfall bezeichnet wird, findet seine Erklärung darin, daß die Vorstellung einer Sünde im Mythischen in einer Mißachtung von etwas Heiligem bestand, entweder daß einem Götterwillen nicht Folge geleistet, ein heiliger Bereich einer Gottheit entehrt oder auch die heilige zyklische Zeitstruktur verletzt wurde.[320] Daß dieser Vorgang später von den christlichen Evangelisten als Erbsünde verstanden wurde, von der Christus die Menschheit durch seinen Kreuzestod zu befreien hatte, ist eine unheilvolle Zutat der Apologeten des Christentums, die sich aus der neuen Mythosforschung nicht mehr rechtfertigen läßt, da mit ihr

---

320 Vgl. dazu Mircea Eliade, *Der Mythos der ewigen Wiederkehr*, Eugen Diederichs Verlag, Düsseldorf 1949, 1953 S. 57ff.

der allmähliche Verlust mythischer Bewußtseinsformen als eine historisch notwendige kulturgeschichtliche Entwicklung der Menschheit angesehen wird.[321]

Wie aber konnte es dazu kommen, daß sich bei den Menschen die Gehirnstrukturen, die das zyklische Zeitbewusstsein hervorbrachten, geändert haben? Dazu sei an die Einsicht erinnert, dass das Gehirn unser Sicherheitsorgan ist und unsere Bewusstseinsstrukturen so ausbildet, daß wir mit unserem Bewusstsein unsere Überlebensproblematik optimal lösen können. Darum wird es so gewesen sein, daß die Gehirne der Menschen in agrarischen Kultur-Epochen bemerkten, dass es Dürrejahre gibt, die lebensbedrohend und darum anders sind als die Jahre reichlicher Ernten. Darum war es aus Existenzerhaltungsgründen in den agrarischen Kultur-Epochen notwendig, daß die Gehirne eine andere neuronale Verschaltungsstruktur der Sinnesorgane und der mit ihnen verbundenen Gedächtnisfunktionen und damit die Bewußtseinsstruktur mit einem offenen Zeitbewußtsein hervorbrachten, wie wir es noch heute besitzen. Dies aber war der Beginn der kulturellen Phylogenese der menschlichen Gehirne. Damit verbunden ist nun die Fähigkeit, Einzelnes von Allgemeinem zu unterscheiden; denn wenn die zeitlichen Ereignisse nicht wiederkehren, dann sind sie einmalig und damit einzelne, singuläre Ereignisse, die sich nicht wiederholen. Sie werden aber in die Folge der Ereignisse, die sogenannte Zeitreihe eingeordnet, welches eine besondere Gedächtnisfunktion ist, die mit dem offenen Zeitbewußtsein verbunden ist. Diese Einordnung der einzelnen Ereignisse macht die Zeitreihe zum Allgemeinen der einzelnen Ereignisse, und damit ist durch das offene Zeitbewußtsein die Unterscheidung von Einzelnem und Allgemeinem gegeben, welches die Voraussetzung für begriffliches Denken und die Fähigkeit für Erkenntnisse ist, da die allgemeine Form von Erkenntnissen ja gerade aus einer stabilen Zuordnung von etwas Einzelnem zu etwas Allgemeinem besteht. Zu erforschen durch welche Formen neuronaler Verschaltungen diese Bewußtseinsformen in unseren Gehirnen realisiert werden, ist Aufgabe der Gehirnphysiologen. Wir Philosophen können lediglich die Gehirnleistungen bestimmen, die mit einem offenen Zeitbewußtsein notwendig verbunden sind.

Nun sind Erkenntnisse stets stabile Zuordnungen von Einzelnem und Allgemeinem. Was aber heißt hier stabil? Stabile Zuordnungen sind solche, die im Laufe der Zeit nicht geändert werden müssen; denn Erkenntnisse sollen verlässlich sein, so daß sich Einsichten über die Lebensfreundlichkeit von Gegenständen, Ereignissen oder Handlungen immer wieder einsetzen lassen, um das Überleben zu sichern. Nun fragt sich, ob es in den Gehirnen nicht auch gewisse Einstellungen geben könnte, durch die bestimmte Formen von Zuordnungen von Einzelnem zu Allgemeinem als verlässlich angesehen werden, so daß durch sie die Stabilität dieser Zuordnungen schon gewährleistet ist?

---

321 Kurt Hübner hat diese Zusammenhänge erstmals im letzten Kapitel seines wissenschafts-theoretischen Hauptwerks *Kritik der wissenschaftlichen Vernunft* (Alber Verlag Freiburg 1978) und später in seinem geistesgeschichtlichen Hauptwerk *Die Wahrheit des Mythos* (Beck Verlag, München 1985 ausführlich dargelegt. Warum Hübner diese Einsichten seiner Mythostheorie in seinem späten Alterswerk wieder aufgab wird vermutlich unerklärlich bleiben. Vgl. dazu W. Deppert; Nachruf auf Kurt Hübner: *Kurt Hübner, ein großer Philosoph*, erscheint in: JGPS, (Springer Verlag) Bd. 2, 2015.

Die Zuordnungen zwischen etwas Einzelnem und etwas Allgemeinem finden in den Menschen stets in Form von Erlebnissen statt, da mit Erlebnissen immer eine Gegenwartsstruktur verbunden ist, was auch in bestimmten Verschaltungsstrukturen des Gehirns realisiert sein sollte. Für die Erlebnisse, durch die ein Zusammenhang von etwas Einzelnem und etwas Allgemeinem gespürt wird, gibt es bereits den Begriff der Zusammenhangserlebnisse, die stets die Eigenschaft haben, die Gefühlslage positiv zu verändern, wodurch der Antrieb entsteht, die Zusammenhangserlebnisse zu reproduzieren, der darum auch als Erkenntnistrieb bezeichnet werden kann; denn stabile Zusammenhangserlebnisse lassen sich als Erkenntnisse identifizieren.[322] Die positive Gefühlsänderung durch Zusammenhangserlebnisse ist sicher eine evolutionär begreifbare Leistung des Gehirns, die Wahrnehmungen von Zusammenhängen mit der Einspeisung von Glückshormonen zu belohnen, da alle Lebewesen ihr Überleben nur über Zusammenhänge sichern können, nicht aber durch Isolationen bzw. Isolationserlebnisse.[323]

Es gibt zwei entgegengesetzte Möglichkeiten von verlässlichen Zusammenhangsstrukturen, die Zusammenhänge der Außenwelt oder die der Innenwelt. Neuronale Gehirnverschaltungen, welche so eingestellt sind, Außenweltzusammenhänge zu präferieren, führen zu Außensteuerungen und Bewusstseinsstrukturen, für die Innenweltzusammenhänge bedeutsamer sind, zu Innensteuerungen. Die Kulturgeschichte der Menschheit beginnt mit Unterwürfigkeitsbewußtseinsformen, die auf Außensteuerungen angelegt sind, weil einerseits alle mythischen Menschen ein Folgsamkeitsbewußtsein besitzen und unsere Sinnesorgane mehr auf die Wahrnehmung von äußeren Reizen eingestellt sind als auf die Wahrnehmung der eigenen Innenwelt, so daß mit dem Beginn des Zerfalls des mythischen Bewußtseins sich zuerst eine außengesteuerte Bewußtseinsform ausbildet. Auch dies ist als eine Sicherheitsleistung des Gehirns zu verstehen, da das Folgsamkeitsbewußtsein in der Zeit des Mythos eine autoritative Lebenshaltung als Grundlage der Gemeinschaftsformen ausgebildet hatte, so daß das Überleben nur durch Folgsamkeit der äußeren Macht gegenüber gesichert werden konnte[324].

Dies alles läßt sich besonders deutlich an den Bewusstseinsformen des Volkes Israel studieren, wie sie im Alten Testament nachgezeichnet sind. Da lassen sich die Menschen in ihrem Verhalten durch Gebote steuern, die von außen an sie herangetragen werden, weil sie sogar von ihrem Stammesgott Jahve über seinen Propheten Moses verkündet worden sind. Und diese Außensteuerung gewinnt eine so große Mächtigkeit über die Menschen, daß sich der Stammesgott Jahve, der zuerst lediglich ein monolatrischer Gott ist, zum monotheistischen Gott entwickelt, was ebenfalls im Alten Testament nacherzählt wird. Dabei

---

322 Zur Entstehung des Begriffs „Zusammenhangserlebnis" vgl. W. Deppert, Atheistische Religion, in: *Glaube und Tat* 27, S. 89–99 (1976).

323 Gewiß müssen wir uns vor Gefahren isolieren, wie etwa vor wilden Tieren, Unwettern, Giften oder Krankheitserregern, aber auch dies ist nur über verläßliche Zusammenhänge möglich.

324 Zum Begriff der Lebenshaltung und insbesondere zum Begriff der autoritativen Lebenshaltung vgl. W. Deppert, Vereinbarung statt Offenbarung, Rundfunkvortrag (NDR 3, 1982), *homo humanus* – Nr. 21. und homo humanus Jahrbuch 1984, Pinneberg 1984, S. 40–43.

verändert sich das ursprüngliche neutrale Folgsamkeitsbewußtsein in ein Unterwürfigkeitsbewußtsein, wie es sich besonders deutlich in den alttestamentarischen Klageliedern
des Jeremias manifestiert. Diese im Volk Israel im Laufe seiner Geschichte ausgebildete
Bewusstseinsform der außengesteuerten Unterwürfigkeit hat sich dann im Christentum
und im Islam bis heute fortgesetzt, allerdings heute mit stark abnehmender Tendenz.
Diese von den Gehirnen hervorgebrachten Bewußtseinsformen der Außensteuerung
lassen sich auch als Orientierungswege verstehen, durch die sich die Menschen nach dem
Beginn des Zerfalls der mythischen Bewußtseinsformen durch den Verlust des zyklischen Zeitbewusstseins eine Orientierungsmöglichkeit verschaffen, um ihre Überlebens-
möglichkeiten zu sichern. Dieser Orientierungsweg, der bisher als israelitisch-christlicher
Orientierungsweg[325] bezeichnet wird, steht im direkten Gegensatz zum Orientierungsweg
der griechischen Antike, mit dem die Philosophen der sogenannten vorsokratischen Zeit
darauf setzten, daß der Mensch in sich selbst orientierende Fähigkeiten besitzt und darum
die Erkenntnisvermögen des Verstandes (logos) und der Vernunft (nous) entfaltet hat, die
auch als Erkenntnisvermögen der Innensteuerung bezeichnet werden können. Die innengesteuerte Bewusstseinsform des Orientierungsweges der griechischen Antike ist nun
freilich auch eine Entwicklungsleistung der Gehirne der alten Griechen, und die ebenfalls
aufgrund der existenzsichernden Funktion dieser Gehirne erklärbar sein sollte. Die Erklärung dafür fällt gewiss nicht ganz so leicht, wie die hier gegebene Erklärung für die
Gehirnleistung der außengesteuerten Bewusstseinsformen. Nun fällt auf, daß der erste
Philosoph, Thales von Milet zugleich ein guter Mathematiker war, der bereits in der Lage
war, mathematische Sätze aufzustellen und zu beweisen. Nun besteht die Mathematik aus
Vereinbarungen, die strikt einzuhalten sind, und wenn man das tut, dann schafft dies
offenbar eine solche Sicherheit in den eigenen Gedankengängen, daß es sogar gelingen
kann, für ungewisse Behauptungen strikte Beweise zu finden, und das heißt, Sicherheit ins
eigene Denken zu tragen, eine Sicherheit, die nicht von außen kommt, sondern von innen,
durch eigene Einsicht. Es mag sein, daß die Tatsache, daß die Griechen ein Volk waren
und noch immer sind, das in viele einzelne kleine und nahezu isolierte Volksgruppen aufgeteilt ist, weil sie auf vielen Inseln verteilt wohnen und auf dem Festland durch schroffe
Gebirge getrennt sind, dazu führte, den Zusammenhalt des Volkes durch möglichst exakt
kommunizierbare Gedanken zu bewirken, so wie dies in der Mathematik und Philosophie
möglich ist. Und damit wäre ein äußerer Grund für eine Gehirnentwicklung zur Bevor-
zugung der Innensteuerung im antiken Griechenland gegeben. Denn die Gehirne der antiken Griechen könnten ihrer Funktion als Sicherheitsorgane folgend, zur Sicherung der
Überlebenschancen der griechischen Lebensgemeinschaft eine innengesteuerte Bewusstseinsform entwickelt haben.[326]

---

325 Vgl. W. Deppert, Problemlösung durch Versöhnung, veröffentlicht unter www.information-
philosophie.de und dort unter <Vorträge>, 2009.

326 Diesen Gedanken hat einer von uns (W. Deppert) erstmals während dem von der Fritz-
Thyssen-Stiftung gesponserten 4. Internationalen Humanistischen Symposions 1978 in einer
Diskussion nach einem Vortrag von Prof. Dr. Kurt von Fritz (München) angedeutet. Glück-

Durch die Christianisierung im römischen Reich ist der innengesteuerte Orientierungsweg der griechischen Antike in Europa ganz außer Tritt gekommen. Durch Mithilfe der
islamischen militärischen Erfolge konnte er aber zum Ende des Mittelalters und zu Beginn der Neuzeit als Renaissance mächtig Fuß fassen und schließlich die europäische
kulturgeschichtliche Aufklärungsbewegung initiieren, wodurch sich ganz spezifische Veränderungen der Bewußtseinsformen der europäischen Menschen ereigneten, die zu mehr
Toleranz gegenüber anderen Bewußtseinsformen tendierten, wodurch auch die von den
Offenbarungsreligionen geprägten Bewußtseinsformen der Außensteuerung auch Innensteuerungen in sich zuließen.

Der bisherige Versuch nachzuweisen, daß die menschlichen Kulturen mit der Ausbildung von ganz bestimmten Gehirnstrukturen und damit auch von Bewusstseinsformen
verbunden sein muss, ist bislang ziemlich intuitiv ohne eine systematische Untersuchungs-
methode erfolgt. Dies ist nun erheblich zu verbessern, um deutlich aufzuzeigen, daß die
systematische Darstellung von Bewusstseinsstrukturen einen Zusammenhang zu gehirnphysiologischen Untersuchungen liefern kann. Auf diesem Wege einer systematischen
Ordnung der möglichen Bewußtseinsformen ist es denkbar, eine theoretische Wissenschaft für die Gehirnphysiologie zu etablieren, wie es einst Kant für jede Naturwissenschaft gefordert hat. Denn eine theoretische Wissenschaft soll den Möglichkeitsraum des
Denkbaren aufspannen, aus dem die zugehörige experimentelle Wissenschaft herauszufinden hat, was von dem Denkbaren (das war für Kant das Mathematische) in der Realität
tatsächlich anzutreffen ist.[327]

6. Zum Aufbau einer theoretischen Gehirnphysiologie gemäß Kurt Hübners Mythosforschung

Der Aufbau einer theoretischen Wissenschaft beginnt mit dem Abstecken des zu erforschenden Objektbereichs, der Angabe der Kennzeichnungsverfahren der darin ent-
haltenen Objekte und der Sammlung der alltagsprachlich erfassbaren Erfahrungen über
die Eigenschaften der kennzeichnungsfähigen Objekte. Danach ist der Raum der möglichen Verbindungen zwischen den gekennzeichneten Objekten und den denkbaren Wirkungen der Objekte aufeinander abzustecken und mögliche Gesetze über Eigenschafts-
änderungen der Objekte zu formulieren.

Der Objektbereich der Gehirnphysiologie ist abgesteckt durch das Objekt des Gehirns,
seine Bestandteile, die Nervenzellen und ihre bestimmbaren Eigenschaften. Zu den zu
untersuchenden Objekten gehören außerdem die beobachtbaren Zustände einer Person,
von denen anzunehmen ist, daß sie durch das Gehirn bestimmt sind und die beobacht-

---

licherweise sind in den Tagungsberichten die Diskussionen mit abgedruckt, darum vgl. Grie-
chische Humanistische Gesellschaft (Hg.), *Wissenschaftliche und außer-wissenschaftliche
Rationalität*, 4. Internationales Humanistisches Symposium 6.–13.September 1978 in Portaria
(Griechenland), Athen 1981, S. 93.

327 Vgl. Immanuel Kant, *Metaphysische Anfangsgründe der Naturwissenschaft*, Vorrede VIII
[470]:„Ich behaupte aber, daß in jeder Naturlehre nur so viel eigentliche Wissenschaft angetroffen werden könne als darin Mathematik anzutreffen ist."

baren Handlungen, die stets von den Gehirnen geplant und in ihrer Durchführung gesteuert werden. Da wir hier einstweilen nur an der physiologischen Indentifizierbarkeit und damit der Verstehbarkeit der Bewußtseinsformen von Menschen interessiert sind, soll die Physiologie der einzelnen Nervenzellen nur insoweit in Betracht gezogen werden, als durch sie ihre Verschaltungseigenschaften bestimmbar sind. Denn es geht hier um die mögliche Erforschbarkeit von Verschaltungsstrukturen der Neuronen. Und die zu erklärenden Objekte sind bestimmte beobachtbare und identifizierbare Bewußtseinszustände und deren Konsequenzen in Form von Handlungen. Der Anfang der hier herauszuarbeitenden theoretischen Wissenschaft liegt damit in der Analyse der Objekte, die hier als Bewußtseinszustände bezeichnet werden. Nach Kant besteht die theoretische Wissenschaft, die er mit der Mathematik identifiziert, aus Konstruktionen aufgrund apriorischer Prinzipien. Dazu haben wir hier bereits die apriorische Konstruktion des Begriffes Bewußtsein geliefert, der sich aus der apriorischen Konstruktion des Begriffes ‚Lebewesen‘, der Begriffe von Überlebensfunktionen und der ihrer Verkopplungsstrukturen ableiten ließ. Ferner konnte aus der apriorischen Definition des Begriffes „Lebewesen" bereits ein grundsätzlich gesetzmäßiges Verhalten des Gehirns und seiner Teile abgeleitet werden, das darin besteht, für das Gesamtsystem *die* Verschaltungen der Gehirnzellen vorzunehmen, die geeignet sind, durch eine bestimmte Bewußtseinsform, die Überlebenssicherheit des Gesamtsystems sicherzustellen oder gar zu verbessern. Um den Aufbau einer theoretischen Gehirnphysiologie voranzutreiben, muss nun nach Kant danach gefragt werden, welche empirisch bestimmbaren Bewußtseinsformen nachweisbar sind, so dass nach den Bedingungen ihrer Möglichkeit gefragt werden kann, wobei diese Bedingungen dann als apriorisch anzusehen sind, und somit das methodische Handwerkszeug für den Theoretiker liefern. Das nun erforderliche empirische Material hat Kurt Hübner in seinen Arbeiten zur Mythosforschung in reicher Fülle zusammengestellt, so daß es an der Zeit ist, dies zu ordnen und zu klassifizieren. Dieses Material ist vor allem in folgenden Arbeiten Kurt Hübners, in denen er seine Mythosforschung aufgebaut und im Einzelnen beschrieben hat, enthalten:

1. *Kritik der wissenschaftlichen Vernunft*, Alber Verlag, Freiburg 1978 und weitere Auflagen.
2. *Die Wahrheit des Mythos*, Verlag C.H. Beck, München 1985.
3. *Das Nationale. Verdrängtes, Unvermeidliches, Erstrebenwertes.* Styria Verlag, Graz 1991
4. *Die zweite Schöpfung. Das Wirkliche in Kunst und Musik*, Verlag C.H. Beck, München 1994

Die späteren Monographien Kurt Hübners bestehen im Wesentlichen aus Anwendungen der in den genannten vier Werken entwickelten Grundsätze der Hübnerschen Mythos-Forschung. Aber außerdem hat er eine ganze Reihe von einzelnen Vorträgen und Aufsätzen aus den Jahren, in denen er seine Mythos-Forschungs-Theorie entwickelte, veröffentlicht, in denen wichtiges Material zur Beschreibung der Bewusstseinszustände von mythischen

Menschen und aller anderen Menschen zu finden ist, deren Bewusstsein grundsätzlich stets von mythischen Formen bestimmt sein wird. Dies gilt insbesondere auch noch für seinen Briefwechsel aus dieser Zeit, den er vor allem mit Paul Feyerabend geführt hat. Wichtigste Aufsätze und Vorträge aus dieser Zeit seien im Folgenden genannt:

1. Zur Frage des Relativismus und des Fortschritts in den Wissenschaften, in: *Zeitschrift für allgemeine Wissenschaftstheorie, Bd. V, Heft 2*, 1974, S. 285–303.
2. Erfahrung und Wirklichkeit im griechischen Mythos, in: Hellenic Society for Humanistic Studies (Hg.): *Proceedings of the 3rd International Humanistic Symposium at Athens and Pelion, September 24 – October 2 1975, Topic: „The Case of Objectivity"*, Athens 1977, pp. 167–183 und Diskussion pp. 184–204.
3. Die Finalisierung der Wissenschaft als allgemeiner Parole und was sich dahinter verbirgt, in: Hübner, K. Lobkowicz, N., Radnitzky, G.(Hrsg.) *Die politische Herausforderung der Wissenschaft*, Hoffmann und Campe, Hamburg 1976,S. 89–96.
4. Über verschiedene Zeitbegriffe in Alltag, Physik und Mythos, in: Korff, W. F. (Hrsg.), *Redliches Denken*, Stuttgart 1981.
5. Wie irrational sind Mythen und Götter?, in Duerr, H.P. (Hg.), *Der Wissenschaftler und das Irrationale, Bd. 2: Philosophie und Psychologie*, Frankfurt/Main 1981, S. 11–36
6. Von den mythischen und magischen Ursprüngen in den Naturwissenschaften, in: Hameyer, U., und Kapune, Th., (Hrsg.), *Weltall und Weltbild*, Kiel 1983.
7. Der Begriff des Naturgesetzes in der Antike und in der Renaissance, in: Buck, A., Heitmann, K. (Hrsg.), *Die Antike-Rezeption in den Wissenschaften während der Renaissance*, Mitteilung X der DFG-Kommission für Humanismusforschung, Weinheim 1983.
8. Warum gibt es ein wissenschaftliches Zeitalter? Joachim-Jungius-Gesellschaft, Hamburg 1984.
9. Über die Beziehungen und Unterschiede von Mythos, Mythologie und Kunst in der Antike, in: *Studien zur Mythologie der Vasenmalerei*, Festschrift für Konrad Schauenburg, Mainz 1986.
10. Die nicht endende Geschichte des Mythischen, in: *Scheidewege* (1986/87), S. 16–29 und etwas verkürzt in: Barner, W., Detken, A. und Wesche J. (Hg.), *Texte zur modernen Mythentheorie*, Reclam, Stuttgart 2003 S. 248–261.
11. Der Mythos, der Logos und das spezifisch Religiöse, in: Schmid, H. H. (Hrsg.), *Mythos und Rationalität*, Gütersloh 1988.
12. Die Metaphysik und der Baum der Erkenntnis, in: Henrich /Horstmann (Hrsg.), *Metaphysik nach Kant?*, Stuttgart 1988.

7. Die Fortführung des Aufbaus einer theoretischen Gehirnphysiologie zur Beschreibung der kulturellen Phylogenese des Gehirns aufgrund der von Hübner und anderen gefundenen Bewußtseinsformen bis in die Neuzeit hinein

Im vorigen Absatz ist ganz bewußt der Aufbau einer theoretischen Wissenschaft beschrieben worden, wie er sich aus dem Erkenntnisweg Kants ergibt, der sich als *tran-*

szendentaler Erkenntnisweg identifizieren läßt, indem von tatsächlich gemachten Erfahrungen ausgegangen wird und nach den Bedingungen der Möglichkeit dieser Erfahrungen gefragt wird, so wie es Kant uns in seinem gesamten Werk vorgeführt hat.[328] Und dabei fällt nun folgender Zirkularitätsverdacht auf: „Wenn wir heute meinen, den Erkenntnisweg Kants weiter fortführen zu können, dann erscheint uns dies vernünftig, weil wir selbst eine Bewusstseinsstruktur besitzen, durch die uns dies so erscheint. Allerdings kennen wir diese Bewusstseinsstruktur nicht. Dennoch muss es so sein, weil wir nur das denken können, was uns unsere Bewusstseinsstruktur erlaubt." Diese Art der Denkformen-Zirkularität ist Kant bereits deutlich aufgefallen, indem er die Grenzen seines Denkens durch das Aufzeigen der apriorischen Sinnlichkeits- und Verstandesformen absteckte, da er sich im klaren darüber war, daß alle Erfahrungen, die er macht, schon immer von diesen apriorischen Denkformen geprägt sind. Und das gilt natürlich auch immer für die apriorischen Denkformen selbst, die er mit seinen Denkformen in der KrV aufgezeigt hat. Der Versuch, die Unsicherheit, die mit dieser Entdeckung notwendig verbunden ist, zu überwinden, hat ihn auf zwei Prinzipien geführt, die er sein Leben lang eingehalten hat:

1. das Prinzip der Wahrhaftigkeit und
2. das Prinzip der Widerspruchsvermeidung.

Und wir haben bis heute weitgehend den Eindruck, daß es Kant mit Hilfe dieser beiden Prinzipien gelungen ist, ein stabiles erkenntnistheoretisches System aufzubauen, das immer noch vorbildhaft ist.

Auch hier ist es Kurt Hübner gewesen, der mit seinem Prinzip der grundsätzlich geschichtlichen Bedingtheit unseres Denkens den Weg zu einer weiterreichenden Kant-Interpretation geführt hat, durch die sich zeigte, daß der soeben erwähnte Erkenntnisweg Kants in seinem Werk auffindbar ist und der noch heute zu bestimmten Lösungen von Problemen führt, die durch das Auftreten von unerklärlichen Widersprüchen erfolgreich beschritten werden kann. Kant selbst war in derartige Problemlösungsschwierigkeiten bei seiner Ausarbeitung seiner *Kritik der Urteilskraft* geraten, wobei man heute eine leichte Titel-Veränderung vornehmen darf, indem wir zur besseren Verstehbarkeit seines philosophischen Werkes schreiben: Kants *Kritik seiner Urteilskraft*, so wie wir seine anderen *Kritiken* als Kants *Kritik seiner reinen Vernunft* oder Kants *Kritik seiner praktischen Vernunft* zu verstehen haben. Die Möglichkeit zu dieser kleinen aber sehr bedeutsamen Umformung des Kantischen Werkes durch seine Selbstbezüglichkeit ist besonders Hübners Verdienst, nachgewiesen zu haben, daß die apriorischen Formen Kants als historisch bedingte Formen zu verstehen sind und nicht als unbedingte Formen, wie Kant es glaubte.

---

328 Vgl. W. Deppert, Kants Erkenntnisweg und seine Anwendung auf die heutigen Grundlagenprobleme der Wissenschaft (2010), im Internet-Blog: >wolfgang.deppert.de<. Dort findet sich die vollständige deutsche Fassung, die als Vortrag in Teheran zum International Philosophical Day in Teheran im Nov. 2010 gehalten werden sollte, aber lediglich in einer verkürzten englischen Version teilweise vorgetragen werden konnte.

Aufgrund seines Wahrhaftigkeitsprinzips machen wir mit dieser kleinen Umdeutung gewiss keinen Fehler. Eigenwilligerweise aber machte Kant selbst mit seinem Unbedingtheitsanspruch seiner apriorischen Formen einen Fehler, den er selbst sehr zu spüren bekam, ohne ihn freilich kennen zu können, indem er wie selbstverständlich annahm, daß alle seine Leser die gleiche Sinnlichkeit, den gleichen Verstand, die gleiche Vernunft und die gleiche Urteilskraft wie er besäßen, was heute jedenfalls gewiss nicht mehr anzunehmen ist. Aber dieser Fehler reicht noch weiter: er trifft auf Kant selbst zu, weil er selbst eine Geschichtlichkeit besessen hat, d.h. auch sein Denken veränderte sich im Laufe seiner Lebenszeit, so daß sein Begriff von Urteilskraft sich in den beiden Kritiken vor der KdU, verglichen mit dem Begriff der Urteilskraft in der KdU veränderte. Darum mußte er zwei Vorworte zu seiner KdU schreiben, die zu dem am schwersten Verständlichen seines ganzen Werks gehören. Um seine Schwierigkeiten nur anzudeuten: In den vorausgegangenen Kritiken sind es nur der Verstand und die Vernunft, die ihre besonderen Gebiete besitzen, auf denen sie mit ihren Begriffsbildungen gebieten können. In der KdU wird nun deutlich, daß es aber auch Begriffe der Urteilskraft geben muß, damit sie überhaupt wirksam werden kann. Kant erfindet darum das Gebiet der Urteilskraft als das der Selbstanwendung, was freilich nicht so ganz leicht verständlich ist.

Bis heute wird Kants Erkenntnistheorie so begriffen, als ob er damit Recht gehabt hätte, seine Bedingungen der Möglichkeit von Erfahrungen, seine von ihm als transzendental bezeichneten apriorischen Formen für unbedingt zu halten. Und dies war sein Fehler, den er selbst nicht erkennen konnte, weil ihm die grundsätzliche historische Abhängigkeit auch seiner von ihm aufgestellten apriorischen Formen aufgrund seiner eigenen historischen Situation noch gar nicht in den Sinn kommen konnte, weil seine Bewusstseinsform dazu noch nicht ausgebildet war.[329] Aber dieser Fehler verrät uns eine bestimmte Bewusstseinsform Kants, die vermutlich die meisten seiner Zeitgenossen noch nicht hatten, warum sie ihn auch nicht verstehen konnten und die nun auch zu dem empirischen Material gehört, das die Theoretiker der Gehirnphysiologie zu verarbeiten haben.

Gemäß dieser Überlegungen bietet die Geschichte der herausragenden Persönlichkeiten der Geistesgeschichte ein bislang von der Gehirnphysiologie wohl kaum erkanntes und erschlossenes Reservoir an empirischen Fakten über die kulturelle Phylogenese des menschlichen Gehirns dar. Dazu mögen aus der Sicht unserer Gewordenheit das Studium

---

329 So ist etwa seine Raumvorstellung, die sich noch ganz im Rahmen von Euklids Geometrie bewegt, eine absolutistische Vorstellung, die in der Mathematik spätestens mit den Arbeiten von Hugo Riemann und in der Physik seit den Arbeiten von Ernst Mach und Albert Einstein nicht mehr aufrecht zu erhalten ist. Das Entsprechende gilt für Kants Vorstellungen von der Zeit. Vgl. dazu W. Deppert, *Zeit. Die Begründung des Zeitbegriffs, seine notwendige Spaltung und der ganzheitliche Charakter seiner Teile*, Steiner Verlag, Stuttgart 1989. Zu der eigenen Entwicklung des Kantschen Denkens finden sich schon eine Fülle von Einsichten in G. Florschütz, *Swedenborgs verborgene Wirkung auf Kant – Swedenborg und die okkulten Phänomene aus der Sicht von Kant und Schopenhauer*, Königshausen & Neumann, Würzburg 1992 so wie in G. Florschütz, *Swedenborg's Hidden Influence on Kant*, Swedenborg Scientific Association Press, Bryn Athyn, Pennsylvania, 2014.

der Bewusstseinsformen der Persönlichkeiten folgender Liste besonders ertragreich sein: Sokrates, Platon, Aristoteles, Roger Bacon, Thomas von Aquin, Nikolaus Kopernikus, Martin Luther, Giordano Bruno, Francis Bacon, Galileo Galilei, Johannes Kepler, Renè Descartes, John Locke, Isaac Newton, Gottfried Wilhelm Leibniz, Johann Sebastian Bach, George Berkeley, Emanuel Swedenborg, David Hume, Immanuel Kant, Johann Wolfgang von Goethe, Wolfgang Amadeus Mozart, Friedrich von Schiller, Johann Gottlieb Fichte, Ludwig van Beethoven, Schopenhauer, Charles Darwin, Karl Marx, Ernst Mach, Max Planck, Albert Einstein, Niels Bohr, Hermann Weyl, Erwin Schrödinger, Wolfgang Pauli, Werner Heisenberg, Eugene Wigner, John Archibald Wheeler und viele mehr. Die Gehirne aller dieser Persönlichkeiten haben Ihre besonderen Bewußtseinsformen sicher nicht isoliert von ihrem sozialem, wissenschaftlichem oder künstlerischem Umgang ausgebildet, so daß spätestens an dieser Stelle deutlich wird, daß die hier dargestellte Argumentation sogar die Voraussetzung für eine gelingende Wissenschaft der Soziologie oder der Kulturanthropologie ist, was freilich noch nicht so ausgedrückt wurde aber dennoch gültig ist. Deutliche Hinweise darauf finden sich z.B. in den Werken von Karl Acham, Alexander Alland oder auch Niklas Luhmann[330].

Auf welche Weise läßt sich nun vom Standpunkt einer theoretischen Gehirnphysiologie das nahezu unerschöpflich erscheinende Material über Bewusstseinsstrukturen aus dem vorliegenden Werk von Persönlichkeiten der menschlichen Geistesgeschichte und den soziologischen Befunden der ganzen Kulturgeschichte so aufbereiten, daß sich daraus Entwicklungsformen des menschlichen Bewusstseins erschließen lassen? Gänzlich unbestritten dürfte es sein, daß bestimmte Bedingungen der Möglichkeit für das Erarbeiten und das schriftliche Niederlegen der überlieferten Werke in den Bewusstseinsformen der Autoren vorliegen müssen und dass der Möglichkeitsraum für diese Bewußtseinsformen von einer theoretischen Gehirnphysiologie beschrieben werden können sollte.

Als allgemeine Leitlinie kann die Funktion des Gehirns dienen, aus evolutionären Gründen gewisse Optimierungsmöglichkeiten für die Überlebenssicherung der Lebewesen herauszufinden, und das heißt für die Menschen in einer kulturell bestimmten Lebenssituation eine optimale Bewußtseinsstruktur zu wählen, wobei stets die Unterscheidung zwischen der Sicherung der äußeren und der inneren Existenz zu machen ist. Und da die Kulturgeschichte zugleich die Geschichte der Entwicklung der allgemeinen menschlichen Bewusstseinsformen sein muß, ist diese Geschichte direkt mit der kulturellen Phylogenese der menschlichen Gehirne verbunden, die sich insbesondere in den Kulturträgern vollzogen haben muss, die in der obigen Liste aufgezählt worden ist. So ungeheuer das Ansinnen an eine theoretische Gehirnphysiologie auf den ersten Blick erscheinen mag, die Erforschbarkeit der kulturellen Phylogenese des Gehirns zu ermöglichen, so liefern uns

---

330 Vgl. etwa Karl Acham, *Analytische Geschichtsphilosophie. Eine kritische Einführung,* Alber Verlag, Freiburg 1974 oder Alexander Alland, *Evolution des menschlichen Verhaltens, Conditio humana. Ergebnisse aus den Wissenschaften vom Menschen*, S. Fischer Verlag, Frankfurt/ Main 1970 und freilich auch in Niklas Luhmann mit Detlef Horster, *Die Moral der Gesellschaft,* Suhrkamp Verlag, Frankfurt/Main 2008.

doch die Hübnerschen Analysen der Bewußtseinsstrukturen mythischer Menschen, wie er sie vor allem im letzten Kapitel seines wissenschaftstheoretischen Hauptwerkes „Kritik der wissenschaftlichen Vernunft" aus dem Jahre 1978 und in seinem Werk „Die Wahrheit des Mythos" aus dem Jahre 1985 beschrieben hat, gewisse Handreichungen und erste Anhaltspunkte zur Erforschung der kulturellen Phylogenese des Gehirns.

Das erste, was wir von Hübner lernen, ist die Ganzheitlichkeit aller in den schriftlichen Quellen beschriebenen Ereignisse und des dabei offenkundig werdenden Wirklichkeitsverständnisses der mythischen Menschen. Bei der Hervorhebung und Beschreibung dieser Ganzheitlichkeit werden freilich Vorstellungen aus späterer Zeit benutzt, weil die Gliederungen und Aufteilungen, die eine Ganzheit charakterisieren, im mythischen Bewußtsein gar keinen Platz hatten. So waren die hier bereits erwähnten besonderen Ganzheiten in Form folgender Begriffspaare {Einzelnes, Allgemeines}, {Mögliches, Wirkliches}, {Materielles, Ideelles} oder auch {Inhaltliches, Formales}den mythischen Menschen nicht bewusst, weil diese Unterscheidungen von ihnen gar nicht vorgenommen werden konnten. Wenn sie in aus mythischer Zeit stammenden Texten auftreten, dann sind dies schon Zerfallsformen von etwas ursprünglich mythisch Bestimmtem. Und da wir – wie bereits gezeigt – allen Grund haben anzunehmen, daß die Kulturleistungen stets an den Bruchstellen des Mythischen auftreten, haben wir damit bereits ein erstes Kriterium zur Klassifizierung von Bewußtseinsformen gewonnen. Dabei fällt zugleich auf, dass dieser Zerfallsprozess immer mit Begriffspaaren oder mehrelementigen ganzheitlichen Begriffssystemen[331] zu beschreiben ist. Dies liegt daran, daß das Zerfallene im Nachhinein stets als ein Ganzes gesehen wird, so dass die Beschreibung des Zerfallenen nur mit ganzheitlichen Begriffssystemen erfolgen kann. Es ist nun von wissenschaftstheoretischer Seite zu hoffen, daß die Gehirnphysiologen bereits wissen, wie ganzheitliche Begriffssysteme oder auch Begriffspaare durch bestimmte neuronale Verschaltungen repräsentiert werden. Hoffentlich ist es aber nicht zu naiv zu glauben, daß sich eine derartige gehirnphysiologische Repräsentation überhaupt nachweisen lässt; denn natürlich muss sich eine theoretische Gehirnphysiologie danach ausrichten, welche Möglichkeiten für hirnphysiologische Gegebenheiten überhaupt nachweisbar und mithin erforschbar sind. Um hier in der Ausbildung einer theoretischen Gehirnphysiologie voranzukommen, bedarf es einer sehr intensiven interdisziplinären Zusammenarbeit.

Das Entsprechende gilt für die Unterscheidung der Modi der Zeit in Gegenwärtiges, Vergangenes und Zukünftiges, was Hübner ebenfalls detailliert beschreibt. Zukunft und Vergangenheit bilden ein Begriffspaar, ein einfachstes ganzheitliches Begriffssystem, das

---

331 Zur Theorie ganzheitlicher Begriffssysteme vgl. etwa W. Deppert, *Zeit. Die Begründung des Zeitbegriffs, seine notwendige Spaltung und der ganzheitliche Charakter seiner Teile*, Franz Steiner Verlag, Stuttgart 1989, S. 16f., 20, 71, 248 oder in: Philosophische Anregungen zu neuen wissenschaftlichen Fragestellungen, in: *Philosophy and Culture*, Proceedings of the XVIIth World Cogress of Philosophy, Section 16 C, Philosophische Moderne, Montréal 1986, S. 20–25, oder in: Hierarchische und ganzheitliche Begriffssysteme, in: G. Meggle (Hg.), Analyomen 2 – Perspektiven der analytischen Philosophie, Perspectives in Analytical Philosophy, Bd. 1. Logic, Epistemology, Philosophy of Science, De Gruyter, Berlin 1997, S. 214–225.

mit dem Zerfall des zyklischen Zeit-Bewußtseins ebenfalls zerfällt, wodurch – wie bereits angedeutet – die Erkenntnisproblematik aufbricht. Die allmähliche Bewältigung der Erkenntnisproblematik vollzieht sich in der griechischen Antike mit den sogenannten Vorsokratikern, die sich ja auf dem schon angedeuteten Orientierungsweg der griechischen Antike befinden, indem sie allmählich die Erkenntnisvermögen Verstand (logos) und Vernunft (nous) entwickeln.[332] Und dies geschieht stets mit dem Aufbau ganzheitlicher Denkstrukturen und die Zurückführung dieser auf einheitliche Vorstellungen. Genau diese Entwicklung vollzieht sich bei den Vorsokratikern. Die Ausbildung von Verstand und Vernunft eröffnet ihnen neue Möglichkeitsräume, deren Verwirklichung aber nicht sicher hinsichtlich ihrer Lebensfreundlichkeit ist. Darum benutzen sie ein Sicherungsverfahren, das später von Cicero als Rückbindung (religio als Substantivierung von relegere) bezeichnet wird, und das heute in der modernsten Wissenschaftstheorie zur Charakterisierung von Begründungsendpunkten ebenso wieder aktuell geworden ist.

Diese Rückbindung besteht darin, auf bewährte alte mythische Formen und Inhalte zurückzugreifen, von denen man sich die gewünschte Sicherheit versprach. So hat schon Thales von Milet seine Vorstellung vom Urstoff des Wassers auf die mythischen Überzeugungen in Hesiods *Theogonie* zurückgeführt, Heraklit und Parmenides ihre Ableitungen der Vernunfttätigkeit auf mythische Einheitsvorstellungen oder Xenophanes in einer Vorahnung der pantheistischen Identifizierung von Gott und Welt auf das göttliche All-Eine, usf. Sokrates gelingt seine Rückbindung auf seinem Weg der Selbsterkenntnis. Dieser Innensteuerung kann Platon noch nicht folgen, darum bindet er sich wiederum an mythische Formen ewiger Ideen zurück, die empirisch nicht nachweisbar sind, sondern im Raum der Vernunft (nous) existierend gedacht werden. Aristoteles schafft schließlich ein ganzheitliches Weltmodell, indem jedes Wesen über seine ihm eigene Entelechie durch Innensteuerung Geborgenheit erfährt. Auch die weiter genannten Kultur-Entwickler haben ihre spezifischen noch zu beschreibenden Sicherheitsformen entwickelt, durch die die kulturelle Phylogenese des Gehirns bis in unsere Gegenwart weiter fortschreitet und was freilich noch zu erforschen ist. Aber auch heute ist in der Wissenschaftstheorie eine besondere Form einer mythischen Rückbindung aktuell geworden, indem wir mit Kurt Hübner die Begründungsendpunkte wissenschaftlicher Begründungen als mythogene Ideen[333] bezeichnen, in denen Einzelnes und Allgemeines in einer Vorstellungseinheit zusammenfallen, wie etwa bei den Physikern die mythogenen Ideen des *einen* Weltraums, der *einen* Weltzeit oder der *einen* Naturgesetzlichkeit, die trotz ihrer Einheit das Allgemeinste ihrer einzelnen

---

332 Vgl. dazu W. Deppert, *Einführung in die Philosophie der Vorsokratiker – Die Entwicklung des Bewußtseins vom mythischen zum begrifflichen Denken*, nicht verlegtes broschiertes Vorlesungsmanuskript, Kiel 1999, S. 180.

333 Vgl. W. Deppert, Mythische Formen in der Wissenschaft: Am Beispiel der Begriffe von Zeit, Raum und Naturgesetz, in: Ilja Kassavin, Vladimir Porus, Dagmar Mironova (Hg.), *Wissenschaftliche und Außerwissenschaftliche Denkformen, Zentrum zum Studium der Deutschen Philosophie und Soziologie*, Moskau 1996, S. 274–291. Referat zum ersten Symposium des ‚Zentrums zum Studium der deutschen Philosophie und Soziologie‘ vom 4. bis 9. April 1995 in Moskau.

Raum- Zeit- oder Gesetzesvorstellungen sind. Dieses Zusammenfallen von Einzelnem und
Allgemeinem ist das von Hübner gefundene und beschriebene Kennzeichen mythischer
Bewusstseinsinhalte. Damit ist die harmonische Verbindung von mythischen und wissen-
schaftlichen Grundkonzepten gegeben, wie es Hübner im Schlußkapitel seines Werkes „Die
Wahrheit des Mythos" gewünscht hat, wo er am Ende des ersten Abschnitts sagt[334]:

> „Wenn sich also auch … im gegebenen Zusammenhang keine sichere Vorhersage für die
> Zukunft machen lässt, so darf man doch andererseits vermuten, dass die Epoche einseitiger
> wissenschaftlich-technischer Prägung ihren Höhepunkt bereits überschritten hat. Aber wenn
> vorangegangene Erfahrungen nicht gänzlich wieder vergessen werden können, so läßt sich
> für die Zukunft nur eine Kulturform vorstellen, in der Wissenschaft und Mythos weder ei-
> nander unterdrücken noch unverbunden nebeneinander stehen, sondern in eine durch das
> Leben und das Denken vermittelte Beziehung zueinander treten. Wie das aber möglich sein
> soll, davon wissen wir heute noch nichts."

Etwa 10 Jahre nachdem Kurt Hübner diese Sätze geschrieben hatte, entstand unerwartet
dann doch diese gewünschte Verbindung. Während des 1. Symposions des von Kurt
Hübner mitgeleiteten *Zentrum zum Studium der deutschen Philosophie und Soziologie in
Moskau* vom 4. bis 9. April 1995 sollte einer von uns (Wolfgang Deppert) in Moskau einen
Vortrag zum Thema „Mythische Formen in der Wissenschaft am Beispiel der Begriffe
von Zeit, Raum und Naturgesetz" halten. Schon im Jahr 1994 bereitete er sich auf diesen
Vortrag vor und telefonierte mehrfach mit Herrn Hübner, um einen Namen für die hier ge-
rade beschriebenen Endpunkte wissenschaftlicher Begründungen zu finden, bis er Herrn
Deppert plötzlich anrief und vorschlug, dafür den Namen „mythogene Idee" vorzusehen,
worauf dieser spontan einging, womit die gesuchte Verbindung nun doch gefunden war.
  Der hier vorgeschlagene Versuch, die mythische Bewußtseinsstruktur und deren vielfältige Durchbrechungen in Form einer kulturellen Phylogenese des Gehirns neurophysio-
logisch zu beschreiben und dazu die kulturschaffenden Leistungen vieler bedeutender
Persönlichkeiten der Kulturgeschichte zu verwenden, indem deren Bewusstseinsformen
klassifiziert und gehirnphysiologisch identifiziert werden, soll nun diesen Brückenschlag
so verbreitern, daß daraus ein gemeinsames Forschungsprogramm der naturwissenschaftlichen Gehirnphysiologie und der geisteswissenschaftlichen Geschichtsphilosophie wird,
um eine weiterführende Einheit von Natur und Kultur erleb- oder gar erkennbar zu machen.
Durch diese Untersuchungen wird überdies die Hoffnung kräftig genährt, daß die positive
Entwicklung der menschlichen Bewußtseinsformen zu immer weiter ausgebildeten Bewußtseinsformen der Selbstverantwortlichkeit unaufhörlich zunehmen wird.

---

334 Vgl. Kurt Hübner. *Die Wahrheit des Mythos*, Beck Verlag, München 1985, S. 410.

Acham, Karl, *Analytische Geschichtsphilosophie. Eine kritische Einführung,* Alber Verlag, Freiburg 1974. und freilich auch in Niklas Luhmann mit Detlef Horster, *Die Moral der Gesellschaft,* Suhrkamp Verlag, Frankfurt/Main 2008.

Adorno, Theodor W. u.a., *Der Positivismusstreit in der deutschen Soziologie,* Luchterhand Verlag, Neuwied 1972.

Albert, Hans, *Traktat über kritische Vernunft,* Mohr Verlag, Tübingen 1968

Albertz, Jörg (Hrsg.), *Perspektiven und Grenzen der Naturwissenschaft,* Schriftenreihe der Freien Akademie Bd.1, Wiesbaden 1980.

Albertz, Jörg (Hrsg.), *Was ist das mit Volk und Nation – Nationale Fragen in Europas Geschichte und Gegenwart,* Schriftenreihe der Freien Akademie, Bd. 14, Berlin 1992.

Alland, Alexander, *Evolution des menschlichen Verhaltens, Conditio humana. Ergebnisse aus den Wissenschaften vom Menschen,* S. Fischer Verlag, Frankfurt/Main 1970

Baumgartner, Hans Michael (Hrsg.), *Das Rätsel der Zeit. Philosophische Analysen,* Karl Alber Verlag, Freiburg 1993.

Bütow, Thomas (Hrsg.), *„Nicht für das Leben, sondern für die Schule lernen wir" (Seneca). Bildungsziele vor den Herausforderungen der Gegenwart.* Materialien der Evangelischen Akademie Nordelbien, Bad Segeberg 1989.

Carnap, Rudolf, *Der logische Aufbau der Welt,* Meiner Verlag, Hamburg 1928 (1961, 1966)

Carnap, Rudolf, Überwindung der Metaphysik durch logische Analyse der Sprache, *Erkenntnis,* Bd. 2, (1931), S. 219–241.

Carnap, Rudolf, Die physikalische Sprache als Universalsprache der Wissenschaft, *Erkenntnis,* Bd.2, (1931), S. 432–465.

Carnap, Rudolf, Psychologie in physikalischer Sprache, *Erkenntnis,* Bd.3 (1932/33), S. 107--142.

Carnap, Rudolf, „Theoretische Begriffe der Wissenschaft – eine logische und methodologische Untersuchung" (Ztschrft. f. phil. Forschung XIV/2 (1960))

Carnap, Rudolf, *Einführung in die Philosophie der Naturwissenschaften,* München 1969.

Chalmers, Alan F., *Wege der Wissenschaft, Einführung in die Wissenschaftstheorie,* Herausgg. und übersetzt von Niels Bergemann und Christine Altstötter-Gleich, sechste, verbesserte Auflage, Springer-Verlag Berlin Heidelberg 1986, 1989, 1994, 1999, 2001, 2007.

Comte, Isidore Auguste Marie Francois Xavier, *Cours de philosophie positive,* 6 Bände, Paris 1830–1842, deutsch: Die positive Philosophie.

© Springer Fachmedien Wiesbaden GmbH, ein Teil von Springer Nature 2019
W. Deppert, *Theorie der Wissenschaft,* https://doi.org/10.1007/978-3-658-15120-1

Deppert, Wolfgang, Orientierungen – eine Studie über den Zusammenhang von Religion, Philosophie und Wissenschaft, in: Albertz, J. (Hg.), *Perspektiven und Grenzen der Naturwissenschaft*, Wiesbaden 1980, S. 121–135,

Deppert, Wolfgang, Hermann Weyls Beitrag zu einer relativistischen Erkenntnistheorie, in: Deppert, W.; Hübner, K; Oberschelp, A.; Weidemann, V. (Hrsg.), *Exakte Wissenschaften und ihre philosophische Grundlegung*, Vortr. d. intern. Hermann-Weyl-Kongresses Kiel 1985, Peter Lang, Frankfurt/Main 1988.

Deppert, Wolfgang, Ziele naturwissenschaftlicher Bildung im Zeitalter der technischen Zerstörbarkeit der menschlichen Lebensgrundlagen. In: *„Nicht für das Leben, sondern für die Schule lernen wir" (Seneca). Bildungsziele vor den Herausforderungen der Gegenwart*. Hrsg. Thomas Bütow. Materialien der Evangelischen Akademie Nordelbien, Bad Segeberg 1989, S. 45–63.

Deppert, W., K. Hübner, A. Oberschelp, V. Weidemann, (Hrsg.), *Exakte Wissenschaften und ihre philosophische Grundlegung*, Vortr. d. intern. Hermann-Weyl-Kongresses Kiel 1985, Peter Lang, Frankfurt/Main 1988.

Deppert, Wolfgang, *Zeit. Die Begründung des Zeitbegriffs, seine notwendige Spaltung und der ganzheitliche Charakter seiner Teile*, Steiner Verlag, Stuttgart 1989.

Deppert, Wolfgang, *Die gegenwärtige Orientierungskrise. Ihre Entstehung und die Möglichkeiten ihrer Bewältigung*, Vorlesungsmanuskript, Kiel 1964.

Deppert, Wolfgang, Gibt es einen Erkenntnisweg Kants, der noch immer zukunftsweisend ist?, Referat zum deutschen Philosophenkongreß in Hamburg 1990.

Deppert, Wolfgang, Der Mensch braucht Geborgenheitsräume, in: J. Albertz (Hrsg.), *Was ist das mit Volk und Nation – Nationale Fragen in Europas Geschichte und Gegenwart*, Schriftenreihe der Freien Akademie, Bd. 14, Berlin 1992, S. 47–71.

Deppert, Wolfgang, Das Reduktionismusproblem und seine Überwindung, in: W. Deppert, H. Kliemt, B. Lohff, J. Schaefer (Hrg.), *Wissenschaftstheorien in der Medizin. Kardiologie und Philosophie*, De Gruyter, Berlin 1992.

Deppert, W., H. Kliemt, B. Lohff, J. Schaefer (Hrsg.), *Wissenschaftstheorien in der Medizin. Kardiologie und Philosphie*, De Gruyter, Berlin 1992.

Deppert, Wolfgang, Die Alleinherrschaft der physikalischen Zeit ist abzuschaffen, um Freiraum für neue naturwissenschaftliche Forschungen zu gewinnen, in: Hans Michael Baumgartner (Hrsg.), *Das Rätsel der Zeit. Philosophische Analysen*, Karl Alber Verlag, Freiburg 1993, S. 141ff.

Deppert, Wolfgang, Hierarchische und ganzheitliche Begriffssysteme, Referat während, des Kongresses der Gesellschaft für Analytische Philosophie „ANALYOMEN – Perspektiven der Analytischen Philosophie" in Leipzig am 10. Sept. 1994.

Deppert, Wolfgang, Mythische Formen in der Wissenschaft. – Am Beispiel der Begriffe von Zeit, Raum und Naturgesetz – Referat zum 1. Symposium des ‚Zentrums zum Studium der deutschen Philosophie und Soziologie' vom 4. bis 9. April 1995 in Moskau zum Rahmenthema „Wissenschaftliche und außerwissenschaftliche Denkformen", abgedruckt in: Ilja Kassavin, Vladimir Porus, Dagmar Mironova (Hg.), *Wissenschaftliche und Außerwissenschaftliche Denkformen*, Zentrum zum Studium der Deutschen Philosophie und Soziologie, Moskau 1996, S. 274–291.

Deppert, W., Zur Bestimmung des erkenntnistheoretischen Ortes religiöser Inhalte, Vortrag auf dem 2. deutsch-russischen Symposion des ‚Zentrums zum Studium der deutschen Philosophie und Soziologie' vom 10. – 16. März 1997 in Eichstätt, abgedruckt im Band IV dieses Werkes „Theorie der Wissenschaft" mit dem Titel „Die Verantwortung der Wissenschaft" S. 172–188.

Deppert, Wolfgang und Werner Theobald, Eine Wissenschaftstheorie der Interdisziplinarität. Grundlegung integrativer Umweltforschung und -bewertung, in: Achim Daschkeit und Winfried Schröder (Hg.), *Umweltforschung quergedacht. Perspektiven integrativer Umweltforschung und -lehre*. Festschrift für Otto Fränzle zum 65. Geburtstag, Springer Verlag Berlin 1998, S. 75–106.

Deppert, Wolfgang Problemlösen durch Interdisziplinarität. Wissenschaftstheoretische Grundlagen integrativer Umweltbewertung, in: Theobald, Werner (Hg.), *Integrative Umweltbewertung. Theorie und Beispiele aus der Praxis*, Springer Verlag, Berlin 1998, S. 35–64.

Deppert, Wolfgang, *Einführung in die Philosophie der Vorsokratiker(2). Die Entwicklung des Bewußtseins vom mythischen zum begrifflichen Denken,* nicht druckfertiges Vorlesungsmanuskript der Vorlesungen WS 1997/98 und WS 1998/1999, Kiel 1999.

Deppert, Wolfgang, Textinterpretation zu Kants Schriften „Beantwortung der Frage: Was ist Aufklärung?" und „Was heißt: Sich im Denken orientieren?" Vortrag, IPTS-Tagung, Leck 25.11.1981. Schriften des IPTS Nr. 250–5310–2575/81, S. 1–9 auch in: *Zeitschrift für Didaktik der Philosophie*, Heft 2/1993, S. 116–123.

Deppert, Wolfgang, Philosophische Anregungen zu neuen wissenschaftlichen Fragestellungen, in: *Philosophy and Culture*, Proceedings of the XVIIth World Congress of Philosophy, Section 16 C, *Philosophische Moderne*, Montréal 1986, S. 20–25.

Deppert, Wolfgang, „Vom biogenetischen zum kulturgenetischen Grundgesetz", abgedruckt in: *unitarische blätter für ganzheitliche Religion und Kultur*, Heft 2, März/April 2010, 61. Jahrg. S. 61–68.

Deppert, Wolfgang, *Individualistische Wirtschaftstehik (IWE)*, Springer Gabler Verlag, Wiesbaden 2014.

Deppert, Wolfgang, Ein großer Philosoph: Nachruf auf Kurt Hübner und Aufruf zu seinem Philosophieren, in: J Gen Philos Sci (2015) 46: 251–268, Springer, published online: 16. Nov. 2015, Springer Science+Business Media Dordrecht 2015.

Dingler, Hugo, Das Geltungsproblem als Fundament aller strengen Naturwissenschaften und das Irrationale, in: *Naturwissenschaft, Religion, Weltanschauung. Clausthaler Gespräch 1948*, Arbeitstagung des Gmelin-Instituts für anorganische Chemie und Grenzgebiete in der Max-Planck-Gesellschaft zur Förderung der Wissenschaften, Gmelin-Verlag, Clausthal-Zellerfeld 1949, S. 272–297.

Dingler, Hugo, *Der Zusammenbruch der Wissenschaft und der Primat der Philosophie*, München 1926.

Dingler, Hugo, *Die Ergreifung des Wirklichen*, (Einleitung von Kuno Lorenz und Jürgen Mittelstraß), Frankfurt/Main 1969.

Fechner, R., C. Schlüter-Knauer (Hrsg.), *Existenz und Kooperation. Festschrift für Ingtraud Görland zum 60. Geburtstag*, Duncker & Humblot, Berlin 1993.

Feyerabend, Paul, *Wider den Methodenzwang. Skizze einer anarchistischen Erkenntnistheorie*, Frankfurt 1976

Fiebig, Hans, *Erkenntnis und technische Erzeugung Hobbes' operationale Philosophie der Wissenschaft*, Anton Hain, Meisenheim am Glan 1973

Frege, Gottlob, Über die Grundlagen der Geometrie, Jahresbericht der Deutschen Mathematiker-Vereinigung, 12. Band, 1903, S. 319–324, S. 368–375, abgedruckt in: Gottlob Frege, *Kleine Schriften*, Hrsg. von Ignacio Angelelli, Hildesheim 1967.

Frey (Hrsg.) *Der Mensch und die Wissenschaften vom Menschen*, Bd. 2, *Die kulturellen Werte*, Innsbruck 1983.

Fries, Jakob Friedrich, *System der Logik*, Winter Verlag, Heidelberg 18373.

Glasersfeld, Ernst von, *Der Radikale Konstruktivismus*, Frankfurt am Main 1996, S. 59. – Als Suhrkamp Taschenbuch Wissenschaft: 1997 (1. Aufl.).

Grossner, Claus, *Verfall der Philosophie. Politik deutscher Philosophen*, Wegner Verlag, Reinbek 1971.

Grünbaum, Adolf, *Die Grundlagen der Psychoanalyse. Eine philosophische Kritik*, Reclam, Stuttgart 1988.

Hempel, Carl Gustav, *Grundzüge der Begriffsbildung in der empirischen Wissenschaft*, Düsseldorf 1974, Übers. des Originals, *Fundamentals of Concept Formation in Empirical Science*, Toronto 1952.

Hobbes, Thomas, *Vom Körper. (Elemente der Philosophie I)*, Meiner Verlag, Hamburg 1967, aus Original *ELEMENTORUM Philosophiae SECTIO PRIMA DE CORPORE*, London 1655 übersetzt durch Max Frischeisen-Köhler 1915.

Hübner, Kurt, *Kritik der wissenschaftlichen Vernunft*, Alber Verlag, Freiburg 1978. *Geburtstagsbuch für Kurt Hübner zum Sechzigsten*, Kiel 1981.

Hübner, Kurt, *Die Wahrheit des Mythos*, Beck Verlag, München 1985.

Hübner, Kurt, *Die zweite Schöpfung. Die Wirklichkeit in Kunst und Musik*, Beck Verlag, München 1994.

Hübner, Kurt, Die biblische Schöpfungsgeschichte im Licht moderner Evolutionstheorien, in: Helmut A. Müller (Hrsg.), *Naturwissenschaft und Glaube. Natur- und Geisteswissenschaftler auf der Suche nach einem neuen Verständnis von Mensch und Technik, Gott und Welt*, Scherz Verlag, S. 177 und S. 191.

Hübner, Kurt, Die Metaphysik und der Baum der Erkenntnis, in: Henrich/Horstmann (Hrsg.), *Metaphysik nach Kant?*, Stuttgart 1988.

Hume, David, *An Enquiry concerning Human Understanding*, London 1751, deutsch: *Eine Untersuchung über den menschlichen Verstand*, übers. von Raoul Richter, herausgg. von Jens Kulenkampff, Meiner Verlag, Hamburg 1993.

Hume, David, *Ein Traktat über die menschliche Natur*, Buch II und III *Über die Affekte. Über die Moral.*, Hamburg 1978.

Janich, Peter, *Die Protophysik der Zeit*, Bibliogr. Inst. Mannheim 1969.

Kamlah, Wilhelm u. Paul Lorenzen, *Logische Propädeutik. Vorschule vernünftigen Redens*, Bibliogr. Inst., Mannheim 1967 2., verb. u. erw. Aufl. 1973, *Logische Propädeutik. Vorschule des vernünftigen Redens*, Nachdruck 1990, 1992.

Kant, Immanuel, *Gedanken von der wahren Schätzung der lebendigen Kräfte und Beurteilung der Beweise*, Dorn Verlag, Königsberg 1746.

Kant, Immanuel, *Kritik der reinen Vernunft*, Johann Friedrich Hartknoch, Riga 1781 (A), 1787 (B) und 1790 (C).

Kant, Immanuel, *Grundlegung zur Metaphysik der Sitten*, Johann Friedrich Hartknoch, Riga 1785 (A) und 1786 (B).

Kant, Immanuel, *Kritik der praktischen Vernunft*, Johann Friedrich Hartknoch, Riga 1788 und 1792 (B).

Kassavin, Ilja u. Vladimir Porus u. Dagmar Mironova (Hg.), *Wissenschaftliche und Außerwissenschaftliche Denkformen*, Zentrum zum Studium der Deutschen Philosophie und Soziologie, Moskau 1996.

Kuhn, Thomas S., *The Structure of Scientific Revolutions*, Chicago 1962, deutsche Ausgabe: *Die Struktur wissenschaftlicher Revolutionen*, Suhrkamp, Frankfurt /Main 1967.

Lakatos, Imre, Falsifikation und die Methodologie der Forschungsprogramme, in: Lakatos, Imre u. A. Musgrave (Hrg.), *Kritik und Erkenntnisfortschritt*, Braunschweig 1974, S. 89–189, 1974 a.

Lakatos, Imre u. A. Musgrave (Hrsg.), *Kritik und Erkenntnisfortschritt*, Braunschweig 1974.

Libet, Benjamin, *Mind Time. The Temporal Factor in Conciousness*, Harvard University Press, 2004, in deutscher Übersetzung von Jürgen Schröder, *Mind Time. Wie das Gehirn Bewußtsein produziert*, Suhrkamp, Frankfurt/Main 2005.

Lorenzen, Paul, *Metamathematik*, Bibliogr. Inst., Mannheim 1962.

Lorenzen, Paul, *Methodisches Denken*, Suhrkamp Verlag, Frankfurt/Main 1968.

Lorenzen, Paul, Regeln vernünftigen Argumentierens, *Aspekte*, 3. Jahrg., Heft 1–6, 1970 und in: Lorenzen 1974, S. 47–97.

Lorenzen, Paul/Oswald Schwemmer, *Konstruktive Logik, Ethik und Wissenschaftstheorie*, Bibliogr. Inst., Mannheim 1973.

Lorenzen, Paul, *Konstruktive Wissenschaftstheorie*, Suhrkamp Verlag, Frankfurt/Main 1974.

Maturana, Humberto R., *Erkennen: Die Organisation und Verkörperung von Wirklichkeit, Ausgewählte Arbeiten zur biologischen Epistemologie*, 2. Aufl., deutsch. von Wolfram K. Köck, Vieweg&Sohn, Braunschweig 1985.

Maturana, Humberto R. und Francisco J. Varela, *Der Baum der Erkenntnis. Wie wir die Welt durch unsere Wahrnehmung erschaffen – die biologischen Wurzeln des menschlichen Erkennens*, aus dem Spanischen übersetzt von Kurt Ludewig in Zusammenarbeit mit dem Institut für systemische Studien e.V. Hamburg, 1. Aufl., Scherz Verlag, Bern 1987.

Popper, Karl R., *Logik der Forschung*, J.C.B. Mohr, Tübingen 1934, 19714.

Popper, Karl R., Die Normalwissenschaft und ihre Gefahren, in Lakatos 1974, S. 51–57.

Popper, Karl R., *Objektive Erkenntnis. Ein evolutionärer Entwurf*, Hoffmann und Campe, 2. Aufl. Hamburg, 1974.

Poppers Äußerungen in: Claus Grossner, *Verfall der Philosophie. Politik deutscher Philosophen*, Wegner Verlag, Reinbek 1971, S. 283ff.

Quine, Willard van Orman, *Von einem logischen Standpunkt. Neun logisch-philosophische Essays*, Ullstein Materialien, Frankfurt/M. 1979.

Quine, Willard van Orman, *Philosophie der Logik*, Verlag W. Kohlhammer, Stuttgart 1973.

Quine, Willard Van Orman, „Zwei Dogmen des Empirismus", in: ders., *Von einem logischen Standpunkt. Neun logisch-philosophische Essays*. Ullstein Materialien, Frankfurt/M. 1979.

Reichenbach, Hans, *Philosophische Grundlagen der Quantenmechanik*, Birkhäuser Verlag, Basel 1949.

Reichenbach, Hans, *Gesammelte Werke*, Bd. 5, *Philosophische Grundlagen der Quantenmechanik und Wahrscheinlichkeit*, hrsg. von Andreas Kamlah und Maria Reichenbach, Friedrich Vieweg & Sohn, Braunschweig 1989.

Rorty, Richard, *The Linguistic Turn. Recent Essays in Philosophical Method*, Chicago, London 1967.

Schleiermacher, Friedrich, *Der christliche Glaube nach den Grundsätzen der evangelischen Kirche im Zusammenhange dargestellt*, 2 Bde., Mäcken'sche Buchhandlung, Reutlingen 1828.

Schlick, Moritz, Positivismus und Realismus, *Erkenntnis*, Bd. III, S. 1–31, 1932.

Sneed, Joseph D., *The Logical Structure of Mathematical Physics*, Reidel Publishing Company, Dordrecht 1971.

Stegmüller, Wolfgang, *Hauptströmungen der Gegenwartsphilosophie*, Bd. II, Kröner Verlag, Stuttgart 1979.

Stegmüller, Wolfgang, *Probleme und Resultate der Wissenschaftstheorie und Analytischen Philosophie*, Bd. I, *Wissenschaftliche Erklärung und Begründung*, zweite, verbesserte und erweiterte Aufl., Springer Verlag, Berlin 1983.

Stegmüller, Wolfgang, *Probleme und Resultate der Wissenschaftstheorie und Analytischen Philosophie*, Bd. II, *Theorie und Erfahrung*, Zweiter Teilband, *Theorienstrukturen und Theoriendynamik*, 2. korrig. Aufl., Springer Verlag, Berlin 1985 und Dritter Teilband, *Die Entwicklung des neuen Strukturalismus seit 1973*, Springer Verlag, Berlin 1986.

Sukale, Michael, *Denken, Sprechen und Wissen*, Mohr Verlag, Tübingen 1988.

Theobald, Werner *HYPOLEPSIS. Ein erkenntnistheoretischer Grundbegriff der Philosophie des Aristoteles*, Dissertation, Kiel 1994, erschienen als Werner Theobald, *Hypolepsis, Mythische Spuren bei Aristoteles*, Academia Verlag, Sankt Augustin 1999.

Zahar, Elie, Why did Einstein's Programme Supersede Lorentz's?, *British Journal for the Philosophy of Science*, 24, S. 95–123 u. 223–262, 1973.

Register

9

9.1 Personenregister

Acham, Karl   239,
Adorno, Theodor W.   86,
Albert, Hans   38, 73f., 86ff., 100, 210, 238–239,
Albertz, Jörg   17, 19, 32, 66,
Alland, Alexander   239,
Aquin, Thomas von   27, 239,
Aristoteles   33, 60, 135, 158, 163ff., 203, 205, 213, 215, 239, 241,

Bach, Johann Sebastian   41, 55, 72, 108, 157f., 168, 239,
Bacon, Francis   33, 239,
Bacon, Roger   33, 239,
Baumgartner, Hans Michael   90, 98, 217, 228,
Beethoven, Ludwig van   239,
Berkeley, George   60, 118, 239,
Bohr, Nils   62, 105, 239,
Bridgman, Percy Williams   108,
Bruno, Giordano   27, 38, 239,
Bütow, Thomas   17,

Carnap, Rudolf   41–51, 53–56, 58, 61f., 64f., 67–71, 127, 144, 191, 204,
Comte, Isodore Auguste Marie Fancois Xavier   41,

Darwin, Charles   218, 239,
Daschkeit, Achim   34,
Descartes, René   28, 33, 53, 99, 173, 199, 239,
Descartes, Renè   28, 33, 53, 99, 173, 199, 239,
Dingler, Hugo   108–119, 121–130, 132, 134–138, 148f., 161, 164, 167, 176, 179,
Dirac, Paul   27,

© Springer Fachmedien Wiesbaden GmbH, ein Teil von Springer Nature 2019
W. Deppert, *Theorie der Wissenschaft*, https://doi.org/10.1007/978-3-658-15120-1

9.2   Sachregister

Printed in the United States
By Bookmasters